"十四五"时期国家重点出版物出版专项规划项目

化肥和农药减施增效理论与实践丛书

丛书主编 吴孔明

苹果化肥和农药减施增效理论与实践

姜远茂 葛顺峰 仇贵生 等 著

科学出版社

北 京

内 容 简 介

本书针对我国苹果化肥和农药高效利用技术研发与集成不足、专用高效产品和装备研发落后、科学施肥施药技术普及到位率低等带来的化肥和农药过量施用等突出问题,重点阐述了苹果化肥和农药施用现状及高效利用的理论基础,化肥和农药减施增效的生物、技术、产品、机械、替代途径,区域化肥和农药减施增效限制因素与集成技术,以及新时期技术服务模式探索与应用等。

本书可供园艺学、土壤学、植物营养学、植物保护学相关专业的高校师生、科研院所研究人员阅读,也可供化肥和农药生产人员、农业技术推广人员,以及农业与环境部门的决策人员、管理人员参考。

图书在版编目(CIP)数据

苹果化肥和农药减施增效理论与实践/姜远茂等著. — 北京:科学出版社,
2022.8
(化肥和农药减施增效理论与实践丛书/吴孔明主编)
ISBN 978-7-03-071284-4

Ⅰ.①苹… Ⅱ.①姜… Ⅲ.①苹果-合理施肥-研究 ②苹果-农药施用-研究 Ⅳ.①S661.106

中国版本图书馆 CIP 数据核字(2021)第 274522 号

责任编辑:陈 新 付 聪 尚 册/责任校对:郑金红
责任印制:吴兆东/封面设计:无极书装

科学出版社 出版
北京东黄城根北街 16 号
邮政编码:100717
http://www.sciencep.com
北京虎彩文化传播有限公司 印刷
科学出版社发行 各地新华书店经销
*
2022 年 8 月第 一 版 开本:787×1092 1/16
2022 年 8 月第一次印刷 印张:18 3/4
字数:442 000
定价:258.00 元
(如有印装质量问题,我社负责调换)

"化肥和农药减施增效理论与实践丛书"编委会

主　　编　吴孔明

副主编　宋宝安　张福锁　杨礼胜　谢建华　朱恩林
　　　　　陈彦宾　沈其荣　郑永权　周　卫

编　　委（以姓名汉语拼音为序）

曹坳程	陈立平	陈万权	董丰收	段留生
冯　固	戈　峰	郭良栋	何　萍	胡承孝
黄啟良	姜远茂	蒋红云	兰玉彬	李　忠
刘凤权	刘永红	鲁传涛	鲁剑巍	陆宴辉
吕仲贤	孟　军	乔建军	邱德文	阮建云
孙　波	孙富余	谭金芳	王福祥	王　琦
王源超	王朝辉	谢丙炎	谢江辉	熊兴耀
徐汉虹	严海军	颜晓元	易克贤	张　杰
张礼生	张　民	张　昭	赵秉强	赵廷昌
郑向群	周常勇			

《苹果化肥和农药减施增效理论与实践》著者名单

主要著者　姜远茂　葛顺峰　仇贵生

其他著者（以姓名汉语拼音为序）

曹克强	陈汉杰	程冬冬	范仁俊	冯　浩
傅国海	高　华	国立耘	韩振海	呼丽萍
李保华	李翠英	李国安	李建平	李　磊
李丽莉	李　莉	李民吉	李明军	李　壮
梁晓飞	刘永杰	吕德国	马　明	毛志泉
牛自勉	王　冲	王金星	王金政	王树桐
王　忆	徐秉良	张　杰	张丽娟	赵　峰
赵中华	周宗山	朱占玲		

丛 书 序

我国化学肥料和农药过量施用严重，由此引起环境污染、农产品质量安全和生产成本较高等一系列问题。化肥和农药过量施用的主要原因：一是对不同区域不同种植体系肥料农药损失规律和高效利用机理缺乏深入的认识，无法建立肥料和农药的精准使用准则；二是化肥和农药的替代产品落后，施肥和施药装备差、肥料损失大，农药跑冒滴漏严重；三是缺乏针对不同种植体系肥料和农药减施增效的技术模式。因此，研究制定化肥和农药施用限量标准、发展肥料有机替代和病虫害绿色防控技术、创制新型肥料和农药产品、研发大型智能精准机具，以及加强技术集成创新与应用，对减少我国化肥和农药的使用量、促进农业绿色高质量发展意义重大。

按照 2015 年中央一号文件关于农业发展"转方式、调结构"的战略部署，根据国务院《关于深化中央财政科技计划（专项、基金等）管理改革的方案》的精神，科技部、国家发展改革委、财政部和农业部（现农业农村部）等部委联合组织实施了"十三五"国家重点研发计划试点专项"化学肥料和农药减施增效综合技术研发"（后简称"双减"专项）。

"双减"专项按照《到 2020 年化肥使用量零增长行动方案》《到 2020 年农药使用量零增长行动方案》《全国优势农产品区域布局规划（2008—2015 年）》《特色农产品区域布局规划（2013—2020 年）》，结合我国区域农业绿色发展的现实需求，综合考虑现阶段我国农业科研体系构架和资源分布情况，全面启动并实施了包括三大领域 12 项任务的 49 个项目，中央财政概算 23.97 亿元。项目涉及植物病理学、农业昆虫与害虫防治、农药学、植物检疫与农业生态健康、植物营养生理与遗传、植物根际营养、新型肥料与数字化施肥、养分资源再利用与污染控制、生态环境建设与资源高效利用等 18 个学科领域的 57 个国家重点实验室、236 个各类省部级重点实验室和 434 支课题层面的研究团队，形成了上中下游无缝对接、"政产学研推"一体化的高水平研发队伍。

自 2016 年项目启动以来，"双减"专项以突破减施途径、创新减施产品与技术装备为抓手，聚焦主要粮食作物、经济作物、蔬菜、果树等主要农产品的生产需求，边研究、边示范、边应用，取得了一系列科研成果，实现了项目目标。

在基础研究方面，系统研究了微生物农药作用机理、天敌产品货架期调控机制及有害生物生态调控途径，建立了农药施用标准的原则和方法；初步阐明了我国不同区域和种植体系氮肥、磷肥损失规律和无效化阻控增效机理，提出了肥料养分推荐新技术体系和氮、磷施用标准；初步阐明了耕地地力与管理技术影响化肥、农药高效利用的机理，明确了不同耕地肥力下化肥、农药减施的调控途径与技术原理。

在关键技术创新方面，完善了我国新型肥药及配套智能化装备研发技术体系平台；打造了万亩方化肥减施 12%、利用率提高 6 个百分点的示范样本；实现了智能化装备减施 10%、利用率提高 3 个百分点，其中智能化施肥效率达到人工施肥 10 倍以上的目标。农药减施关键技术亦取得了多项成果，万亩示范方农药减施 15%、新型施药技术田间效率大于 30 亩/h，节省劳动力成本 50%。

在作物生产全程减药减肥技术体系示范推广方面，分别在水稻、小麦和玉米等粮食主产区，蔬菜、水果和茶叶等园艺作物主产区，以及油菜、棉花等经济作物主产区，大面积推广应用化肥、农药减施增效技术集成模式，形成了"产学研"一体的纵向创新体系和分区协同实施的横向联合攻关格局。示范应用区涉及 28 个省（自治区、直辖市）1022 个县，总面积超过 2.2 亿亩次。项目区氮肥利用率由 33% 提高到 43%、磷肥利用率由 24% 提高到 34%，化肥氮磷减施 20%；化学农药利用率由 35% 提高到 45%，化学农药减施 30%；农作物平均增产超过 3%，生产成本明显降低。试验示范区与产业部门划定和重点支持的示范区高度融合，平均覆盖率超过 90%，在提升区域农业科技水平和综合竞争力、保障主要农产品有效供给、推进农业绿色发展、支撑现代农业生产体系建设等方面已初显成效，为科技驱动产业发展提供了一项可参考、可复制、可推广的样板。

科学出版社始终关注和高度重视"双减"专项取得的研究成果。在他们的大力支持下，我们组织"双减"专项专家队伍，在系统梳理和总结我国"化肥和农药减施增效"研究领域所取得的基础理论、关键技术成果和示范推广经验的基础上，精心编撰了"化肥和农药减施增效理论与实践丛书"。这套丛书凝聚了"双减"专项广大科技人员的多年心血，反映了我国化肥和农药减施增效研究的最新进展，内容丰富、信息量大、学术性强。这套丛书的出版为我国农业资源利用、植物保护、作物学、园艺学和农业机械等相关学科的科研工作者、学生及农业技术推广人员提供了一套系统性强、学术水平高的专著，对于践行"绿水青山就是金山银山"的生态文明建设理念、助力乡村振兴战略有重要意义。

中国工程院院士

2020 年 12 月 30 日

前　言

我国苹果产业从 1986 年开始经历了 30 余年的高速发展，栽培面积和产量均占全世界的 50% 左右，苹果产业还是农民持续增收和贫困山区果农脱贫致富的支柱产业，在国民经济中发挥巨大作用。但是，目前我国苹果生产还处于"高投入、高产出、高污染"阶段，传统苹果栽培主要是通过增加化肥和农药等的投入来提高产量，对化肥和农药的依赖度非常高，这不仅造成资源浪费和生产成本增加，还带来土壤质量下降、水体污染等环境安全问题，成为绿色发展的瓶颈。

目前，对不同区域不同苹果种植模式的肥料农药损失规律和高效利用机制认识不足，苹果化肥和农药的专用产品与替代产品研发落后，施肥施药装备针对性差、肥料损失大、农药跑冒滴漏严重，造成了苹果园化肥和农药过量施用严重。统计资料表明，2015 年我国苹果栽培面积占全国耕地总面积的 1.7%，而化肥和农药施用量分别高达 217.3 万 t 和 14.1 万 t，分别占全国化肥和农药施用量的 3.7% 和 7.7%，化肥和农药单位面积施用量分别是美国的 2.5 倍和 1.6 倍，而产量仅为美国的一半左右。近年来，虽然我国苹果化肥和农药高效施用的研究取得了很多成果，但是仍以单项技术为主，缺乏学科交叉的综合技术及分地区、分目标的技术模式，这也是导致我国苹果化肥和农药施用量居高不下的原因之一。我们发现，苹果"上山下滩"土壤条件较差、肥料损失严重，果农对大果和高产的片面追求，造成化肥用量不断加大与土壤质量不断下降的恶性循环，是化肥过量施用的重要原因；现有苹果栽培模式落后、果园郁闭、树龄老化，有害生物大量滋生，造成农药过量施用与药效不断下降、微域环境不断恶化的恶性循环，是农药过度施用的重要原因。因此，通过提升土壤质量和改善微域环境来提高养分的生物有效性、减少病虫害的发生，是实现苹果化肥农药减施增效的基础，在此基础上明确"土-肥-水-树-药"协同调控机制，是实现苹果化肥农药减施增效的关键。

为了减少苹果化肥和农药用量，科技部于 2016 年启动了"十三五"国家重点研发计划项目"苹果化肥农药减施增效技术集成研究与示范"。该项目由姜远茂教授主持，姜远茂教授组织山东农业大学、中国农业大学、中国农业科学院果树研究所、西北农林科技大学、河北农业大学、沈阳农业大学、甘肃农业大学、全国农业技术推广服务中心、陕西枫丹百丽生物科技有限公司、青岛星牌作物科学有限公司等 25 个单位的研究人员组成项目组，以渤海湾和黄土高原两大产区的矮砧集约与乔砧密植两个栽培模式为研究对象，通过前期数据挖掘和大样本调查分析，明确不同区域苹果化肥农药减施增效潜力和关键限制因素，创新障碍性土壤改良和果园生草起垄覆盖为核心的土壤质量提升、高光效树体构建为核心的群体结构优化、根层养分调控和水肥耦合为核心的化肥高效利用、生态-生物-物理-化学防治相结合的病虫害综合防治、化肥农药新产品和农机农艺结合的高效施用理论与技术，集成创新两大产区苹果化肥农药减施增效技术模式，探索并利用

"四零服务"和"专业化服务"等技术服务模式,达到苹果化肥农药减施增效目标,为苹果产业转型升级和可持续发展提供有力的科技支撑。

自 2016 年项目实施以来,我们围绕苹果化肥农药减施增效的生物途径、技术途径、产品途径、机械途径和替代途径等五大途径,开展了系列理论创新、技术研发和示范推广工作。我们对相关研究成果特别是近几年来的工作进行了梳理、总结,并撰写本书。

本书撰写具体分工如下。

第 1 章　姜远茂　葛顺峰　仇贵生　朱占玲

第 2 章　葛顺峰　仇贵生　朱占玲　梁晓飞

第 3 章　毛志泉　吕德国　王金政　牛自勉　王　忆　刘永杰　张　杰

第 4 章　姜远茂　李明军　葛顺峰　陈汉杰　李丽莉　冯　浩　仇贵生

第 5 章　程冬冬　王树桐

第 6 章　王金星　李建平

第 7 章　李　磊　徐秉良　刘永杰

第 8 章　李　壮　范仁俊　葛顺峰　李保华　曹克强　张丽娟　周宗山　韩振海

　　　　国立耘　李民吉　高　华　李翠英　梁晓飞　李　磊　马　明　徐秉良

　　　　呼丽萍　李　莉　傅国海　赵中华　朱占玲

第 9 章　王　冲　赵　峰　李国安

感谢"十三五"国家重点研发计划项目"苹果化肥农药减施增效技术集成研究与示范"的资助。感谢山东农业大学果树专家束怀瑞院士和中国农业大学植物营养专家张福锁院士的指导。感谢为本书的撰写做出贡献的所有工作人员和研究生。感谢科学出版社对本书出版的大力支持!

在本书撰写过程中,我们力求数据可靠、分析透彻、论证全面、观点客观,但由于水平所限,不足之处在所难免,敬请读者批评指正。

著　者

2021 年 9 月

目　录

第 1 章　我国苹果化肥和农药施用现状 ································· 1
　1.1　我国苹果产业现状 ··· 1
　　1.1.1　栽培面积和产量 ··· 1
　　1.1.2　生产区域分布 ··· 2
　　1.1.3　收益与生产成本变化 ······································· 3
　1.2　我国苹果园化肥施用现状 ······································· 4
　　1.2.1　苹果园化肥投入特征 ······································· 4
　　1.2.2　苹果园化肥施用过程中存在的问题 ··························· 8
　1.3　我国苹果园农药施用现状 ······································· 9
　　1.3.1　苹果园农药投入特征 ······································· 9
　　1.3.2　苹果园农药施用过程中存在的问题 ·························· 12
第 2 章　苹果化肥和农药高效利用的理论基础 ······················· 15
　2.1　苹果化肥高效利用的理论基础 ·································· 15
　　2.1.1　苹果养分需求特性 ·· 15
　　2.1.2　苹果叶片养分适宜值 ······································ 16
　　2.1.3　苹果年周期养分累积特性 ·································· 18
　　2.1.4　苹果贮藏养分再利用特性 ·································· 23
　　2.1.5　苹果养分高效吸收的根系生物学特性 ························ 24
　2.2　苹果农药高效利用的理论基础 ·································· 25
　　2.2.1　苹果主要病虫害的发生规律与致害原理 ······················ 25
　　2.2.2　苹果农药药效关键因素分析 ································ 31
　　2.2.3　苹果病虫（螨）害的抗药性 ································ 34
　　2.2.4　提高苹果农药药效的方法 ·································· 38
　2.3　苹果化肥和农药协同增效机制 ·································· 40
　　2.3.1　植物营养元素的免疫调控作用 ······························ 40
　　2.3.2　苹果树体营养平衡与化肥农药协同增效 ······················ 42
第 3 章　苹果化肥和农药减施增效的生物途径 ······················· 44
　3.1　苹果园障碍性土壤改良与养分高效利用 ·························· 44
　　3.1.1　苹果连作障碍防控 ·· 44
　　3.1.2　碱化苹果园土壤改良 ······································ 51
　　3.1.3　酸化苹果园土壤改良 ······································ 52
　　3.1.4　小结与展望 ·· 54
　3.2　苹果园生草与化肥农药高效利用 ································ 55
　　3.2.1　苹果园实行生草制度需要先解决的几个问题 ·················· 55
　　3.2.2　苹果园生草制的理论基础 ·································· 56

3.2.3　适宜我国苹果主产区的生草制度 ·· 62
3.2.4　果园生草效果 ·· 63
3.3　苹果养分高效利用砧木的筛选与应用 ··· 63
3.3.1　我国苹果砧木的应用现状 ·· 63
3.3.2　苹果砧木的养分利用研究 ·· 64
3.3.3　苹果砧木根际微生物与养分吸收利用研究 ····································· 72
3.3.4　苹果主栽区域气候土壤特点及砧木区划 ·· 75
3.3.5　小结与展望 ·· 76
3.4　苹果园树体结构优化与农药减量增效 ··· 77
3.4.1　间伐对树体结构、光能利用和产量品质的影响 ······························ 77
3.4.2　改形疏枝对树体结构、光能利用和产量品质的影响 ······················· 80
3.4.3　苹果园间伐对病虫害发生的影响 ··· 82
3.4.4　间伐方式对喷雾机施药效果的影响 ·· 84
3.4.5　苹果郁闭园结构优化技术的应用效果 ··· 86
3.4.6　苹果郁闭园树体结构优化的技术参数 ··· 86
3.4.7　小结与展望 ·· 87
3.5　苹果园生物多样性与农药减量增效 ·· 88
3.5.1　苹果园生物多样性现状 ··· 88
3.5.2　苹果园生物多样性环境 ··· 88
3.5.3　用药对果园生物多样性的影响 ·· 89
3.5.4　常用药剂对果园害虫天敌的安全性评价 ·· 89
3.5.5　提高果园生物多样性与农药减量增效 ··· 90
第4章　苹果化肥和农药减施增效技术途径 ··· 95
4.1　苹果根层养分调控 ·· 95
4.1.1　苹果关键物候期肥料氮去向及氮肥投入限量标准 ···························· 95
4.1.2　根层稳定供氮的理论基础 ·· 97
4.1.3　根层稳定供氮的实现途径 ·· 99
4.1.4　小结与展望 ··· 102
4.2　苹果依水调肥 ·· 103
4.2.1　水分供给对苹果根系氮吸收利用的影响 ·· 103
4.2.2　氮素供应对苹果水分利用的影响 ··· 104
4.2.3　不同物候期水分短缺对氮素吸收效率的影响 ·································· 105
4.2.4　水分供给与苹果根系钾素吸收利用的关系 ····································· 106
4.2.5　水分供给与苹果根系磷素吸收利用的关系 ····································· 106
4.2.6　苹果园"肥水膜"一体化技术效应分析 ·· 107
4.2.7　小结与展望 ··· 107
4.3　苹果病虫害预测预警 ·· 108
4.3.1　果树病虫害的识别 ·· 108
4.3.2　立地条件与病虫害发生的关系 ·· 110
4.3.3　果树病虫害的田间调查 ·· 111

4.3.4　田间调查资料的统计 ································ 112
4.3.5　苹果主要病虫害防治指标及其应用 ················· 113
4.3.6　苹果主要病虫害发生期及重点关注阶段 ············· 114
4.4　苹果害虫高效化学防控 ································· 115
4.4.1　蚜虫的高效药剂筛选 ·························· 116
4.4.2　二斑叶螨的高效药剂筛选 ····················· 119
4.5　苹果病害高效化学防控 ································· 123
4.5.1　主要防控对象及当前防控用药情况 ··············· 124
4.5.2　苹果重大枝干病害高效化学药剂筛选 ·············· 125
4.5.3　苹果早期落叶病高效化学药剂筛选 ··············· 126
4.5.4　苯醚甲环唑和戊唑醇对苹果树腐烂病菌的细胞学作用机制 ·· 128
4.5.5　苹果树腐烂病菌对苯醚甲环唑和吡唑醚菌酯的敏感性 ·· 131
4.5.6　苹果树腐烂病菌对吡唑醚菌酯的抗药性风险 ········· 133
4.5.7　苹果树腐烂病早期监测预警技术及无症带菌分子检测技术 ·· 134
4.5.8　激活树体抗病力的理论基础与技术 ··············· 135
4.5.9　阻止病菌入侵定植苹果枝干的病害高效防控技术 ····· 136
4.5.10　化学防控和生态防控相结合的苹果早期落叶病高效防控技术 ·· 138
4.5.11　以植物健康管理为核心的重大病害绿色防控技术体系 ·· 139
4.5.12　小结与展望 ······························· 140
4.6　苹果精准施药技术 ····································· 141
4.6.1　科学病虫监测 ····························· 141
4.6.2　明确防治对象 ····························· 144
4.6.3　找准用药适期 ····························· 144
4.6.4　精准选择药剂 ····························· 145
4.6.5　选对施药器械 ····························· 146
4.6.6　小结与展望 ······························· 146
第 5 章　苹果化肥和农药减施增效的产品途径 ················· 147
5.1　苹果新型肥料及其高效利用 ····························· 147
5.1.1　新型肥料类型及特点 ························ 148
5.1.2　新型肥料在苹果上的应用效果研究 ··············· 150
5.1.3　小结与展望 ······························· 159
5.2　苹果新型农药及其高效利用 ····························· 160
5.2.1　杀菌剂的高效利用 ·························· 160
5.2.2　杀虫剂的高效利用 ·························· 164
5.2.3　除草剂、生长调节剂及诱抗剂的高效利用 ··········· 169
5.2.4　小结与展望 ······························· 169
第 6 章　苹果化肥和农药减施增效的机械途径 ················· 170
6.1　苹果园机械化施肥与化肥高效利用 ······················· 170
6.1.1　苹果园机械化高效施肥智能控制技术 ·············· 171

6.1.2　基于机器视觉的变量施肥技术 ·· 176

6.1.3　苹果园机械化高效施肥装备 ·· 179

6.2　苹果园机械化施药与农药高效利用 ·· 192

6.2.1　机械化高效施药关键技术 ·· 193

6.2.2　果园机械化高效施药装置 ·· 198

6.2.3　果园机械化施药效果分析 ·· 201

6.2.4　小结与展望 ·· 203

第7章　苹果化肥和农药减施增效的替代途径 ·· 204

7.1　苹果有机肥替代化肥 ·· 204

7.1.1　有机肥替代化肥效应 ·· 204

7.1.2　苹果有机肥定量替代化肥的原理和方法 ·· 207

7.2　苹果病虫害生物防控 ·· 209

7.2.1　苹果害虫生物防治 ·· 209

7.2.2　苹果病害生物防治 ·· 214

第8章　苹果化肥和农药减施增效技术集成 ·· 224

8.1　苹果化肥减施增效技术集成 ·· 224

8.1.1　区域限制性因素分析 ·· 224

8.1.2　区域技术模式集成及效果 ·· 225

8.2　苹果农药减施增效技术集成 ·· 227

8.2.1　区域限制性因素分析 ·· 227

8.2.2　区域技术模式集成及效果 ·· 229

8.3　代表性区域苹果化肥和农药减施增效集成技术模式 ··································· 231

8.3.1　山东"一稳二调三优化"化肥减施增效集成技术模式 ······················· 231

8.3.2　山东"164"农药减施增效集成技术模式 ······································· 233

8.3.3　陕西"肥水膜"一体化化肥减施增效集成技术模式 ·························· 239

8.3.4　山西"苹果病虫害全程农药减施增效控制"集成技术模式 ················· 240

8.3.5　甘肃"一壮二降三精准"苹果农药减施增效集成技术模式 ················· 243

第9章　苹果化肥和农药减施增效技术服务模式探索 ····································· 246

9.1　新时期技术服务模式探索 ·· 246

9.1.1　科技小院"四零"服务模式 ·· 246

9.1.2　村级科技服务站服务模式 ·· 250

9.1.3　"五棵树"专业化技术服务模式 ··· 253

9.1.4　中国好苹果大赛精准服务模式 ·· 255

9.2　技术服务模式应用案例 ··· 258

9.2.1　洛川科技小院技术推广案例 ·· 258

9.2.2　洛川项目专员大面积技术推广案例 ·· 260

9.2.3　"金苹果植保套餐"大面积技术推广案例 ······································ 261

参考文献 ·· 263

第1章 我国苹果化肥和农药施用现状

1.1 我国苹果产业现状

苹果生产在我国农业中占有非常重要的地位，在推进农业结构调整、转变农业经济增长方式方面发挥了重要作用，已经成为农民增收致富和乡村振兴的重要支柱产业。

1.1.1 栽培面积和产量

自改革开放以来，我国苹果产业发展迅速，经过几次波动后目前栽培面积稳定增长，总产量稳步提高（图 1-1，图 1-2）。根据联合国粮食及农业组织（FAO）的统计数据，2017 年中国苹果栽培面积和产量分别为 222.04 万 hm^2 和 4139.15 万 t，均占全世界的一半左右。可见，中国已成为世界苹果生产第一大国。

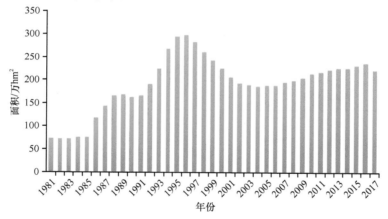

图 1-1　1981～2017 年我国苹果栽培面积变化情况

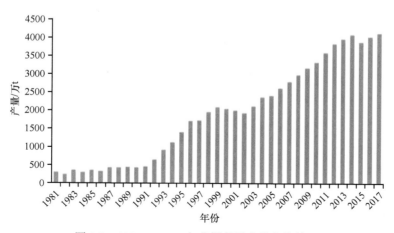

图 1-2　1981～2017 年我国苹果产量变化情况

随着苹果生产技术的不断进步和化工业快速发展带来的生产资料的充足供应，苹果单位面积产量从 1980 年的 3.20t/hm² 提高到 2017 年的 18.64t/hm²，比世界单产平均水平（16.85t/hm²）高 10.62%。但是与苹果生产强国的单产相比（30~60t/hm²），中国的苹果单产仍有进一步提高的空间（表 1-1）。从主要苹果生产省来看，2017 年山东省苹果单产水平最高，达到了 32.64t/hm²，接近苹果生产强国水平；其次是山西省和河南省，分别为 27.56t/hm² 和 25.77t/hm²；陕西省、辽宁省和河北省苹果单产水平较低，为 15 ~ 16t/hm²；甘肃省单产水平仅为 12.22t/hm²，这与该产区近年来苹果栽培面积扩张迅速，新栽幼树较多有关。

表 1-1　2017 年苹果生产强国单产水平　　　　　　　　（单位：t/hm²）

国家	单产
瑞士	58.77
新西兰	52.02
智利	48.79
意大利	43.72
法国	36.68
美国	35.61
德国	32.96
阿根廷	30.01

1.1.2　生产区域分布

我国共有 25 个省（区、市）生产苹果，经过 20 多年的布局调整，苹果生产区域向资源条件优、产业基础好、出口潜力大和比较效益高的区域集中，形成了渤海湾和黄土高原两个苹果优势产业带，尤其是黄土高原产区海拔高、昼夜温差大、光照强，苹果品质优良，具有显著的区位优势。

截至 2016 年，渤海湾和黄土高原两个苹果优势产区的种植面积已经占到全国苹果种植面积的 84.82%，产量占比高达 89%，而且近年来相对比较稳定（表 1-2）。但是，两个优势产区各自的种植面积和产量贡献份额发生了较大的变化，呈现出由东（渤海湾）向西（黄土高原）转移的趋势。渤海湾产区苹果种植面积逐渐减少，其产量贡献份额也随之减少，而黄土高原产区苹果种植面积逐渐增加，其产量贡献份额也大幅度增加。到 2016 年，渤海湾地区苹果种植面积为 70.33 万 hm²，产量 1600.31 万 t，分别占全国的 29.54% 和 36.37%。其中，近年来山东省的种植面积持续减少，由 2000 年的 44.43 万 hm² 减少到 2016 年的 29.97 万 hm²，但是产量却由 647.66 万 t 增加到 978.13 万 t；辽宁、河北两省的种植面积相对稳定。黄土高原产区 2016 年苹果种植面积为 131.56 万 hm²，产量 2328.09 万 t，分别占全国的 55.28% 和 52.91%；其中，河南、山西两省种植面积略有增加，陕西、甘肃两省苹果种植面积增加速度较快，其中陕西省由 2000 年的 39.55 万 hm² 增加到 2016 年的 69.51 万 hm²，而甘肃省近 15 年来也增加了近 13 万 hm²。其他苹果生产区，如四川、云南、贵州等冷凉地区及新疆具有明显的区域特色，近年来种植面积略有增加。

表 1-2　2016 年中国苹果主产省份苹果种植面积和产量

产区	省份	面积/万 hm²	面积占全国苹果栽培面积的比例/%	产量/万 t	产量占全国苹果总产量的比例/%
渤海湾产区	山东	29.97	12.59	978.13	22.23
	河北	24.26	10.19	365.58	8.31
	辽宁	16.10	6.76	256.60	5.83
黄土高原产区	陕西	69.51	29.20	1100.78	25.02
	山西	15.55	6.53	428.62	9.74
	甘肃	29.48	12.38	360.11	8.18
	河南	17.02	7.15	438.58	9.97
其他特色产区	新疆	6.36	2.67	136.58	3.10
	四川	3.71	1.56	62.73	1.43
	宁夏	3.80	1.60	57.17	1.30
	云南	4.69	1.97	42.09	0.96
	黑龙江	1.24	0.52	14.95	0.34

1.1.3　收益与生产成本变化

近年来，虽然苹果单产水平在不断提高，但是苹果生产效益空间却不断缩小，这主要与生产成本的不断增加有关。从表 1-3 可以看出，2017 年全国苹果生产环节每亩①总成本平均为4887.61 元，比 2007 年增加了 2493.18 元，增幅达 104%；其中，物质与服务成本和土地成本变化不大，2017 年比 2007 年分别仅增加了 98.57 元和 100.53 元，这两者对生产成本增加的贡献仅为 8%。这就意味着 92% 的生产成本的增加来源于人工成本，2007 年苹果生产环节每亩人工成本平均为 816.88 元，到 2017 年激增到 3110.96 元，增加了 280.83%，平均每年增加 229.41 元。由此可以看出苹果生产成本的增加是由持续上涨的人工成本推动的。但是人工成本的持续增加对产值的影响却较小，2017 年每亩产值为 6797.22 元，比 2007 年增加了 40.53%，明显低于人工成本的增加幅度（280.83%），因此，人工成本的不断增加严重挤压了生产者的利润空间。

表 1-3　2007 年和 2017 年中国苹果生产成本与收益情况

年份	产量/(kg/亩)	产值/(元/亩)	总成本/(元/亩)				净利润/(元/亩)	成本收益率/%
			生产成本			土地成本		
			物质与服务成本	人工成本				
				家庭用工折价	雇工费用			
2007	1726.80	4837.00	1357.47	463.76	353.12	220.08	2442.57	102.01
2017	2108.66	6797.22	1456.04	2116.06	994.9	320.61	1909.61	39.07

数据来源：《全国农产品成本收益资料汇编》（2008～2018 年）

肥料成本是生产物质成本中非常重要的部分。自 2002 年以来，中国苹果化肥使用成本快速增加且所占生产物质成本的份额一直最高，2011 年达到最高（520.23 元/亩），之后稍有回落，但仍维持在较高水平，2017 年为 441.01 元/亩。平均看来，化肥使用成本约占生产物质成

---

①　1 亩≈666.7m²，后同。

本的 30%，苹果种植中化肥使用成本与苹果市场的需求变化相关，也与化肥的零售价格和苹果的出售价格密不可分。苹果售价的上升是诱导果农增加化肥使用的主要原因，1998～2011年中国化肥的零售价格指数以年均上升 3.48 个百分点的速度增长，中国苹果售价指数由 1998年的 100 上升到 2011 年的 222.9，年均上升 8.78%，其上涨幅度是化肥价格指数的 2 倍多，表明化肥使用稍微增加一些，苹果售价就会有更大的增加幅度，苹果增产和果农增收极大地促进了果农使用化肥的积极性（周霞和束怀瑞，2014）。

1.2　我国苹果园化肥施用现状

在中国贫瘠的苹果园土壤条件下，化肥作为增产的重要因子发挥了举足轻重的作用。但近年来，受"施肥越多，产量越高""要高产就必须多施肥"等传统观念的影响，苹果园化肥用量持续高速增加，不仅导致生产成本剧增，而且也带来了地表水和地下水污染、温室气体排放增加与土壤质量下降等生态环境问题（Zhang et al.，2013；葛顺峰，2014）。2016 年，山东农业大学姜远茂课题组对我国苹果主产区（山东、辽宁、河北、陕西、山西和甘肃）3535个盛果期苹果园进行了调研，分析了不同产区苹果园化肥和有机肥投入特征。

1.2.1　苹果园化肥投入特征

1. 氮投入特征

不同苹果生产区域的氮投入量均处于较高水平，从全国平均水平来看，盛果期苹果园氮投入量平均为 1056.12kg/hm²（表 1-4）。不同生产区域间存在差异，氮投入量较高的产区为山东、甘肃、河北和陕西，均超过了 1000kg/hm²，其中山东氮投入量最高，为 1301.79kg/hm²；山西和辽宁氮投入量相对较低，分别为 842.85kg/hm² 和 797.42kg/hm²。从氮投入的来源来看，来自化肥的氮远高于有机肥，化肥氮投入量占总投入氮量的比例为 67.11%～88.91%，平均为 81.20%。其中，化肥氮投入量占总投入氮量的比例比较高的区域是陕西、甘肃和山东，均超过了 80%；最低的是辽宁，为 67.11%。

表 1-4　不同产区盛果期苹果园氮投入量

区域	氮投入量 /(kg/hm²)	化肥氮		有机氮	
		投入量/(kg/hm²)	占比/%	投入量/(kg/hm²)	占比/%
山东	1301.79	1093.11	83.97	208.68	16.03
辽宁	797.42	535.15	67.11	262.27	32.89
河北	1110.45	887.69	79.94	222.76	20.06
陕西	1093.80	972.50	88.91	121.30	11.09
山西	842.85	620.08	73.57	222.77	26.43
甘肃	1190.43	1036.98	87.11	153.45	12.89
平均	1056.12	857.59	81.20	198.54	18.80

不同产区盛果期苹果园氮投入量适宜程度不同（表 1-5）。氮投入量处于适宜程度的比例最高的是辽宁，为 33.64%，其次是山西，而山东和甘肃均低于 10%。除了辽宁，其他产区苹果园氮投入量处于过量程度的比例均超过了 50%，最高的是甘肃，为 89.64%。氮投入量处于不足程度的比例最高的是辽宁，为 22.47%，其次是山西、河北和陕西，均超过了 10%，最低

的是山东，仅为 2.34%。从全国来看，仅有 17.84% 的果园氮投入量处于适宜水平，超过 70% 的果园氮投入量过量，11.93% 的果园氮投入量不足。由此可见，全国苹果园氮投入量总体过量，但也存在投入量不足的现象。

表 1-5　不同产区盛果期苹果园氮投入量评价

区域	氮适宜投入量/(kg/hm^2)	评价样本比例/%		
		不足	适宜	过量
山东	306.04 ～ 459.06	2.34	9.32	88.34
辽宁	181.89 ～ 272.83	22.47	33.64	43.89
河北	238.28 ～ 357.42	11.57	16.64	71.79
陕西	190.46 ～ 285.68	10.28	17.87	71.85
山西	183.74 ～ 275.60	17.54	26.56	55.90
甘肃	201.38 ～ 302.06	7.37	2.99	89.64
平均	216.97 ～ 325.44	11.93	17.84	70.24

注：比例之和不为 100% 是因为数据进行过舍入修约。下同

2. 磷投入特征

不同苹果生产区域的磷投入量均处于较高水平，从全国平均水平来看，盛果期苹果园磷投入量平均为 687.34kg/hm^2（表 1-6）。不同生产区域间存在差异，投入量最高的是山东，高达 793.09kg/hm^2；陕西、河北、辽宁的磷投入量相差不大，为 647.37 ～ 686.08kg/hm^2；山西磷投入量最低，为 558.95kg/hm^2。从磷投入的来源来看，来自化肥的磷远高于有机肥，化肥磷投入量占其所在区域磷投入量的比例处于 65.46% ～ 87.57%，平均为 79.18%。其中，化肥磷所占比例较高的区域是甘肃和陕西，均超过了 85%；最低的是辽宁，仅为 65.46%。

表 1-6　不同产区盛果期苹果园磷投入量

区域	磷投入量/(kg/hm^2)	化肥磷		有机磷	
		投入量/(kg/hm^2)	占比/%	投入量/(kg/hm^2)	占比/%
山东	793.09	632.73	79.78	160.36	20.22
辽宁	647.37	423.77	65.46	223.60	34.54
河北	664.80	533.97	80.32	130.83	19.68
陕西	686.08	586.94	85.55	99.14	14.45
山西	558.95	410.27	73.40	148.68	26.60
甘肃	773.77	677.59	87.57	96.18	12.43
平均	687.34	544.21	79.18	143.13	20.82

从全国各个苹果产区来看，磷投入总体上处于过量水平（表 1-7），所有产区磷投入量处于过量程度的比例均超过了 80%，最高的是山东，高达 95.08%。磷投入量处于适宜程度比例较高的是辽宁和山西，分别为 8.94% 和 8.35%，其次是陕西和河北，较低的是山东和甘肃，其中甘肃仅有 2.48% 的苹果园处于磷投入量适宜水平。磷投入量处于不足程度比例最高的是山西，为 10.69%，其他产区均处于较低水平。从全国平均水平来看，仅有 6.35% 的苹果园磷

投入量处于适宜水平，**88.12%** 的苹果园磷投入量处于过量水平，接近 **5.53%** 的苹果园磷投入处于不足水平。由此可见，全国盛果期苹果园磷投入量总体处于过量水平。

表 1-7　不同产区盛果期苹果园磷投入量评价

区域	磷适宜投入量/(kg/hm^2)	评价样本比例/%		
		不足	适宜	过量
山东	153.02 ～ 229.53	1.64	3.28	95.08
辽宁	90.94 ～ 136.42	6.38	8.94	84.68
河北	119.14 ～ 178.71	4.58	7.51	87.91
陕西	95.23 ～ 142.84	6.61	7.54	85.85
山西	91.87 ～ 137.80	10.69	8.35	80.96
甘肃	100.69 ～ 151.03	3.27	2.48	94.25
平均	108.48 ～ 162.72	5.53	6.35	88.12

3. 钾投入特征

从全国平均水平来看，盛果期苹果园钾投入量平均为 861.12kg/hm^2（表 1-8）。不同生产区域间存在差异，钾投入量较高的产区为山东、甘肃、河北和辽宁，均超过了 800kg/hm^2，其中投入量最高的是山东，高达 1073.52kg/hm^2。山西产区钾投入量相对较低，为 719.01kg/hm^2。从钾投入的来源来看，来自化肥的钾远高于有机肥，化肥钾投入量占其所在区域钾投入量的比例处于 68.64% ～ 91.58%，平均为 81.65%。其中，化肥钾投入量占比较高的区域是甘肃，超过了 90%，其次是陕西、河北和山东，均超过了 80%；最低的是山西，为 68.64%。

表 1-8　不同产区盛果期苹果园钾投入量

区域	钾投入量/(kg/hm^2)	化肥钾		有机钾	
		投入量/(kg/hm^2)	占比/%	投入量/(kg/hm^2)	占比/%
山东	1073.52	885.76	82.51	187.76	17.49
辽宁	846.42	627.54	74.14	218.88	25.86
河北	897.30	759.03	84.59	138.27	15.41
陕西	780.88	674.76	86.41	106.12	13.59
山西	719.01	493.53	68.64	225.48	31.36
甘肃	849.58	778.05	91.58	71.53	8.42
平均	861.12	703.11	81.65	158.01	18.35

由表 1-9 可见，不同区域盛果期苹果园钾投入量的适宜程度不同。钾投入量处于适宜程度比例最高的是甘肃，为 22.35%，其次是山西和山东，而陕西、辽宁和河北均为 15% 左右。除了陕西和山西，其他产区苹果园钾投入量处于过量程度的比例均超过了 50%，最高的是甘肃，为 66.97%。钾投入量处于不足程度比例最高的是山西，为 39.57%，其次是陕西和辽宁，均超过了 30%，最低的是甘肃，仅为 10.68%。从全国平均水平来看，仅有 17.54% 的苹果园钾投入量处于适宜水平，56.39% 的苹果园钾投入量过量，26.08% 的苹果园钾投入量不足。由此可

见，全国盛果期苹果园钾投入量过量与不足并存。

表 1-9　不同产区盛果期苹果园钾投入量评价

区域	钾适宜投入量/（kg/hm²)	评价样本比例/%		
		不足	适宜	过量
山东	306.04～459.06	14.57	18.56	66.87
辽宁	181.89～272.83	30.43	14.52	55.05
河北	238.28～357.42	24.67	14.57	60.76
陕西	190.46～285.68	36.54	15.68	47.78
山西	183.74～275.60	39.57	19.54	40.89
甘肃	201.38～302.06	10.68	22.35	66.97
平均	216.97～325.44	26.08	17.54	56.39

4. 有机肥投入量及特征

通过对全国苹果主产区盛果期果园调查发现（图 1-3），我国苹果园有机肥投入量较低，为 9.24～13.01t/hm²，全国平均为 10.82t/hm²，与国外发达国家的投入水平（30～45t/hm²）存在较大差距。从不同苹果产区来看，有机肥投入量最高的是河北，为 13.01t/hm²，其次是辽宁（12.14t/hm²）和山东（10.39t/hm²），然后是山西和陕西，最低的是甘肃，仅为 9.24t/hm²；从东西部产区来看，渤海湾苹果产区（山东、辽宁和河北）有机肥投入量平均为 11.85t/hm²，而黄土高原苹果产区（陕西、山西和甘肃）有机肥投入量平均仅为 9.80t/hm²。造成当前有机肥投入量比较低的原因主要有两个：一是，近年来农村种植绿肥和从事养殖业的农户逐渐减少，有机肥源短缺；二是，目前农村劳动力不足，而有机肥的投入需要耗费较多的劳动力。

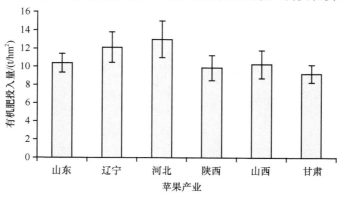

图 1-3　不同产区苹果园有机肥投入量

从有机肥提供的养分及其占总养分的比例来看（表 1-10），有机肥提供的氮养分为 121.30～262.27kg/hm²，占苹果园总氮投入量的比例为 11.09%～32.89%，以辽宁最高，陕西最低；有机肥提供的磷为 96.22～226.19kg/hm²，占苹果园总磷投入量的比例为 12.43%～34.54%，以辽宁最高，甘肃最低；有机肥提供的钾为 71.53～225.51kg/hm²，占苹果园总钾投入量的比例为 8.42%～31.36%，以山西最高，甘肃最低。从有机肥提供的养分占总养分的比例来看，最高的是辽宁，其次是山西，然后是河北和山东，陕西和甘肃处于较低水平，分别仅占总养分的 12.75% 和 11.42%。从全国平均水平来看，有机肥提供的氮、磷和钾养分分别为 198.53kg/hm²、

143.57kg/hm² 和 158.02kg/hm²，分别占苹果园氮、磷和钾养分总投入量的 19.90%、21.32% 和 18.69%，有机肥提供的养分占总养分投入量的比例平均为 20.30%。

表 1-10 苹果主产区有机肥养分投入特征

区域	有机肥提供氮		有机肥提供磷		有机肥提供钾		有机肥提供的养分占总养分投入量的比例/%
	投入量/（kg/hm²）	占总氮投入量的比例/%	投入量/（kg/hm²）	占总磷投入量的比例/%	投入量/（kg/hm²）	占总钾投入量的比例/%	
山东	208.68	16.03	160.38	20.22	187.81	17.49	17.58
辽宁	262.27	32.89	226.19	34.54	218.85	25.86	33.48
河北	222.75	20.06	130.80	19.68	138.30	15.41	18.40
陕西	121.30	11.09	99.13	14.45	106.11	13.59	12.75
山西	222.72	26.43	148.70	26.60	225.51	31.36	28.15
甘肃	153.48	12.89	96.22	12.43	71.53	8.42	11.42
平均	198.53	19.90	143.57	21.32	158.02	18.69	20.30

当前农村有机肥资源短缺，36.45% 的苹果园施用的是普通商品有机肥，其次是猪粪、羊粪、生物有机肥、鸡粪，为 8% 左右。需要注意的是，接近 13.91% 的苹果园不施用有机肥（图 1-4）。

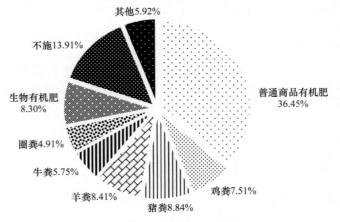

图 1-4 有机肥投入品种和结构

1.2.2 苹果园化肥施用过程中存在的问题

1. 忽视土壤管理，根系数量减少、活力降低

调查发现，20 世纪 80 年代普遍采用的深翻土壤和秸秆覆盖措施仅有大约 5% 的果园继续采用，采用人工生草或自然生草的果园仅占 20% 左右，接近 75% 的果园地面管理以清耕为主。果园生草是发达国家已普遍采用的一项现代化、标准化的果园管理技术，欧美及日本实施生草的果园面积占果园总面积的 80% 以上，产生了良好的经济效益、社会效益和生态效益。而中国苹果园普遍采用的清耕措施不但增加了劳动力投入，而且还造成了果树根系分布表层化和表层土壤水肥气热条件的剧烈变化（孙霞等，2011）。另外，近年来土壤酸化、板结等障碍性因素越来越多，其中胶东半岛果园土壤酸化趋势非常明显，土壤 pH 平均仅为 5.21，超过 56.46% 的苹果园土壤 pH 低于 5.50（葛顺峰等，2014）。粗放的地面管理和障碍性因素的增多显著影

响了果树根系的正常生长发育，显著减少了根系总长度、总表面积和总体积，根尖数和根系活力也明显下降，同时也限制了叶片制造的光合产物向根系的运输（孙文泰等，2016）。

2. 有机肥投入不足，土壤有机质含量低

20 世纪中后期，中国果树的发展大都遵循"上山下滩，不与粮棉争夺良田"的原则，园地条件差，主要表现为土壤有机质含量低。较高的土壤有机质含量对于果园可持续生产非常重要，意大利、美国、日本等水果生产强国都非常注重土壤有机质含量的提升，使其维持在较高的水平。例如，荷兰果园土壤有机质含量平均在 20g/kg 以上，日本和新西兰等苹果园土壤有机质含量达到了 40 ～ 80g/kg（Goh et al.，2000）。然而，中国大部分果园土壤有机质含量在 15g/kg 以下，仅南方一些果园和集约化水平较高的北方果园（北京、天津等）在 15g/kg以上（姜远茂等，2001；郭宏等，2013；葛顺峰等，2014）。当前果园土壤有机质含量偏低的另一主要原因是有机肥施用量较少，中国果园有机肥施用量在 2 ～ 15t/hm^2（包雪梅等，2003；刘加芬等，2011；魏绍冲和姜远茂，2012），而国外优质果园一般要求有机肥施用量在 50t/hm^{2}以上（Glover et al.，2000；Canali et al.，2004）。

3. 化肥氮磷钾投入量大，中微量元素不足

中国苹果园化肥用量持续高速增长，农业部（现农业农村部）统计资料显示，中国苹果园纯氮用量已经由 2008 年的 360kg/hm^2 增加到 2014 年的 490kg/hm^2，其中苹果产量较高的山东胶东半岛产区施氮量高达 837kg/hm^2（魏绍冲和姜远茂，2012），陕西苹果产区的施氮量也超过了全国平均水平，达到了 558kg/hm^2（王小英等，2013）。而世界上苹果生产强国的施肥量普遍较低，N、P$_2$O$_5$ 和 K$_2$O 的推荐施用量分别为 150 ～ 200kg/hm^2、100 ～ 150kg/hm^2 和 150 ～ 200kg/hm^2（Neilsen et al.，2003；Cheng and Rada，2009）。化肥的过量施用主要集中在氮磷钾大量元素肥料，果农对中微量元素的施用不够重视，长期不平衡施肥造成了植株根际营养元素失衡和土壤质量下降，导致苦痘病、黑点病、缩果病、黄叶病、小叶病和粗皮病等生理性病害的普遍发生。赵林（2009）对山东省 760 户的苹果园调查发现，72.6% 的果园存在生理性病害。

1.3　我国苹果园农药施用现状

农药是苹果生产中的重要生产资料，对防病治虫、保障苹果产量和品质至关重要。但因近年苹果生产中的农药使用量和施药方法不科学，造成农药使用量大、生产成本增加、果品农药残留超标、作物药害、环境污染等各种问题经常出现。

1.3.1　苹果园农药投入特征

施用农药是防病治虫的重要措施。近年来，因苹果新增种植面积逐年扩大，病虫害防治难度不断加大，农药使用量总体呈上升趋势。农药的过量使用，不仅造成生产成本增加，也影响果品质量安全和生态环境安全，因此实现农药减量控害十分紧迫。

2018 年统计资料显示，我国苹果栽培面积占全国耕地总面积的 1.7%，而农药投入量高达14.1 万 t，占全国农药总投入量的 7.7%，农药单位面积施用量是美国的 1.6 倍，而果品产量仅为美国的一半左右（葛顺峰和姜远茂，2016）。

1. 苹果园病虫害发生现状

我国已知苹果害虫 340 多种，目前生产上主要防治的害虫包括叶螨类、食心虫类、蚜虫类、卷叶蛾类、潜叶蛾类、钻蛀害虫类及其他害虫（岳强等，2018）。我国已有记录的苹果病害有107 种，其中近年常发苹果病害为 50 种（王树桐等，2018）。据调查，我国苹果腐烂病、轮纹病、褐斑病和斑点落叶病是当前发生最普遍、危害最严重的病害种类；白粉病、锈病、套袋果实黑点病、花叶病毒病、霉心病、锈果病和炭疽病发生较为普遍，在某些年份可造成重大经济损失；非侵染性病害在个别产区发生严重，严重发生时对苹果生产构成重大威胁。

2. 苹果园农药使用现状

1）登记农药现状

根据中国农药信息网公布数据，截至 2019 年 10 月，我国已登记在苹果上的农药种类共计 2462 种，其中杀菌剂 1267 种、杀虫剂 853 种、杀螨剂 253 种（部分兼为杀菌剂）、除草剂94 种、植物生长调节剂 47 种。

化学杀虫剂主要包括有机磷酸酯类（毒死蜱等）、拟除虫菊酯类（高效氯氰菊酯、高效氯氟氰菊酯、联苯菊酯、溴氰菊酯、氰戊菊酯等）、烟碱和氯代烟碱类（吡虫啉、啶虫脒、噻虫嗪、氟啶虫胺腈、氟啶胺、氟啶虫酰胺等）、苯甲酰脲类（除虫脲、氟虫脲、虱螨脲、灭幼脲、杀铃脲等）、大环内酯类（阿维菌素、甲氨基阿维菌素苯甲酸盐等）。杀螨剂主要包括哒螨灵、四螨嗪、螺螨酯、炔螨特、三唑锡、双甲脒等。杀虫（螨）混剂多是上述几类药剂间的混配或与阿维菌素类药剂的混配。

化学杀菌剂主要分为含铜杀菌剂（硫酸铜钙、碱式硫酸铜、喹啉铜、络氨铜、氧化亚铜等）、无机硫杀菌剂（硫磺、石硫合剂等）、有机硫杀菌剂（代森铵、代森锰锌、代森锌、代森联、福美双、福美锌等）、苯并咪唑杀菌剂（多菌灵、甲基硫菌灵、噻菌灵等）、三唑类杀菌剂（苯醚甲环唑、丙环唑、氟硅唑、氟环唑、腈菌唑、戊唑醇等）、咪唑类杀菌剂（咪鲜胺、咪鲜胺锰盐、咪鲜胺铜盐、抑霉唑等）、二酰亚胺类杀菌剂（异菌脲等）、甲氧基丙烯酸酯类杀菌剂（醚菌酯、肟菌酯、吡唑醚菌酯等）、其他类别（丙森锌、噻霉酮等）。杀菌混剂多是以上杀菌剂之间的混配，如多·锰锌、代锰·戊唑醇、吡唑·戊唑醇、丙森·多菌灵、甲硫·戊唑醇、戊唑·多菌灵、戊唑·咪鲜胺、戊唑·醚菌酯、异菌·多菌灵、唑醚·丙森锌、腐殖·硫酸铜等。

生物源和植物生长调节剂类药剂主要包括苏云金杆菌、氨基寡糖素、多抗霉素、苦参碱、宁南霉素、井冈霉素、中生菌素、金龟子绿僵菌、多效唑、赤霉酸、1-甲基环丙烯、萘乙酸、芸苔素内酯等。

目前，已登记的用于防治苹果树常见病虫害的药剂成分、含量、剂型、种类较多，但不同药剂的作用特性差异明显，给果农选药造成一定困难。

2）登记农药的超范围使用

对于已在农业农村部登记的正规农药，仍有以下超范围使用情况发生：一是使用的药剂在苹果树上登记的防治靶标与实际生产中的防治对象不一致；二是药剂登记的防治靶标与防治对象相同，但未在苹果树上登记。以上情况虽然使用了正规药剂，但树种或靶标不对应，属超范围使用，是不符合国家相关规定的。

3）禁限用农药的违规使用

自 2002 年以来，我国先后发布了一系列规范农药使用和登记方面的管理规定。目前，禁止在果树上使用的农药有 58 种（类），限制使用的农药涵盖 32 种有效成分，涉及撤销和停止受理登记的 37 种（类）（聂继云，2018）。其中杀菌剂禁限用的主要是防止腐烂病的砷制剂，除草剂禁限用的主要是百草枯水剂。尽管国家实行禁限用规定，但是仍能在苹果生产中发现这些药剂使用的痕迹。这主要有以下几方面原因：①老果农形成用药习惯，认可禁限用农药的防治效果；②个别药剂仍具有较高防治效果，生产中缺少有效替代品；③药品规范使用与监管具有盲区，让不法药商有机可乘。除此之外，市场上还能发现"三无"药剂和套牌药剂等假冒伪劣产品，常见的有外包装不标注有效成分、无农药登记证号、无明确防控对象、无正规生产企业或套用其他正规药品信息等情况。

3. 我国主要苹果产区农药投入情况

山东产区是苹果的适生区，主要集中在胶东半岛，该地区降水量大，但病虫害种类多，危害严重，防控难度大。为了有效控制不同病虫的危害，果农采用了高频度、大剂量、多种农药并用的防控策略。据统计，2015 年和 2016 年烟台苹果产区套袋果园每年用药 9 ～ 12 次，投入农药 50 种次以上，折纯用量平均为 3.7kg/亩，投入农药成本约 440 元/亩。

陕西黄土高原是我国重要的苹果优生区域，该地区光照充足、昼夜温差大、土层深厚，苹果品质极佳。其中延安市、宝鸡市、咸阳市的多个县种植规模较为集中。据统计，2015 年，陕西 5 县苹果农药折纯用量平均为 1.40kg/亩，农药投入平均成本 359 元/亩。各县农药使用情况见表 1-11（陈晓宇等，2017）。

表 1-11　2015 年陕西 5 县农药使用基本情况

地点	喷药次数/次	折纯用量/(kg/亩)	农药投入成本/(元/亩)	产量/(kg/亩)	毛收入/(万元/亩)
洛川县	6 ～ 10	1.89	306	1858	0.85
扶风县	5 ～ 12	1.97	363	1704	0.56
凤翔县	12 ～ 15	1.00	541	2560	1.16
乾县	6 ～ 11	1.02	296	2527	1.02
礼泉县	7 ～ 8	1.11	291	3786	1.11

辽宁地处我国渤海湾苹果主产区，省内西部、南部、中部地区均为规模化苹果产区。2015 年，辽宁苹果园农药平均施用量为 2.70kg/亩。其中朝阳地区最高，为 3.23kg/亩，大连地区为 3.04kg/亩，沈阳地区为 2.06kg/亩，葫芦岛地区为 2.02kg/亩。在农药施用成本方面，大连地区农药投入费用最高，每亩投入 213.00 元，朝阳地区次之，每亩投入 166.78 元，沈阳地区和葫芦岛地区相对较低，每亩分别投入 165.23 元、151.69 元（徐成楠等，2017）。

甘肃地处我国黄土高原苹果优势产业带，是中国重要的优质苹果产区和生产大省。据调查，2016 年，平均喷药 5.2 ～ 8.4 次，农药平均折纯用量为 2.06kg/亩，农药投入平均成本 396.46 元/亩。各县区农药使用情况见表 1-12（张文军等，2018a）。

表 1-12　2016 年甘肃省不同苹果产区农药使用量情况调查

编号	地区	平均喷药次数/次	平均折纯用药量/(kg/hm²)	平均成本/(元/hm²)
1	合水县	8.0	39.90	6395.85
2	灵台县	7.0	38.10	4975.05
3	麦积区	8.0	46.45	7681.50
4	崆峒区	6.1	35.85	4500.00

续表

编号	地区	平均喷药次数/次	平均折纯用药量/(kg/hm²)	平均成本/(元/hm²)
5	泾川县	6.7	34.80	4750.05
6	秦安县	6.5	34.65	7222.35
7	庆城县	8.0	32.40	6455.40
8	西峰区	8.1	31.65	6905.40
9	正宁县	8.2	31.20	6833.40
10	宁县	8.2	31.05	6334.35
11	镇原县	8.4	31.05	6565.50
12	甘谷县	6.3	28.20	5694.60
13	秦州区	7.2	27.60	6500.25
14	清水县	7.8	25.20	5907.45
15	静宁县	5.2	22.50	5886.00
16	七里河区	5.2	18.00	5250.00
17	礼县	6.0	15.90	3239.10

山西地处黄土高原苹果优势产业带，自然条件适宜，有利于果树的生长发育。苹果生产主要集中在运城市、临汾市和晋中市。山西苹果生产主要依靠化学农药来解决病虫害问题。据统计，在苹果园病虫害防治中，年平均用药次数达 8 ～ 12 次，生长期每次喷施药液 250 ～ 350kg/亩，全年每亩农药制剂使用量 5kg 左右，农药加人工投入超过 500 元。

1.3.2　苹果园农药施用过程中存在的问题

从我国苹果农药减施增效的技术途径来看，在果园条件、配套设施、栽培措施、植保技术、农户水平、新型组织、监督管理等多方面还存在很多现实的制约因素，只有明确这些方面的问题所在，通过各种途径解决或改善现状，才能进一步使农药减施技术顺利推进。

1. 园地条件差，配套机械装备缺乏

健壮的树势能提高果树抵抗病虫害的能力。我国用于建立果园的地块，土壤条件均不是特别理想，尤其以土壤有机质含量低下、土壤结构不良、养分失衡最为普遍，若不能按需平衡施肥，易引发缺铁、缺锌、缺钙等生理性病害。同时，大部分产区的苹果园多是旱地，无灌溉条件和抗旱设施，难以有效抵御干旱、霜冻等自然灾害，这些都为果树的长期优质丰产埋下了隐患。

完备的机械设备能提高果树管理效能，确保植保措施有效开展。目前我国在果树生产上，果农普遍缺乏现代化的果园机械设备，如大型弥雾机、割草机、果园操作平台，以及近年发展迅速的植保无人机等。农事操作多数还通过较为原始粗放的人工措施来实现，施药效率和农药利用率不高，土肥水、整形修剪、花果管理不到位，不利于各项栽培与植保技术的实施，导致果园树体抗病虫能力不强，果品优质率不高，阻碍苹果现代化生产与农药减施增效的实现。

2. 果农老龄化严重，先进技术难应用

我国农村劳动力短缺、果农老龄化、业务素质低、苹果栽培面积连年增加和苹果经济效益下降已越来越严重。一些老果农仍尊崇老旧的技术模式，果园化学农药施药次数多、用药

量大、定期打药、打保险药、现代化果园机械应用率低、病虫害绿色防控技术应用不够广泛等问题比较常见。果树栽植密度大、频繁采用环剥等抑制生长技术造成果园郁闭、树势较弱，直接导致苹果树腐烂病、轮纹病、早期落叶病、食心虫、红蜘蛛、蚜虫、卷叶蛾类等病虫危害日益严重，天敌种群数量减少，土壤理化性质变差，果品农残超标等突出问题。近年，苹果种植面积进一步扩大，果农栽植果树的盲目性大，一些缺乏专业技术的新果农在新建果园中采用落后的苹果种植模式，忽视果实品质提升，只是一味追求早产、高产，导致果园管理粗放，果树生长不良，病虫害反复暴发的风险加大。

3. 新型经营主体不健全，专业化服务体系发展缓慢

目前，我国果业专业合作组织或者仅具有形式，或者是单打独斗，没有统一的管理措施与技术手段，使得新成果的转化及新技术的推广应用效果不明显，没有起到示范引领作用。与此同时，虽然社会化技术推广服务体系在不断发展壮大，但仍然不能完全满足日益增长的产业需求。以近年蓬勃发展的植保无人机为例，目前国内真正专门用于植保无人机施药的农药制剂、助剂还没有登记生产，仍属于空白，因此行业内急需适用于植保无人机超低容量喷雾的专用药剂和助剂，这样才能充分发挥植保无人机对农作物病虫害的防治优势。

各级政府部门与科研单位等的技术推广机构还需进一步加强对农户、家庭农场、农民合作社等广大生产者合理用药的培训。提升基层农技人员的果树病虫害监测能力，提高果树病虫害测报准确率，积极向果农推广生物、物理、生态等绿色防控技术，加快绿色防控技术措施的应用，普及病虫害防治知识，让果农切实在生产中做到科学用药、减量增效。

4. 环境安全意识不强，果品质量安全溯源体系亟须健全

苹果产业从整体上来说，还缺乏完善的质量安全溯源体系。如何保证果品质量安全与环境安全，有效地减少农药对环境的污染，切实降低农药用量，提高农药的利用率，降低农药残留等，都是苹果产业从业者无法回避的问题，只有提升整个行业的安全意识，才能确保各环节的工作在合理合法的范围内稳步推进。

依据我国当前对农产品质量、农业环境保护及农药监督管理等方面的政策和相关法律法规，苹果园化学农药减施增效技术推广应着眼于农药使用全过程，可通过推进果园病虫害防治技术标准化、贯彻农业环境保护制度、强化农药监督管理执法等途径实现。

5. 农药使用现状与安全高效利用要求差距明显

1）苹果病虫害防治关键期欠准确

由于苹果病虫害种类多样、气候等因素变化大，加上大多数果农没有病虫害监测意识与技术设备，另外多数果园缺乏病情、虫情、农药施用记录，生产中多根据以往经验和天气情况进行病虫害防治，主要表现为用药时机不当，多习惯于打预防药或者后打补救药，不仅造成药剂浪费，而且因不能把握关键用药时机，药剂防治效果也不能充分发挥，同时还存在过量使用的问题。

2）重复使用单一药剂和一次喷多种药剂

多菌灵、甲基硫菌灵、高效氯氰菊酯等广谱性药剂在苹果园中重复使用频繁，这违背了轮换、交替用药的科学原则。个别常规杀虫剂与杀菌剂的长期、单一、过量使用，加重了苹果病虫害的抗性选择压力，容易使靶标病虫产生抗药性，导致农药药效降低，使用量进一步增加，果品农药残留与环境安全风险加大。

3）施药器械选择或使用不当

目前，我国苹果园常见施药器械包括柱塞泵式喷药机、背负式喷雾器、弥雾机及植保无人机。其中，以柱塞泵式喷药机使用最广泛。但是，果农对药械特性、机器保养、雾滴大小、喷片规格、压力调节等关键因素认识不到位，极易造成药械选用不当、药液浪费、防治效果不佳等后果。在一些偏远山区的果园，仍有果农使用背负式喷雾器用于乔砧大树喷药，难以保证全树均匀、有效着药，加大了病虫害发生风险，屡次频繁施药不利于果品安全生产。

第2章　苹果化肥和农药高效利用的理论基础

2.1　苹果化肥高效利用的理论基础

2.1.1　苹果养分需求特性

　　苹果所吸收的矿质元素，除了形成当年的产量，还要形成足够的营养生长和贮藏养分，以备今后生长发育的需要。早在 20 世纪初即开始研究苹果植株各部分器官的营养元素含量。关于苹果对每种养分的吸收量和输出量，不同的研究之间存在较大分歧。造成这一分歧的主要原因是品种、栽培技术及地理位置的不同。表 2-1 比较了几个苹果品种的养分需求量。Cheng 和 Rada（2009）对 6 年生 Gala/M26 的研究表明，苹果树体每年新增加的干物质主要是果实，大约占 72%，而新梢和叶片仅占约 17%；每生产 1kg 果实营养元素的需求量为 N 1.1g、P 0.2g、K 1.9g、Ca 0.8g、Mg 0.2g、S 0.1g、B 5.0mg、Zn 3.2mg、Cu 2.5mg、Mn 9.8mg、Fe 7.9mg。Batjer 等（1952）的研究表明，30 年生'元帅'苹果（产量 44.89t/hm²）的年吸氮量为 110.5kg/hm²，其中 71.3kg/hm² 归还到土壤，净吸收量为 39.2kg/hm²。Kangueehi 等（2011）研究了滴灌条件下 Brookfield Gala/Merton 793 苹果产量为 45.2t/hm² 时，每生产 1kg 果实营养元素的需求量为 N 1.7 ～ 2.6g、P 0.3 ～ 0.4g、K 2.3 ～ 3.3g、Ca 0.5 ～ 1.9g、Mg 0.2 ～ 0.4g、Mn 1.3 ～ 7.9mg、Fe 28.7 ～ 32.6mg、Cu 0.9 ～ 1.1mg、Zn 3.0 ～ 5.5mg、B 5.7 ～ 7.6mg。国内许多研究表明，'国光'、'金冠'、'元帅'和'富士'每生产 1kg 果实需 N 的量分别为 3.0g、1.5g、2.5g、3.5g，需 P 的量分别为 0.8g、0.3g、0.3g、0.4g，需 K 的量分别为 3.2g、2.3g、2.3g、3.2g（姜远茂等，2007）。由此可见，苹果养分需求量除了与果实产量有关，还与品种密切相关。另外，一般矮化苹果树的养分需求量要低于乔化树种。

表 2-1　几个苹果品种的养分需求量

品种		养分需求量/(kg/hm²)					来源
		N	P	K	Ca	Mg	
金冠（14 年生，500 株/hm²，90t/hm²）	植株	39.7	6.0	33.9			Haynes and Goh，1980
	叶片	32.6	3.9	25.7			
	根系	27.6	5.6	16.8			
	果实	21.3	4.0	120			
	合计	121.2	19.5	196.4			
元帅（30 年生，124 株/hm²，44.89t/hm²）	植株						Batjer et al.，1952
	叶片						
	根系						
	果实						
	合计	110.5	17.8	141.7			

品种		养分需求量/(kg/hm²)					来源
		N	P	K	Ca	Mg	
富士/平邑甜茶（12年生，825 株/hm²，45t/hm²）	植株	8.9	1.3	9.4			姜远茂 2004 年年周期采样数据
	叶片	36.7	3.1	19.9			
	根系	29.6	6.5	15.8			
	果实	37.4	4.6	71.3			
	合计	112.6	15.5	116.4			
Brookfield Gala/Merton 793（5 年生，2000 株/hm²，45.2t/hm²）	植株						Kangueehi et al.，2011
	叶片						
	根系						
	果实						
	合计	76.5～117	13.5～18	103.5～148.5	22.5～85.5	9～18	
Gala/M26（6 年生，2780 株/hm²，52.5t/hm²）	植株						Cheng and Rada，2009
	叶片						
	根系						
	果实						
	合计	56.1	9.5	100.9	40.4	12.3	

综合来看，元素年吸收总量的排列顺序为 K > N > Ca > P > Mg。从元素在各器官间的分配来看，N 在各器官分布比较均衡，其中 17.6%～33.2% 在果实内，26.9%～32.6% 在叶中；K 主要分布在果实中，占 61% 左右；P 分布也比较均衡，其中 20.5%～27.6% 在果实内，20%左右在叶片内；Ca 在果实中的分配较少，仅占 10%～15%。根据养分的分配情况，若果实负载量增加，就要相应增加 K 的供应，以保证果实的消耗及花芽分化的需要。

2.1.2　苹果叶片养分适宜值

叶片是反映植物体内营养元素含量变化最为敏感的部位。同时大量数据分析显示，同一植物叶片内营养元素含量在正常条件下是基本稳定的；而且达到成熟阶段的、发育正常的叶片是树体同化代谢功能最为活跃的部位，是制造各种营养物质的最重要源器官之一。另外，叶片中的营养元素含量最高，且较易测定，因此在合适的时期一定部位叶片的营养水平，基本能够代表树体的整体营养水平。研究表明，当苹果春梢停止生长后，叶片营养元素含量变化趋于缓和时是采集叶样的适宜时期，即 7 月上旬采集外围新梢中部的成熟叶片（仝月澳和周厚基，1982；李港丽等，1987）。

目前，叶片营养分析与诊断被广泛地应用于国内外植物营养和土壤肥力的研究。在果树栽培上，可以根据叶片营养诊断，确定各矿质元素缺乏的先后顺序，进而诊断出潜在的养分缺乏状况及叶片矿质养分整体的平衡状况。到 20 世纪中后期，世界上大多数的落叶果树叶片养分含量的适宜值范围即最佳养分范围均已陆续确定。其中，世界各个国家苹果叶片养分的适宜值范围见表 2-2。

在中国，苹果叶片营养元素适宜含量的研究始于 20 世纪 80 年代。鉴于不同品种及不同地区同一品种叶片的标准值存在差异，我国不同苹果品种叶片的营养元素含量标准值见表 2-3。

表 2-2　世界苹果叶片养分适宜值范围（国际肥料工业协会等，1999）

国家或地区	大量元素含量（干基百分数）/%					微量元素含量/(mg/kg 干基)				
	N	P	K	Ca	Mg	Fe	Mn	Cu	Zn	B
中国	2.00~2.60	0.15~0.23	1.00~2.00	1.00~2.00	0.22~0.35	150~290	25~150	5.0~15.0	15~80	20~60
澳大利亚	2.00~2.40	0.15~0.20	1.20~1.50	1.10~2.00	0.21~0.25	>100	50~100	6.0~20.0	20~50	21~40
巴西	2.00~2.40	0.15~0.30	1.20~1.50	1.10~1.70	0.25~0.45	50~250	30~130	5.0~30.0	20~100	25~50
加拿大	2.20~2.50	0.15~0.30	1.40~2.20	0.80~1.50	0.25~0.40	25~200	20~200	—	15~100	20~60
丹麦	2.00~2.50	0.18~0.30	1.10~1.50	0.70~1.20	0.20~0.35	—	—	—	—	—
法国	2.30~2.60	0.16~0.19	1.60~2.00	—	0.22~0.30	—	—	—	—	25~35
德国	2.20~2.80	0.18~0.30	1.10~1.50	1.30~2.20	0.20~0.35	—	35~100	5.0~12.0	15~50	20~50
匈牙利	2.00~2.70	0.12~2.20	1.00~1.60	1.20~1.80	0.27~0.40	100~300	50~200	5.0~20.0	25~50	25~50
意大利	1.80~2.70	0.16~0.28	1.00~1.90	1.10~2.00	0.24~0.39	40~150	>8	>1.0	>15.00	20~40
日本	3.40~3.60	0.17~0.19	1.30~1.50	0.80~1.30	0.27~0.40	—	50~200	10.0~30.0	30~50	30~50
英国	2.40~2.80	0.20~0.25	1.30~1.60	1.00~1.60	0.25~0.30	—	31~100	15.0~25.0	5~10	25~30
美国	1.80~3.00	0.15~0.40	1.30~2.50	1.20~2.60	0.25~1.00	75~150	25~100	10.0~50.0	40~80	35~75
俄勒冈州	2.00~2.30	0.14~0.55	1.20~2.00	1.10~2.50	0.25~0.60	50~250	25~150	5.0~15.0	15~60	30~60
华盛顿州	1.80~3.00	0.15~0.40	1.30~2.50	1.20~2.60	0.25~1.00	75~150	25~100	10.0~50.0	40~80	35~75
俄罗斯	1.80~2.50	0.13~0.22	1.00~1.50	1.00~1.40	0.23~0.35	—	—	—	—	—
南非	2.10~2.80	0.13~0.19	0.80~1.60	1.20~1.60	0.30~0.50	80~150	20~90	5.0~10.0	30~50	25~40

注："—"表示数值空缺，全书同

表 2-3　中国苹果叶片营养元素含量标准值

文献	区域	品种	大量元素含量（干基百分数）/%					微量元素含量/(mg/kg 干基)				
			N	P	K	Ca	Mg	Fe	Mn	Cu	Zn	B
李港丽等 1987	北京、河北、辽宁、山东、新疆	红星、金冠、国光	2.00~2.60	0.15~0.23	1.00~2.00	1.00~2.00	0.22~0.35	150~290	25~150	5.0~15.0	15~80	20~60
安贵阳等 2004	陕西	富士、嘎冠、红星、金冠、嘎啦	2.31~2.50	0.138~0.166	0.73~0.98	1.73~2.24	0.37~0.43	120~150	52~80	20~50	24~45	33~37
李海山等 2011	河北	富士	2.19~2.93	0.09~0.13	0.85~1.04	1.29~1.55	0.106~0.115	87.4~110.6	65.3~80.1	15.1~21.5	8.4~9.8	—
		国光	2.56~3.25	0.10~0.14	0.88~1.13	1.39~1.57	0.103~0.112	97.5~122.6	61.2~86.9	11.0~17.1	8.6~10.1	—
刘小勇等 2013	甘肃	元帅	2.41~2.52	0.13~0.19	1.55~1.85	2.75~3.36	0.59~0.65	367~495	78~132	19~33	30~59	25~31

2.1.3　苹果年周期养分累积特性

1. 苹果树体养分年周期累积动态

年周期中苹果各器官中养分含量不是一成不变的，它随着生长季节的不同而发生动态变化（图 2-1）。树体这种养分含量的变化反映了不同生长发育阶段对养分需求的变化，对氮素而言，苹果地上部新生器官需氮可分为 3 个时期，第一个时期为从萌芽到新梢加速生长，为大量需氮期，需氮量为当年新生器官总氮量的 80%，此期充足的氮素供应对保证开花坐果、新梢及叶片的生长非常重要。此期前半段时间氮素主要来源于贮藏在树体内的氮素，后期逐渐过渡为当年吸收的氮素。第二个时期为从新梢旺长后到果实采收前，为氮素营养的稳定供应期，需氮量为当年新生器官总氮量的 18%，此期稳定供应少量氮肥对提高叶片光合作用起重要作用。此期施氮较难处理，过多影响品质，过少影响产量。第三个时期为从采收至落叶，为氮素营养贮备期，需氮量为当年新生器官总氮量的 2%，此期氮素营养贮备量高对下一年高产优质起重要作用。对磷素而言，一年中苹果对其的需求量在迅速达到高峰后，开始趋于稳定，新生器官 4 个时期（萌芽至开花期、新梢旺长和花芽分化期、果实膨大期、果实成熟至落叶期）需磷比例分别为 82%、11%、6% 和 1%。对钾素而言，以果实迅速膨大期需钾量较多，新生器官 4 个时期需钾比例分别为 48%、31%、21% 和 0%。根据上述年周期养分需求特点，对氮磷养分必须加强秋季贮藏以保证第二年春季的需求，对于果实需求较多的钾肥，在生长季要及时补充。

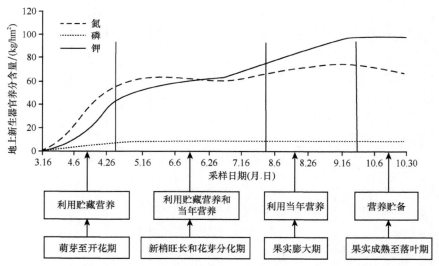

图 2-1　'红富士'苹果年周期地上新生器官养分累积动态

2004 年，山东泰安，从 3 月 16 日开始，每 10 天左右 1 次

2. 叶片与果实养分年周期累积动态

叶片和果实氮含量随着物候期的推移呈现骤然下降并逐渐趋于平稳的趋势（图 2-2），其中果实的氮含量在果实生育初期最高，为 36.12g/kg，萌芽后 60 天和 80 天的氮含量分别仅占萌芽后 40 天的 61.48% 和 31.26%；叶片氮含量在萌芽后 20 天时最高，为 38.81g/kg，萌芽后 60 天和 80 天的氮含量仅占萌芽后 20 天的 75.26% 和 65.68%。

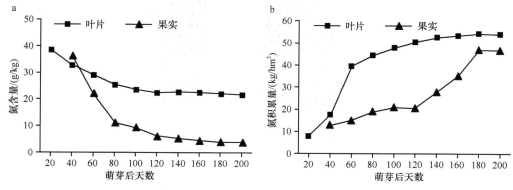

图 2-2　'富士'苹果叶片与果实氮含量（a）和氮积累量（b）的年周期变化

叶片与果实年周期的氮积累量分别为 53.92kg/hm² 和 46.83kg/hm²，其中叶片在萌芽后 20～60 天积累较快，占其全年氮积累量的 59.14%。果实氮积累量在萌芽后 120～180 天最为显著，占其全年氮积累量的 56.84%。科学施氮应该使氮素供应与新生器官氮素积累的关键时期同步。

叶片和果实磷含量随着物候期的推移呈现骤然下降并逐渐趋于平稳的趋势（图 2-3），其中果实的磷含量在萌芽后 40 天时最高，为 3.43g/kg，萌芽后 60 天和 80 天的磷含量分别占萌芽后 40 天的 76.38% 和 47.23%；叶片磷含量在萌芽后 20 天时最高，为 4.51g/kg，萌芽后 60 天的磷含量仅占萌芽后 20 天的 57.87%。

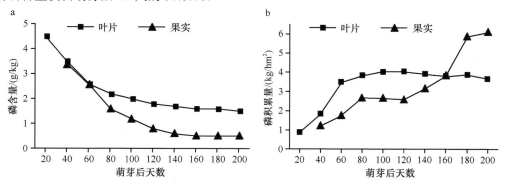

图 2-3　'富士'苹果叶片与果实磷含量（a）和磷积累量（b）的年周期变化

叶片与果实全年磷积累量分别为 3.69kg/hm² 和 6.12kg/hm²，其中叶片在萌芽后 20～60 天积累较快，占其全年磷积累量的 71.27%。果实磷积累有两个高峰期，分别是在萌芽后 40～80 天和 120～180 天，分别积累了 1.46kg 和 3.28kg，占其全年磷积累量的 23.86% 和 53.59%。

叶片的钾含量随着物候期的推移呈下降趋势（图 2-4），叶片的钾含量全年下降较为缓慢，而果实的钾含量前期下降幅度较大，萌芽后 100 天果实钾含量仅占萌芽后 60 天的 55.04%。

叶片与果实全年钾积累量分别为 36.94kg/hm² 和 84.43kg/hm²，但其年周期表现有所不同。其中叶片前期积累较快，果实后期积累较快，叶片钾积累量在萌芽后 40～80 天占其全年钾积累量的 51.65%，果实在萌芽后 100～180 天积累了 57.8kg 钾，占其全年钾积累量的 68.46%。

果实的钙含量在年周期内表现为先骤然下降随后趋于平稳的趋势（图 2-5），萌芽后 40～80 天钙含量下降了 73.48%；叶片的钙含量随着物候期的推移表现为先下降后上升的趋势，并在萌芽后 60 天达到最小值，为 4.31g/kg，仅占萌芽后 20 天的 57.62%，随后钙含量一直上升并在萌芽后 200 天达到最大值，为 11.1g/kg。果实的钙积累量增长较为缓慢，且全年变化差异不显著。叶片的钙积累量年周期增长幅度较大，主要表现在中期，如萌芽后 60～160 天。

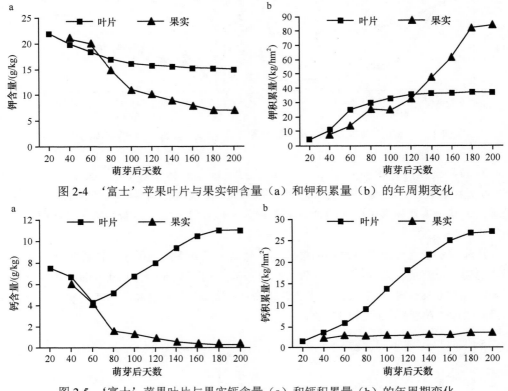

图 2-4 '富士'苹果叶片与果实钾含量（a）和钾积累量（b）的年周期变化

图 2-5 '富士'苹果叶片与果实钙含量（a）和钙积累量（b）的年周期变化

叶片镁含量在年周期内表现为先缓慢下降然后逐渐上升的趋势（图 2-6），在萌芽后 60 天达到最小值，为 2.62g/kg；果实的镁含量在萌芽后 40～60 天变化不显著，随后骤然下降并趋于平稳，其中萌芽后 120 天的镁含量仅占萌芽后 60 天的 21.86%。叶片镁积累量随着物候期的推移逐渐上升，全年净积累量为 9.59kg/hm²；果实镁积累在年周期内有两个积累较快的时期，分别是萌芽后 40～80 天和 120～180 天，其镁积累量分别为 1.57kg/hm² 和 3.60kg/hm² 且分别占全年镁积累量的 26.21% 和 60.10%。

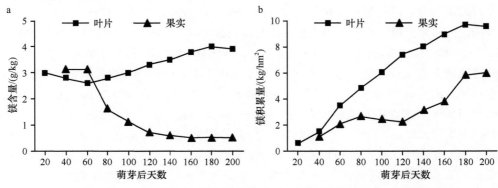

图 2-6 '富士'苹果叶片与果实镁含量（a）和镁积累量（b）的年周期变化

3. 丰稳产园叶片养分变化动态

叶片养分状况是影响苹果产量的重要因素。赵林（2009）对丰稳产园（连续 6 年产量在 150t/hm² 以上）和变产园（产量在 31.52 ～ 203.55t/hm²，年际间变幅高达 80.45%）关键物候期（萌芽期、盛花期、新梢旺长期、第一次果实膨大期、第二次果实膨大期、果实成熟期、采收后）的土壤与叶片养分进行了监测，发现两种类型果园不同物候期的土壤和叶片养分间存在显著差异，尤其是果实膨大后期。

丰稳产园叶片全氮含量年周期变化动态表现出迅速下降—缓慢下降—迅速下降的趋势（图 2-7）。萌芽期最高，为 4.23%，至盛花期迅速下降到 3.08%，降低了 27.19%；从盛花期至果实成熟期呈现缓慢下降趋势，降幅为 19.81%；而从成熟期至采收后又呈现迅速下降趋势，达到年周期最低点（1.63%），降幅为 34.01%。变产园叶片全氮含量年周期变化动态同样表现出迅速下降—缓慢下降—迅速下降的趋势。萌芽期叶片全氮含量最高，为 4.24%，至盛花期叶片全氮含量呈现迅速下降趋势，降幅达 17.45%；盛花期至第一次果实膨大期叶片全氮含量呈现缓慢下降趋势，降幅仅为 16.86%；此后呈现迅速下降趋势，采收后叶片氮素含量降至最低（1.29%）。

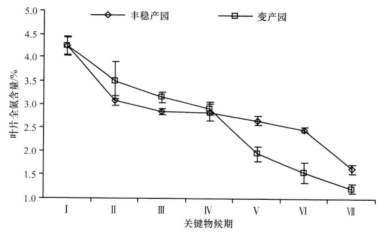

图 2-7　变产园与丰稳产园叶片全氮含量年周期变化动态

Ⅰ：萌芽期；Ⅱ：盛花期；Ⅲ：新梢旺长期；Ⅳ：第一次果实膨大期；Ⅴ：第二次果实膨大期；
Ⅵ：果实成熟期；Ⅶ：采收后。下同

丰稳产园叶片全磷含量年周期变化动态表现出迅速下降—缓慢下降—迅速下降的趋势（图 2-8）。萌芽期含量最高，为 0.32%；至盛花期迅速下降至 0.25%，降幅为 21.88%；新梢旺长期至果实成熟期呈现动态平衡趋势；果实成熟期至采收后呈现迅速下降趋势，达到年周期最低点（0.14%），降幅为 35.02%。变产园叶片全磷含量年周期变化动态表现出缓慢下降—迅速下降—缓慢下降的趋势。萌芽期最高，为 0.30%，至第一次果实膨大期表现出缓慢下降趋势，降至 0.20%，降幅为 33.3%；而从第一次果实膨大期至第二次果实膨大期呈现迅速下降趋势，降至 0.11%，降幅为 45.00%；从第二次果实膨大期至采收后呈现动态波动趋势。

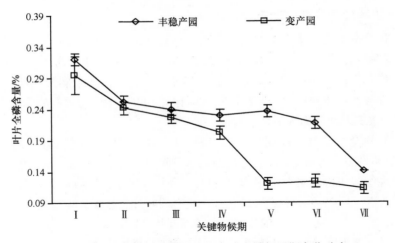

图 2-8　变产园与丰稳产园叶片全磷含量年周期变化动态

　　丰稳产园叶片全钾含量年周期变化动态表现出持续下降趋势（图 2-9）。萌芽期至第一次果实膨大期下降缓慢，降幅仅为 9.75%；第一次果实膨大期至采收后经历了 3 次剧烈下降阶段，降幅分别为 16.03%、6.22%、15.04%；采收后达到年周期的最低点（1.92%）。变产园叶片全钾含量年周期波动剧烈。萌芽期最高，为 2.84%，盛花期迅速下降至 2.48%，降幅为 12.68%；盛花期至第一次果实膨大期变化平稳；第二次果实膨大期迅速下降到 1.9%，降幅为 26.92%；果实成熟期略有回升，采收后下降至年周期最低点（1.81%）。

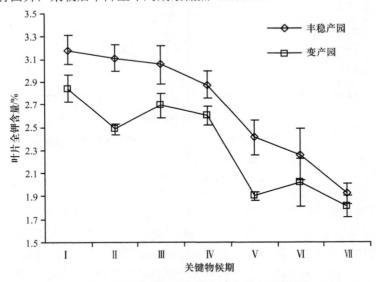

图 2-9　变产园与丰稳产园叶片全钾含量年周期变化动态

　　叶片是整个树体对土壤矿质营养反应敏感的器官，它的矿质营养状况可以反映树体对土壤矿质营养的吸收利用状况。以上结果表明，两种类型果园果树叶片全氮含量均呈"迅速下降—缓慢下降—迅速下降"趋势，叶片全氮含量均在萌芽期最高，采收后最低，丰稳产园果树叶片全氮含量从盛花期到果实成熟期缓慢下降，在采收后才迅速下降，而变产园果树缓慢下降时间较短，在第一次果实膨大期开始迅速下降，表明果实膨大期至采收前这段时间叶片氮素养分状况是造成产量水平变化的主要原因。因此，在我国果园土壤瘠薄、保水保肥能力弱的情况下，保证果实膨大期叶片养分稳定是丰产稳产的保证。

2.1.4　苹果贮藏养分再利用特性

养分的再分配与再利用指植物体内除了已构成骨架的细胞壁等成分，其他的细胞内含物都有可能被再度利用，即被转移到其他器官或组织中。贮藏营养对果树的生长发育具有重要作用，特别是对果树翌年早春的花芽分化、枝条生长、开花结果、果实早期生长作用重大。研究发现，萌芽后 60 天内果树新生器官生长发育所需的氮素营养大约 80% 来自树体上一年的贮藏氮，只有 20% 左右来自当季供应；从 6 月开始，随着土壤温度的升高和根系吸收能力的增强，此时可以通过土壤施氮来提供新梢快速生长和果实发育所需的大量氮素；秋季随着叶片衰老，叶片氮素回流贮藏（图 2-10）。

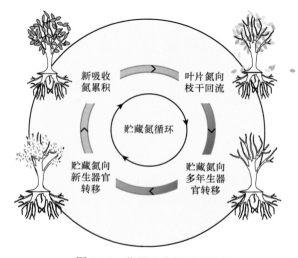

图 2-10　苹果贮藏氮循环特性

对苹果库源关系的研究表明，几乎所有的活组织都有碳水化合物的贮存，都可以作为一个潜在的源（陆奇杰等，2017）。苹果属于蔷薇科植物，可溶性糖在苹果植株体内主要以山梨糖醇和蔗糖的形态贮藏（张勇等，2013）。在果树生长发育初期，叶片结构尚未完全建成，叶片光合作用所产生的碳素同化物几乎不输出，主要用于叶片自身建造。从新梢旺长期开始，贮备营养物质可利用部分已基本耗尽，果树进入营养转换期，此时果树需要氮素持续稳定地供应，叶片光合作用产生的同化物质运输到树体各个部位（王芬等，2017）。进入新梢缓长期后，果树进入氮素稳定供应阶段，叶片光合同化能力维持在较高水平，碳素同化物的合成及其运输与分配达到较稳定的时期。碳素同化物在养分回流贮备期主要表现为从地上部向地下部运输的特点，其中将近一半的养分回流到根部并贮藏在根部，而滞留在叶片中的养分含量则降到 25% 以下（Pommerrenig et al.，2007）。果树在养分回流期间，伴随着叶片衰老还会进行氮素营养的回流，不同的落叶果树在养分回流期间氮素的回流能力是不一样的。苹果晚秋落叶前，叶片内有一半以上的氮素通过养分回流回撤到树体内。叶片中氮素大部分以蛋白质的形式存在，养分回撤期间，蛋白质开始降解，主要以谷氨酰胺的形式回撤到树体内，同时还伴随少量天冬酰胺和精氨酸。回撤到树体内的谷氨酰胺可通过合成谷氨酸的途径，进而将氮素储存在其他氨基酸或蛋白质中以提高树体的抗寒性，有利于翌年果树生长发育。

丁宁等（2016b）研究认为，落叶前叶面喷施尿素可增加苹果幼树养分回流期氮素的回撤，原因有二。其一，叶面喷施尿素可提高叶片氮素浓度，提高了源强；其二，叶施尿素可增强叶片蛋白酶的活性，提高叶片内蛋白质的降解效率（徐国华等，1999），两者相比较来说，后者的作用更为明显。因此落叶前叶施尿素效果比土施尿素要好，在增加秋季养分回流期间氮素回撤效率的同时还能促进氮素的贮藏（沈其荣等，2000）。研究发现，植物叶片中贮存的硝酸盐浓度可高达 200mmol/L（Miller and Smith，1996），但似乎只能作为氮素的短期缓冲和贮存所用（Devienne et al.，1994），如果能将植物体内这些多余的氮素转化为可再利用的、不起反馈调节作用的氨基酸、蛋白质、核酸和叶绿素等含氮化合物，这样一方面当土壤中供氮不足时，可再利用这些贮存的氮素；另一方面当土壤中氮素充足时又可增加植物对氮素的吸收并加以贮存，从而提高植物对氮素的吸收利用效率。目前已发现一个液泡膜上转运硝酸盐的基因 *AtCLCa*（Angeli et al.，2006），但其利用价值还有待进一步探究。

2.1.5　苹果养分高效吸收的根系生物学特性

根系是苹果树体吸收土壤养分的重要器官，是实现养分高效吸收的关键。有研究提出了作物养分高效吸收的理想根系构型，如浅根型根系能有效吸收浅层土壤中的磷，深根型根系则有利于吸收深层土壤中的硝态氮和水分。理想的根系构型同时具备根系建筑学、解剖学和生物化学的特征，能够促进植物高效获取土壤养分。Brown 等（2013）提出培育符合建筑学、解剖学和生物化学特征的根系，如更多的根毛分布在表层土壤，根系的构建和维持更为经济，释放足够的酸性磷酸酶及有机酸来挖掘土壤中的难溶性磷，都将提高土壤养分的吸收利用率。Lynch（2013）提出了促进作物高效获取土壤氮资源的理想根系构型，称其为"陡峭的、经济的、分布深的"根系构型。"陡峭的"是指根系与土壤水平面的夹角大，促进根系下扎，增加根系在深层土壤中的数量；"经济的"是指根系对碳资源的高效利用，即消耗较少的碳资源的同时能够吸收或运输更多的养分；"分布深的"指根系深扎不仅有利于干旱地区作物的生长，而且有利于作物在生长季后期抵抗不良环境的胁迫，保证和满足地上部生长对土壤养分、水分的需求。

苹果根系稀疏，根密度（LA）[根长（cm）/土壤表面积（cm^2）] 一般小于 10cm/cm^2，低于其他果树，更低于大田作物（LA 一般大于 80cm/cm^2）。因此，有限的根土接触和高的营养流入速度是苹果根系的特点。苹果根系的水平扩展范围为树冠直径的 1.5～3.0 倍，乔砧、比较疏松的土壤较广，而矮砧、黏土则较狭。有调查研究表明，80% 以上的苹果根系分布于树冠边缘以内的范围内，但直径小于 1mm 的细根多分布于树冠边缘距中央干较远的地方。尽管根系有潜力向更广范围延伸，但相邻植株的根系将限制其扩展，即使在高密度的苹果园，株间根系交错也很少发生。

植物对土壤养分的高效吸收主要取决于根系的生物学特性，包括根系的形态与生理学特征。有研究表明，无论是在低氮还是在高氮环境中，植物根系都形成了特有的适应机制（霍常富等，2007）。氮素对根系发育具有双向调节作用，只有当土壤氮素浓度处于较低水平时，根系才可充分发挥其"趋肥性"的生物学潜能，而在氮素供应过量的条件下，根系的这种效应则受到明显抑制。彭玲等（2018a）研究发现，在较低浓度范围内，增加 NO$_3^-$-N 浓度，苹果幼苗根系长度和根系总表面积显著增加，根尖数显著增多，说明在低氮条件下植物可通过促进根系生长，增加对养分的有效捕获，提高氮素吸收能力，以满足其对氮素的需求。低氮处理下苹果幼苗地上部干重明显下降，而根系干重的相对增加导致根冠比增大。但超过一定供氮水平后，根系长度、根系总表面积显著减小，根尖数也明显减少，并在高氮处理时降到最低值，说明高浓度的 $NO_3^-\text{-}N$ 对苹果幼苗根系的生长表现出明显的抑制作用。Zhang 等（2007）研究认为，高浓度 $NO_3^-\text{-}N$ 导致植株地上部硝态氮累积，产生长距离信号抑制了根系的生长。而李晶等（2013）的研究表明，高氮条件下植株体内的氮素积累到一定程度时，过多的氮素营养可导致细胞分裂素含量持续增加，拮抗生长素，显著降低根系中 3-吲哚乙酸含量和促进乙烯的产生（Kiba et al.，2011），从而抑制幼苗根系的生长。与 $NO_3^-\text{-}N$ 不同，高浓度 $NH_4^+\text{-}N$ 不利于根系生长和树体生长势的快速提高，是因根系中 $NH_4^+\text{-}N$ 的大量积累对根系产生毒害作用，导致根系生长量的减少。

2.2　苹果农药高效利用的理论基础

2.2.1　苹果主要病虫害的发生规律与致害原理

1. 果实害虫

为害苹果果实的害虫种类较多，常见的有桃小食心虫、梨小食心虫、康氏粉蚧、绿盲蝽等。重要的检疫性害虫苹果蠹蛾在国内也逐渐呈现出扩散为害的趋势，同时由于种植结构的调整，棉铃虫也开始进入果园对果实进行为害（王朝阳等，2001）。

除了食心虫的直接蛀食为害，康氏粉蚧是套袋苹果重点防治的害虫，其为害果实造成果实上色困难，苹果呈现"花脸"果；绿盲蝽近年来发生凶猛，果实受害形成小黑点，后期果实畸形，早熟品种、小气候暖和的果园多发生；棉铃虫属于偶发性害虫，在高发年份 5 月中旬形成大量蛀果。随着生草覆盖栽培技术的推广和普及，部分果园管理粗放、杂草丛生、密度过大，导致土蝗、蟊斯、蟋蟀等直翅目害虫数量增加，在河南西部山地果园近地面果实的受害果率达 2%～3%（阎克峰，2002）。

果实害虫在分类学上属于鳞翅目或半翅目，成虫具翅膀，一般都有较强的飞翔能力，为了增加后代的存活率，其母代的产卵场所均接近子代的为害场所，在卵孵化后幼虫可直接蛀入果实，在植物体内开拓更加舒适的微环境，这种微环境可有效避免天敌的捕食和与化学农药的接触，导致我们可供开展防治的"窗口期"较短，导致对其防治有一定的困难。

该类害虫直接以果实作为为害对象，因此在此类害虫的防治中应尽可能对该害虫造成的经济损失情况进行综合评估，结合果园的产值情况，制订出适宜的害虫防治指标。在开展化学防控时，需要结合预测预报，找到防治该类害虫的适宜"窗口期"，在此期间喷施适合的药剂。为了缩短害虫对果实为害的时间，减少对后期品质的影响，药剂的种类选择应以速效性较好的药剂为主，辅助以必要的生物防治措施，降低害虫的种群基数，延缓其达到经济阈值的时间，减轻后期化学防治的压力。

2. 枝干害虫

枝干害虫的主要种类包括苹果绵蚜、苹果透翅蛾、天牛类、吉丁虫类等。按照为害部位枝干害虫可以分为表皮为害类、韧皮部为害类和木质部为害类。

枝干是果树水分和营养上下传输的重要通道，一旦枝干受到影响，必将会对树的生长势造成严重的影响，严重时将会导致果树死亡。由于枝干害虫隐蔽性强，自然死亡率低，防治不当是造成枝干害虫难以防治的重要原因。枝干病害严重发生的第一个原因是，近年来，为了提高苹果品质进行郁闭果园改造，产生了大量剪锯口等伤口，导致苹果绵蚜加重发生。第二个原因是防治枝干病虫害的药剂使用量减少。随着套袋技术的普及，人们忽视了枝干病虫害的防治，导致枝干轮纹病高发，这也为苹果透翅蛾的发生创造了有利条件，在病虫害严重果园有人曾经在一棵苹果树上采集了124头透翅蛾幼虫（顾耘和吕瑞云，2017）。据调查，有近50%的果农在每次喷药时不注重树干和大枝的喷施，害虫接触不到杀虫剂而得不到有效的控制。第三个原因是树势衰弱。因养分投入不足、结果过多、早期落叶等导致的树势衰弱的果园约占30%，而树势衰弱导致粗皮、裂口、腐烂病多，给枝干害虫的发生创造了良好的寄主条件。第四个原因是近年来受气候因子的影响，"暖冬"现象频繁出现，越冬死亡率低、为害期延长也为枝干害虫的滋生创造了有利条件。

枝干类害虫的防治应以预防为主，配合运用生物性杀虫剂和寄生性天敌种类，协调运用人工、物理和化学防控措施，降低被害比例，切实控制害虫的蔓延为害（仇贵生，2003）。枝干害虫轻度发生的地区应以自然调节为主，改善生态环境，加强害虫种群动态监测，采用器具人工钩杀害虫，必要时辅助释放寄生性天敌。在枝干害虫中度和重度发生区，除了上述措施，化学农药的使用是必不可少的。采用喷雾法防治树木蛀干害虫虽有一定的防治效果，但大量药液弥散在空气中污染环境，容易造成人畜中毒。因此在实际操作中，还有树干涂药、插毒签、树干注射、挂吊瓶和根部埋药等方法可供选择，农药的种类以集内吸、熏蒸和触杀于一体的药剂效果较好。

不同种类的害虫适宜开展化学防治的时期不同。由于介壳虫类害虫体表有药剂难以渗透的硬壳，因此在其无介壳或无蜡质分泌的时期采取防治措施效果较好。天牛类和透翅蛾类害虫的幼虫一般位于树体内部，这一时期开展防控的效果较差，在其成虫发生期使用性信息素迷向干扰或直接喷药防治可取得较好的效果。

3. 叶部害虫

苹果园主要叶部害虫有刺吸类的蚜虫和绿盲蝽，鳞翅目的金纹细蛾、苹小卷叶蛾、刺蛾类等。其中绣线菊蚜和苹果瘤蚜发生频次高，还影响果实的品质，在严重地块虫梢率达100%；金纹细蛾在管理粗放、郁闭严重的果园常引起早期落叶；苹小卷叶蛾属于偶发性害虫，在个别年份严重为害叶片，但有些地区发现苹小卷叶蛾于苹果生长后期可蛀入袋内为害果实，成为为害果实的害虫种类，造成一定损失。近年来，苹果叶部害虫整体上呈加重发生趋势，分析原因可能是套袋技术的普及，着重保护了果实，但忽视了对叶部害虫的关注度（仇贵生等，2012a）。尤其是套袋后发生的叶部害虫需引起重视，应加大防治力度。

一般来讲，叶部害虫的扩散比较快，一旦形成灾害，就会对果树产生严重危害。该类害虫主要以各种虫态在落叶、枯枝中越冬，因此清理枯枝落叶可大大降低越冬虫源。及时清理枯枝落叶是防治金纹细蛾的最有效措施。

叶部害虫的化学防治时期一般贯穿于果树的整个生长季，此时也正值苹果其他病虫害的发生高峰期，应结合果园病虫害的整体发生状况，合理统筹防治，降低生产成本。

对于卷叶蛾和潜叶蛾类害虫，应采取糖醋液和性诱剂防治，密切监测种群动态，在成虫产卵和孵化盛期集中喷药防治。在蚜虫的发生初期可采取统防统治加挑治的策略，压低其种群基数。应在绿盲蝽早春为害开始前集中使用药剂防治。

4. 叶螨类害虫

为害我国苹果产业的害螨种类主要是山楂叶螨、苹果全爪螨、二斑叶螨三种，部分地区尚有果苔螨的为害（闫文涛等，2010）。该类害虫主要以刺吸式口器为害植物的绿色部分，尤其是叶片。螨类害虫可破坏叶片的气孔结构、栅栏组织和海绵组织及叶绿体，使果树在生理上表现为气孔开关不正常，影响呼吸作用；造成蒸腾作用加剧，大大减少组织内的水分，叶片易干枯，削弱抗旱性；降低叶绿素含量，抑制光合作用，减少光合产物，使树体的营养水平变弱，降低树体的抗性。

叶螨属于典型的 r 类害虫，个体小，繁殖量大，暴发为害的速度快。因此应抓住害螨的关键时期，及时喷药防治。在夏季，6 月以前平均每叶的活动态螨数达到 3～5 头时，抓住害螨从树冠内膛向外围扩散的初期进行防治。6 月以后每叶的活动态螨数达到 6～8 头时，应及时喷药防治（仇贵生等，2012b）。最好使用选择性的杀螨剂，以减轻对本地捕食螨或其他天敌的伤害。

使用杀螨剂是控制苹果害螨为害的有效手段之一。目前我国常用的杀螨剂按照其来源可以分为化学杀螨剂和生物杀螨剂。其中以化学杀螨剂的种类最多，市场占有率最高。截至 2018 年 12 月，全国杀螨剂登记共 1065 项，分为 124 种，其中化学杀螨剂 121 种，占杀螨剂种类的 97.58%。生物杀螨剂共登记 3 种（苦参碱 2 个、鱼藤酮 1 个、阿维菌素 55 个），仅占全部杀螨剂种类的 2.42%。生物杀螨剂主要包括微生物源杀螨剂、植物源杀螨剂和动物源杀螨剂。微生物源杀螨剂目前使用最多的是抗生素，以阿维菌素应用得最多，植物源杀螨剂中比较著名的有印楝素、苦参碱、鱼藤酮等。

由于叶螨类害虫全年发生代数较多，需要十分频繁地使用杀螨剂进行控害，因此应注意将上述不同类型的杀螨剂交替使用，同时辅助以释放捕食螨等非化学防治措施，以减轻害螨抗药性的产生，延长杀螨剂的使用寿命。

5. 果实病害

苹果果实病害的种类相对较多，能为害枝干和叶片的病原菌几乎都能侵染果实。处于幼果期的果实表皮层薄、抗病性差，易受强寄生菌如轮纹病菌、炭疽病菌、锈病菌、疫腐病菌等的侵染为害。随着果实的生长，表皮层变厚，果实对病原菌的抗侵染能力增强，但可塑性变差，当果实迅速膨大时，易形成微小的裂口，为病菌的侵染提供了新的入口，尤其是套袋果实易发生斑点病、褐腐病等病害。花器也是病原菌侵染的重要入口，苹果霉心病菌主要通过花器侵染。保护果实不受病原菌侵染是果实病害防治的主要策略。

果实主要病害种类有轮纹病、炭疽病、霉心病、褐腐病、套袋苹果黑点病、苦痘病、锈果病、虎皮病等。果实病害主要造成果实腐烂变质，影响果实的品质和外观，使果品失去商品价值。轮纹病、炭疽病曾是果实上的两大重要病害。葛瑞娟（2009）在河北的研究表明，在不套袋和不用杀菌剂防治的情况下，采收时苹果因轮纹病造成的产量损失率为 6.61%～38.02%，3 年平均损失率为 22.84%，经过室温储藏 45 天后，累计损失率为 30.00%～65.39%，3 年平均损失率为 51.85%。随着套袋栽培技术的推广，这两种病害才得到了有效控制，但却催生了套袋果实斑点病这一新的病害，每年有 3%～30% 的损失（李雪，2015）。由于人工成本的增加，免套袋栽培面积逐年增多，轮纹病、炭疽病有可能重新成为防治的重点。部分果园因选肥不当、施肥不科学，造成土壤板结、酸化、次生盐渍化，苦痘病、痘斑病等生理病害高发。虎皮病、果肉褐变病、苦痘病、青霉病是苹果贮藏期的主要病害，随着土壤健康问题越发严重，贮藏期病害也需要引起高度关注。

套袋是保护果实、防治轮纹病菌侵染的最有效方法；套袋前果实上需定期喷施保护性杀菌剂，使果实在每次降雨时都能受到药剂保护。套袋后要控制水肥，保证果实均匀生长，避免形成裂口。对于不套袋的果实,首先要保护果实不受病原菌侵染,在未发病时及时喷施保护性杀菌剂。果实表现出受害症状后,对病害进行及时诊断,做到早发现、早治疗、对症下药。

6. 叶部病害

叶部病害是苹果生产中一类最普遍的病害,它的种类远远超过其他器官的病害,这和叶部组织比较幼嫩、易于受害、适于病菌传播侵染及叶部病害容易被发觉有关。据调查,造成生产中大面积落叶的主要病害有斑点落叶病、锈病、褐斑病、炭疽叶枯病 4 种。褐斑病在黄土高原地区仍未得到有效控制。炭疽叶枯病是 2010 年以来在我国苹果上的新发病害,'嘎啦''金冠''秦冠'等品种受害重,能够侵染苹果叶片造成病叶早期干枯、脱落,该病发病速度快,7 天即可引起大量落叶,病重年份在 8 月底可造成全部落叶(党建美等,2014)。

叶部病害的发生发展具有明显的年周期性。每年新叶展开后,便有一个初侵染的过程。叶病的初侵染来源主要有下列几种。

1)病落叶

已经在叶上定植的病原物,在冬季到来之前,随病叶脱离植株。病菌可以以腐生状态或休眠状态越冬,次年侵染新叶。这是许多种叶部病害初侵染的重要来源。

2)上一年的被害枝条

有些病菌除侵染叶外,还侵害枝条。病菌可在枝条的病斑内越冬,成为翌年的初侵染来源。

3)受病菌污染的冬芽鳞片间或鳞片内

例如,苹果白粉病菌在翌年春季冬芽萌发时,越冬菌丝产生分生孢子,此孢子靠气流传播,直接侵入新梢。病菌侵入嫩芽、嫩叶和幼果主要在花后一个月内,通常受害最重的是病芽抽出的新梢。由这种方式进行初侵染的共同特征是每年春季病害首先出现在个别芽所发育的全部幼叶上。

4)其他

例如,带病毒或植物病原体的昆虫,以及锈病的转主寄主也是叶部病害的初侵染来源。

引起叶部病害的病原菌大多具有潜育期短、生长季节中再侵染次数多的特点。由于叶部病害大多数有再侵染特性,而且病原菌多靠风雨传播,因此病害的扩展一般很快,传播面广。病原菌从气孔或直接穿透角质层和表皮侵入寄主。许多侵染叶部的病原菌也能侵染果实和嫩枝。在生长季节中,果实的病害大多数是由叶部病害蔓延而来的。因此,果实病害与叶部病害在病原菌种类、发生发展规律及防治措施上都有许多共同之处。

苹果叶片是进行光合作用的主要器官,起着制造营养、向果实输送营养的重要任务。叶部病害严重发生时,清除侵染来源的重要措施之一是清除落叶和落果。带病的落叶、落果可以人工收集烧掉,或在地面喷洒铲除剂。早春萌芽期施用高浓度的石硫合剂或硫酸铜100 ~ 200 倍液或其他杀灭性较强的铲除剂或其他药剂,可铲除在植株表面或芽鳞内越冬的病原菌。对于锈病,去除转主寄主能收到理想的效果。喷药保护叶片不受侵染,是生长季节中最常使用而且效果显著的防治办法,但必须充分掌握病害在当地发生发展的规律,在喷药技术上要强调喷洒均匀周到,切忌只喷叶面而遗漏叶背或喷一处漏一处的现象。

对于近几年的新发病害炭疽叶枯病,建议采用吡唑醚菌酯、咪鲜胺及波尔多液等进行防治,已发病果园尽量不要喷施戊唑醇、苯醚甲环唑等唑类杀菌剂,以避免加重落叶。

7. 枝干病害

果树枝干病害虽然不如花、叶、果的病害种类多，但对果树的危害性很大，往往引起枝枯或全株枯死。苹果树腐烂病、干腐病和轮纹病是我国北方苹果产区的三大重要枝干病害，引起树皮腐烂、枝条枯死、树皮瘤突等症状，造成树势衰弱、树体老化过快、结果年限缩短。剪锯口和伤口是腐烂病菌、轮纹病菌和其他病菌的重要侵染孔口，保护剪锯口是防治腐烂病、轮纹病和其他枝干病害的根本措施。据曹克强等（2009）对我国 10 个苹果主产省市的 147 个果园苹果树腐烂病发生情况的调查，结果显示，在所调查的苹果树中，总体发病率达 52.7%，随着树龄的增大，腐烂病发病率提高，4～10 年树龄的果树株发病率为 26.8%，11～17 年树龄的果树株发病率为 54.0%，18～24 年树龄的果树株发病率为 59.3%，该病已成为制约苹果生产的重要因素。腐烂病菌的孢子只要随降雨或修剪工具传播到剪锯口木质部，不需要保湿即可萌发，侵染成功的概率高达 75%。当年形成的剪锯口在 3～5 月最容易感染腐烂病，6～10 月感病性稍差，但仍有大量腐烂病菌从当年形成的剪锯口侵染。从剪锯口侵染的腐烂病菌在侵染当年并不能致病，而在第二年春季，病菌在木质部内生长繁殖，扩展到达韧皮部后开始致病，而第二年没致病的病菌将在第三、第四年致病。腐烂病菌在有伤和无伤树皮上萌发的模式相同，不过在无伤树皮上萌发时间延迟（Ke et al.，2013）。田间调查结果表明，果园内大多数的腐烂病斑是病菌从剪锯口侵染所致，另外一些病原菌也可以通过自然孔口直接侵入。

修剪后需做好剪锯口的保护工作。可通过涂油漆、成膜剂或贴膜等措施保护剪锯口（李保华等，2017）。其中，当采用涂油漆的方法时，为了防止随锯、剪等工具传播的病菌从剪锯口侵染，油漆中可混加 1%～2% 的多菌灵或甲基硫菌灵等杀菌剂。对于轮纹病和腐烂病发病较重的地区，树体进行刻芽和环剥等可造成伤口的农事操作后，应立即用毛刷涂布 50～100 倍的多菌灵、甲基硫菌灵和吡唑醚菌酯等杀菌剂保护伤口，防止潜伏在枝干表层的轮纹病菌和腐烂病菌从伤口侵染而致病。

孙广宇等（2014）通过对苹果树腐烂病发生与营养元素间关系的分析发现，树体钾含量与腐烂病的发生程度呈显著的负相关关系，即树体钾含量越低，腐烂病发生越严重。而我国 90% 的果园叶片钾含量不足或严重不足。与此同时，发生腐烂病的苹果树叶片氮元素含量处于正常、偏高或严重偏高水平，因而导致氮钾比远大于正常值，氮钾比失衡严重。在生产实践中，可以根据不同果园的具体情况，通过提高钾肥利用效率、降低氮肥施用量等措施实现营养平衡，提高树体抗腐烂病的能力。

春季叶芽萌发后病原菌可从皮孔、果柄痕、叶痕及各种伤口侵入树体，在侵染点潜伏，使树体普遍带菌。在树体普遍带菌的情况下，树势强弱成为病害能否发生和流行的关键因子，要采取培育壮树、合理水肥、合理负载等措施增强树体的抗病能力。在平时的病害防治中，一定要注意枝干的保护，生长期每次喷药都要照顾到枝干，以预防病害发生。对于成年大树，春季清园后所喷施的铲除剂，应对枝干和剪锯口具有良好的保护效果。在生长季节，结合叶部和果实病害的防治，每次喷药都需将药液均匀喷洒到枝干上，并将枝干湿透。对叶部和果实病害具有良好防治效果的杀菌剂，一般也能有效保护枝干不受轮纹病菌和腐烂病菌的侵染。

8. 根部病害

苹果常见的根部病害有白绢病、根朽病、紫纹羽病、根癌病、圆斑根腐病及毛根病等。苹果树根部病害大多发生在老果园，滩地或土质黏重、排水不良或者干旱缺肥、土壤板结、水肥易流失、大小年现象严重及管理粗放的果园。引起果树根部病害的直接原因包括水涝、干旱、重茬、冻害和滥用肥料等，这些原因有的直接导致了果树根部腐烂，有些引起了果树树势衰弱或土壤环境中病原菌的激增和活化，进而造成根部病害。这类病原菌大多数属于担子菌亚门类真菌、半知菌亚门类真菌、镰刀菌、根癌农杆菌等，具有潜伏期长、传播迅速、危害大等特点。

土壤条件与根部病害发生的关系尤为密切。在旧果园、林地或苗圃上改建的果园，根癌病等根部病害发生较重。土壤潮湿低洼、缺肥瘠薄有利于紫纹羽病、白纹羽病、白绢病等病害的发生。干旱缺肥、土壤板结、通气透水条件差的果园有利于根朽病和圆斑根腐病的发生。22℃左右的土壤温度和 60% 的土壤湿度有利于根癌病的侵入与癌瘤的形成，中性和碱性土壤有利于病害的发生，酸性土壤对该病害发生不利（刘英胜和郑亚茹，2011）。

根部染病后往往影响全株，严重时造成全株死亡，该类病害一旦在果园中定植，常形成发病中心，不断向外扩展，终致为害全园。植物的根系不仅是吸收水肥的器官，同时也是植物地上部分与土壤间的媒介体及地上部分的支柱。根系被破坏后，就会涉及全株，轻者水肥吸收和输导受阻，供应不足，树势衰弱；重者不仅完全切断了水肥供应，而且还会因根系死亡腐烂，导致全株枯死或倒伏。在根部病害的感病初期，虽有少数根受害腐烂，但其他健康根仍正常工作，且还有新根不断发生，导致该类病害不易被直接察觉。当地上部分出现树叶变黄、变小，树势衰弱甚至枯萎、死亡等明显症状时，往往已是发展到无法救治的地步。

根部病害病原菌的诊断也较其他类型的病害困难。根部病害受土壤的影响最大。土壤中空气、水分、养料等的不均衡，有害物质的危害及有害生物的侵害，都能致使植物根部生病。当某些非生物因素使植物根生长衰弱或死亡时，弱寄生物或腐生物会接踵而来，侵入垂死的或已经死亡的根。有时侵入的微生物代替了原来侵入的真正的病原菌，或者与病原菌并存。因此，容易将后来次生或腐生的微生物误认为是根病的病原菌（石鸾，2019）。

对根部病害的防治应贯彻"预防为主，综合防治"的植保方针，采用控制建园条件、选用无病苗木、加强果园栽培管理、培育壮树养根、必要时药剂灌根、发病后及时治疗的综合防治措施。

建园时，最好选择没有种植过果树的地址作为园址。如果在老果园地址重新种植果树，需要先深翻、晒土，清理烂根，对土壤进行消毒，或选择客土种植，以防发生再植病害。苗木定植时，苗木根部应尽可能伸展，使根系尽快恢复生长，增强抗病力。对于在潮湿环境下易发生的病害，应注意排水，降低土壤湿度，同时增施有机肥，适当增施磷钾肥。通过施肥改变土壤 pH，减轻根病的发生，如施用石灰等碱性肥料可以减轻白绢病的发生。

地下害虫和线虫的为害会造成果树根部受伤，增加根部病害发病的概率，及时防治地下害虫和线虫可以减轻根部病害的发生。

根病发生之初，在果园中常有发病中心，并以残余的树桩为其发病基地，所以应尽量把病株及其树桩残根挖出，彻底清除。对于根部病害有严重发生趋势的果园，可在早春或夏末分别用药剂灌根 1 次。发病严重的果树应尽早挖除。挖出的病残体要彻底销毁，并对病穴彻底消毒。为了防止病菌扩展，病树与健树之间应挖 1m 以上的深沟，防止病根与健根交接。

9. 病毒类病害

植物病毒类病害是仅次于真菌病害的第二大类植物病害。苹果上常见的病毒类病害有锈果病、花叶病和 3 种潜隐病毒病。病毒病主要为害果实、削弱树势，影响果实的产量和品质。苹果发生锈果病后，全部果实畸形、龟裂，或呈花脸状，不能食用。染有花叶病或潜隐病毒病的树体，长势明显衰弱。病毒病在各个苹果产区发生普遍且呈扩散蔓延的趋势（王树桐等，2018）。近年来，个别新引进的品种锈果病的病株率达到 50%，部分新建园的花叶病的病株率达到了 70%。

苹果病毒病的危害概括起来包括以下几点：终生带毒，持久危害；以嫁接、修剪等途径传染；难以用药剂进行有效控制；病株全身带毒，致使树体生理机能受阻，生长衰退，产量和质量下降，严重时整株枯死（胡国君等，2017）。

植物病毒必须在寄主细胞内寄生生活，除了少数种类可在病残体中保持活性，大部分病毒是严格的活体寄生，所需的物质、能量、场所完全由寄主细胞提供，由于植物没有完整的免疫系统，植物病毒病的防治较为困难。同时病毒的专化性较强，某一种病毒只能侵染一种或几种植物。植物病毒的传播方式主要有繁殖材料传播、机械汁液传播、媒介传播等。病毒病为全株性侵染，染病植株的种子、块茎、接穗、腋芽等各个部位都带有病毒。病毒将通过这些繁殖材料进行传播扩散；通过机械伤口侵染健康植株，机械摩擦、修剪、移苗都可能导致植物病毒随汁液传播；病毒病的流行也依赖于载体的传播，这些载体包括昆虫、土壤中的线虫、真菌，其中近 80% 依赖于特定的媒介昆虫传播；这些媒介昆虫大部分为半翅目的刺吸式口器昆虫，如蚜虫、粉虱、飞虱、木虱、叶蝉、介壳虫等。

结合植物病毒病的发生特点，植物病毒病的传统防治技术主要集中在脱毒种苗、媒介昆虫的防治、接种弱毒株病毒、选育和推广抗病品种等方面（胡慧等，2019）。植株体内的病毒分布存在不均匀性，即顶端分生组织（如根尖和茎尖）含病毒少或不含病毒，茎尖组织培养脱毒技术也因此应运而生。茎尖组织培养可以同时实现种苗脱毒和快速繁育两个目的，目前该技术在苹果上得到成功应用。

媒介昆虫是植物病毒病流行扩散的重要途径，健康种苗的培育、推广应结合媒介昆虫的防治才能起到事半功倍的效果。

早在 20 世纪 20 年代末，人们就发现接种了弱毒株病毒之后的植物能对同种病毒的强毒株产生抗性，这被称为"交叉保护"现象。但是，对于大量种植的作物，对所有的植株逐一进行弱毒株病毒接种需要耗费大量的人力、物力，防治成本过高。而且，并不是每一种植物病毒都存在弱毒性的株系，因此该方法具有一定的局限性（娄虎等，2017）。

筛选和培育抗性品种是防治果树病虫害的有效方法，但由于植物病毒变异速度很快，非常容易突变出能克服植物抗病毒基因的新毒株，从而使植物丧失抗性，而苹果育种的周期又比较长，因此通过常规选育和推广抗病品种防治植物病毒病十分困难。

此外，病毒侵染植物后会产生大量病毒来源的小干扰 RNA（virus-derived small interfering RNA，vsiRNA），可以通过介导对这些病毒 RNA 的降解或抑制病毒基因的转录来抵抗病毒侵染。另外，新型植物抗病毒药剂的研发，也为将来病毒病的有效控制提供了新的思路和理论依据。

2.2.2　苹果农药药效关键因素分析

农药药效是农药制剂本身和多种因素综合作用的结果，可定义为：在综合条件下某种药剂对某种有害生物作用的大小，也可称为防治效果。不同的剂型、不同的寄主植物、不同的病虫草害防治对象、农药的使用方法及各种田间环境因素，都与药剂的防治效果密切相关。因此，药效多是在田间条件下或接近田间条件下紧密结合生产实际来进行测定，这在生产中应用才具有指导意义。在苹果生产中，其中最基本也是最重要的就是根据防控对象选择正确的农药，即"对症下药"。例如，杀虫剂主要防治害虫，杀虫剂中的胃毒剂只对咀嚼式口器害虫有效，而对刺吸式害虫无效；杀螨剂如四螨嗪、三唑锡等只对植食性螨类如苹果全爪螨、二斑叶螨和山楂叶螨等有效，对昆虫则无效；杀菌剂中硫制剂只对白粉病菌有效，对霜霉病菌无效；铜制剂对霜霉病菌有效，对白粉病菌无效等。具体内容可从以下几方面分析。

1. 农药的性质

农药的成分、理化性质、作用机制，以及使用时根据不同防治对象所需的浓度或剂量，都会对药效产生不同程度的影响。有效成分相同但含量不同的剂型之间会存在差异，各公司生产工艺和制剂生产能力高低不同，药效也会有所差异。根据防治对象，必须选择合适的农药品种，同时药剂的溶解性（脂溶性及水溶性）、湿润性、展着性、分散性及稳定性都直接或间接影响药效。利用阿维菌素不同剂型防治苹果全爪螨和二斑叶螨时，微乳剂与乳油相比，对靶标生物的各期防治效果差异不大；而微囊悬浮剂和可湿性粉剂与乳油相比，其速效性和持效性均不及乳油（仇贵生等，2009a）。在对苹果树桃小食心虫田间防治效果的研究中发现，高效氯氟氰菊酯可湿性粉剂的防治效果在 15 天时远不及乳油、微乳剂和水乳剂（仇贵生等，2009b）。不同剂型的防治效果差异可能是由剂型不同导致有效成分在作物和害虫体表滞留量不同所引起的。

除考虑农药性质影响防治效果以外，药害也是病虫害防治中考虑的重要因素。各种制剂的化学组分不同，对果树的安全程度有时差别很大。并且在苹果的每个生长发育阶段，叶面的蜡层厚度、茸毛的多少、气孔的多少及开闭程度等，与药剂是否容易引起药害有密切关系。果树新梢生长期、花期、幼果期和果实迅速膨大期对农药的反应均较为敏感，很易受药物影响而造成药害。例如，百菌净、腈菌唑、戊唑醇、丙环唑、嘧菌酯等在新梢期使用，均会因果树蜡质层尚未形成、容易受药剂刺激而导致其木栓化，形成果锈。同一树种的不同品种耐药性也有差异，如波尔多液对'金冠'苹果易产生药害。

2. 有害生物的生物学特性

苹果园中有害生物种类很多，苹果的主要害虫为鳞翅目食心虫类、卷叶蛾类、蚜虫，还有苹果全爪螨、二斑叶螨和山楂叶螨三种害螨。在长期的进化过程中，害虫、害螨形成了自身独特的行为特征来适应果园环境，这些独特的行为特征直接影响到农药的防治效果。例如，防治蛀果蛾科桃小食心虫应选择合适的用药时间，通过地面施药、田间引诱成虫、防治初孵幼虫，使其在钻蛀之前被消灭，若错过防治适期，势必影响防治效果。苹果全爪螨是以卵越冬，在苹果花蕾膨大期或盛花期开始孵化，7～8 月进入为害盛期，故对其防治可在萌芽期喷药，铲除越冬螨卵，越冬卵孵化期则是药剂防治的第一关键期，以后即可在害螨数量的快速增长初期再喷药防治 1 次，便可有效控制苹果全爪螨的全年为害。针对病害，要了解病原物的侵染过程，如侵入前、侵入、潜育和发病 4 个时期，只有掌握病原物的侵染过程和其规律性，才能有助于病害的防治和预测预报。总之，有害生物行为决定施药时期。

3. 喷雾质量

化学农药防控主要以喷雾为主，喷雾质量的好坏直接影响药效的高低。喷雾质量与喷雾药械性能、喷雾技术和作物冠层结构息息相关。目前，依苹果树龄、树冠大小、种植模式、果园地势与面积不同，在喷雾时使用的药械存在较大差异。当前，果园常用的喷雾器械有背负式手动喷雾器、背负式电动喷雾器、踏板式喷雾器、担架式喷雾器、车载式喷雾机。

在苹果病虫害防治中，使用常规喷雾器械及喷头仍较为普遍。常规喷雾器雾化形成的雾滴过大，雾滴落于作物表面时因速度大会产生弹跳，或者因重力作用直接滚落于地面，这样50%左右的药液就会流失，导致药效不能完全发挥。如果雾滴直径缩小一半，雾滴体积缩小为1/8，雾滴落于叶片或果实表面的速度就会明显降低，雾滴发生弹跳的数量减少，沉积率便会增大，药效也相应大幅提高。

农药喷雾时，苹果树的冠层结构及表面结构直接影响农药药液的沉积量。我国苹果树种类、种植模式、修剪方式等使苹果树的树形不同，随着树龄的增加，冠形和体积也不同；同时在每个生长季，果树的萌芽、展叶、开花、结果、休眠等阶段叶幕分布差异性很大，所需的喷雾量、雾滴粒径等各不相同。对每个生长期的果实冠层，雾滴过大或过小、喷雾器械压力过强或过弱均会引起雾滴的流失，导致喷雾时药液在冠层中的沉积分布很难均匀。并且叶片与果实表面能够附着的农药雾滴是有限度的，若喷雾量过大，叶片上的细小雾滴就会聚集成大雾滴滚落，减少叶片上的农药持留量，降低药效。

4. 环境因素

田间施药时，环境条件的改变一方面影响有害生物的生理活动，另一方面影响药剂的理化性状，结果都会影响药效。针对苹果上同一种病虫草害的防治，不同地区因环境差异导致药效差别很大。这主要是因温度、湿度、土壤性质（主要与除草剂相关，此处不做具体描述）等不同而引起的。

1）温度

温度可以影响农药药效的发挥，通常高温时农药活性增强、作用速度快、药效高，但有些品种在高温时较易发生药害，故高温时要严格掌握用药浓度。农药药效在一定适宜温度范围内随着温度增高而增强的现象称为正温度系数。此类农药主要有有机磷类、氨基甲酸酯类和氯化烟碱类等，如吡虫啉在高温时间使用效果好于低温。农药药效在一定适宜温度范围内随着温度增高而降低的现象称为负温度系数，如拟除虫菊酯类和有机氯类。负温度系数药剂要避免在高温季节和高温时段使用。

2）湿度

当空气干燥时，农药雾滴蒸发速度快，特别是直径小于100μm的小雾滴，由于雾滴蒸发快，影响细小雾滴在靶标生物上的沉积分布，进而影响药效。当空气湿度大时，沉积在植株表面的大雾滴很容易凝聚成更大的液滴，并二次受重力影响而在植株下部沉积，产生药害。

3）光照

农药作为一类化学物质，在光照条件下会发生光解，造成农药药效的降低。有的农药对光敏感，如辛硫磷在光照下不稳定，容易降解失效。

4）风速

风速是农药喷洒中非常重要的因子，直接影响农药雾滴飘移，决定了农药在作物表面的沉积量。风速大时会将细小的农药雾滴吹离靶标表面，影响药效；在静风条件下进行农药喷雾，由于空气黏滞力的作用，也不利于药效的发挥。有关研究表明，喷雾时，1～4m/s的风速有利于雾滴在生物靶标上沉积，利于农药药效的发挥；风速小于1m/s、大于4m/s均不适合喷雾。风速2m/s，雾滴直径≥130μm；风速3m/s，雾滴直径≥140μm；风速4m/s，雾滴直径≥160μm均可减少飘移，且风速2～4m/s时不宜喷施除草剂（袁会珠等，2011）。

此外，喷雾用水的性质也影响农药药效。大多数农药呈微酸性，若稀释用水中含钙、镁等离子，易破坏农药的乳化性能和湿润性能，降低农药利用率。因此，农药配药时应对用水的性质有最基本的了解。

2.2.3　苹果病虫（螨）害的抗药性

害虫（螨）抗药性是随着杀虫（螨）药剂使用而出现的自然现象，最早记录是1908年在美国发现梨圆蚧对石硫合剂产生抗性，随后又发现红圆蚧对氢氰酸产生抗药性和苹果蠹蛾对砷酸铅产生抗药性。1957年，世界卫生组织（WHO）予以昆虫抗药性定义：昆虫具有耐受杀死正常种群大部分个体的药量的能力在其群体中发展起来的现象。植物病原菌物的抗药性是指本来对药剂敏感的病原菌由于突变或其他原因出现了敏感度显著下降的现象。而植物病原物抗药性发展的历史远远晚于害虫抗药性发展的历史。

在苹果病虫害防治过程中，为了保持药剂的防治效果，增加药剂的施用量和不断增加施药次数等农药的不合理使用加重了病虫抗药性的发展。几乎所有的病虫（螨）都能产生抗药性。在病虫害防治中，农药的选择、施药技术及环境条件等均是在合理条件下进行的，在此基础上，病虫害的防治仍达不到理想防治效果的现象，可以推断是有害生物产生了抗药性。有害生物的抗药性一般都不是在毫无征兆的情况下突然发生的，在出现药效严重减退现象之前，必定有一段药效持续减退的过程，这个过程因有害生物的种类、药剂特性等存在显著差异。抗药性的发生不是针对有害生物个体，而是群体。例如，在同一果园使用同一药剂防治同一有害生物，一部分防治效果好，而另一部分的防治效果差；这次防治效果好，上次防治效果差等均不属于抗药性问题。

1. 抗药性的种类

有害生物对农药的抗性可以分为以下4类。

（1）单一抗药性，是指有害生物只对一种农药产生的抗性。

（2）多重抗药性简称多抗性，是指有害生物由于存在多种不同的抗药性基因或等位基因，能对几种或几类药剂都产生抗药性。

（3）交互抗药性，是指有害生物对某种常用农药产生抗性，对其他从未使用过的一种药剂或一类药剂也产生抗药性的现象。

（4）负交互抗药性，是指有害生物对一种杀虫剂产生抗药性后，反而对另一种未用过的药剂变得更为敏感的现象。

2. 苹果害虫抗药性

由我国苹果种植区域、害虫种类、年发生代数及用药差异导致南北方苹果上害虫抗药性不同。苹果害虫因难以饲养，导致其抗药性研究较为落后。苹果园农药应用种类随着农药发展趋势而变化，害虫抗药性也随各种农药的应用而产生。

20世纪30年代初期，苹果小卷叶蛾对砷酸铅产生了广泛抗性，后来使用DDT（滴滴涕，化学名为双对氯苯基三氯乙烷）解决了这个问题。50年代，世界各地报道这种害虫又对DDT产生了抗性，因此又换用对硫磷、谷硫磷和西维因（冯明祥，1987）。而后，生物源杀虫剂阿维菌素、苯甲酰脲类除虫脲等及特异性昆虫生长调节剂虫酰肼、甲氧虫酰肼等逐渐开发并应用于卷叶蛾类害虫的防治。尽管我国未有明确报道卷叶蛾类害虫对这些药剂产生抗性，但是随着农药的更新换代，20世纪90年代至21世纪初，经过10多年的田间使用，田间防治苹褐带卷蛾时虫酰肼、甲氧虫酰肼的用药浓度已增大（孙丽娜等，2014）。同属卷叶蛾科的梨小食心虫抗药性发展趋势与苹果小卷叶蛾和苹褐带卷蛾较为相似，而蛀果蛾科桃小食心虫的抗药性尚未见报道。

苹果蚜虫因每年发生代数较多而抗药性发生较为普遍，国内外不同地区苹果蚜虫均不同程度地对有机磷类、拟除虫菊酯类和烟碱类农药产生抗性。1977 年，Watson 首先报道了日本、瑞士和美国部分地区的苹果黄蚜对有机磷杀虫剂对硫磷和二嗪农产生了抗药性。直到 20 世纪末，国际上又有研究报道苹果黄蚜对氨基甲酸酯类、有机磷类、新烟碱类和拟除虫菊酯类等杀虫剂都产生了较强的抗药性（Cho et al.，1999）。同时我国在山东、河北、辽宁、安徽、山西等不同地区发现苹果黄蚜种群对氰戊菊酯、顺式氯氰菊酯、甲氰菊酯、水胺硫磷和氧化乐果有了高水平或较高水平抗性（王金信等，1998；潘文亮等，2000；韩巨才等，2002）。苹果绵蚜和苹果瘤蚜的抗药性研究较少，国内仅发现山东济南绵蚜种群对毒死蜱具有中等水平抗性，对高效氯氟氰菊酯和吡虫啉具有高水平抗性；江苏丰县绵蚜种群对高效氯氟氰菊酯具有高水平抗性，对吡虫啉达到极高水平抗性；新疆察布查尔绵蚜种群对高效氯氟氰菊酯和吡虫啉均达到极高水平抗性（祝菁等，2016）。

害虫产生抗药性的机制大致可分为以下几类。

1）害虫代谢作用的增强

昆虫体内代谢杀虫剂能力的增强，是昆虫产生抗药性的重要机制。昆虫长期暴露于杀虫剂环境中，体内便可形成具有代谢分解外来有毒物质功能的防卫体系，其中主要起代谢作用的酶包括微粒体多功能氧化酶、酯酶、谷胱甘肽转移酶、脱氯化氢酶等。这些酶把脂溶性强的、有毒的杀虫剂分解成毒性较低的、水溶性较强的代谢物，以便继续进一步代谢或排出体外。昆虫对杀虫剂产生的代谢抗性，实际上是这些酶系代谢活性增强的结果。苹果黄蚜对有机磷、菊酯类和新烟碱类农药产生抗性的机制主要是由微粒体多功能氧化酶细胞色素 P450 的表达量升高、活性增强引起的（范继巧等，2019）；对氯虫苯甲酰胺产生抗性的梨小食心虫的前三种解毒代谢酶的活性增加、代谢能力增强等。

2）昆虫靶标部位对杀虫剂敏感性降低

乙酰胆碱酯酶是有机磷和氨基甲酸酯类杀虫剂的靶标酶，其质和量的改变均可导致昆虫对这两类药剂的抗药性。神经钠通道是 DDT 和拟除虫菊酯类杀虫剂的主要靶标部位，由钠通道的改变引起昆虫对杀虫剂敏感度下降，结果产生击倒抗性。通常具有击倒抗性的昆虫会具有明显的交互抗性。例如，棉蚜对溴氰菊酯及氰戊菊酯产生抗性后，对几乎所有的拟除虫菊酯都产生交互抗性。γ-氨基丁酸（GABA）受体是环戊二烯类杀虫剂和新型杀虫剂氟虫腈及阿维菌素等杀虫剂的作用靶标部位，环戊二烯类杀虫剂与该受体结合位点的敏感度降低，导致了其抗性。昆虫中肠上皮细胞纹缘膜上受体是生物农药苏云金杆菌（Bt）的作用靶标部位。Bt 杀虫毒素蛋白与中肠上皮细胞纹缘膜上受体位点的亲和力下降，导致了印度谷螟和小菜蛾的抗性。鱼尼丁受体（RyR）是二酰胺类杀虫剂的靶标部位，RyR 的氨基酸突变导致其对二酰胺类杀虫剂敏感度降低，产生抗性。

3）穿透速率的降低

杀虫剂穿透昆虫表皮速率的降低是昆虫产生抗性的机制之一。

以上分别简述了昆虫杀虫剂产生抗性的几个主要的机制。但在实际产生抗性的例子中，昆虫的抗药性并非都是由单个抗性机制所引起的，往往可以同时存在几种机制，各种抗性机制间的相互作用绝不是简单地相加，因此研究苹果害虫的抗性机制应按照如上所述进行综合分析。

3. 苹果害螨抗药性

害螨与蚜虫相似，由于体积小、繁殖快、代数多、适应性强等导致其抗药性发生较为普遍，抗性产生的速度之快、范围之广令人惊异。有些杀螨剂连续使用 3～4 年，叶螨就会产生抗性，并且通常对同类药剂具有交互抗性。目前发生在全世界各地果园的害螨都不同程度地对一种或几种药剂产生了抗性，不同发育阶段螨（卵、幼螨、若螨、成螨）对药剂的抗性也有差异。

我国苹果园发生的叶螨主要有山楂叶螨、二斑叶螨、苹果全爪螨，所占比例分别约为 65%、23% 和 12%（高越等，2019）。在 20 世纪 60 年代初期，我国就报道了山楂叶螨对内吸磷和对硫磷产生了抗药性，并且两种抗性种群与其他 8 种有机磷药剂具有交互抗性（张昌辉和曹子刚，1966）。随后陆续报道了山楂叶螨对水胺硫磷、三氯杀螨醇分别产生了高水平抗性，苹果全爪螨对对硫磷、三唑锡、扫螨净、水胺硫磷、四螨嗪、三氯杀螨醇、哒螨灵、三唑锡、阿维菌素也呈现不同程度的抗性，二斑叶螨对阿维菌素、三氯杀螨醇、三唑锡、炔螨特、甲氰菊酯和哒螨灵分别具有不同程度的抗性（曹子刚等，1990；周玉书等，1993，1994；田如海等，2012；王洪涛等，2012；彭丽娟等，2015；封云涛等，2016；张旭东等，2017）。前人研究已发现抗有机磷杀虫剂的山楂叶螨对杀螨酯有负交互抗性；山楂叶螨抗氧乐果品系对久效磷、水胺硫磷、喹硫磷有交互抗性；抗甲氰菊酯品系对氟氰菊酯、三氟氯氰菊酯和喹硫磷也产生了交互抗性；抗克螨特品系对喹硫磷也具有交互抗性（Shen，1999）。最近研究发现，抗螺螨酯山楂叶螨种群对乙螨唑存在明显的交互抗性，对噻螨酮存在负交互抗性（封云涛等，2018）；故此，对山楂叶螨进行用药防治时要慎重，尽量不要用具有相同杀虫机制的药剂防治，因为极易产生交互抗性。

螨类的抗药性机制同昆虫抗药性机制基本相似，概括起来有以下几点。①抗性螨体内乙酰胆碱酯酶的敏感性降低。②解毒代谢酶的活性发生变化，害螨对有机磷的抗药性与体内羧酸酯酶活性增加、谷胱甘肽转移酶解毒代谢能力增强有关；害螨对拟除虫菊酯类农药产生抗性的主导机制是微粒体多功能氧化酶和羧酸酯酶活性增强及羧酸酯酶发生变构；对有机氯农药三氯杀螨醇产生抗性的主导机制是谷胱甘肽转移酶解毒代谢的能力增强。③表皮增厚，抗有机磷杀虫剂螨类的内表皮增厚导致药剂穿透力减弱、活性降低。

4. 苹果病害抗药性

苹果大部分病害是由病原菌引起的。在苹果病害上，报道较早的是 20 世纪六七十年代多个果农在美国纽约使用胍尼丁 10 年后，发现苹果黑星病对其产生了抗性；内吸杀菌剂苯并咪唑类的苯来特在苹果树上使用 3 年后，对苹果疮痂病菌使用的浓度比开始使用浓度要高 2000 倍。此外，斑点落叶病对多抗霉素、波尔多液和甲基托布津均已产生抗性；轮纹病对多菌灵、甲基硫菌灵、戊唑醇产生抗性；炭疽病对波尔多液、甲基托布津、多菌灵产生抗性等（陈功友等，1993；马志强等，2000；张姝等，2004；刘保友等，2013a；姚众，2015）。

杀菌剂的发展与应用过程中，植物病原菌抗药性问题越来越突出，常导致杀菌剂应用效果大幅度降低。产生抗药性的原因与机制列述如下。

（1）有害病原菌自身选择性进化，代谢活性降低，解毒能力增强，抗药基因改变。例如，苹果疮痂病菌对苯来特的抗药性就是因为靶标 β-微管蛋白的氨基酸发生突变致使其三维结构发生变化，降低了其与药剂的结合强度（Koenraadt et al.，1992；Sedlák et al.，2013）。关于病原真菌对甲氧基丙烯酸酯类杀菌剂的抗药机制，在很多病原真菌中，证明了与其细胞色素 b 的突变有关（Ma et al.，2003）。

（2）有害病原菌的生理特性。生长和繁殖速度快、产生孢子量大、孢子容易分散的病原菌，如白粉菌、苹果黑星病菌等，都容易产生抗药性；植株内部的病原菌，如萎蔫类病菌、根茎基腐病菌和需要大量孢子接种才能致病的病菌，不容易形成抗药性。

（3）用药不当造成抗性。长期连续使用单一药剂，导致抗性产生；农药的使用剂量和浓度增加，直接导致抗药性增强。农药的剂型加工工艺落后及施药不均匀，会降低药效，使漏杀个体诱发出抗药性。

5. 克服抗药性的策略

苹果树病虫害的抗药性给化学防治带来了一定的困难，如果不合理、不科学地使用农药，抗药性问题将会成为病虫害防治中的严重问题。所以，我们必须采取积极措施，预防、推迟或克服抗药性的发展。克服苹果树病虫害抗药性的策略主要有以下几个方面。

1）轮换用药

在苹果病虫（螨）害防治中，切忌长时间地施用单一的或作用机制和性能相似的农药，以抵制抗性种群的形成。轮换用药应选用作用机制不同的农药，有机合成农药与无机农药或生物农药交替使用，如杀虫剂中的有机磷、拟除虫菊酯类、氨基甲酸酯类、乙酰胆碱类、二酰胺类、生物制剂、矿物油、植物杀虫剂等，其作用机制各不相同，可轮换使用；同一类型不同品种且不存在交互抗性的农药品种，也可轮换使用。在杀菌剂中，内吸杀菌剂容易产生抗药性，如抗生素类和苯并咪唑类，属于特异性抑制剂。而非内吸性的硫磺制剂、铜制剂与代森类皆属于多位点抑制剂，两类抑制剂轮换施用是比较理想的施药方式。另外，要尽量选择无交互抗性和负交互抗性的农药进行交替使用。

在一种农药诱发了抗药性后，间断用药或停止使用一定时间，有害生物的抗药性会逐渐减退甚至消失，而再次使用则会恢复到以前同样的药效。例如，乐果、敌敌畏等在叶螨、蚜虫上引起抗药性，停用数年后抗药性便可基本消失，该农药便可以重新广泛应用。

2）混合用药

用两种或两种以上作用方式和机制不同的药剂混合施用，可以避免、减缓有害生物抗药性的产生和发展速度。如灭菌丹与多菌灵混用、代森铵与甲霜胺混用、拟除虫菊酯类与有机磷混用、矿物油与有机磷混用等，都是较好的混用方案和组合，抗药性出现后改用混配制剂也能奏效。

目前混合用药主要有两种形式。一种是复配制剂的加工，施用时不需要再行复配，使用方便。另一种是现场混配使用，即根据果园病虫草害防治的实际需要，把两种以上的农药制剂现配现用。混配使用时，要了解制剂的性质、作用和防治的对象，以及科学合理复配混用的原则，不能乱混乱配。复配混用制剂除了可以延缓有害生物的抗药性产生，还具有以下优点：一是具有增效作用；二是扩大防治范围，减少施药次数，降低防治成本；三是延长新老农药品种的使用年限。如多菌灵与代森锰锌混配、吡唑醚菌酯与2-巯基苯并噻唑锰锌混配对苹果斑点落叶病均具有增效作用。

目前在混配上，可采用杀菌剂与杀菌剂混配、杀虫剂与杀虫剂混配、杀虫剂与杀菌剂混配、除草剂与除草剂混配、杀虫剂与增效剂混配。农药按照其在水中的反应，大体可分为中性、酸性和碱性三大类。中性农药之间、酸性农药之间不发生物理、化学变化，可以混用；中性农药与碱性农药可以混用；凡是在碱性条件下容易分解的农药，都不能与碱性农药混用；农药混合后产生沉淀、对作物产生药害的不能混用。

农药混用也必须做到合理、高效，同单一使用某种农药一样，混配农药也不能长期使用，必须进行轮换使用，否则同样会引起抗药性。

3）应用增效剂

凡是在一般浓度下单独使用时对昆虫无毒性，但与杀虫剂混用时，能增加杀虫剂效果的化合物均为增效剂。目前，已注册登记为商品的增效剂主要有增效磷、增效醚、丙基增效剂和亚砜化合物等。

4）改进施药技术和精准适期施药

要采用正确的施药技术，农药喷洒一定要细致均匀，如喷药不匀，一些耐药性较强的有害生物便可获得较大的机会幸存下来，并一代代繁殖形成较大的抗药性种群。另外，施用准确的有效剂量是延缓抗性产生、提高防治效果、节约成本的一个有效途径。不能随意地增加药剂的剂量或使用浓度，因为剂量或浓度对有害生物种群会发生选择作用并诱发抗药性的产生。早期使用农药对防治果树有害生物的效果很好，而随着使用浓度的提高，诱发有害生物抗药性不断增加，导致现在使用该药基本无效。因此，施药量要准确，而且要在病虫害发生的敏感期和幼虫、若虫期施药，这样既能提高效果，又可避免和延缓病虫抗药性的产生。

不同地区苹果病虫害种群对药剂的抗性水平不同，而化学防治在一段时期内仍是控制苹果病虫害发生危害的主要防治手段，因此，持续监测不同地区苹果病虫害的抗性水平对于抗药性治理和可持续控制具有重要意义。

2.2.4　提高苹果农药药效的方法

提高农药药效的方法多种多样，应从农药应用的各个环节寻找措施。生产中防治苹果病虫害的首要条件就是根据防控对象选择正确的农药、合理的施药器械与方法。如选用辛硫磷颗粒剂防治食心虫，应使用撒施混土法；防治枝干腐烂病应采用涂抹法；防治枝干钻蛀害虫应采用注射法。一般成龄果树比较高大、枝叶茂盛，主要选择高压机动喷雾器喷雾。而且喷洒农药应均匀周到，特别是用无内吸性的触杀剂防治蚜虫、叶螨等时，因为这类害虫主要是在叶片背面为害，喷药时不能只喷叶片正面，还应把药液喷到叶片背面，做到不漏喷、上下均匀一致、保证喷药质量。而对于喷雾法施药，农药药效主要与喷雾雾滴的精准沉积与流失有关，影响因素主要有喷雾器械与喷施技术、环境因素、靶标作物冠形及有害生物特点、农药剂型和施药人员技能。可见，提高喷雾质量、选择喷药合适时期和提高施药人员技能是提高苹果园农药药效的有效方法，下面分别对这三个方面进行叙述

1. 提高喷雾质量

喷雾质量的提高主要通过选择或改良合适的喷雾器械，使药液均匀分布于苹果的树干、叶片和果实表面，达到对有害生物的有效防治。在苹果园中，有多种果园专用喷雾机可供使用，根据果园的地势情况、果树种植面积、果树冠层等，国内目前常用的喷雾器械有背负式手动喷雾器、背负式机动喷雾器、背负式电动喷雾器、担架式喷雾器、风送式喷雾机、植保无人机等。

1）提高雾化质量

雾化质量直接影响农药在作物上的沉积分布。减小喷片孔径，降低雾滴中径，可提升雾化效果。不同喷雾器械的雾化方式不同，常用手动喷雾器采取的是液力雾化方式，高压液体在通过狭小的喷孔后，要经过 30cm 以上的距离才能够完全雾化，所以使用手动喷雾器时，必须保持喷头与靶标作物的距离在 30cm 以上。机动喷雾器采取的是气力雾化方式，离喷头越远，雾滴越小，一般水平喷幅在 8m 以上。所以使用机动喷雾器时，要充分利用其有效喷幅，采取飘移叠加法喷雾，提高农药利用率。

喷雾机械喷嘴不同，流量、喷雾角度、雾滴大小及分布均匀性等技术指标也不同，造成农药利用率不同。一般空心圆锥喷嘴适用于高压喷洒触杀性除草剂、杀虫剂、杀菌剂。扇形喷嘴通用性好、穿透性强、覆盖充分，适用于除草剂喷施。

2）改进施药技术

我国苹果园施药机械的结构决定了我国施药方式以大容量、大雾滴、雨淋式、全覆盖喷雾技术为主，药液大量流失。农药喷施时诸多因素影响农药防治效果，如行走方向、施药人员站立位置、喷嘴与靶标作物的距离等。根据不同喷雾机械的雾化原理控制喷嘴与靶标作物的距离以保证农药的有效利用。要做到先树上后树下、先内膛后外围、内外都要喷透、枝干都要着药，特别是防治病害和个体较小的害虫（螨）时。另外，对密集郁闭果园要进行改造，做到通风透光、喷药方便。

若使用果园风送式喷雾机，适当降低风扇速度可使更多的药液沉积到临近喷雾机的靶标冠层中，调整喷雾风向可以控制雾滴飘移，改变辅助气流的设置和放慢前进速度可确保雾滴穿透冠层而均匀沉积。

3）喷雾助剂的选择

在农药喷雾过程中，是否需要添加喷雾助剂要因具体情况而定，使用农药喷雾助剂的重要目的之一就是通过提高雾滴在植物叶面、果实表面和有害生物表面的附着率来提高药效。喷雾助剂的分类尚缺乏统一公认的方法，根据主要功能，喷雾助剂可分为 4 类：①增加药液润湿、渗透和黏着性，如润湿展着剂、润湿剂、渗透剂等；②具有活化或一定生物活性的助剂，如活化剂、表面活性剂和油类等；③有助于安全和经济施药的助剂，如防飘移剂、发泡剂、抗泡剂、掺和剂、黏合剂等；④其他特种机能的喷雾助剂。

苹果叶片正面和苹果表面均存在蜡质层，叶片背面及果实萼洼处存在浓密茸毛，需要在喷雾药液中添加性能优良的润湿展着剂；当使用的药剂为内吸性药剂时，需要添加性能优良的渗透剂来提高药剂被吸收的量和速度以提高药效；为了减少蒸发并提高耐雨水冲刷性能，可添加黏结剂；使用无人机喷雾时，需要添加防飘移剂以提高雾滴在靶标作物表面的沉积量。

2. 选择喷药合适时期

适期施药主要是指在有害生物生长发育过程中最脆弱的时期和环节进行用药。首先要了解苹果病虫害的生活习性，对果园进行系统观察，进行预测、预报，及时准确地掌握病虫害发生动态，准确把握喷药时间，做到对症下药、适期防治。只有抓住有利时机，才能发挥农药的最佳效力。

不同病虫害应选择不同的防治适期，才能收到良好的防治效果。例如，用触杀性杀虫剂防治钻蛀性害虫（如桃小食心虫、梨小食心虫、潜叶蛾等），一般应在害虫卵孵化高峰期，大龄幼虫尚未蛀入果实、叶片、枝干时施药；使用保护性杀菌剂应在病菌尚未侵入作物时施药。如用灭幼脲防治潜叶蛾以初孵 1 ~ 2 龄小幼虫期喷药效果好，轮纹病应在苹果谢花后 7 ~ 10 天喷药，防治病菌侵染。

在喷药时，要选择合适的气候环境，主要考虑风速和温湿度。通常情况下，果园施药时，要求风向一致，且风速在 1 ~ 4m/s，或在农药标签上注明的情况下才可施药。可通过风速测定仪测量迎风一侧果园外的风。风过小会让更细小的雾滴悬浮在空气中，容易蒸发，在喷洒完成后很长时间内可能会飘移到意想不到的目标上。高速或多变的风（如阵风）会携带雾滴穿过或覆盖植物。根据冠层的郁闭程度，边缘区域的风速更高，如冠层的外缘和顶部。因此，须以侧风吹向未喷洒的地方，并只在风向远离敏感区域（如非目标地区）时才喷洒。敏感的下风区域，如开阔水域和人类活动区域应设置喷雾缓冲区。一般情况下，当相对湿度低于40%和（或）温度超过25℃时，不要喷雾。

总之，要掌握各种病虫害的发生特点、天气情况，在病虫害最关键和最敏感的时期用药防治，才能得到较好的防治效果。

3. 提高施药人员技能

农药是一种特殊的商品，农药的喷施是一项技术性、专业性很强的工作。在发达国家，法律规定必须通过专门机构组织的技术培训并取得合格证书的人员才可购买农药、进行喷雾。施药人员不但要准确掌握苹果生长发育情况及病虫害发生危害特点，同时还要了解各种农药的性能特点、防治对象、使用方法、注意事项、中毒解救等知识和技术，尤其是无公害果园生产人员还要了解禁用、限用、适用农药种类及喷雾次数、最大喷雾量、安全间隔期等技术要求。

而目前我国的大多数苹果种植者很少或没有参加过专门培训，只有施药人员掌握果树病虫害发生规律、防治方法和农药知识等综合技术，才能合理施用农药，在施药过程中才能根据果园的情况及时调整喷雾技术参数以提高农药在苹果树上的有效沉积，提高防治效果。

目前，苹果园生草种植模式在国内大力推广，故2.2.2节、2.2.3节和2.2.4节不涉及除草剂的使用及抗药性。

2.3　苹果化肥和农药协同增效机制

植物病虫害的发生是一个复杂的过程，涉及植物、环境、有害生物等要素的密切相互作用，任何一个要素的改变都会影响病害的发生和严重程度。针对不同的病虫害发生规律，可以采用抗性品种、栽培管理、化学农药、生物农药等防治措施，其中以化学农药最为常用和重要。化学农药防治具有高效、直接、成本低廉、易于操作等优点，深受生产者喜欢。但与此同时，化学农药大量长期施用也导致环境污染、生态破坏、毒性农药残留、有害生物抗药性变异等问题，威胁到农业的绿色、可持续发展。基于病虫害发生要素和要素之间的互作关系防控病害，实现化学农药替代减量，对农药减施增效意义重大。

矿质元素的高效同化、吸收、转运和利用是植物健康生长的重要保障。除碳、氢、氧外，植物生长还需要氮、磷、钾、钙、镁、硫、磷等十余种矿质元素。矿质元素的营养平衡影响植物抗病性或耐病性遗传性状的表达，与植物免疫力密切相关，钾、钙、硅等抗性营养元素还能直接调控植物的免疫反应。因此，作物肥水管理与病虫害防治应是一个密不可分的整体，施肥既应考虑作物生长的养分需求，也应考虑营养元素的免疫调节作用（Dordas，2008；Veresoglou et al.，2013；Schumann et al.，2017）。

在苹果上，果树施肥的科学性直接影响果实的产量和品质，也直接影响到树势，以及腐烂病等重要病害发生的严重程度。本节主要从理论层面介绍植物营养元素的免疫调控作用，以及基于树体营养平衡策略防控苹果病害的科学实践。

2.3.1　植物营养元素的免疫调控作用

植物的抗病性或耐病性水平主要受遗传因素控制。但是，矿质营养等外界环境条件也会间接决定植物抗性遗传潜能的表现程度。合理施肥可以优化植物的矿质营养水平，促进生长，提高抗病性，使植物抗性遗传潜能得到最佳表现。

除碳、氢、氧外，植物正常生长还需要氮、磷、钾三种大量元素，以及钙、镁、硫、锰、锌、铁、铜、硼、钼等中微量元素。在植物生长过程中，每种元素的含量及不同元素间的相对比例都需要维持在合理的区间范围内，任意一种元素的匮乏或过量都会干扰植物的正常代谢，使其处于"亚健康"状态，更易被病菌侵染。

在生产上，作物营养元素水平与作物抗病性间的偶联关系已得到普遍性验证。然而，由于植物病害系统的多样性、复杂性，相同营养元素在不同病害系统中可能发挥不同的免疫调控作用，植物不同营养元素间也通过 pH 效应、拮抗等方式产生交互作用，这些都加大了定量深入揭示营养元素免疫调控机制的难度。以下主要就共识性研究结果介绍不同营养元素的免疫调控作用。

氮是植物生长发育的重要元素，主要满足氨基酸和蛋白质的生物合成。氮元素水平和氮元素化合物类型都会影响植物的免疫能力。一般来讲，氮素过量会降低植物的抗病性，增加刺吸式昆虫的取食频率，从而利于病虫害的发生（Huber，1974）。在生理层面，高氮增加植物感病性主要包括以下几方面的原因：①高氮增加植物营养生长速率，细胞壁变薄，组织更加幼嫩，感病性增强；②高氮增加植物组织表面和细胞间隙的氨基酸含量，为病菌孢子萌发提供营养；③高氮影响植物代谢，减少酚类抗性化合物的合成；④高氮减少植物体内抗性硅元素（Si）的累积；⑤高氮促进植物生长，导致田间郁闭和湿度增加，创造利于病害发生的微环境。田间施用的氮肥包括铵态氮（NH_4^+）和硝态氮（NO_3^-）两种类型，不同氮素类型对土壤 pH 的影响不同，还影响植物对矿质元素的吸收效率，也影响病害的发生水平。研究发现，高硝态氮抑制尖镰孢菌（*Fusarium oxysporum*）、灰霉菌（*Botrytis cinerea*）、立枯丝核菌（*Rhizoctonia solani*）、腐霉（*Pythium* spp.）等的侵染，高铵态氮抑制小菌核菌（*Sclerotium rolfsii*）的侵染。

氮元素除直接影响植物生长发育和免疫性外，还通过影响植物对其他元素的吸收来间接调节植物抗病性。因此，氮对植物抗病性的影响不单纯体现在其绝对含量上，也体现在其与其他元素的相对水平上。生产上，N 与 K_2O 的比例（氮钾比）是一个重要的参数，需要维持在一个合理的范围内。玉米、小麦、大麦、燕麦等作物的合理氮钾比为 1∶1，而番茄、辣椒等蔬菜，以及苹果、梨、樱桃等木本水果作物的合适氮钾比则远小于 1∶1。

钾是所有植物营养元素中抗病效应最为明显的元素。Usherwood（1985）对 534 个病虫害防控试验的相关文献进行了归纳统计，发现施用钾肥能增加植物抗病性的比例达到 65%，施用钾肥对真菌、细菌、病毒、线虫、昆虫等造成的危害的平均抑制程度分别达到 48%、70%、99%、115%、14%。在生理层面上，钾肥增加植物抗病性的主要机制：①钾离子促进单糖、氨基酸等低分子量代谢物向蛋白质、淀粉、纤维素等高分子量化合物转换，促进酚类等抗性次级代谢物的合成和分泌；②钾离子促进细胞壁增厚，增加组织硬度；③钾离子促进角质层发育，促进气孔关闭，抑制病原菌穿透；④钾离子促进侵染点抗菌化合物的累积和释放；⑤钾离子能促进植物伤口的快速愈合。

钾是抗性元素，但植物组织钾水平的含量并非越高越好（Usherwood，1980）。研究表明，植物组织钾水平过高可以抑制植物对钙、镁及铵态氮的吸收，从而影响作物抗病性。钾水平过高会增加马铃薯疮痂病和柑橘晚疫根腐病的发生率，原因是钾抑制了植物对钙的吸收，进而影响了细胞壁的功能（Dordas，2008）。

钙和钾一样，也是一种重要的抗性元素。钙是植物细胞壁的重要成分，既维持植物细胞壁结构的完整性，也调控糖分、氨基酸等营养物质的通透性。高钙一般降低病害的发生率，主要原因：①高钙维持细胞膜的完整性，抑制营养物质外渗；②高钙抑制病菌果胶酶的活性，从而抑制病菌诱发的组织解离；③高钙延长肉质果实的贮藏期，减少苦痘病、褐变、软腐等的发生。植物对钙的吸收与钾元素间存在拮抗作用。因而，施用钙肥时应注意元素间的营养平衡。

硅并非植物生长的必需元素，但可溶性硅能显著促进植物生长、提高产量及提高植物对病虫害的抗性。在水稻和甘蔗上，施用硅酸钙是提高产量和抗病性的常用手段。硅肥施用对控制稻瘟病、褐腐病、白粉病、锈病等都有明显的效果。硅元素介导植物抗病性的机制目前还不是很清楚，但可能与类黄酮和萜类植保素等抗真菌化合物的合成有关。这些化合物能够抑制真菌穿透和侵染菌丝扩展。此外，硅也能够增加植物组织的机械硬度，从而抑制蚜虫、叶蝉等刺吸式昆虫取食。

其他抗性相关元素锌、锰、硼等也与植物抗性密切相关。锌、锰有助于维持细胞膜的完整性，辅助侵染点周围活性氧、过氧化氢的产生和去除，而活性氧是植物抵御病菌侵染的重要信号分子。硼主要与细胞壁、细胞膜的完整性有关。

2.3.2　苹果树体营养平衡与化肥农药协同增效

树体营养水平与树体抗病性之间的关联关系在苹果腐烂病上体现最为明显。苹果腐烂病是由黑腐皮壳菌侵染引起的枝干病害，在我国成年树中发病率高于 50%。该病害发生程度轻时引起枝干树皮腐烂和小枝枯死，严重时引起主枝、主干树皮大面积腐烂。腐烂病发生范围广、死树多、危害大、治愈难，是阻碍苹果产业发展的大敌。苹果腐烂病普遍发生、病菌产孢量大，导致病原菌在果园中普遍存在。抗性品种是病害防治的最有效手段，然而腐烂病抗性品种还十分缺乏。病菌侵染会深入木质部，导致喷施药剂难以渗入。这些因素使得腐烂病的防治十分困难。目前，腐烂病防治局限于刮除烂皮和药剂涂抹，操作成本高，防治效果差，而且极易复发。

苹果腐烂病菌是弱寄生菌，对病害的防治从根本上还需依赖于树体抗病性的提升。在我国苹果生产上，偏施氮肥、钾肥用量不足的问题在各地普遍存在。据统计，美国、欧洲等地的苹果园叶钾含量介于 1.2% 与 1.9% 之间，而安贵阳等（2004）对陕西 460 个果园的测定结果显示，陕西果园叶钾含量平均仅为 0.86%。这些结果暗示，氮钾营养失衡造成的树体抗病性降低可能是我国苹果腐烂病大发生的重要诱因。

孙广宇等（2014）系统研究了树体叶钾含量与腐烂病抗病性间的关系。对陕西省苹果主产区白水县的 24 个'富士'果园的统计显示，苹果腐烂病病情指数与树体叶氮、叶磷、叶钾的相关系数分别为 0.22、0.08、0.79，表明腐烂病发生与树体钾水平呈明显负相关。当树体叶钾含量高于 0.9% 时，腐烂病病情指数有明显下降；而当树体叶钾含量高于 1.3% 时，腐烂病基本不再发生。Peng 等（2016）进一步选取 2 年生'富士'M26 盆栽苗，用 4 个钾水平营养液（K^+ 浓度分别为 0mmol/L、5mmol/L、10mmol/L、15mmol/L）进行 6 个月处理，然后进行了树体叶钾含量测定和抗病性分析（图 2-11）。其结果显示，低钾处理明显加重了腐烂病发生的严重程度，暗示钾肥增施可以控制腐烂病的发生。

Peng 等（2016）进一步选取了白水县约 20 年树龄的 3 个果园，对果园进行腐殖酸钾加硫酸钾，或有机复合肥加硫酸钾的施肥处理，并对苹果腐烂病的病情指数进行年度跟踪调查。结果显示，3 个果园的腐烂病发生率有了持续下降，病情指数下降均达 40% 以上。这表明钾肥增施是控制腐烂病发生的有效途径（图 2-11）。在机制层面上，转录组和代谢组分析表明，高钾有利于提高植物防卫相关基因的本底表达水平和诱导表达水平，提高苹果绿原酸、儿茶素等抗真菌酚类物质的积累水平，增加苹果树皮的机械强度。

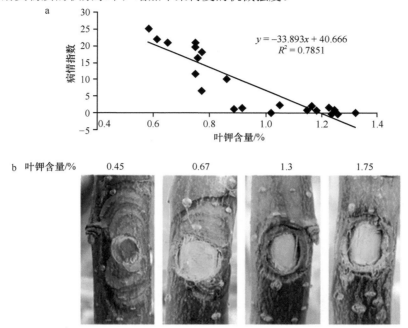

图 2-11　树体叶钾含量与病情指数的关系（引自 Peng et al.，2016）

田间果园病情指数与树体叶钾水平明显负相关（a），提升树体叶钾含量能有效控制腐烂病发生（b）

基于持续的田间试验，孙广宇等（2019）总结凝练了树体氮钾营养平衡防控苹果腐烂病的新技术。该技术的核心原则是控施氮肥，增施钾肥，同时多施有机肥、生物肥，改善土壤理化性质，促进钾元素的吸收。同时其提出针对腐烂病防治的叶钾营养指标，即以 7 月下旬到 8 月上旬为测定时期，树体叶片的钾水平应不低于 1.2%，叶片的氮钾比应小于 2.5。从 2016 年开始，采用该技术在河南省灵宝市寺河乡姚院村开展试验示范。对 36 个苹果园的腐烂病发生情况进行持续跟踪调查显示，采用这一新技术后，2017 年腐烂病的病株率由 66% 下降为 25%，每棵树平均新疤数下降为 0.5 个；2018 年病株率进一步下降为 2%，每棵树平均新疤数仅为 0.02 个，其中 56% 的果园未发生新病疤，防治效果非常显著。

树体氮钾营养平衡防控苹果腐烂病这一新技术通过减氮增钾、平衡营养、提高树体免疫力，控制苹果腐烂病的发生与流行，不仅省工、省药、解放了劳动力，而且大幅度提高了苹果品质，深受当地果农欢迎。计算表明，采用推荐的施肥施药方案，纯氮施肥量由 40kg/亩减少为 15kg/亩，杀菌剂折纯用量由 1.21kg/亩减少为 0.78kg/亩，氮肥和化学农药的利用率均有了明显提升。

施肥可直接调控植物营养水平，不仅影响作物的产量，也影响植物树势和抗病性，进而影响病害的发生水平。充分认识植物营养元素的免疫调控作用和作用规律，对于制订合理的栽培措施防控病害有重要的理论意义。苹果是多年生木本作物，果园土壤管理差异对果树生长的影响呈现年度累积效应。围绕果园土壤管理，明确元素过量和匮乏对树体长势与抗病性的影响，未来应确立各种营养元素的正常值标准，指导生产上科学施用大量、微量元素，增强树势，促进生长，实现化肥、农药的协同增效。

第3章 苹果化肥和农药减施增效的生物途径

3.1 苹果园障碍性土壤改良与养分高效利用

苹果园障碍性土壤是指具有阻碍果树正常生长的不良物理化学性质或形态特征等一系列障碍因子的果园土壤,如酸化、碱化、连作(重茬)土壤等,其中,由连作土壤引起的苹果连作障碍是生产中的一大难题,严重影响了养分的高效利用(毛志泉和沈向,2016;Nicola et al.,2018;Wang and Mazzola,2019a,2019b)。连作不仅可抑制苹果幼苗生长和根系构型形成,还可抑制根系功能,减少对土壤氮素的吸收,降低氮肥的利用率,影响各器官氮素的分配(Lucas et al.,2018)。连作使苹果根系消耗过多的营养,减少了根系对地上部分的供应,进而影响地上部分的生长和发育(王功帅等,2019)。土壤酸化、碱化造成土壤理化性质恶化、根系养分吸收障碍及土壤微生物群落结构的改变,影响植株的正常生长发育(于忠范等,2010;尹承苗等,2017)。为此我们开展了苹果园障碍性土壤改良与养分高效利用研究,提出了苹果连作障碍防控关键技术、碱化土壤改良关键技术及酸化土壤改良关键技术,生产上可减少化肥用量25%~33%。

3.1.1 苹果连作障碍防控

1. 棉隆冬季分层熏蒸防控苹果连作障碍

土壤消毒是减轻连作障碍最直接的方法,随着消毒效果较好的化学熏蒸剂溴甲烷因破坏臭氧层而被全球禁用(曹坳程等,2007),寻找溴甲烷的替代品显得愈发重要。棉隆(dazomet,3,5-二甲基-1,3,5-噻二嗪烷-2-硫酮)作为低毒环保型广谱性土壤消毒剂正在被广泛使用。棉隆在潮湿的土壤中遇水生成异硫氰酸甲酯,异硫氰酸甲酯可与细胞中的亲核部位(如氨基、羟基、巯基)发生氨基甲酰化反应继而通过挥发产生毒性效应,从而达到给土壤消毒的目的。根据棉隆释放特点,经过3年研究,我们提出了棉隆分层熏蒸减轻苹果连作障碍技术,实现了当年刨树当年建园,其要点包括:10月底前刨除老树,撒施有机肥,对定植沟范围旋耕2次,使土壤颗粒细小均匀,调整土壤湿度达到40%~60%;开挖定植沟,定植沟宽1m、深0.5m。如图3-1所示,分层施用不同浓度的棉隆(每亩10kg分两层,即定植沟每层30g/m² 棉隆用量;每亩10kg分三层,即定植沟每层20g/m² 棉隆用量;每亩15kg分两层,即定植沟每层45g/m² 棉隆用量;每亩15kg分三层,即定植沟每层30g/m² 棉隆用量;每亩20kg分两层,即定植沟每层60g/m² 棉隆用量;每亩20kg分三层,即定植沟每层40g/m² 棉隆用量);密闭熏蒸、施药后,立即用6丝薄膜覆盖定植行,并将薄膜的四周压严密封越冬,直到第二年栽树前一个月;晾晒后栽树,晾晒2周,栽树前1周定植沟范围翻耕2次。由表3-1可以看出,与对照相比,棉隆分层熏蒸和溴甲烷熏蒸均增加了连作苹果幼树的株高、茎周长和平均枝长,以溴甲烷熏蒸效果最好。棉隆效果受浓度影响较大,10kg/亩效果最小,15kg/亩和20kg/亩间没有显著差异。棉隆熏蒸显著改变了土壤中微生物的结构。熏蒸第一年土壤中细菌、真菌数量显著低于对照,15kg/亩和20kg/亩用量熏蒸效果更显著。熏蒸第二年检测土壤微生物发现,土壤中的微生物大量增加。其中棉隆熏蒸后细菌数量显著高于对照土壤细菌数量,有害真菌数量低于对照,同时,细菌与真菌的比值增加。利用定量聚合酶链反应(qPCR)技术对引起苹果连作障碍的 4 种主要镰孢菌数量进行了测定，结果（表 3-2）表明，与连作相比，溴甲烷、棉隆熏蒸显著降低了尖孢镰孢菌、层出镰孢菌、腐皮镰孢菌和串珠镰孢菌的拷贝数。溴甲烷熏蒸效果最好，其次是 20kg/亩和 15kg/亩用量。综合以上结果并考虑熏蒸效果和生产成本，每亩于定植沟范围分两层共计施入 15kg 的棉隆制剂（**98% 制剂**），可有效防控苹果连作障碍。

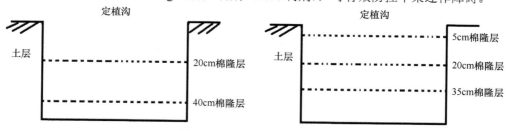

图 3-1　棉隆分层熏蒸示意图

表 3-1　棉隆分层熏蒸对果树生长的影响　（单位：cm）

处理	第一年生物量			第二年生物量		
	株高	茎周长	平均枝长	株高	茎周长	平均枝长
CK	173.00±5.50e	5.93±0.50d	17.40±3.09d	220.33±7.22c	7.83±0.17c	62.87±5.90d
MB	222.67±3.84a	9.67±0.49a	73.60±7.61a	284.33±6.94a	12.87±0.32a	108.87±2.98a
10-2	197.33±3.18d	7.80±0.30c	38.80±8.67c	217.33±9.82c	8.63±0.33c	76.00±3.67c
10-3	201.33±2.02cd	8.03±0.21c	47.80±6.02bc	232.00±5.29bc	9.70±0.64b	91.40±1.60b
15-2	209.33±1.20bc	8.93±0.25b	64.60±1.21ab	258.00±7.77b	12.17±0.17a	105.73±0.37a
15-3	215.67±0.88ab	9.10±0.2ab	65.80±5.33ab	253.67±9.13b	12.03±0.30a	103.73±1.57a
20-2	216.33±1.45ab	9.13±0.31ab	70.20±4.91a	248.33±9.28b	12.23±0.18a	105.27±1.25a
20-3	217.33±0.88ab	9.10±0.20ab	69.40±7.50a	252.33±9.39b	11.97±0.09a	104.40±0.76a

注：CK 代表连作对照；MB 代表溴甲烷熏蒸；10-2 代表 10kg/亩分 2 层；10-3 代表 10kg/亩分 3 层；15-2 代表 15kg/亩分 2 层；15-3 代表 15kg/亩分 3 层；20-2 代表 20kg/亩分 2 层；20-3 代表 20kg/亩分 3 层；表 3-2 同。同一列后不含相同小写字母表示不同处理间差异达 5% 显著水平

表 3-2　棉隆分层熏蒸 2 年对 4 种土壤主要有害镰孢菌拷贝数的影响

处理	尖孢镰孢菌拷贝数/（×10⁸）	层出镰孢菌拷贝数/（×10³）	腐皮镰孢菌拷贝数/（×10⁸）	串珠镰孢菌拷贝数/（×10³）
CK	8.97±0.40a	19.50±1.19a	554.33±68.7a	15.01±2.10a
MB	2.61±0.23e	0.48±0.03e	0.10±0.01b	2.76±0.40e
10-2	6.20±0.17b	9.12±0.33b	39.6±8.30b	8.66±0.30b
10-3	6.15±0.19b	7.62±0.29bc	28.4±9.29b	8.26±0.21bc
15-2	5.65±0.27bc	5.86±0.75cd	6.38±0.95b	6.53±0.15bcd
15-3	5.30±0.19cd	5.69±0.90cd	5.66±0.84b	6.02±0.09cd
20-2	4.62±0.40d	4.14±0.93d	3.44±0.41b	5.24±0.32d
20-3	4.69±0.29d	4.36±0.19d	3.05±0.19b	5.44±0.11d

注：同列数据后不含相同小写字母表示处理间差异达 5% 显著水平

2. 葱树混作防控苹果连作障碍

前人报道葱（吕毅等，2014；徐少卓等，2018；王功帅，2018；马子清等，2018）、芥菜（Smolinska et al.，2003；马子清等，2018）、小麦（吴凤芝等，2014；马子清等，2018）、万寿菊（王晓芳等，2018）作为轮作植物对缓解苹果连作障碍非常有效，但传统的轮作存在耗时长、不能快速实现经济效益等缺点，因此，我们提出了葱树混栽减轻苹果连作障碍的防控技术。苹果树定植后前三年，于9月上旬在半径30cm的树盘范围内撒播4～5g葱种，即幼树生长在葱中，第二年4月底前去掉葱植株。盆栽和大田试验表明，混栽葱显著提高了连作幼树的生物量，缓解了连作障碍。

表3-3反映了在盆栽条件下混栽葱和芥菜对连作幼树在2015年到2016年生长的影响。混栽葱可以显著提高连作幼树的株高、茎粗、总枝长和干重。混栽葱改善了连作土壤的生态环境，显著提高了脲酶、蔗糖酶、碱性磷酸酶和过氧化氢酶的活性，增加了细菌数量，减少了真菌数量，提高了细菌与真菌比值；同时，显著降低了土壤中主要酚酸类物质的含量，其中混栽葱土壤中根皮苷和根皮素含量分别减少了78.8%和81.1%。并且葱树混作还能明显改善土壤真菌群落结构，显著提高土壤真菌多样性、丰富度、均匀度指数。通过克隆文库进一步分析发现，混栽葱优先恢复了拮抗菌的相对丰度，如被孢霉属、木霉属、青霉属，并降低了连作土壤中镰孢菌属的相对丰度。定量聚合酶链反应（qPCR）分析发现，混栽葱能显著降低连作土壤中4种镰孢菌的数量。通过对葱根系分泌物进行气质联用分析发现，葱根系分泌物中含有大量的硫醚类物质。其中，二甲基二硫醚和二烯丙基二硫醚具有明显的抑菌效果，能够显著抑制4种镰孢菌的生长和孢子萌发。

表3-3　盆栽条件下混栽葱和芥菜对连作幼树生长的影响

处理	2015年				2016年			
	株高/cm	茎粗/mm	总枝长/cm	干重/g	株高/cm	茎粗/mm	总枝长/cm	干重/g
溴甲烷	204.67±6.33a	26.08±1.40a	589.67±32.11a	890.07±69.07a	218.33±0.88a	143.33±3.18a	678.00±18.00a	1164.00±34.49a
混栽葱	171.33±3.53b	202.98±0.47b	477.00±47.35b	669.14±38.41b	196.67±2.91b	134.67±0.67b	574.33±34.84b	1037.33±32.44b
混栽芥菜	170.33±3.76b	22.83±0.30b	536.00±19.70ab	682.28±34.27b	197.67±1.67b	133.00±3.06b	612.33±20.22ab	1098.67±20.18b
对照	152.00±2.31c	19.91±0.35c	312.67±15.17c	540.24±25.55c	184.67±3.48c	123.33±1.20c	455.67±34.36c	834.67±11.85c

注：同列数据后不含相同字母表示处理间差异达5%显著水平

葱根系分泌物、二甲基二硫醚和二烯丙基二硫醚可以显著抑制4种镰孢菌菌丝的生长，高浓度（5倍浓度）的二甲基二硫醚抑制效果最为显著（表3-4）。与对照相比，葱根系浸提液、高浓度二甲基二硫醚和高浓度（5倍浓度）二烯丙基二硫醚处理的腐皮镰孢菌菌丝生长分别减少了43.2%、52.5%和39.9%；尖孢镰孢菌菌丝生长分别显著减少了40.1%、49.3%和32.4%；串珠镰孢菌菌丝生长分别减少了36.8%、52.4%和31.9%；层出镰孢菌菌丝生长分别显著减少了37.1%、52.0%和47.0%。同时我们还发现二甲基二硫醚的抑菌效果优于二烯丙基二硫醚。盆栽试验发现，葱根系分泌物和实测浓度的硫醚类物质都显著提高了连作幼苗的株高与鲜重，抑制了土壤中4种镰孢菌的数量，其中葱根系分泌物效果最好。

表 3-4　葱根系分泌物和硫醚类物质对镰孢菌菌丝长度的影响　（单位：cm）

处理	腐皮镰孢菌菌丝长度	尖孢镰孢菌菌丝长度	串珠镰孢菌菌丝长度	层出镰孢菌菌丝长度
葱根系浸提液	4.57±0.13d	4.93±0.27c	5.15±0.13d	5.23±033b
低浓度的二甲基二硫醚	5.25±0.05c	4.98±0.20c	6.00±0.18c	5.33±0.23b
5 倍浓度的二甲基二硫醚	3.82±0.16e	4.17±0.16d	3.88±0.14c	3.99±0.09c
低浓度的二烯丙基二硫醚	6.16±0.06b	6.73±0.13b	7.19±0.21b	5.51±0.22b
5 倍浓度的二烯丙基二硫醚	4.84±0.19d	5.56±0.20c	5.55±0.18cd	4.41±0.14c
无菌水对照	8.05±0.06a	8.23±0.22a	8.15±0.11a	8.32±0.11a

注：同列数据后不含相同小写字母表示处理间差异达 5% 显著水平

　　因此，混栽葱通过根系不断分泌有效物质，可以长时间地抑制连作土壤中的有害病原菌，缓解苹果连作障碍。该技术显著减少了土壤中 4 种镰孢菌数量，优化了微生物群落结构，减轻了连作障碍，增强了再植幼树根系活力，提高了肥料利用率。

3. 苹果连作障碍拮抗菌研究

　　轮作、土壤化学消毒（如溴甲烷）等措施曾被用来防控苹果连作障碍。轮作是目前防控苹果连作障碍效果最好的措施之一，缺点是耗时太长，一般轮作时间不能短于 3 年，生产中不易推广。溴甲烷等化学熏蒸剂污染环境且对人体有害，已被禁止使用，而生物防治是利用有益菌抑制土壤中病原菌的数量增长或干扰病原菌对寄主侵染的一种环保型防治方法，对苹果连作障碍进行生物防治是一种前景广阔的技术措施。Shin 等（2006）研究认为青霉菌可产生大量生物活性成分并对病原菌、植物线虫等的生长发育可能有不同程度的抑制作用，且青霉菌（*Penicillium simplicissimum*）IFM53375 中分离到的 Penicillide（1 ～ 4）类化合物及其衍生物具有抗真菌活性的作用，同时青霉菌分泌的青霉素对根皮苷有降解作用，而在苹果连作障碍中生物防治青霉菌的相关研究未见报道。

　　我们采用稀释涂布平板法从甘薯土壤中分离得到一株真菌，其分生孢子梗帚状枝三轮生，双轮生者少，彼此通常紧贴；副枝 1 ～ 3 个，（12 ～ 32）μm×（3.2 ～ 3.5）μm，分生孢子壁显著小疣状粗糙或平滑；分生孢子梗基每轮 3 ～ 5 个，（8 ～ 15）μm×（2.2 ～ 3.2）μm，壁平滑；分生孢子瓶梗每轮 5 ～ 7 个，（8 ～ 11）μm×（2.2 ～ 2.6）μm，瓶状，分生孢子梗颈不明显；分生孢子呈现球形、近球形至椭圆形、椭圆形，（3.5 ～ 4.2）μm×（2.5 ～ 3.5）μm或 3.2 ～ 4.0μm，分生孢子壁平滑（图 3-2，图 3-3）。借助分子生物学手段 ITS-rDNA 和 β-tubulin 序列分析，初步鉴定该菌属于青霉属叉状亚属，最终鉴定为普通青霉（*Penicillium commune*）D12。普通青霉 D12 对尖孢镰孢菌、串珠镰孢菌、层出镰孢菌和腐皮镰孢菌的菌丝生长均有不同程度的抑制作用，在 PDA 培养基上菌丝生长抑制率分别为 69.8%、73.3%、85.8%、64.3%，拮抗系数达到Ⅱ级或Ⅰ级，在玉米粉培养基上菌丝生长抑制率分别为 71.6%、70.6%、66.2%、88.1%，拮抗系数达到Ⅱ级或Ⅰ级（图 3-4）。盆栽试验结果表明普通青霉的发酵产物能显著促进平邑甜茶苹果幼苗生物量的增加，且株高、地径、鲜重和干重分别比对照增加了41.98%、15.01%、40.34% 和 51.53%，且在土壤中对尖孢镰孢菌也有很好的抑制效果。普通青霉 D12 生长速度快，孢子繁殖量大，能够在很短的时间内占据大部分的生存空间，对 4 种苹果连作障碍病原镰孢属真菌具有较好的抑制作用，可作为防控苹果连作障碍的拮抗菌进行进一步研究。

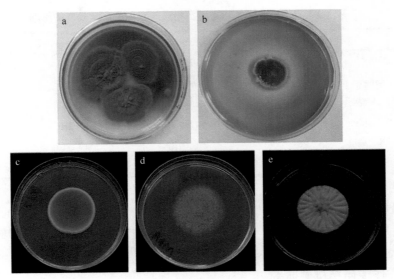

图 3-2　普通青霉 D12 在不同培养基上的形态特征

a. 马铃薯葡萄糖琼脂培养基；b. 蔗糖肌酸琼脂培养基；c. 查氏酵母琼脂培养基；d. 麦芽糖琼脂培养基；e. 酵母蔗糖琼脂培养基

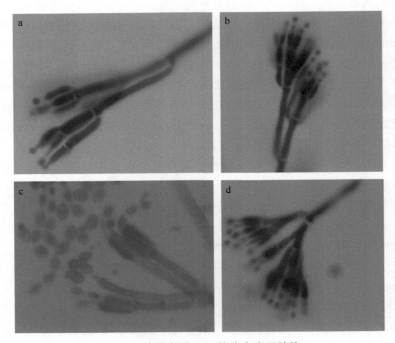

图 3-3　普通青霉 D12 的分生孢子结构

a、b、c、d 中的图片是在 OLYMPUS BH-2 光学显微镜下放大 10×100 倍观察 PDA 培养基上普通青霉 D12 的分生孢子结构，图片使用尼康 DS-Ri2 相机拍摄

4. 生物熏蒸防控苹果连作障碍

　　土壤熏蒸（消毒）是破解连作障碍这一难题的有效措施，目前主要依靠化学熏蒸剂，如溴甲烷、棉隆和氯化苦等。溴甲烷能高效、广谱地杀死各种有害生物，但其严重影响地球环境和人类健康，已被淘汰；其他化学药剂虽尚未淘汰，但长期大量使用会对环境和农作物产

生危害，进而危害人类健康，而且化学熏蒸导致土壤酶活性显著下降，极大地降低了农业土壤的可持续生产力（Nicola et al.，2017）。因此，发展可行的替代技术抑制土传病虫害并进行有效病虫害管理成为当前研究的热点，生物熏蒸（biofumigation）应运而生。目前，菊科植物、绿肥、家禽粪便等均被用作生物熏蒸材料以有效防治土传病害及植物根结线虫（卢志军，2016），万寿菊秸秆具有抑制有害微生物的作用，而苹果产业的可持续发展受到连作障碍的严重制约。

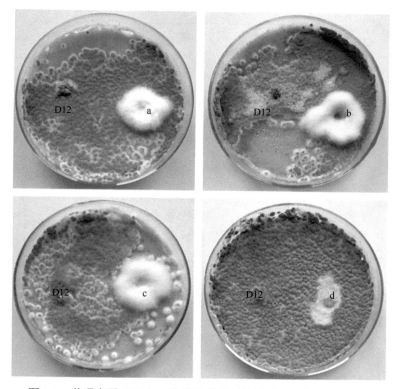

图 3-4　普通青霉 D12 与 4 种镰孢菌的对峙试验（玉米粉培养基）

在玉米粉培养基上普通青霉 D12 与尖孢镰孢菌（a）、串珠镰孢菌（b）、层出镰孢菌（c）及腐皮镰孢菌（d）之间的对峙试验

我们研究了利用万寿菊进行连作土壤生物消毒的研究，与对照相比，不同添加量的万寿菊生物熏蒸处理均对苹果幼苗生长有显著促进作用，均使平邑甜茶幼苗生物量有所增加（表 3-5）。其中以万寿菊 6.0g/kg + 覆膜处理的效果最好，其株高、地径、地上部干重及根系干重分别为对照的 3.6 倍、1.5 倍、8.1 倍和 13.1 倍，与对照差异显著；万寿菊 1.5g/kg + 覆膜处理的分别为对照的 2.1 倍、1.1 倍、3.8 倍、5.8 倍；万寿菊 15.0g/kg + 覆膜处理的分别为对照的 1.9 倍、1.3 倍、4.8 倍、6.4 倍。单独覆膜处理对平邑甜茶幼苗生长有促进作用，各项指标分别为对照的 1.3 倍、1.2 倍、2.2 倍和 3.1 倍。与对照相比，连作土壤中加入不同量的万寿菊熏蒸后，各处理土壤中的真菌数量明显减少，细菌、放线菌数量显著增加，细菌/真菌值变大。以万寿菊 6.0g/kg + 覆膜处理的效果最好，细菌/真菌值为 219.9，是对照的 5.6 倍；其次是万寿菊 15.0g/kg + 覆膜处理（137.0），为对照的 3.5 倍。扫描电镜观察发现，16.67g/L 万寿菊粉末处理土壤培养 1 天后，腐皮镰孢菌菌丝塌陷更为严重，并有卷曲现象，菌丝干瘪变形，严重缺乏水分，呈枯死状，有的菌丝直接断裂，菌丝表面破损，菌丝内的物质外溢（图 3-5）。利用

实时荧光定量技术对层出镰孢菌（*Fusarium proliferatum*）的基因拷贝数进行绝对定量分析，结果表明万寿菊生物熏蒸处理的层出镰孢菌基因拷贝数均低于对照，降低幅度为 49.3% ~ 57.9%。单独覆膜处理较对照仅降低了 27.2%。由此可见，万寿菊生物熏蒸能够显著减少层出镰孢菌的数量。

表 3-5　万寿菊生物熏蒸下平邑甜茶幼苗生长指标

处理	株高/cm	地径/cm	干重/g	
			地上部	根系
对照	9.0±0.6c	1.96±0.16c	1.59±0.16e	0.90±0.07d
覆膜	12.0±0.6c	2.36±0.27bc	3.47±0.30d	2.79±0.44c
万寿菊 1.5g/kg + 覆膜	19.0±1.5b	2.07±0.04bc	6.12±0.16c	5.25±0.22b
万寿菊 6.0g/kg + 覆膜	32.7±2.3a	3.02±0.02a	12.82±0.42a	11.77±0.43a
万寿菊 15.0g/kg + 覆膜	17.3±1.4b	2.48±0.03b	7.66±0.14b	5.77±0.34b

注：同列数据后不含相同字母表示处理间差异达 5% 显著水平

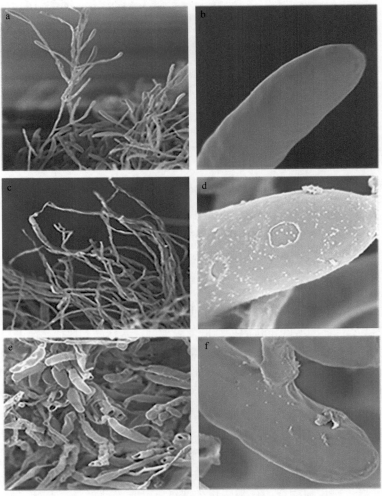

图 3-5　对照与处理的腐皮镰孢菌菌丝形态扫描电镜照片

a、b 为对照菌丝形态；c、d 为 3.30g/L 万寿菊粉末处理；e、f 为 16.67g/L 万寿菊粉末处理

综上研究结果说明万寿菊生物熏蒸明显改善了土壤微生物群落结构，使连作土壤真菌数量减少、细菌数量增加，向细菌型土壤转化，微生物环境优化，有利于根系生长发育和植株生长。

3.1.2 碱化苹果园土壤改良

$NaHCO_3$、Na_2CO_3 等碱性盐的存在，导致土壤 pH 升高，对植物形成离子胁迫、渗透胁迫、高 pH 胁迫等多重胁迫作用，其对植物的破坏比 $NaCl$、Na_2SO_4 等中性盐所造成的胁迫更严重。目前，国内外对盐碱地的改良方法大致有物理（纪永福等，2007）、化学（张江辉等，2011）、生物（张俊伟，2011）、农业（廉晓娟等，2013）及水利工程改良（李建国等，2012）5 种措施。

我们提出了利用混作不同作物改良碱化土壤的措施。结果表明，经过不同混栽处理后，土壤的 pH 均有所降低。其中，马庄混栽小麦土壤 pH 降低了 0.44；东营混栽小麦土壤 pH 降低最多，降低了 0.7（图 3-6）。由图 3-7 可以看出，经过不同混栽处理后，与对照相比，不同处理的 Fe^{2+} 含量均有所上升。其中，马庄混栽小麦和东营混栽小麦的 Fe^{2+} 含量均增加显著，分别增加了 75% 和 62.9%，东营混栽葱和马庄混栽长柔毛野豌豆 Fe^{2+} 含量增加较少，表明不同混栽处理均能提高土壤 Fe^{2+} 含量。经过不同混栽处理后，土壤中的细菌数量均有所减少。

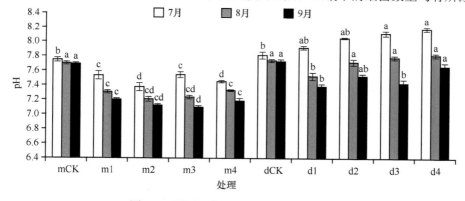

图 3-6 不同混栽处理对土壤 pH 的影响

dCK：东营空白；d1：东营混栽长柔毛野豌豆；d2：东营混栽孔雀草；d3：东营混栽小麦；d4：东营混栽葱；mCK：马庄空白；m1：马庄混栽长柔毛野豌豆；m2：马庄混栽孔雀草；m3：马庄混栽小麦；m4：马庄混栽葱，图 3-7 和表 3-6 同。同一时期不同字母表示处理间差异达 5% 显著水平

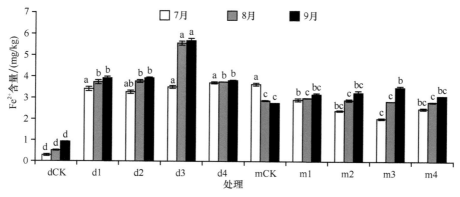

图 3-7 不同混栽处理对土壤 Fe^{2+} 含量的影响

同一时期不同字母表示处理间差异达 5% 显著水平

经过不同混栽处理后，植株生物量均有一定增长（表 3-6），其中 d1 和 d4 的长势是较好的，d2 和 d3 的长势稍微差一些但都高于对照；m1 和 m3 的长势较好，m2 和 m4 的长势稍微差一些但也都高于对照。

表 3-6　不同混栽处理对植株生物量的影响

处理	株高/cm	干重/g	鲜重/g	茎粗/mm
dCK	18.50±2.07d	2.37±0.27cd	6.03±0.62c	4.40±0.65c
d1	29.97±1.98c	3.76±1.20c	8.68±2.60c	4.19±0.86c
d2	25.80±4.26c	2.91±0.82cd	6.42±1.81c	3.88±0.50cd
d3	27.97±5.03c	3.61±1.06c	8.00±2.55c	3.69±0.45cd
d4	29.70±5.08c	4.22±1.66c	10.41±4.49c	4.52±1.15c
mCK	14.50±2.53d	0.85±0.46d	1.76±0.94d	2.66±0.35d
m1	37.73±3.56b	13.49±3.62b	24.05±4.10b	5.95±1.20b
m2	22.43±4.77cd	2.46±1.14cd	4.63±1.21cd	3.07±0.37d
m3	53.57±3.18a	17.42±5.06a	31.51±5.50a	7.17±0.82a
m4	17.17±2.14d	1.19±0.41d	2.70±0.76d	3.15±0.63d

注：同列数据后不含相同小写字母表示处理间差异达 5% 显著水平

综上结果表明，混栽不同作物可以有效降低碱性土壤的 pH，有效改善植株黄化现象，提高苹果树的生物量，让苹果树更好地生长。

3.1.3　酸化苹果园土壤改良

1. 利用改良剂改良

为了改良由化肥施用不当、有机肥使用偏少引起的土壤酸化问题，研究提出了两种有机改良剂，分别简称 D 改良剂和 Y 改良剂，施用方法为沿树行方向在树干两侧距中心干 40cm 处各开一沟（共两沟），沟长 50cm、深 30cm、宽 20cm，每沟内放 2.5kg 有机改良剂，与土壤混匀后回填。由表 3-7 可以看出，经过两种改良剂处理后，土壤酸化程度均得到显著的改善，pH 明显升高。土壤 pH 平均升高 1.04，其中莱州小草沟提高最为显著，比对照提高了 1.38；Y 改良剂处理过的招远大户陈家 pH 变化量较小，但相比对照也提高了 14.94%。

表 3-7　两种改良剂对土壤 pH 的影响

处理		未处理 pH	处理 pH	pH 变化量
D 改良剂	威海文登	4.69±0.01bA	5.78±0.03aB	+1.09
	栖霞十里堡	4.47±0.04bB	5.58±0.04aC	+1.11
	招远大户陈家	4.35±0.04bC	5.35±0.04aD	+1.00
Y 改良剂	栖霞郭家埠头村	4.64±0.05bA	5.64±0.05aC	+1.00
	招远大户陈家	4.35±0.04bC	5.00±0.02aE	+0.65
	莱州小草沟	4.67±0.03bA	6.05±0.02aA	+1.38

注：同一列数据后不同大写字母表示不同地点间差异达 5% 显著水平；同一行数据后不同小写字母表示同一地点不同处理间差异达 5% 显著水平

　　土壤酸化容易引起土壤中钙离子的流失，导致树体缺素症发生，引起苦痘病等一系列因钙元素缺乏而产生的病害。经过两种改良剂的处理，土壤中有效钙含量均显著提高，与未处理相比，达到显著性差异。其中 D 改良剂处理效果较好，在招远大户陈家土壤有效钙含量提高了 187.95%；植株体内钙元素含量也显著提高，其中，莱州小草沟植株叶片中钙元素含量提高了 72.43%，栖霞十里堡植株枝条钙元素含量提高了 62.50%；两种改良剂处理后苹果果实中钙元素含量也显著提高，栖霞十里堡提高最多，提高了 86.79%，表明两种改良剂均能有效提高土壤中有效钙的含量，缓解植株钙元素的缺失，减少由钙元素缺乏所产生的病害。苹果苦痘病主要是由树体生理性缺钙所引起，长期施用大量化肥、土壤酸化、钙离子大量流失导致植株钙元素含量低，苦痘病发病率升高。经两种改良剂处理后，苦痘病的发病率显著降低，D 改良剂效果好于 Y 改良剂，其中，经 D 改良剂处理后，威海文登未发生苦痘病，在栖霞十里堡及招远大户陈家苦痘病发病率也降至 2% 以下，经 Y 改良剂处理后，苦痘病发病率也显著降低。

　　高锰胁迫是酸性土壤限制植物生长的一个重要因素，它不仅会降低果树生产力，还严重影响果实的产量和品质。未经过处理的土壤中有效锰的含量较高，而经过两种改良剂处理后，土壤中有效锰含量显著降低，植株体内锰元素含量也显著下降。各处理土壤中有效锰含量均下降 40% 以上，叶片、枝条、果实中锰元素含量以 D 改良剂处理后的降幅最为显著，分别降低了 32.38%、39.78% 和 30.34%。

　　综上结果表明，两种改良剂可有效补充土壤中流失的钙离子，减轻苦痘病的发生，且两种改良剂均能有效提高土壤 pH，并降低土壤中重金属离子的活性，缓解植株的重金属胁迫。

2. 利用生石灰与过磷酸钙改良

　　土壤中施用生石灰可缓解土壤酸化，促进作物吸收养分，提高作物产量及品质（杨晶等，2016）。贺根和等（2015）发现石灰与磷肥均可以改善土壤环境，增加土壤酶活性；草木灰一直广泛应用于农业生产，因为其富含植物生长所需的营养元素并且来源广（何永梅，2009），草木灰还含有许多碱性成分（郜巍，2018），施入土壤后可缓解土壤酸化。施用生石灰、过磷酸钙和草木灰对调节土壤酸化及土壤理化性质的影响的研究较多，但其对调节连作土壤微生物群落结构的影响目前还少有报道。我们在盆栽条件下，以凤毛寨老果园酸化连作土壤为对照，施加不同土壤改良剂（1‰生石灰、1‰过磷酸钙、1‰生石灰+1‰过磷酸钙、1‰草木灰），研究其对平邑甜茶幼苗生物量、根系生长量及呼吸速率、土壤 pH、土壤微生物和土壤酶活性等相关指标的影响。结果表明，在酸化连作土壤中添加不同的土壤改良剂均增加了平邑甜茶幼苗植株的生物量（表 3-8）；可促进生根并提高根系呼吸速率；可改良土壤微生物环境，提高细菌数量并降低有害真菌数量；可增加土壤酶活性。4 种处理中，以生石灰加过磷酸钙混合处理在大部分指标上与对照相比提升最为明显，植株的株高、地径、地上部鲜重、地上部干重、地下部鲜重和地下部干重分别提高了 35.9%、46.3%、112.1%、86.5%、201.8%、171.1%；在根长度、根表面积、根体积、根尖数上分别提高了 298.0%、219.7%、469.9%、95.1%（表 3-9），根系活力为对照的 1.41 倍。施加不同土壤改良剂后土壤 pH 由大到小的顺序依次为生石灰＞草木灰＞生石灰 + 过磷酸钙＞过磷酸钙。生石灰加过磷酸钙混合处理还显著减少了真菌的数量，腐皮镰孢菌和尖孢镰孢菌的拷贝数分别降低了 74.2%、77.1%，其他处理也增加了土壤中细菌的数量，减少了真菌的数量，对微生物环境有所改良。在土壤酶方面，4 种处理脲酶活性分别为对照的 1.10 倍、1.33 倍、1.42 倍与 1.25 倍；蔗糖酶活性分别为对照的 1.50 倍、1.30 倍、

1.58 倍与 1.18 倍；磷酸酶活性分别为对照的 1.31 倍、1.41 倍、1.55 倍与 1.28 倍；过氧化氢酶活性分别为对照的 1.37 倍、1.39 倍、1.47 倍与 1.33 倍。由此可见生石灰、过磷酸钙、草木灰均对酸化土壤有改良作用并促进了平邑甜茶幼苗的生长，其中以生石灰加过磷酸钙混合处理效果最好。

表 3-8　不同处理对平邑甜茶幼苗生物量的影响

处理	株高/cm	地径/mm	鲜重/g		干重/g	
			地上部	地下部	地上部	地下部
连作对照	49.93±2.33d	5.27±0.08c	14.95±1.99c	7.36±0.61c	7.69±0.27c	2.91±0.33c
生石灰	63.40±1.43ab	6.95±0.20b	26.04±1.71ab	19.18±1.50ab	12.29±0.79ab	6.59±0.68ab
过磷酸钙	57.40±0.57c	6.81±0.11b	24.68±0.21b	16.32±0.89b	11.45±0.46b	5.31±0.30b
生石灰＋过磷酸钙	67.83±2.69a	7.71±0.31a	31.71±0.59a	22.21±0.65a	14.34±0.89a	7.89±0.28a
草木灰	60.37±1.12bc	6.82±0.21b	25.58±2.97b	17.19±1.60b	12.27±1.37ab	6.21±0.73b

注：同列数据后不含相同字母表示处理间差异达 5% 显著水平

表 3-9　不同处理对平邑甜茶幼苗根系生长的影响

处理	根长度/cm	根表面积/cm²	根体积/cm³	根尖数/个
连作对照	165.30±82.46c	154.90±20.73c	7.31±1.14c	1212.67±82.06c
生石灰	524.54±32.00ab	423.12±21.48b	36.63±2.04ab	2095.00±66.58ab
过磷酸钙	448.22±24.51b	405.63±9.29b	32.36±2.25b	2232.67±109.75ab
生石灰＋过磷酸钙	657.96±26.49a	495.15±4.33a	41.66±1.65a	2365.67±105.77a
草木灰	450.15±33.84b	388.95±20.72b	34.85±0.38b	2053.00±64.39b

注：同列数据后不含相同字母表示处理间差异达 5% 显著水平

3.1.4　小结与展望

综上，我们围绕酸化、连作（重茬）土壤的改良提出了一系列关键技术，这些关键技术在改良土壤微生物环境的基础上，降低了土壤中重金属离子的活性，缓解了植株的重金属胁迫，提高了土壤中有效钙的含量，缓解了植株钙元素的缺失，减轻了苦痘病，增强了根系活性和吸收养分的能力，提高了肥料利用率，起到了减少化肥和农药使用量的作用。

纵观苹果园障碍性土壤的研究史，已经从传统单因子拓展到多因子，但是因苹果园障碍性土壤影响因素多、形成机制复杂，使得克服技术体系尚需进一步研究，未来可在以下几个方面进行重点研究：一是抗重茬砧木的选育：挖掘生物自身遗传潜力，基于基因组学分析和分子育种方法选育抗重茬、低能耗和高养分利用率的品种；二是拮抗菌的分离鉴定和应用：有益微生物和拮抗微生物的最佳组合，复合生防制剂的筛选，结合有机肥料、微生物菌肥、微量元素配合施用的技术；三是绿色熏蒸调控：研发环境友好型土壤消毒技术或与拮抗植物混作的综合防治技术，结合多层次的耕作制度和管理制度，充分发挥植物的多样性作用。

在改良碱化土壤方面，最早对碱化土壤改良剂的研究多为单一的天然改良剂，如磷石膏、粉煤灰、污泥、沸石、绿肥等，研究发现，单一的土壤改良剂对土壤改良的效果不够全面，而且存在一定的负面效应。为了增强改良效果，越来越多的研究者采用不同土壤改良剂配施的方法进行改良试验，取得了良好效果，但同时也存在一些问题，如天然改良剂储量问题，对其大面积推广是否可行；人工合成高分子改良材料成本较高，对环境污染的潜在风险不是很明确，农民的认可度不够等。

在改良酸化土壤方面，石灰作为公认的酸性土壤改良剂，能够迅速提高土壤 pH，但长期施用石灰，将造成土壤"复酸化"。目前，生物质炭已然成为酸化土壤改良的新宠，但生物质炭经高温裂解后自身芳香化程度加深，其中部分多环芳烃在土壤中无法分解，长期施用生物质炭将导致该类物质在土壤中积累，可能造成土壤的次生污染。因此，生物质炭在酸化土壤改良上的应用还需要深入研究。随着科学技术的发展和研究的深入，苹果园障碍性土壤问题必将得到控制，使农业生产达到经济效益、生态效益和社会效益的和谐统一。

3.2　苹果园生草与化肥农药高效利用

众所周知，我国传统的农耕文明为精耕细作，在农业出现之初即有了耕（翻松土壤）、耘（除草）的概念。但这一技术体系针对的是草本的大田作物，在"除草务尽"的思想下，形成的是结构极为简单、群体整齐的人工植被类型。果树起源于丛林，丛林系统要求对土壤尽量少扰动，方可保持土壤结构、促进土壤发育；且丛林系统要求生物多样性要足够丰富，才能维持生态系统的平衡。历史上，果树的栽培技术体系往往借鉴于传统的农业，如耕翻、施肥、灌水等，长期实行的是清耕制或间作制，与果树生态系统的发育规律存在矛盾。果园长期清耕，则会导致土壤有机质含量迅速减少，土壤结构受到破坏，因此必须保证施入足量有机肥，才能满足果树生长发育的需要。而实际上，长期清耕、偏施化肥是我国果园土壤质量短期内普遍迅速下降、果树生理障碍频发、果品质量下降的根本原因。果园要兼顾大田作物（稳定的经济产出）和丛林系统（良好的自然发育）的特点，土壤管理制度即为对果园土壤进行人工干预的技术体系，目的是通过一系列技术措施，协调土壤肥力因子，改善土壤障碍性因子，为果树的生长发育提供理想的环境条件。良好的土壤管理制度不仅能满足根系生长发育和功能发挥所需的条件，还会通过影响果园生态系统的其他环境因子而影响整个果园生态系统的物质循环和能量循环。因此，改变传统的以清耕制为主的土壤管理制度，是实现果园永续利用的必由之路，国际上果园土壤管理普遍实行生草制。为此，我们开展了自然生草体系下果园土壤微生物种群的变化、土壤有机质组分的变化、速效性养分在土壤中的分布规律与利用情况、草种演替及其在养分循环中的作用及苹果植株的生理响应研究，监测了土壤环境与地上部环境变化，规范了生草后对草域的管理技术，建立了适合我国渤海湾优势产区和黄土高原优势产区的果园生草技术体系。

3.2.1　苹果园实行生草制度需要先解决的几个问题

由于长期实行清耕制，我国果园实行生草制需要首先解决两个核心问题。

一是缺乏适生草种筛选和科学评价。我国地域辽阔，各地气候资源、生物资源差异悬殊，若不对草种进行筛选和科学的评价，在实际生产中就无法针对性地进行生草。实际上，人们对生草的真正生理生态意义还不清楚，如生草后对果园环境、果树树体存在哪些影响，这些影响的内在机制是什么，而这些又是解读生草制度生理生态学意义的基础，也是制定生草技术规程的依据。因此，很多人存在认识上的误区，直观地担心草会与果树争肥、争水，将果园中的草一概称之为"杂草"。有些果园即便想实行生草制，又往往首先考虑种植商业草种，而购买草种会增加果园投入，且因资金限制割草机械多不配套，导致生草制度效果不佳。而且，人工种植的商业草种，其生长势、抗性往往难以与乡土草种匹敌，要想形成完整的纯粹商业草种草被，需要控制其他草，但是乡土草种很难控制，这又大幅度增加了生产成本。

二是没将生草作为一项必需的技术。有些果园由清耕制改为生草制以后，由习惯的频繁耕锄到现在的草棵满地，从情感上就感觉不适应，再加上缺乏相应的管理技术，对恶性杂草的控制不利，对草群落的刈割频次与留茬高度不清楚，在刈割过程中要么贴地面将草割净（这实际上还是传统清耕制思想中的除草的概念），要么又与草坪混淆，强调美观，对乡土草种存在偏见。多数果园更不会给草施肥，没有将草作为果园生态系统中重要的物质、能量周转的动力成分。而且，生草应该是个长期坚持的过程，其作用也是日渐积累的，若急功近利、追求立竿见影，势必步入误区。

3.2.2 苹果园生草制的理论基础

1. 果园生草的生理生态意义

果园实行生草制后综合的作用就是稳定果园生态环境，具体表现在如下几个方面。

长期生草后土壤有机质含量稳定提高，土壤缓冲性能大大改善。实行生草制以后，草被群落茎秆和根系周转对土壤有机物的归还能力很强，可以实现长期稳定的腐殖化过程，土壤有机质含量会稳定提高，这也正是借鉴自然林地土壤日益肥沃的机制。土壤有机质含量低下也正是我国果园的重要限制因素。土壤有机质的作用不仅仅是为土壤提供养分，更重要的意义在于它是土壤环境的"支撑框架"（程存刚，2013；姜曼，2013）。

研究表明，与清耕相比，在整个生长季，自然生草处理显著提高了土壤有机碳、微生物量碳、溶解有机碳和易氧化有机碳的含量；果园自然生草后土壤中微生物的群落多样性明显提高，土壤微生物对碳水化合物类、羧酸类、氨基酸类碳源的利用程度明显增加；自然生草处理改善了苹果植株的光合能力，提高了叶片的净光合速率和水分利用效率；在整个生长季内，自然生草处理土壤呼吸强度显著高于清耕（徐田伟，2018）。

建立良好的草被以后，草被可以有效保护表土层，避免土壤侵蚀；生草后增加了土壤有机物输入量，可以显著改善土壤结构，促进水稳性团粒数量，尤其大团粒比例显著增加。水稳性团粒可以为土壤微生物群落提供稳定的生活环境和发挥功能的场所，也为根系功能的发挥提供了优良条件。

生草以后可以使养分在土壤中的分布更加均匀。建立完善的草被的过程，也是草的根系旺盛生长、向土层深广空间发展的过程，随着细根的周转和地上部刈割引起的细根更新，会将草前期吸收的养分释放到各层土壤中，根系向深层土输送养分的能力省去了人工挖沟施肥工序，也是生草制果园肥料可以简单撒施的依据，这一点在劳动力成本日渐提高的情况下意义重大。

生草后使土壤养分供应稳定持久，避免了传统清耕制条件下施肥后的奢侈吸收和施肥间隔期间的养分匮乏。由于草的根系密度是果树的几十倍，且根系发生、生长及周转很快，吸收能力强，速效性肥料撒施后会被草迅速吸收利用，避免了肥料淋溶损失，提高了养分生物贮存量和无机态向有机态的转化，减少了养分损失，因此可以充当养分的临时贮存库，随着根系死亡又会将养分释放到土壤中供果树根系吸收利用。这种稳定供肥的能力在保肥能力较差的沙土地显得尤为重要。研究表明，当 NO_3^- 浓度小于 0.5mmol/L 时，扁蓄、藜、丛枝蓼、马唐等 4 种优势草种对 NO_3^- 的吸收速率差异不明显，但 NO_3^- 浓度大于 0.5mmol/L 时，4 种优

势草种对 NO_3^- 的吸收速率则存在明显差异，吸收能力大小顺序：马唐＞藜＞扁蓄＞丛枝蓼。当 NH_4^+ 浓度小于 0.5mmol/L 时，藜对 NH_4^+ 的吸收速率明显高于马唐对 NH_4^+ 的吸收速率，但当 NH_4^+ 浓度大于 0.5mmol/L 时，马唐对 NH_4^+ 的吸收速率明显增加，吸收能力大小顺序：马唐＞藜＞扁蓄＞丛枝蓼。由此得出，马唐在高浓度肥料条件下可以迅速大量地吸收氮素（苟明川，2019）。

生草提高了土壤养分的生物有效性。草根在生命活动过程中具有强分泌作用，可以显著改善土壤的化学环境，尤以禾本科的草为显著，可有效促进土壤中养分的循环、转化，使吸收的无机态养分转化为有机态养分，使难溶性的元素如磷、钙、铁、锌、硼等提高溶解性，从而显著改善养分的生物有效性，因此，生草制度完善的果园很少出现缺素症。草域施肥提高了土壤有机碳含量，其中施 N 肥显著提高了土壤微生物量碳和溶解有机碳含量（马思文，2016）。

良好的草被可以有效稳定土壤温度。温度是环境中变化最快的因子之一，与所有生理活动关系密切。良好草被的覆盖作用可有效降低土壤夏季高温、提高冬季低温，避免果园根系受到极端温度的伤害。草域旺盛的蒸腾作用还会显著降低果园中冠层的温度，可以有效缓解高温对果树叶片光合系统的伤害，维持叶片较高的光合效率（李芳东，2013）。

草被可以稳定土壤水分条件。建立良好的草被以后，可以减少地面蒸发、减少降雨后的地表径流、冬季拦蓄降雪，这一点在没有灌溉条件的旱栽地区具有重要意义。

丰富的草根可以促进水分在土壤中下渗至深层土，草根形成输水通道，促进水分渗入深层土，对补充深层土水分、增加土体蓄水能力、缓解深层土出现的干燥层具有重要意义；水分下渗也可有效防止地面及浅表层土雨季积水造成细根窒息而引起早落叶。发达的草根还会从深层土中吸收自然水，再通过根系活动释放到上层土中，利于缓解果树干旱，生草完善的果园抗旱性显著增强。

草根分泌物是良好的微生物碳源，生草后可以增加土壤微生物数量和多样性，提高土壤生物活力，使得土壤微生物种群数量丰富、种群结构协调、碳源利用能力提高，果园生态系统物质和能量循环转化的效率大大提升（焦奎宝，2014）。

生草后蚯蚓、螨虫等土壤动物数量显著增加，它们的生活过程可有效促进无机物转化成稳定有机质。

草被完善的果园天敌数量显著增加，如捕食螨、步甲、蓟马、草蛉、螳蛉、瓢虫、蜘蛛、螳螂、黄蜂、食蚜蝇、蜻蜓、豆娘、蛙类、小型爬行动物等皆会定居于草域，对害虫的控制效果十分显著，害虫暴发式发生的风险大大下降，果园杀虫剂用量显著减少。

另外，实行生草制度还省去了传统的除草用工，小面积果园通过简单的刈割，大面积果园实行高效机械刈割，均大幅度提高了用工效率。

综上来看，生草制可以稳定地、可持续地促进树体生长发育，是实现果园由传统管理技术体系向现代果树生产技术体系转变的重要内容。建立稳定的草被之后，所有的土肥水管理皆是面对整个果园系统，如人工供给的水肥等物质不再是简单地供应果树，而是供应果园整个生态系统，可以在很大程度上依靠生态系统物种多样性缓和短时间内大量供应肥水带来的果树冗余吸收，避免果树在施肥、灌水后的旺长；同时，在短时间内没有供给肥水时，也可由系统供应，不会出现断肥。实际上，这正是长期实行生草制的果园综合生产能力稳定高效的基础。

2. 草本植物对土壤的归还能力远强于木本植物

草本植物生命周期短，每年死亡的茎叶和根系向土壤各层次提供大量有机物。而木本植物生命周期长，大量有机物储存在活的植物组织内，植株向土壤的归还只有枯枝落叶，且仅在地表层分解、积累。果园生态系统中更因果实采收、修剪的工作将园中有机物大量移出园外，加剧了果园生态系统物质循环的输入与输出不对称（龚子同等，2015）。

3. 利用乡土草种或人工生草进行行间生草，形成稳定草被

自然生草繁殖短期难以达到行间有效覆盖的果园，可以进行人工补种，用种量可参照建植草坪或牧草生产推荐的播种量，当地杂草数量较多的果园可适当减量。播种量一般应为：黑麦草 $25g/m^2$、早熟禾 $15g/m^2$、白花三叶草 $6g/m^2$、红花三叶草 $6g/m^2$、紫花苜蓿 $3g/m^2$。

果园行间生草播种幅宽因果树栽植模式及行距而定。现代矮化密植果园以定植行为中线，两侧 $40 \sim 50cm$ 不播草种（不生草），铺园艺地布、秸秆或清耕等；以大冠稀植为主的成龄果园，土壤由清耕管理转为生草管理时，可全园播种（生草），也可留直径 $100cm$ 的树盘清耕或覆盖；原为山岭荒地且建园时株行距不规范的果园生草时仅需空出 $80 \sim 100cm$ 直径的树盘。

在对草种进行评价与筛选的过程中发现，双子叶草不宜作为果园生草的优势草种，它们地上部生物量大，根系小，尤其细根少，对土壤有机物的贡献能力较低，且植株高大，茎秆木质化程度高，刈割后留在园中影响果园作业。

相对于自然萌发的乡土草种，商业草种的播种时期与苗期管理要求较严格。我国北方地区春季播种易遭受干旱，出苗不齐；夏季播种则因雨水多，土壤易板结，杂草生长更快，病虫为害较重，商业草种出苗后也难以建群；秋季播种较为适宜，土壤水分、温度等利于草种萌发，但越冬前生长量十分有限，若冬季降雪少，极易因寒旱失水，越冬困难。相比较而言，较适宜的播种时期为春末夏初，此期温度已经较高，也有适当的水分，杂草尚未旺盛发生，播后宜于商业草种建群。

若利用乡土草种实行自然生草，就简单多了，只需旋耕土壤，耙平即可。若有条件施入有机肥，尤其是散养牛的粪，则自然草种种子库即可满足生草需求，且主要建群种多为单子叶草种，如马唐、稗草。在生产中，提倡自然生草。与人工种植单一或少数几种商业草种比较，自然生草可以充分利用自然乡土草种形成稳定的群落，这样的群落对当地的生态环境适应性强，不会发生严重的病虫害，可以最大限度地减少对草被的管理用工。

4. 实行生草制的果园对草域要有系列的管理技术

实行生草制的果园对草域的系列管理技术包括刈割、施肥等。刈割的目的是控制高大恶性杂草，促进单子叶草等茎秆较软、须根庞大的草种占据优势，因此留茬高度十分重要。刈割留茬高度是根据植物发芽习性确定的，藜、苋菜、苘麻、豚草、小飞蓬、蒿类等茎秆高大的上位芽阔叶草，以及葎草、牵牛花、田旋花、萝藦等缠绕茎的草在适宜高度刈割之后发生新芽的部位和数量大大减少，在草被群落中逐渐失去优势地位；而马唐、稗草、黑麦草等在基部产生分蘖、发生新芽的禾本科低位芽植物，以及一些匍匐生长的小型草种则因刈割增加了分枝数量，产生种子量多，逐渐在草被群落中占据优势，形成建群种。因此，刈割对草群落种类组成的调控作用十分明显，刈割管理良好的草被草种优良、分布均匀，高大阔叶草种类明显减少，单子叶优势草种明显增加，这类草被综合性状优良，有利于果树根系的生长发育及功能发挥。

多年的试验和实践表明，刈割高度为留茬 $15 \sim 20cm$，可保证优良草种最大的生物量与

合理的刈割次数。刈割时间掌握在拟选留草种（如马唐、稗等）大量抽生花序之前，拟淘汰草种（如藜、苋菜、苘麻、豚草、葎草等）产生种子之前。以沈阳地区果园自然生草为例，适宜的刈割次数为 5 次左右（徐田伟，2012）。

第一次：宜在苹果套袋前进行。此时草群落以苋菜、藜、小飞蓬等高大阔叶草占优势。进行全园刈割，防止植株高大、秸秆木质化的阔叶草生长过于高大。此时马唐、稗等单子叶草尚未形成优势群落，葎草、牵牛花等缠绕茎的恶性杂草尚未大量发生。

第二次：在雨季早期进行。此时单子叶草已成为优势草种，气温高，雨水充足，草被发育很快。刈割时可只割行内和近树冠下方的草，幼龄树若未进行行内覆盖的则只刈割行内 1m 范围内的草即可，保留行间的草，增加果园蒸腾散水量，防止土壤过湿，引起植株旺长，对幼旺树、黏土地作用明显。此期较大限度地保留园中草被，还可为害虫天敌繁衍提供庇护场所。对于降水较少的地区，此次可不进行大面积刈割，而只用镰刀割倒高大的恶性杂草和缠绕茎的草，保证草不上树即可。

第三次：可在雨季中期进行。此次全园刈割既可防止阔叶草再成为优势草种，也可割去单子叶草抽生的花序，防止单子叶草老化，促进其茎秆中下部发生更多的分枝，增加种子数量。同时，此次全园刈割还可使土壤得到短期晾晒，减少病原数量。

第四次：可在果实膨大末期进行。此时已值雨季后期，全园刈割一次可有效减少双子叶植物结籽基数。

最后一次：控制在摘袋前半个月左右全园刈割一次。此次保证摘袋时草被形成新的覆盖层，可方便田间作业，且避免果实掉落磕伤。

在实际应用中，各地可根据土壤条件、降雨等情况适当增减刈割次数。

除了良好的刈割技术，实行生草制后还要有其他配套的管理措施，尤其幼龄树、矮砧树更是如此。幼龄树、矮砧树根系分布浅、范围小、不发达，与草竞争养分和水分时处于劣势，因此幼龄园、矮砧园在生长季注意给草施肥 2 ~ 3 次，防止树、草竞争养分；建立稳定的草被后雨季给草补施 1 ~ 2 次以氮肥为主的速效性化肥，促进草的生长。给草施肥时化肥每次每亩用量 10 ~ 15kg，可以趁雨撒施。研究表明，草域施肥提高了土壤中微生物的群落多样性，土壤微生物对碳水化合物类和聚合物类碳源的利用能力明显提高，其中施 N 肥处理效果最为明显；施 N 肥处理提高了土壤微生物群落的丰富度指数和多样性指数，施 P 肥处理提高了多样性指数及均匀度指数。刈割提高了各土层的有机碳含量、颜色平均变化率（AWCD）、丰富度指数及多样性指数，以及土壤微生物对碳水化合物类、酚酸类及胺类碳源的利用率；但降低了均匀度指数和土壤微生物群落结构的稳定性（焦奎宝，2014）。

长期实行生草制的果园表层土壤出现板结现象时会影响土壤透气性，果树细根窒息死亡，引起早期落叶。此时应进行耕翻，打破板结层，促进草被更新重建。但耕翻时不宜一次性全园耕翻，以免破坏大量根系，引起果树生长不良，可先隔行耕翻，次年耕翻剩下的。宜在秋季耕翻，利于根系更新和提高植株养分贮藏水平。

自然生草的草被病虫害较轻，一般不会造成毁灭性灾害；种群结构较为单一的商业草种形成的草被病虫害较重，尤其应注意锈病、白粉病及二斑叶螨等病虫害的及时防控。

5. 建立完善草被的生草制果园，物质、能量循环特征不同于清耕制果园

果园生态系统中的生产者除了果树，还包括各种草，草的固碳能力也不容小觑。研究结果表明，自然生草后土壤各类有机碳含量均显著提高，各层土壤酶活性多显著高于清耕，自

然生草后土壤中微生物的群体多样性（AWCD 值）明显提高，土壤微生物对碳水化合物类、羧酸类、氨基酸类碳源的利用能力明显增加。0～20cm 土层中，土壤微生物对碳源的利用能力也发生了有益改变，表现为夏季和秋季时期自然生草处理中土壤微生物对 6 类碳源的利用率显著高于清耕，这也正是生草制果园土壤有机质稳定有序提高的根本原因（焦奎宝，2014；徐田伟，2018）。

自然生草制果园 0～20cm 土层细菌群落多样性大于清耕制果园。在门水平，自然生草果园土壤酸杆菌的相对丰度较大，硝化螺旋菌和疣微菌的相对丰度较小；红花三叶草土壤硝化螺旋菌和疣微菌的相对丰度较大，浮霉菌的相对丰度较小；黑麦草土壤硝化螺旋菌、绿弯菌和疣微菌的相对丰度较大，酸杆菌的相对丰度较小。清耕土壤硝化螺旋菌的相对丰度较小。在属水平，自然生草和清耕处理 0～40cm 深土壤相对丰度较大菌属的数量明显大于红花三叶草与黑麦草处理。清耕 40～60cm 深土壤相对丰度较大菌属的数量明显小于生草土壤。由此可见，生草对苹果园土壤细菌的群落结构组成影响显著。

自然生草处理各土层真菌的多样性均较大，红花三叶草处理则相对较小。在门水平，多年生黑麦草和清耕处理土壤真菌的相对丰度明显大于自然生草处理。自然生草土壤接合菌的相对丰度较大，而多年生黑麦草和清耕土壤子囊菌与担子菌的相对丰度较大，红花三叶草土壤这三类真菌的比例与自然生草土壤接近，但相对丰度略小。在属水平，红花三叶草土壤 20～40cm 和40～60cm 土壤相对丰度较大的真菌种类少于自然生草与多年生黑麦草土壤。清耕 40～60cm 土壤无明显相对丰度较大的真菌。由此可见，生草也影响了苹果园土壤真菌的群落结构组成。红花三叶草处理各土层微生物的碳源利用能力均较强，自然生草 10～20cm 土壤微生物的碳源利用能力较强，多年生黑麦草各土层微生物的碳源利用能力均较弱。清耕 0～10cm 土层微生物的碳源利用能力明显高于生草处理，而在中下层土壤其碳源利用能力较低。

由此可见，生草影响了苹果园土壤微生物的碳源利用能力。聚合酶链式反应-变性梯度凝胶电泳测量结果表明，自然生草和红花三叶草茎叶分解对土壤真菌群落结构的影响较大，而对细菌群落结构的影响较小。多年生黑麦草茎叶分解对土壤细菌群落结构的影响较大，而对真菌群落结构的影响较小。

自然生草茎叶分解显著抑制了土壤真菌的增殖，红花三叶草茎叶分解显著促进了土壤真菌的增殖，多年生黑麦草茎叶分解对真菌数量的影响不显著；三种草茎叶分解均显著促进了细菌的增殖，以红花三叶草的促进作用最大，而多年生黑麦草的促进作用最小。草茎叶分解均显著提高了土壤纤维素酶、蔗糖酶、β-葡萄糖苷酶和脲酶活性，而对多酚氧化酶活性的影响无明显规律。由此可见，草茎叶分解显著改变了土壤微生物及土壤酶环境。

6. 冷凉地区生草制果园草种演替特征

优势草种的建群结构既有地域特征，又随着季节而发生变化。郎冬梅（2015）在沈阳地区的研究发现，人工播种白花三叶草（*Trifolium repens*）、紫花苜蓿（*Medicago sativa*）、多年生黑麦草（*Lolium perenne*）、红花三叶草（*Trifolium pratense*）、高羊茅（*Festuca ovina*）、冷季型早熟禾（*Poa annua*）等 6 种商业草前期均可建立一定程度的优势群落，但不进行乡土草种防除，只进行刈割，经过约两个生长季后优势草种均演替为季节特征十分明显的乡土草种，春季优势草种主要为荠（*Capsella bursa-pastoris*）、朝天委陵菜（*Potentilla supina*）、牛繁缕（*Malachium aquaticum*）、小飞蓬（*Conyza canadensis*）等；进入 7 月后则演替为马唐（*Digitaria sanguinalis*）和稗（*Echinochloa crusgalli*）。这种自然演替规律是草群落长期系统进化的结果，在果园管理中应充分应用这一特征，而非人工干预，试图扶持非适生草种建群。这样可最大限度地减少管理用工，达到事半功倍的效果（李芳东，2008）。

7. 生草制果园环境因子发生显著变化

研究表明，幼龄果园生草后，草域近地表光照度为清耕的 17.09%；草域 15cm 气温、10cm 和 30cm 地温在高温季节明显降低，不同层次的温度日变化均小于清耕；草域相对空气湿度增加，较清耕提高了 33.8%；地表蒸发量减少，日平均蒸发量仅占清耕的 19.17%。所有这些变化都有效缓解了夏季高温和强光下叶片光合系统受到的胁迫，有利于维持叶片的高光合效能，也延缓了叶片的衰老（李芳东，2008，2013）。

8. 实行生草制后果树植株发生积极的生理响应

研究表明，实行生草制后叶片展叶过程中 PS Ⅱ 最大光化学效率（F_v/F_m）、以截面积为基础的性能指数（Pics）和波长 820nm 光吸收的振幅（ΔI）显著高于清耕处理，说明生草处理叶片 PS Ⅱ 和 PS Ⅰ 的功能的发育早于清耕处理，因此具有较高的光合效率。自然高温强光条件下生草处理叶片表观量子效率（AQY）和净光合速率（P_n）显著升高，单位反应中心吸收的能量（ABS/RC）和单位反应中心热耗散的能量（DIo/RC）显著降低，F_v/F_m 和 ψo[①] 显著升高，引起以吸收光能为基础的性能指数（Piabs）和 ΔI 显著升高。因此，高温强光下生草处理通过调控能量分配协调了 PS Ⅰ/PS Ⅱ 的关系，提高了 PS Ⅰ 和 PS Ⅱ 的活性，缓解了高温强光对整个光合机构的光抑制。生草覆盖处理在苹果叶片衰老过程中超氧化物歧化酶（SOD）和过氧化物酶（POD）的活性平均提高 12.7% 和 11.4%，O_2^- 和 H_2O_2 含量平均下降了 21.2% 和 2.8%，减轻或推迟了膜脂过氧化的发生，减轻了叶绿体功能和结构的损伤。生草覆盖处理 PS Ⅱ 潜在活性（F_v/F_o）和光合机构的最大荧光强度（F_m）在叶片衰老期显著高于清耕，净光合速率始终显著高于清耕。说明生草覆盖减轻或延迟了衰老对 PS Ⅱ 结构和功能的损伤，提高了叶片功能（李芳东，2013）。

在实践中，直观的表现就是生草完善的果园植株叶片浓绿，弹性好，早期生理性落叶少，新梢生长节律明显，中庸健壮枝比例高；春季萌芽整齐，花序、叶片数量多而叶片大；果实发育良好，日烧明显减少。

9. 实行生草制后果树根系分布发生了有益的变化

通过对连续自然生草 6 年、12 年且从未进行耕翻的寒富/GM256/山荆子根系分布进行观察表明，在数量、密度上根系主要分布于行间距中心干 0～80cm 远、0～60cm 土层内，且以距中心干 40～60cm 远、0～20cm 土层内根系数量最多，根系组成以直径 2mm 以下的细根为主。这一区域也是草根分布最密集的区域，说明草根的活动为果树根系的生长发育和功能发挥提供了良好的条件，而清耕条件下浅表层土没有大量根系分布。浅表层细根的大量发生和稳定发挥功能，可以大量合成玉米素核苷，促进苹果短枝发育和优质花芽分化。

果园生草后，草良好的保护作用使得春季果树根系较清耕园提早 15～30 天开始活动，上一年秋季萌发的新根越冬数量多、活性强，春季发根多，十分有利于植株萌芽、开花和幼果发育；在炎热的夏季则可降低地表温度，雨季可耗散过多水分，避免果树根系遭受逆境胁迫，维持果树根系旺盛功能；进入晚秋后，增加土壤温度，延长根系活动约 1 个月，对增加树体

---

① 反应中心捕获的激子中用来推动电子传递到电子传递链中超过 QA 的其他电子受体的激子占用来推动 QA 还原激子的比率。

贮存养分、充实花芽有良好的作用。冬季草被覆盖在地表，可以减小冻土层的厚度，提高地温，减轻和预防根系的冻害。

3.2.3　适宜我国苹果主产区的生草制度

根据我国果园土壤管理现状，采用"行内清耕或覆盖、行间自然生草（＋人工补种）＋人工刈割管理"的模式，即行内保持清耕或覆盖园艺地布、作物秸秆等物料，行间其余地面生草。

1. 适于渤海湾地区的苹果园生草制度

渤海湾地区为比较典型的季风湿润区，冬春季干旱，雨热同季，果园立地条件多种多样。胶东半岛、辽东半岛等传统苹果产区的果农具有丰富的栽培经验，针对稀植大冠也总结了大量行之有效的土壤管理技术（山东省烟台地区农业局，1985），但生草制是新生事物。针对该地区气候特点和自然植被状况，确定了通过人工补种、刈割、拔除高大恶性草等措施，调节草被发育的"自然生草＋人工补种＋刈割管理"的生草制度。每年刈割次数 4 ～ 6 次，刈割留茬高度 15 ～ 20cm 为宜。留茬过矮，草再生分枝少；留茬过高，雨季易倒伏引起基部腐烂。自然生草以稗、马唐最易建立稳定草被，须根发达，对养分往深层土运移的能力较强，且茎秆腐解快。若人工补种商业草种，以黑麦草、红花三叶草为宜；若不进行人工除草等管理，早熟禾、白花三叶草难以形成完整草被；高羊茅、紫花苜蓿生长量较大，但越冬易腐烂，次年返青后草被不完整。贫瘠土壤条件下，雨季给草撒施化肥（15kg/亩）（吕德国，2019）。

2. 适于陕北黄土高原地区的苹果园生草制度

典型的陕北黄土高原苹果园在传统上多为清耕管理，幼龄树树势较强旺，短枝少而质量差，许多园子树势虚旺，叶小而脆，长枝萌芽率较低，植株养分积累水平较低。近年来部分果园实行油菜＋大豆间作并作为绿肥，收到了一定的培肥地力的效果，但总体上土壤有机质含量低下的现状并没有改变。

从果园土壤管理现状看，陕北黄土高原地区多数果园未实行生草制，主要还是认识模糊。在与当地技术人员交谈过程中发现，大家普遍还是担心生草后草会和果树争肥争水［尤其许多果园中野生芦苇（当地称为"芦草"）等恶性草分布较多］。而且对于将生草作为一项果园管理技术对待，大家尚无概念。有些群众即便想生草，也担心干旱限制草被的发育，且对草种的习性不了解，草种选择无从下手。实际上，陕北地区降水量多在 500mm 上下，且近年来随着植被的恢复有逐渐增多的趋势。近年来，本团队在洛川地区的调查结果和西北农林科技大学洛川苹果试验站的实践均证明，陕北黄土高原地区实行自然生草完全可以建立完善的草被。一般果园前期旋耕后生长的草主要是狗尾草、野糜子等禾本科草，偶见苋菜、藜藜等，实行自然生草制的草种基础没有问题。

在陕北黄土高原地区苹果园实行自然生草制，从技术上可以参照如下内容进行。

对于现有实行清耕制的果园或由间作油菜、大豆改为生草制的果园，春季对行间均匀旋耕一次，耙平地面即可，随着降雨或灌溉，乡土草种即可自由萌芽生长，待草群落高度达到50cm 左右时（约在 5 月下旬）进行第一次刈割，留茬高度 15 ～ 20cm；之后视草生长情况及时刈割，保持草群落高度在 40cm 上下，期间若无大的降水，对藜、苋菜等高大、茎秆木质化的阔叶杂草和缠绕茎的草，用镰刀割倒即可，不必进行精细刈割。秋雨连绵时期，对全园进行一到两次刈割，留茬高度 15cm。施肥量较少的果园，在夏初开始连续两次趁雨撒施化肥，每次每亩 10kg 即可，均匀撒在草里，促进草被发育。

　　1～4 年生的幼龄树保持行内清耕或覆盖，可有效避免幼树期间草与果树进行养分、水分的竞争。进入初果期后，果树根系分布深广，这种竞争便可大大缓和。

　　实行生草制、建立完善草被之后，在施肥过程中有机肥也可实行撒施，行内与行间均撒。尤其黄土高原地区土质细腻、均匀，土层深厚，没有深翻的必要。建立完善的草被之后撒施肥料，可借助良好的草域根系将肥料迅速吸收利用，转化成有机态并随着草根的生长、细根周转完成肥料由表土向深层土转移的过程，省去了挖坑施肥的工序。

　　实行生草制后不建议再频繁耕翻，以免破坏建立起来的完善根系系统。而且，前期的初步研究也表明，耕翻对草被种群有影响，耕翻后恶性杂草如马齿苋、葎草、苋菜、苘麻等重新出现，雨季尤盛，而多年连续生草的园子这类草不占优势。但早春和晚秋各处理的存活草种相近，均以多年生的菊科草种为主，雨季则以马唐、稗为主要建群种。说明在温度较低的生长季两头（早春季和晚秋季），决定草种类的主要因子是温度；而进入雨热同季的晚春至早秋，除了生长势占上风的草种可以迅速建群，还受到人为对土壤干扰的影响，即土壤种子库更容易受夏季生产活动的影响。

3.2.4　果园生草效果

　　果园建立完善的生草制度后，给果树提供了良好而稳定的生长发育环境，植株生理机能强健，缺素症等生理障碍显著减少。树体生长节律明显，旺梢不徒长，短枝不早落叶，秋季叶片衰老慢，生长发育水平高，植株健壮，单株素质高，果园整齐度显著提高；果实发育良好，果皮光洁度高，着色鲜艳，果肉硬度提高，脆度改善，风味浓郁。摘袋后果实不发生日烧。整体表现出土地资源的高效利用和对逆境的较强抗性。

3.3　苹果养分高效利用砧木的筛选与应用

　　除了生产上可利用的多种栽培管理措施，利用不同类型的苹果砧木对各种养分的吸收及转运机制的差异，选择并使用养分高效利用的砧木是果园生产安全果品的根本途径。我国苹果属植物资源十分丰富，可作苹果砧木的种类繁多，围绕我国苹果在栽培中的养分问题，分析各类苹果砧木的养分利用特点，最终筛选出对多种养分高效利用的砧木，是保证可持续性农业生产的有效途径。

3.3.1　我国苹果砧木的应用现状

　　我国拥有丰富的苹果属植物种质资源，是世界上最大的苹果属植物基因中心。生产上苹果树是由接穗嫁接于砧木上而成的，砧木是果树的基础（俞德浚等，1979）。苹果栽培中常用的砧木有两类，分别为实生砧木和无性系砧木。二者的差别主要在繁殖方式上，其中实生砧木多采用种子繁殖，砧木资源类型丰富，生产中常用的有八棱海棠、富平楸子、新疆野苹果和山荆子等。无性系砧木多采用植物根、茎、叶进行繁殖，目前国内外常用的无性系砧木有M9、M26、T337、B9、SH 系等。

　　苹果属植物资源有 35 种，而原产中国的至少有 23 种，其中野生近缘种 17 种，栽培或半栽培种 6 种。因自然条件不同，各地区栽培的砧木类型也不尽相同。在东北、华北山区和西北部分山区常用的苹果砧木为山荆子（*Malus baccata*）和毛山荆子（*Malus manshurica*），其根系较浅、耐盐碱性较差、开花迟，但较耐寒、耐湿热。在华北平原常用的苹果砧木为西府海棠

（*Malus micromalus*）、花红（*Malus asiatica*），这些砧木多为乔化类型且嫁接亲和力强，具有抗病、耐盐碱、耐旱的特点，但其树体长势旺盛，结果较迟。在西北地区常用的砧木有富平楸子（*Malus prunifolia* 'Fupingqiuzi'）或者新疆野苹果（*Malus sieversii*）、陇东海棠（*Malus kansuensis*）、变叶海棠（*Malus toringoides*）和花叶海棠（*Malus transitoria*）等，这些砧木具有耐旱、生长旺盛、抗逆性和嫁接亲和力较强的特点。在西南地区常采用丽江山荆子（*Malus rockii*）、沧江海棠（*Malus ombrophila*）、三叶海棠（*Malus sieboldii*）和锡金海棠（*Malus sikkimensis*）等。

随着矮化密植方式的兴起，我国陆续从国外引入苹果矮化砧，包括 M 系（英国）、MM 系（英国）、P 系（波兰）、B 系（俄罗斯）、CG 系（美国）、O 系（加拿大）、A 系（瑞典）、JM 系（日本）、MAC 系（美国）。这些都是较好的矮砧种质资源，尤其 M9 是杂交育种中应用较为广泛的一个亲本，在引入的矮砧材料中，M26、P 系、B 系、JM 系等均是 M9 的后代。在国内作为矮砧育种亲本应用较多的有 M2、M7、M8、M9、M26、P22 等。

3.3.2　苹果砧木的养分利用研究

1. 氮高效利用砧木的研究进展

氮作为植物生长发育中需求量最大的矿质元素，是影响果实产量和品质的重要因素之一（Andrews and Lea，2013；Wang et al.，2015）。氮胁迫会影响叶片发育，减少叶面积，进而使植株光合能力降低；同时使叶绿素的合成受阻，叶绿素含量减少，叶片黄化；进而使植株生长减缓，产量降低（李文庆等，2002）。为保证果实产量，我国果农一般往果园施加过量的氮肥。据统计，我国高产苹果园每年施用 400kg/hm^2 或更多的氮肥（Cui et al.，2012；Chai et al.，2019）。然而我国苹果园的氮肥利用效率仅为 30%～35%（龙远莎，2013）。果农在投入大量化肥、农药的同时并没有收获高质量、高品质的果实，反而导致诸多环境安全问题，造成的环境负面效应日益显著（周晶，2017）。所以，筛选氮高效利用苹果砧木，以及筛选能够提高果树对养分吸收及利用效率的砧木，对于减少肥料施用、实现我国苹果产业的可持续发展有重要的意义（Chai et al.，2019）。

为比较生长特性、光合特性、氮素利用等的差异情况，康晓育（2013）对 5 种苹果砧木（平邑甜茶、八棱海棠、富平楸子、新疆野苹果和丽江山荆子）在不同供氮条件下进行对比分析，发现平邑甜茶对氮素的利用效率高。而另一组同样利用这 5 份材料的对比试验，探究了苹果砧木的生长特性及其对硝态氮与铵态氮的吸收、分配和利用特性，证明了不同砧木对硝态氮的利用率均高于铵态氮，说明苹果砧木是喜硝植物（王海宁等，2012）。

Amiri 等（2014）的研究表明，M9 能有效地吸收 N、Mn 和 Fe 等元素，且矮化能力较强。但 M9 在生产中的应用仍受限，主要原因是其作为自根砧具有根系浅、抗倒伏能力差的特点，同时作为基砧和中间砧也存在变异大、苗木不整齐和育苗时间长、投入高的缺点（沙广利，2015）。而八棱海棠是我国的常用砧木且具有抗病性和固地性强的优势，我们通过杂交手段，希望能够融合两种砧木的优势性状，通过筛选氮高效利用的杂交后代，提高材料的氮素利用效率。以八棱海棠×M9 的后代作为试材进行低氮营养液处理，低氮浓度为 0.3mmol/L，正常氮浓度为 3.30mmol/L。处理后（15 天、30 天、45 天、60 天）调查植株生理指标（株高、茎粗、新梢长度、节间长度、黄化指数、叶绿素浓度及光合相关数据），同时据叶片黄化指数分级图将植株进行分级，计算得出平均黄化指数。选取各指标前 20% 的优异株系，综合判断得到 11 个表现良好的氮高效型株系（图 3-8）。

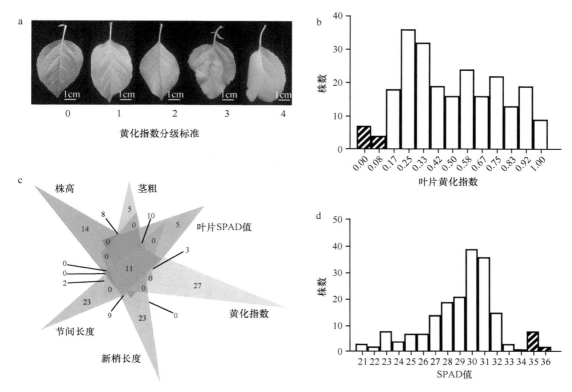

图 3-8　黄化指数分级与氮高效型株系筛选

b 和 d 填充条纹部分代表的株数是选择出的养分高效型植株株数。SPAD 为叶绿素相对含量

接着选取典型的氮高效型株系与氮低效型株系各三株进行对比，结果（图 3-9）说明，两类株系在株高、新梢长度等方面表现出相似的生长态势，而在胁迫处理后期，氮低效型株系的生长速度出现突然增加，可能与胁迫累积效应有关。在茎粗方面均表现出氮低效型株系的更粗，而氮高效型株系叶片净光合速率逐渐上升，蒸腾速率降低，光合产物净积累量大，更有利于植株生长。

在多数的植物研究中，叶片养分含量可以代表植株养分含量情况。氮高效型株系植株叶片的全氮含量虽较氮低效型株系高，但无显著差异。而氮高效型株系植株叶片 P、K、Ca、Mn、Zn、Fe、Cu 含量均高于氮低效型株系，其中 P、K、Ca 含量显著高于氮低效型株系。说明氮高效型株系植株在低氮条件下有着更好的养分储备（图 3-10）。镁作为叶绿素的一种组成成分，镁浓度与氮浓度具有显著正相关关系。说明氮高效型株系植株吸收的养分更好地供应了地上部的需求，以实现植株优良的生长。

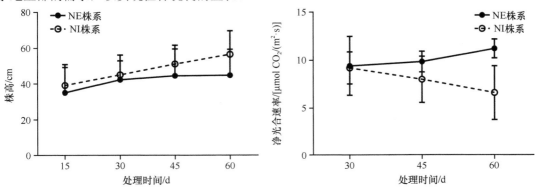

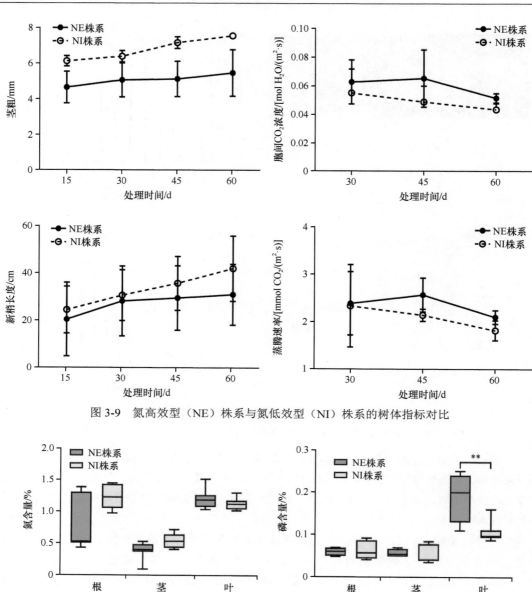

图 3-9 氮高效型（NE）株系与氮低效型（NI）株系的树体指标对比

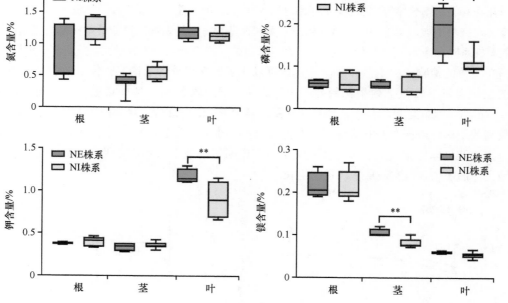

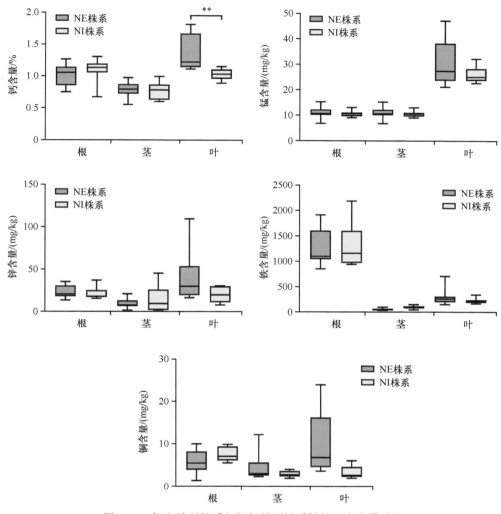

图 3-10 氮高效型株系与氮低效型株系植株元素含量对比

** 表示 $P < 0.01$，下同

在分子层面，许多与氮吸收相关的基因在苹果砧木中也陆续被克隆出来并得到了初步的功能验证。例如，侯昕等（2019）在不同氮水平下检测了苹果砧木 M9T337 幼苗的 3 个氮代谢关键酶（GS、GOGAT、AS）的基因的表达情况，发现低氮胁迫诱导根系 AS 和 GS 基因表达水平升高，进而参与苹果根系对低氮胁迫的响应。杨英丽（2017）在 M26 中发现了半胱氨酸蛋白酶抑制剂基因 CYS 参与苹果低氮胁迫响应。Sun 等（2018）自噬基因 MdATG18a 提高了转基因苹果植株的自噬活性，上调了硝酸还原酶基因 MdNIA2 及 3 种高亲和性的硝酸盐转运蛋白基因的表达，从而增强了苹果对氮缺乏的耐受性及促进了花色素苷的生物合成。

2. 磷高效利用砧木的研究进展

磷具有促进花芽分化，增强植物的抗旱性、抗寒性的功能。植物主要吸收无机磷，但是游离态的无机磷在土壤中会被土壤胶粒强烈固定，变成不能利用的闭蓄态磷，从而使土壤中的有效磷含量降低。目前，我国苹果园磷肥施用量为 300 ～ 400kg/hm²，但磷肥利用效率不超过 30%（龙远莎，2013）。世界土壤缺磷面积越来越大，据报道，农用耕地面积在全世界大约有 43% 缺磷，而我国缺磷面积高达 51%（王慎强等，1999；樊国民等，2016）。缺磷明显地限制了果树的生长，而且磷肥利用效率低会影响氮肥的利用效率。同时由于过多的磷无法被植物吸收利用，而随灌溉水或降雨进入水域，从而对水资源造成极大污染（Zhang et al.，2010）。因此，研究和发掘磷高效利用的苹果砧木对于解决低磷胁迫和提高磷利用效率具有重要意义。

季萌萌等（2014）以 5 种一年生苹果野生砧木为试材，经低磷胁迫处理后发现，5 种砧木的相对磷利用效率从高到低为富平楸子（93.66%）＞平邑甜茶（87.69%）＞东北山荆子（83.44%）＞八棱海棠（74.54%）＞新疆野苹果（74.01%），富平楸子生长势最好，是一种对低磷胁迫适应能力较好的苹果砧木，而平邑甜茶次之；同时也证实了砧木对磷的吸收效率与吸收根总表面积和总根长存在显著正相关关系。我们同样利用八棱海棠×M9 的杂种后代株系，经表型观察、生理指标测定等，筛选出了 7 个磷高效型（phosphorus efficiency，PE）株系。挑选有代表性的磷高效型与磷低效型（phosphorus inefficiency，PI）株系进行对比试验，发现在低磷胁迫下，二者表型对比明显，PE 株系叶片发绿且有光泽，叶片大而多，而 PI 株系受低磷胁迫影响较大，叶片呈灰绿色且无光泽（图 3-11）。PE 株系的叶片表面积和 SPAD 值均极显著高于 PI 株系，其叶片表面积为 PI 株系的 1.6 倍，SPAD 值为 PI 株系的 2.2 倍。

图 3-11　磷高效型株系和磷低效型株系表型及叶片差异分析

PE 株系的根干重显著高于 PI 株系；茎和叶片干重高于 PI 株系，但差异不显著（图 3-12）。根毛密度及根毛长度对低磷的反应程度明显不同：PE 株系根尖成熟区根毛表现为多而密，根毛长度极显著高于 PI 株系；PE 株系根表面积极显著高于 PI 株系，其根直径显著高于 PI 株系（图 3-13）。低磷胁迫下，PE 株系磷浓度在根中极显著高于 PI 株系，叶中二者差异不显著。说明在低磷胁迫下，PE 株系可能主要通过根系形态变化（如扩大根表面积、根体积、根直径，以及增加根毛密度和长度等）来适应低磷环境，即协调根系形态的适应性变化来提高对磷元素的吸收。

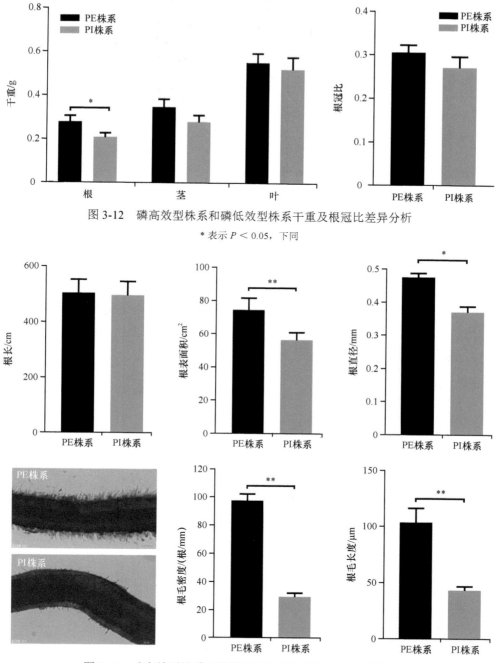

图 3-12 磷高效型株系和磷低效型株系干重及根冠比差异分析

* 表示 $P < 0.05$，下同

图 3-13 磷高效型株系和磷低效型株系根系形态结构差异分析

在低磷胁迫下，PE 株系根中的 P、K、Mg、Mn 浓度均高于 PI 株系根中的，其中 P、Mg 浓度在二者中差异显著（图 3-14）。说明 PE 植株从介质中吸收的磷素主要累积在根中，结合上述结果进一步说明，PE 株系吸收的养分可能通过促进根系的发育进而促进植株地上部的生长发育（谢丽，2019）。

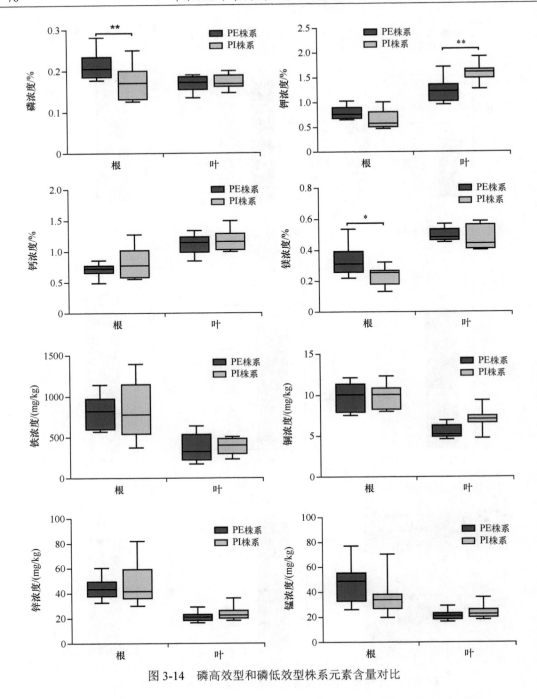

图 3-14　磷高效型和磷低效型株系元素含量对比

　　磷吸收效率高的植物一般通过改变根系形态构型，增加根系与土壤的接触面积，从而促进植物对低磷土壤中磷的获取。此外，磷高效型砧木还可通过调节自身生理生化反应来提高磷利用效率，如可分泌大量有机物质加速根际养分活化。

3. 钾高效利用砧木的研究进展

　　钾被称为"品质元素"，在果树产量特别是品质方面起重要作用，能够增强果树的抗逆性，促进光合产物向果实中运输。钾与氮、磷等营养元素不同，它不参与果树体内有机物的组成，但却是果树生命活动中不可缺少的元素（黄显淦和王勤，2000）。土壤全钾含量十分丰富，其含量要比全氮、全磷高 10 倍左右，但其中绝大部分是以矿物态钾形式存在，不能被植物直接吸收利用，可供植物直接吸收利用的速效钾含量仅占全钾含量的 0.1%～2%（谢建昌和周健民，1999）。我国土壤的全钾含量大体上是南方较低，北方较高。受"北方土壤富钾"及"苹果需钾较少"等观念的影响，目前北方苹果园形成了"偏施氮肥、磷肥不足、钾肥很少"的不合理的施肥局面，加剧了果园钾素流失，使得果园钾素不足的形势越来越严峻，同样影响了苹果产量和品质的提高。

植物从土壤中吸收 K^+ 主要通过根部，特别是根尖的细胞和根毛。因此，植物根部是感受钾缺乏的主要部位。苹果的 K^+ 利用效率主要取决于砧木根系的发育及根毛的吸收能力（孙向开，2016）。所以选育钾高效利用的优良苹果砧木资源，对提高苹果果实的产量和品质及果园的可持续发展有重要的意义。

以 5 种苹果砧木幼苗为试材，采用水培和沙培两种试验方法，研究低钾胁迫对苹果砧木生长发育的影响，结果显示，低钾处理显著抑制 5 种苹果砧木幼苗的生长，但不同基因型苹果砧木受抑制的程度不同。该试验将钾效率比作为筛选耐低钾型苹果砧木品种的主要指标，将相对钾浓度、相对钾积累量及生物量相对降低量作为筛选耐低钾型苹果砧木品种的重要指标。经分析认为，富平楸子为低钾耐性强品种，丽江山荆子和新疆野苹果为低钾敏感型品种，平邑甜茶和八棱海棠为中等耐低钾品种（常聪，2014）。孙向开（2016）用三种不同基因型苹果砧木为材料，以水培方式培育砧木幼苗，研究了在低钾胁迫下三种不同苹果砧木的生理生长表现。结果表明，三种苹果砧木在钾利用效率方面存在差异，由高到低依次为小金海棠＞平邑甜茶＞丽江山荆子。小金海棠苹果砧木幼苗表现出了较高的钾利用效率，因此可以应用于生产上。进一步研究发现，钾元素与其他矿质元素的吸收存在着明显的相关关系，重度缺钾会促进苹果砧木幼苗对其他元素的吸收以提高生物量。

4. 铁高效利用砧木的研究进展

在植物生长和发育所必需的微量元素中，铁的需求量最大，其在光合作用、呼吸作用和叶绿素合成等植物重要生命活动中发挥了不可或缺的作用（李俊成等，2016）。但是全世界约有 40% 的土壤缺铁，植物缺铁失绿症是一个世界性植物营养失调问题。苹果属于双子叶植物，为机理 I 型作物，根系通过分泌有机物质和质子，将 Fe^{3+} 还原成 Fe^{2+}，以促进根系对铁的吸收（Marschner et al.，1986）。

我国苹果主产区土壤偏碱性，容易发生土壤钙化而导致土壤内有效铁含量下降。据统计，我国南起四川盆地，北至内蒙古高原，东至淮北平原，西到黄土高原及甘肃、青海、新疆，都有缺铁现象的发生（韩振海等，2013）。缺铁黄化病会显著影响果树的产量和品质，对果树经济效益造成很大的损失；在缺铁严重的地区或年份，苹果产量因此下降 15%～30%（房鸿成，2016）。改变土壤的性质费时费力，因此选育耐黄化的苹果砧木是解决苹果生产上因缺铁造成生长发育受影响、产量品质受损问题的根本性途径。

中国农业大学园艺植物研究所从 40 多个苹果属植物的种或生态型中，筛选出第一个苹果铁高效基因型——小金海棠，与西府海棠、花叶海棠及山荆子等多种资源相比，其在铁含量极低的条件下仍然能够正常生长，不表现出缺铁失绿症状，表现为铁高效型（Han et al.，1994）。历经 25 年，中国农业大学又采用自然实生选种的育种途径，利用小金海棠作为亲本，选育出铁高效利用、半矮化、无融合生殖的苹果砧木新品种——中砧 1 号。其特殊应用价值在于，在石灰性土壤地区用作苹果自根砧木，可有效避免缺铁黄化现象的发生（韩振海等，2013）。此外，从小金海棠中获得了很多铁高效基因，如 *MxIRT1*、*MxIRO2*、*MxHA7*、*MxFIT*、*MxFRO2* 等（Yin et al.，2013，2014）。

关于其他砧木的铁吸收能力，研究结果显示，生产上常用的砧木八棱海棠、平邑甜茶等抗缺铁能力中等；而山荆子抗缺铁能力差，缺铁黄化严重。张凌云等（2002）以国内 11 种苹果砧木为试材，研究了其对缺铁胁迫的适应性反应及其中 9 种砧木根系对铁的吸收特性，并把砧木对铁的吸收动力学、根际酸化能力、根系还原能力作为评价铁高效苹果砧木的指标，结果表明，Luo2、小金海棠、Luo1 为铁高效基因型苹果砧木；八棱海棠、茶果为中抗型砧木；珠眉海棠、黄海棠、青州花红、平邑甜茶、山荆子为铁低效型砧木。

3.3.3 苹果砧木根际微生物与养分吸收利用研究

苹果砧木根系是土壤微生物的主要生态位，植物根系可以将 20% 的光合作用产物以根系分泌物的形式释放到土壤中，通过改变根系周围土壤理化性质进而形成根际微域，而根系分泌物是根际微生物的重要能量来源，作为回报，根际微生物为宿主植物提供有效养分，提高植物抵抗非生物胁迫的能力。细菌作为根际土壤中最丰富的微生物，在土壤养分循环等生物化学过程中发挥重要的作用（Mau et al.，2015）。植物促生菌可以矿化土壤养分，特别是氮和磷（Jorquera et al.，2008），提高土壤中有效态养分的含量，以便让植物更好地吸收。微生物还可以产生生长素、细胞分裂素等激素类物质，直接促进植物生长（Gutierrez-Manero et al.，2001），在苹果根系周围施入 PGPR，其通过分泌植物生长激素显著促进苹果树幼苗生长，并提高苹果产量（Aslantas et al.，2007）。

1. 氮高效型砧木根际微生物筛选

通过对已筛选出的氮高效型（NE）株系和氮低效型（NI）株系进行根际微生物对比分析，发现两者根际细菌群落结构及组成存在显著差异（图 3-15），其中芽孢杆菌属、假单胞菌属、自生固氮菌属细菌（图 3-16）的群落组成与砧木的氮吸收能力有显著相关性，且这类细菌多数属于固氮菌，为进一步筛选有益于养分吸收的细菌提供了基础。

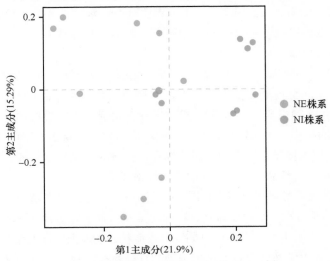

图 3-15　砧木根际细菌群落结构主成分分析

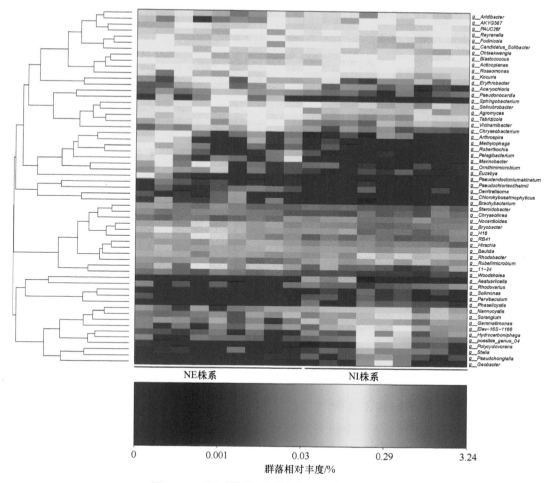

图 3-16　砧木根际细菌群落相对丰度（属水平）

对于植物自身，在响应养分胁迫时，根系可通过改变根系分泌物的成分和分泌速率来提高养分矿化率以促进植物的生长，同时影响微生物的定植。基于水培试验，应用超高效液相色谱法-串联质谱法（UPLC-MS/MS）检测技术，对两类材料在低氮处理下的根系分泌物进行测定分析（图 3-17）。结果发现有 64 种共同响应低氮胁迫的差异物质，其中 56 种上调，8 种下调。上调的物质主要包括氨基酸类（18 种）、有机酸类（10 种）、核苷酸类（9 种）、酚酸类（7 种）、糖及醇类（7 种）；甜菜碱等物质呈现下调。在材料之间进行类比后，发现 18 种表现不同的物质，其中以乳糖、琥珀酸、山梨醇和次黄嘌呤等为主。NI 株系材料（39 种差异物质）对低氮胁迫的响应程度远低于 NE 株系材料（80 种差异物质），NE 株系材料在低氮处理后分泌的物质多、成分复杂；且二者在分泌有机酸的种类和数量上差异更为显著。有机酸类不仅是根系分泌物的主要成分，也是碳代谢的中间产物，参与矿质元素的吸收、运转和分配。因此，推测 NE 株系材料能够更积极地调动机体的代谢途径，应答氮素供应不足的状况，提高植物根系对氮素的吸收效率。

同时对根系分泌的有机酸进一步分析显示，根系柠檬酸、琥珀酸、苹果酸在两份材料中差异较大。而这三类有机酸代谢通路均定位到三羧酸循环中，这些物质一方面可以直接外泌参与植物养分吸收，另一方面可以通过在植物根际招募有益微生物进而活化养分以供应植物体。据报道苹果酸能把有益菌招募到根际，促进养分吸收（Rudrappa et al.，2008）。因此，砧木差异有机酸类分泌物与根际促氮素吸收微生物间的关系仍需进一步研究。

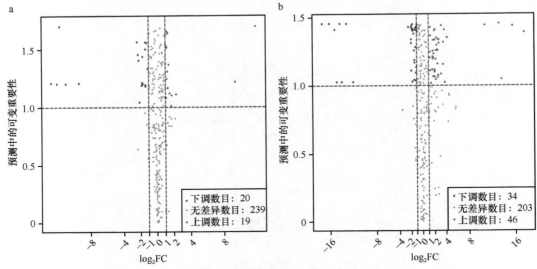

图 3-17　低氮胁迫处理后根系差异分泌物的筛选结果

a. NI 材料（对照 vs. 低氮）；b. NE 材料（对照 vs. 低氮）

2. 磷高效型砧木根际微生物筛选

经过对两类不同材料（PE 株系和 PI 株系）根际微生物测序分析并进行根际细菌群落组成的主成分分析（PCA），发现 PE 株系根际和 PI 株系根际明显分离，表明 PE 株系根际和 PI 株系根际之间的细菌群落结构存在显著差异（图 3-18）。累计获得分属 43 个门的细菌，其中有 8 个门的相对丰度较高，分别为变形菌门（50.1%）、绿弯菌门（10.7%）、放线菌门（10.6%）、酸杆菌门（6.6%）、蓝藻菌门（5.4%）、拟杆菌门（4.2%）、厚壁菌门（2.8%）、芽单胞菌门（2.5%），这些门在 PE 株系和 PI 株系根际均为主要菌群（图 3-19）。

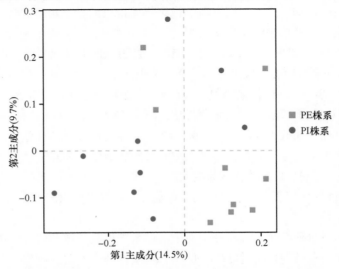

图 3-18　PE 株系与 PI 株系根际细菌群落结构主成分分析

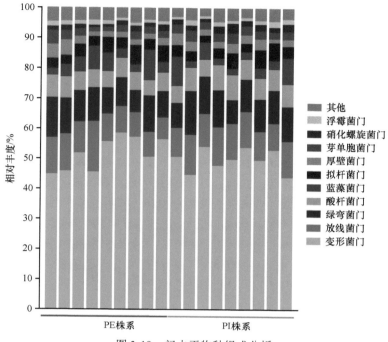

图 3-19　门水平物种组成分析

在属水平，相对丰度大于 1.0% 的属有 9 个，芽孢杆菌属在二者中差异显著，芽孢杆菌属属于两类材料根际细菌门水平中相对丰度较高的厚壁菌门，说明其在 PE 株系根际的富集可能与 PE 株系高效利用磷素有关。相对丰度在 0.1%～1.0% 的属有 87 个，其余属相对丰度均在 0.1% 以下。对上述细菌相对丰度进行 Kruskal-Wallis 检验发现，有 38 个属在 PE 株系和 PI 株系根际存在显著差异，说明缺磷环境显著改变了 PE 株系和 PI 株系根际细菌在属水平的群落组成。对 PE 株系和 PI 株系根际存在显著差异的累计 39 个属的相对丰度与植株磷浓度进行皮尔逊（Pearson）相关系数分析发现，芽孢杆菌属、瘤胃球菌属、嗜胆菌属、石鳖杆菌属等的相对丰度与植株磷浓度呈显著正相关，而伪枝蓝细菌属的相对丰度与植株磷浓度呈显著负相关。这也为后续筛选与磷高效吸收相关的菌株并开发相应菌肥提供了参考。

3.3.4　苹果主栽区域气候土壤特点及砧木区划

1. 以山东为代表的渤海湾产区

以山东为代表的苹果产区是我国苹果栽培最早、目前生产水平最高的产区。该区域位于中纬度季风区，受海洋气候影响，春来迟、冬去也迟。其气候类型适于生产优质苹果：生长期内光热充足，果实着色期至成熟期（9～10 月）平均昼夜温差为 9.9～11.4℃，有利于晚熟品种着色和品质提高（赵瑞雪，2007）。该区域土壤较为肥沃，土壤碱解氮、有效磷、钙、铁等含量丰富，pH 小于 6.5（张强等，2017）。但该区域也会因肥料施用过多，导致土壤元素积累，如山东省 97.82% 的苹果园中磷素都处于盈余状态，平均盈余量为 407.45kg/hm² （朱占玲等，2017）。

该区域苗木繁育技术不规范是很大的限制因素，通过对山东苹果砧木资源鉴定，该省苹果生产上所用的砧木共有 6 个种 30 多个类型，主栽的苹果砧木为八棱海棠、平邑甜茶及以

M26 为代表的部分矮化砧木。鉴于气候、土壤及栽培管理水平，建议当地多采用矮砧密植的管理方式，在适宜地区使用 M26、M9（M9T337）和 SH 系等矮化砧木。

2. 以陕西为代表的黄土高原产区

以陕西为代表的黄土高原产区是我国苹果最适宜生长区，气候温凉，是典型的大陆季风气候，具有冬季严寒、夏季暖热的特点。该区域地势较高（海拔 600～1300m），起伏不平，苹果树高低错落，光照充足，昼夜温差大，有利于苹果着色及积累糖分，病虫害发生轻，环境污染小。

该区域苹果生产的主要问题为果园管理总体上仍处在"重产量、轻质量"的粗放经营阶段，标准化生产水平较低（高华等，2004），且产业化体系薄弱。该区域生产上常用的主要砧木类型为富平楸子和新疆野苹果，矮砧类型主要为 M26（韩明玉和李丙智，2012）。该区域果园土壤明显贫瘠，尤其是土壤有机质含量很低，石灰性碱性土导致铁素供应欠缺。因此，选育并应用耐瘠薄、具有明显耐旱性和一定抗寒性的砧木是未来发展的趋势。该区域在今后相当长时期内可应用的乔化砧木主要有富平楸子、新疆野苹果、西府海棠、山荆子，矮化砧木依气候、土壤和管理条件等可选择 M9、M26、中砧 1 号等。

3. 黄河故道产区

该区域主要包括河南东部、山东西南部、江苏北部和安徽北部地区，以河南为核心。该区域地处黄河下游，地势平坦，土壤为冲积沙土。区域内年均气温 14.0℃左右，7 月平均气温为 27.0℃左右，1 月平均气温为 –0.5℃左右；年降水量为 640～940mm；光能资源较优越。该地区因土壤沙性，有机质含量低、土壤结构差，易遭受风蚀和雨水冲刷而发生水土流失，果园生态系统脆弱。大部分老果园采用乔砧密植技术建园，果树生长量大，造成果园郁闭严重。因此，应逐步在该区域推广固地性优良、根系养分吸收能力强的矮化、半矮化砧木。

4. 西南冷凉高地产区

该区域主要包括四川、云南和贵州的局部地区。该区域苹果种植相对集中，如在贵州主要分布在威宁、长顺和桐梓，3 个县的栽培面积占全省苹果栽培总面积的 83%（杨华等，2016）；而云南昭通地区的栽培面积则占云南苹果栽培面积的 46.2%（孙场等，2017）。该区域纬度低，海拔高（2000m 以上），地形复杂多变。气候呈现明显的垂直差异，年均温在 10～13.5℃，年降水量为 800～1000mm，多生产早中熟苹果（赵政阳，2015）。

该区域苹果园的种植模式多采用"乔砧密植"，盛果期果园郁闭，修剪管理技术复杂，难以掌握，不仅用工量大，而且产量低、品质差，未能充分发挥出高原苹果早熟、优质的自然优势（王芳荣，2016）。该区域目前在生产上常用的主要砧木为丽江山荆子、湖北海棠、三叶海棠。从砧木选择角度来看，应利用当地丰富的苹果野生资源，筛选抗性强、与中早熟品种嫁接亲和性好、早果丰产的类型进行推广。

3.3.5　小结与展望

在苹果生产上，精准化养分管理策略的制定除了考虑果园自然环境、土壤理化特征、树体营养状况，尤其还要考虑苹果砧木的养分利用特点。另外，我国幅员辽阔，不同区域的环境气候、土壤条件都有所不同。因此，依据区域自然气候特征、立地条件、栽培方式，因地制宜地选择相适宜的砧木类型，组装出简单易行的"植物-管理"减肥增效技术模式，才能最终实现苹果养分高效利用技术的大面积应用。

3.4　苹果园树体结构优化与农药减量增效

苹果主产区的绝大部分苹果园都是在 20 世纪 80 ～ 90 年代建园，为了实现高产量，普遍采用了乔砧密植栽培模式（魏钦平等，2004；王金政等，2018），这种栽培模式满足了当时生产的需要，起到了积极的作用。但是，随着树龄的增长，树冠的增大，产生了果园郁闭、光照条件恶化、病虫害发生严重、结果部位外移、产量和品质下降、果实着色不佳、烂果率上升、商品率降低等问题，造成了现在卖果难的现象，制约了苹果产业的可持续发展（杨振伟等，1998；聂佩显等，2011）。要解决郁闭果园出现的种种问题，必须对郁闭果园实施优化改造，只有解决了果园的通风透光问题，才能从根本上解决果园郁闭的问题和提高果实的品质（阮班录等，2011；李培环等，2012；牛军强等，2018）。

3.4.1　间伐对树体结构、光能利用和产量品质的影响

郁闭是造成苹果产量降低、品质下降、效益不高的重要因素。优化改造是成龄苹果园提质增效的有效方法。目前生产上对郁闭园的改造多采用两种方法：一种是通过改造个体的空间分布以降低树冠内的郁闭程度（杨振伟等，1998；王雷存等，2004），主要是通过提干、去大枝的方法对树形进行适当的改造和修剪，调节树冠内部的主枝、侧枝和结果枝组的合理分布来实现；另一种是通过改变栽植密度从整体上改善果园的群体结构，主要是通过间伐植株的方法实现（聂佩显等，2011；阮班录等，2011）。通过间伐、改形处理，改善郁闭园的微域环境，尤其是改善果园光照条件，提高光能利用率，达到提高果实产量、品质的目的（陈汝等，2014a；刘兴禄等，2018；孙文泰等，2018）。隔行去行、隔株去株和隔行间株三种间伐方式均能不同程度地改善果园的微域环境，对果园产量、果实品质和优质果率都有一定程度的提高。在间伐植株数量相同的情况下，隔行去行比隔株去株效果更为明显，隔行去行显著提高了果园透光率、散射辐射透过系数和直射辐射透过系数、叶片的净光合速率与羧化效率、果实品质和优质果率（聂佩显等，2019）。

间伐处理不同程度地降低了叶面积指数，随着改造年限的延长，各处理的叶面积指数均有增加的趋势；不同间伐处理提高了果园透光率、散射辐射透过系数和直接辐射透过系数。果园郁闭带来的直接影响是果园透光率和散射辐射透过系数急剧下降，以及消光系数的大幅度升高，说明郁闭果园树冠的内膛和下部区域长时间处在一个弱光照的环境，严重影响了果园的微域生态环境。树冠内光照分布状况与树冠形状、枝叶数量、枝叶密度和不同枝类的空间分布有密切关系，并直接影响花芽形成、果实发育及果实品质（魏钦平等，2004）。苹果园树冠内光照分布状况对于完善苹果配套的丰产稳产栽培管理技术、提高苹果的产量及品质具有指导意义（李保国等，2012）。对改造园片的冠层分析发现，叶面积指数急剧下降，冠层消光系数降低，散射辐射透过系数和直接辐射透过系数提高，叶片分布相对均匀，间伐打开了该园片的光路，改善了通风透光条件（表 3-10）。

表 3-10　不同处理对冠层结构参数的影响

处理		叶面积指数	平均叶倾角/(°)	散射辐射透过系数	直射辐射透过系数	消光系数	叶分布	果园透光率/%
隔行去行	2012 年	1.07	35.48	0.498	0.501	0.814	0.517	45.78
	2013 年	1.04	39.05	0.458	0.483	0.824	0.498	40.09
	2014 年	1.06	33.23	0.446	0.473	0.825	0.535	38.96
	2015 年	1.12	34.15	0.431	0.434	0.838	0.518	35.54
隔株去株	2012 年	1.13	45.79	0.423	0.495	0.845	0.590	37.15
	2013 年	1.08	48.78	0.407	0.440	0.867	0.543	34.27
	2014 年	1.11	46.14	0.406	0.413	0.871	0.612	33.26
	2015 年	1.20	42.45	0.389	0.412	0.886	0.615	32.41
隔行间株	2012 年	1.23	20.31	0.407	0.342	0.912	0.644	27.34
	2013 年	1.27	23.2	0.341	0.331	0.928	0.705	24.17
	2014 年	1.42	19.42	0.397	0.329	0.935	0.686	23.86
	2015 年	1.88	18.32	0.324	0.315	0.945	0.542	20.09
郁闭园对照	2012 年	1.37	20.71	0.341	0.274	0.927	0.692	23.05
	2013 年	1.41	27.78	0.310	0.258	0.931	0.728	20.75
	2014 年	1.59	18.78	0.289	0.239	0.938	0.665	20.45
	2015 年	2.01	15.59	0.299	0.257	0.958	0.683	18.77

　　苹果树冠层温度、相对湿度是影响果树生长、决定果实质量和产量的直接因素（孙志鸿等，2008；陈汝等，2014b；郭秀明等，2016）。隔行去行、隔株去株、隔行间株 3 种间伐方式均影响苹果冠层内的温度、相对湿度（陈汝等，2019）。树冠内外温度由上至下逐渐降低。同一冠层内树冠外围温度高于内膛，冠层温度由上至下逐渐降低，但变化幅度较小。树冠内外的相对湿度变化趋势均与温度变化相反。树冠内外各层的相对湿度均表现为隔行去行＜隔株去株＜隔行间株＜郁闭园对照。相对湿度由树冠上层至下层逐渐增大，同一冠层内，内膛相对湿度高于外围，但变化幅度不大（表 3-11）。

表 3-11　不同处理对苹果冠层温度、相对湿度的影响

处理	冠层	温度/℃		相对湿度/%	
		内膛	外围	内膛	外围
隔行去行	上	30.3	31.5	42.6	41.7
	中	29.9	30.9	43.2	42.4
	下	29.6	29.9	44.4	43.6
隔株去株	上	30.1	31.2	45.6	44.2
	中	29.2	29.8	47.1	45.9
	下	28.4	28.9	48.4	46.5
隔行间株	上	28.6	30.8	46.4	45.2
	中	27.7	29.5	47.7	46.1
	下	26.5	27.9	49.8	47.9

续表

处理	冠层	温度/℃		相对湿度/%	
		内膛	外围	内膛	外围
郁闭园对照	上	27.5	29.6	47.2	46.1
	中	26.9	27.3	49.4	47.4
	下	25.1	26.3	51.4	49.8

果树的光合能力是果园产量和果实品质形成的基础，对成龄郁闭园进行间伐、改形后，树体的群体结构和冠层环境得到改善，促进了叶片生长发育，提高了叶片的光合能力（孙文泰等，2018）。由表 3-12 得知，3 种改造方式均能增加百叶质量和百叶厚度，特别是改造后第 1 年增加幅度最大，随改造时间的延长呈下降的趋势；3 种改造方式均能提高叶片的净光合速率（P_n）、羧化效率（CE）、胞间 CO_2 浓度（C_i）、气孔导度（G_s）和蒸腾速率（T_r），并且变化趋势基本一致。隔行去行、隔株去株处理的 G_s 和 P_n 显著高于对照，说明郁闭园叶片光合作用的下降是由非气孔限制因素引起的，长时间的光照不足造成的叶片光合机构损伤制约了郁闭园叶片的光合速率。

表 3-12　不同处理对叶片及光合参数的影响

处理	百叶质量/g				百叶厚度/mm				SPAD 值			
	2012 年	2013 年	2014 年	2015 年	2012 年	2013 年	2014 年	2015 年	2012 年	2013 年	2014 年	2015 年
隔行去行	103.3	96.03	95.06	94.83	40.52	37.13	35.53	34.34	62.3	61.4	61.3	60.2
隔株去株	104.3	95.09	95.54	91.23	40.28	35.36	33.83	32.37	60.5	59.7	59.4	59.2
隔行间株	89.22	82.74	80.96	79.47	34.64	32.50	31.79	29.25	58.8	58.5	58.2	57.3
郁闭园对照	71.83	70.62	71.25	69.52	27.87	25.65	24.87	23.57	58.4	58.3	57.6	56.1

处理	气孔导度/[mmol/(m²·s)]				蒸腾速率/[mmol/(m²·s)]				羧化效率/(μmol/mol)			
	2012 年	2013 年	2014 年	2015 年	2012 年	2013 年	2014 年	2015 年	2012 年	2013 年	2014 年	2015 年
隔行去行	166.00	168.00	155.00	133.00	2.79	2.64	2.45	2.15	0.072	0.068	0.070	0.069
隔株去株	168.33	159.35	133.53	125.67	2.83	2.41	2.05	1.98	0.059	0.061	0.060	0.061
隔行间株	86.33	85.45	78.42	74.11	1.87	1.70	1.65	1.55	0.052	0.047	0.049	0.047
郁闭园对照	72.00	73.50	71.54	70.28	1.39	1.43	1.41	1.34	0.047	0.048	0.048	0.048

处理	净光合速率/[μmol/(m²·s)]				胞间 CO_2 浓度/(μmol/mol)				水分利用效率/(μmol/mol)			
	2012 年	2013 年	2014 年	2015 年	2012 年	2013 年	2014 年	2015 年	2012 年	2013 年	2014 年	2015 年
隔行去行	16.43	16.34	16.08	15.75	236.33	241.51	231.45	228.78	6.01	6.19	6.56	7.32
隔株去株	15.00	14.89	13.75	13.24	255.67	245.13	228.43	215.74	5.35	6.18	6.71	6.87
隔行间株	10.27	10.15	10.05	9.88	202.67	215.34	205.35	211.56	5.73	5.97	6.09	6.37
郁闭园对照	9.27	9.15	9.24	9.13	197.67	189.45	191.54	188.45	6.66	6.40	6.55	6.81

采用间伐措施对郁闭果园进行结构调整，能够改善冠层光照条件，显著提高叶片光合能力，从而促进果实品质的提高（牛军强等，2018）。因隔行去行、隔株去株处理间伐植株数量较多，严重影响了第一年的产量，但是第二年基本上能恢复到改造前的水平，第三年、第四

年甚至还有所提高（表3-13），由于改造彻底，果园整体在改造第三年、第四年依然能保持改造的优势，外观品质、内在品质和优质果率均高于对照。由于隔行间株改造不彻底，改造初期效果较好，从第三年开始，果园整体再次出现郁闭现象。

表 3-13　不同处理对果实产量和品质的影响

处理		产量/（kg/亩）	单果重/g	着色指数/%	光洁指数/%	优质果率/%	可溶性固形物含量/%
隔行去行	2012 年	2976.5	206.3	93.7	98.4	86.5	14.5
	2013 年	4310.5	210.4	94.2	97.9	85.0	14.7
	2014 年	4885.4	222.8	94.0	98.0	83.5	13.5
	2015 年	4890.5	235.8	95.6	95.5	85.0	14.5
	平均	4265.7	218.8	94.4	97.5	85.0	14.3
隔株去株	2012 年	3010.5	200.1	91.8	97.2	85.6	14.2
	2013 年	4215.4	209.8	93.6	96.3	84.5	14.2
	2014 年	4870.5	221.1	90.0	95.0	85.8	13.1
	2015 年	4650.0	219.6	93.8	94.0	80.5	13.8
	平均	4186.6	212.7	92.3	95.6	84.1	13.8
隔行间株	2012 年	3850.5	192.9	88.5	96.2	79.8	13.2
	2013 年	4225.4	197.6	90.1	96.1	78.5	13.5
	2014 年	4350.6	191.9	81.0	89.0	75.0	12.8
	2015 年	4225.4	208.7	88.5	90.5	68.5	12.5
	平均	4163.0	197.8	87.0	93.0	75.5	13.0
郁闭园对照	2012 年	4510.5	181.6	80.6	92.3	65.0	12.2
	2013 年	4450.0	190.5	78.4	92.2	63.8	12.8
	2014 年	4335.6	182.9	75.5	82.0	62.5	12.6
	2015 年	4425.5	200.1	70.8	85.5	55.0	12.4
	平均	4430.4	188.8	76.3	88.0	61.6	12.5

3.4.2　改形疏枝对树体结构、光能利用和产量品质的影响

良好的光照体系、合理的群体结构及个体空间分布是实现果树丰产优质的关键（袁景军等，2010；阮班录等，2011；路超等，2013）。针对乔砧老龄树树冠大、枝量大、果园郁闭现象严重，采用疏枝、缩冠、清干等技术对老龄低效果园结构进行优化改造，去除多余的营养枝，控制树势，果园的群体结构、冠层结构、通风透光性能及光照条件明显改善，采收前又通过铺设反光膜等增加果实着色，提高果实品质（王来平等，2018）。老龄低效果园结构优化改造后枝类组成趋于合理，经过优化改造的处理组果园覆盖率显著降低，果园透光率和树冠透光率显著提高，叶面积指数和株间交接率显著降低，行间不再交接（表3-14）。

表 3-14　老龄低效果园优化改造对果园结构的影响

地点		果园覆盖率/%	果园透光率/%	树冠透光率/%	叶面积指数	交接率/%	
						株间	行间
马耳山	处理	95.9b	48.6a	27.8a	3.54b	22.7b	−1.3b
	CK	136.4a	26.3b	20.6b	5.30a	44.3a	20.0a
潘家洼	处理	91.6b	50.7a	28.4a	3.46b	20.0b	−3.0b
	CK	128.5a	28.4b	21.5b	5.25a	38.0a	18.0a

注：同一地点同列数据后不同字母表示处理间差异达 5% 显著水平。CK 代表对照，表 3-15 ～表 3-17 同

经优化改造后的老龄低效果园的冠层透光率明显增强，群体冠层结构得到显著改善。与对照（老龄低效果园）相比，优化改造处理显著降低了树冠体积、冠层枝密度和冠层叶密度，消光系数和冠层光截获率也显著降低。

表 3-15　老龄低效果园优化改造对树体冠层结构的影响

地点		冠径/cm		树冠体积/m³	冠层枝密度/（m²/m³）	冠层叶密度/（m²/m³）	消光系数	冠层光截获率/%
		东西	南北					
马耳山	处理	395b	368b	22.9b	86b	1.7b	0.76b	0.52b
	CK	480a	433a	32.7a	104a	2.6a	0.88a	0.66a
潘家洼	处理	388b	360b	22.2b	81b	1.4b	0.71b	0.47b
	CK	472a	414a	31.1a	98a	2.2a	0.85a.	0.62a

注：同一地点同列数据后不同字母表示处理间差异达 5% 显著水平

优化改造的树体冠层内的相对光照强度均明显提升，尤其是树冠的内膛及中部效果尤为突出。果树的光合能力是果树产量和品质形成的基础，随着光照条件的改善，叶片净光合速率显著增加（表 3-16），果实着色指数、果肉硬度、可溶性固形物含量和优质果率也显著增加，显著提升了果实品质（表 3-17）。果实品质的提升与果园群体结构改善、更多光线照射到树体内膛、叶片光合功能增强有关。

表 3-16　老龄低效果园优化改造对树体冠层光照强度及光合速率的影响

地点		距地面高度/cm	不同离主干距离相对光照强度/lx				不同离主干距离叶片净光合速率/[μmol/(cm²·s)]			
			>3m	2 ～ 3m	1 ～ 2m	0 ～ 1m	>3m	2 ～ 3m	1 ～ 2m	0 ～ 1m
马耳山	处理	80	32.3a	28.5a	22.2a	17.4a	16.5a	14.7a	14.1a	11.6a
	CK		28.9b	24.5b	19.1b	12.7b	11.2b	7.8b	7.2b	6.4b
	处理	150	52.3a	42.5a	35.7a	26.4a	20.2a	16.8a	16.3a	14.1a
	CK		47.3b	35.1b	27.8b	20.1b	13.1b	9.2b	8.8b	7.8b
潘家洼	处理	80	33.4a	29.7a	22.6a	18.2a	17.4a	15.8a	15.0a	13.3a
	CK		28.4b	25.2b	18.7b	13.3b	12.5b	8.2b	7.6b	6.8b
	处理	150	54.1a	47.5a	37.6a	28.4a	22.3a	19.3a	17.4a	15.0a
	CK		48.8b	36.4b	28.1b	20.5b	16.6b	10.5b	10.2b	8.3b

注：同一地点同一距地面同列数据后不同字母表示处理间差异达 5% 显著水平

表 3-17　老龄低效果园优化改造对果实品质的影响

地点	组别	单果重/g	果形指数/%	果实着色指数/%	果肉硬度/（kg/cm²）	可溶性固形物含量/%	优质果率/%
马耳山	处理	231.8a	87.0a	95.5a	9.0a	16.4a	86.7
	CK	214.0a	85.0a	76.3b	7.8b	15.1b	78.0
潘家洼	处理	225.6a	88.5a	95.0a	9.0a	16.1a	88.3
	CK	220.2a	86.0a	78.4b	7.6b	14.8b	78.5

注：同一地点同列数据后不同字母表示处理间差异达 5% 显著水平

3.4.3　苹果园间伐对病虫害发生的影响

采用性信息素诱捕的方法（翟浩等，2018），对隔行去行和隔株去株 2 个间伐处理苹果园中的梨小食心虫与桃小食心虫的发生动态进行了调查，明确间伐苹果园中梨小食心虫和桃小食心虫的发生动态。2018 年，威海地区田间梨小食心虫成虫发生期为 4 月中上旬到 10 月上旬，7～9 月是梨小食心虫群体数量发生高峰期，田间共出现 5 个比较明显的高峰，从第 2 个高峰开始梨小食心虫开始虫态交错，出现世代重叠（图 3-20）；桃小食心虫成虫发生期为 5 月中下旬至 10 月上旬，6～9 月是桃小食心虫群体数量发生高峰期，田间共出现 2 个比较明显的高峰（图 3-21）。这与翟浩等（2018，2019）报道的文登地区梨小食心虫和桃小食心虫的发生动态一致。其中，梨小食心虫和桃小食心虫的发生动态趋势、成虫发蛾高峰期和持续时间在两种间伐处理模式下的差异不显著。隔株去株苹果园中梨小食心虫性信息素诱捕器每诱芯全年诱捕数量最少为 563.3 头，显著低于隔行去行和对照苹果园中的梨小食心虫性信息素诱捕器每诱芯全年诱捕数量（1260 头和 1015 头）（$P < 0.05$）（图 3-22）；隔行去行和隔株去株苹果园中的桃小食心虫性信息素诱捕器每诱芯全年诱捕数量分别为 670 头和 535.7 头，二者差异不显著，但显著低于对照苹果园（1015 头）（$P < 0.05$）（图 3-23）。

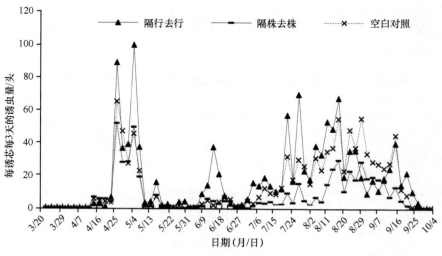

图 3-20　隔行去行和隔株去株间伐处理果园中梨小食心虫雄成虫发生动态

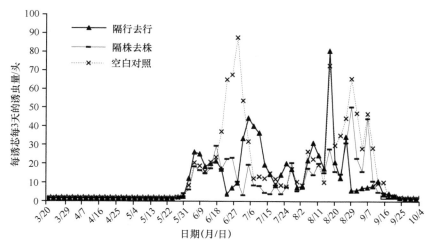

图 3-21　隔行去行和隔株去株间伐处理果园中桃小食心虫雄成虫发生动态

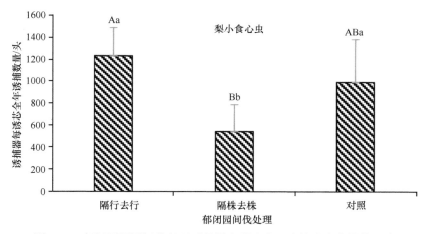

图 3-22　郁闭园不同间伐处理对果园中梨小食心虫雄成虫数量的影响

柱子上方不含相同大写字母表示差异达 1% 显著水平；不同小写字母表示差异达 5% 显著水平，表 3-23 同

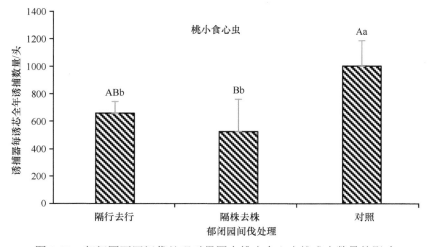

图 3-23　郁闭园不同间伐处理对果园中桃小食心虫雄成虫数量的影响

2018年9月15日，对隔行去行、隔株去株和未改造苹果园（对照）中的病虫害发生情况进行了调查。2018年，威海地区果树叶片病害主要为褐斑病和斑点落叶病，果实病害主要为苹果苦痘病和苹果黑点病，果实虫害主要为桃小食心虫和梨小食心虫（表3-18）。试验果园中，由于果实套袋，苹果轮纹病＋苹果炭疽病病果率及食心虫蛀果率均较低，且在不同间伐处理的试验园中为害情况差异不明显。但苹果黑点病和苹果苦痘病病果率，以及苹果斑点落叶病＋苹果褐斑病病叶率在不同间伐处理试验园中存在显著差异，其中，隔行去行试验园中苹果黑点病、苹果苦痘病病果率分别为0.35%和0.45%，显著低于隔株去株和未改造试验园的黑点病病果率（0.55%和0.78%）及苦痘病病果率（4.43%和21.70%）；隔行去行试验园中苹果斑点落叶病＋苹果褐斑病病叶率为0.9%，显著低于隔株去株（3.4%）和未改造试验园（15.8%）的病叶率。

表3-18　郁闭园不同间伐处理对苹果病虫害发生情况的影响

处理	果实病虫为害率/%				病叶率/%
	苹果轮纹病+苹果炭疽病	苹果黑点病	苹果苦痘病	食心虫	苹果斑点落叶病+苹果褐斑病
隔行去行	0.08a	0.35b	0.45c	0.02a	0.9c
隔株去株	0.15a	0.55a	4.43b	0.06a	3.4b
对照	0.33a	0.78a	21.70a	0.02a	15.8a

注：同列数据后不同字母表示处理间差异达5%显著水平

3.4.4　间伐方式对喷雾机施药效果的影响

隔行去行、隔株去株等间伐处理影响果园喷雾机的施药效果。在不同间伐方式的果园中，将20g诱惑红充分溶解于100L水中，加入SS-1000自走式喷雾机中，以常规牵引速度1.16m/s（4.18km/h）对不同处理的果树进行喷施，测量剩余溶液体积以确定用水量。同时用水敏纸测量雾滴特性、雾滴沉积分布和地面沉积量，进一步计算农药利用率和地面流失率（陈丹等，2011）。不同间伐方式之间的总用水量见表3-19，隔行去行处理由于苹果树数量减半，故其用水量（32.4L/亩）较隔株去株和对照（66.7L/亩）明显降低51.4%。

表3-19　不同间伐方式对比

处理	用水量/（L/亩）
对照（3.0m×4.0m）	66.7
隔株去株（6.0m×4.0m）	66.7
隔行去行（3.0m×7.5m）	32.4

不同间伐方式的雾滴特性测定结果见表3-20，隔株去株的雾滴密度（244.94滴/cm^2）和雾滴覆盖率（45.31%）显著高于对照（217.43滴/cm^{2}和40.46%）和隔行去行（199.72滴/cm^{2}和43.14%），而隔株去株的雾滴粒径（113.27μm）显著小于对照（152.27μm）与隔株去株（131.43μm）。推测，由于隔株去株的株间距增大，枝叶重叠率降低，因此雾滴密度和雾滴覆盖率增加，喷施效果更好。

表 3-20　不同间伐方式的雾滴特性比较

处理	雾滴密度/(滴/cm²)	雾滴粒径/μm	雾滴覆盖率/%
对照（3.0m×4.0m）	217.43±22.43b	152.27±19.34a	40.46±9.05b
隔株去株（6.0m×4.0m）	244.94±25.45a	113.27±8.97b	45.31±8.98a
隔行去行（3.0m×7.5m）	199.72±20.71b	131.43±14.27a	43.14±7.69b

注：同列数据后不同字母表示处理间差异达 5% 显著水平

由于单个雾滴所产生的影响远大于其本身的粒径范围，因此雾滴密度只需达到一定值，即可实现较好的防治效果（袁会珠等，2000）。丁素明等（2013）报道雾滴密度达到 20 滴/cm² 以上即可满足病虫害防治的需要。生物最佳粒径理论研究发现，防治飞行害虫的最佳粒径为 10 ～ 50μm，防治叶面爬行类害虫幼虫和病害则需要 30 ～ 150μm 的雾滴粒径（袁会珠和王国宾，2015；胡桂琴等，2014）；对于虫害的防治仅需 5% 的雾滴覆盖率，而对于植物病害的防治则需要 40% 的雾滴覆盖率，通常覆盖率达到 33% 左右即可同时有效防治病害与虫害（屠予钦，2001）。本研究中雾滴密度在 199.72 ～ 244.94 滴/cm²，雾滴粒径在 113.27 ～ 152.27μm，覆盖率在 40.46% ～ 45.31%，均满足病虫害防治的基本要求，且隔株去株的雾滴密度（244.94 滴/cm²）、雾滴粒径（113.27μm）和雾滴覆盖率（45.31%）更好地满足了农药喷施的要求（雾滴密度 20 滴/cm² 以上，粒径 30 ～ 150μm 和覆盖率至少 33%）。为进一步提升工作效率，可适当提升隔株去株的牵引速度 1.16m/s（4.18km/h），以达到节水、省药、省时的效果。

苹果树冠层的雾滴沉积分布测定结果见表 3-21。3 种处理的雾滴平均沉积量差异不大，隔行去行（0.322μg/cm²）＞对照（0.308μg/cm²）＞隔株去株（0.298μg/cm²），3 种处理中、下冠层的内外膛雾滴沉积比均大于 1，雾滴穿透效果较好，且内膛沉积的药液高于外膛，有利于对内膛枝干部位病虫害的防治。3 种处理的农药利用率均超过我国农药利用率的平均值（36.6%）（苏小记等，2018）。

表 3-21　不同间伐方式的雾滴沉积分布

处理	冠层	沉积量/(μg/cm²)		沉积比（内/外）	平均沉积量/(μg/cm²)	农药利用率/%
		内膛	外膛			
对照 （3.0m×4.0m）	上	0.299±0.053a	0.358±0.031a	0.835	0.308±0.056a	38.1
	中	0.318±0.099a	0.288±0.009b	1.104		
	下	0.300±0.001a	0.282±0.013b	1.064		
隔株去株 （6.0m×4.0m）	上	0.283±0.045a	0.328±0.023a	0.863	0.298±0.073a	36.7
	中	0.325±0.057a	0.263±0.012b	1.236		
	下	0.312±0.006a	0.274±0.008b	1.139		
隔行去行 （3.0m×7.5m）	上	0.314±0.069a	0.364±0.009a	0.862	0.322±0.041a	37.8
	中	0.335±0.024a	0.298±0.048b	1.124		
	下	0.323±0.007a	0.297±0.004b	1.088		

注：同列数据后不同字母表示处理间差异达 5% 显著水平

不同间伐方式下雾滴在苹果园的地面沉积结果见表 3-22，隔株去株的地面沉积量（1.645μg/cm²）显著高于对照（0.599μg/cm²）和隔行去行（0.579μg/cm²），地面流失率（34.7%）高于对照（25.3%）和隔行去行（25.2%）。推测，由于隔株去株的株间距离较大，枝叶密集度降低，雾滴更易聚集滴落到地面，增加了地面沉积量和地面流失率。

表 3-22　不同间伐方式下雾滴在苹果园的地面沉积

处理	地面沉积量/($\mu g/cm^2$)	地面流失率/%	利用率/%
对照（3.0m×4.0m）	0.599±0.230b	25.3	38.1
隔株去株（6.0m×4.0m）	1.645±0.454a	34.7	36.7
隔行去行（3.0m×7.5m）	0.579±0.242b	25.2	39.2

注：同列数据后不同字母表示处理间差异达 5% 显著水平

3.4.5　苹果郁闭园结构优化技术的应用效果

示范园Ⅰ采用隔行去行、示范园Ⅱ采用隔株去株等间伐方式优化果园群体结构，示范园Ⅲ、示范园Ⅳ采用提干、落头、疏枝、缩冠、开张角度等改形减枝措施优化树体结构，分别配套采用树盘覆盖、果园生草、增施有机肥、水肥一体化、病虫害预测预报、绿色生态防控、精准花果管理等措施，改善果园光照等环境，降低农药施用量及用药次数，降低生产成本，提高优质果率、可溶性固形物含量等果实品质和经济效益（表 3-23）。

表 3-23　苹果郁闭园结构优化技术的应用效果

示范园	树冠透光率提高比例/%	打药减少次数/次	每亩施药量减少比例/%	农药减少投入/（元/亩）	劳力减少投入/（元/亩）	优质果率提高比例/%	可溶性固形物含量增加比例/%	亩产/kg	节本增效/（元/亩）
Ⅰ	72.4	2	50.0	385	120	25.2	2.1	19.6	1646
Ⅱ	51.6	2	50.0	385	120	20.8	1.9	15.1	2338
Ⅲ	29.9	2	18.2	140	80	21.9	1.8	15.3	1564
Ⅳ	35.0	3	35.2	210	120	28.4	2.2	20.7	2648

3.4.6　苹果郁闭园树体结构优化的技术参数

1. 优化目标

行间作业带 0.8 ～ 1.0m；果园覆盖率 70% ～ 75%；树冠透光率 25% ～ 30%；每亩产量 3000 ～ 4000kg；优质果率 85% 以上。

2. 间伐降密

依据栽植密度、树龄、树冠大小等因素，可以采取一次性间伐和计划性间伐两种模式。

一次性间伐：对树龄 15 年生以上的严重郁闭的高密度果园（如株行距 2m×3m、2m×4m、3m×3m、2.5m×4m、2m×5m 等），小行距采取隔行挖行、大行距采取隔株挖株的形式实施一次性间伐，使栽植密度降低一半。也可运用选择性间伐（挖除腐烂病株或低效劣株）的方式，减少栽植株数。

计划性间伐：对树龄 10 ～ 15 年生的郁闭较重的中密度果园（如株行距 3m×5m、3m×4m 等），采取计划性间伐模式。首先确定永久行（株）与临时行（株），实行分类修剪。对永久株（行）要注意扩大树冠，培养合理的树体骨架结构和结果枝组；对临时株（行）进行落头、疏枝，以及疏除或回缩影响永久株（行）生长的大枝，逐年压缩树冠体积，2 ～ 3 年后伐除。

3. 改形疏枝

间伐后的果园，群体密度和总枝量减少一半左右，剩余植株的生长发育空间扩大，对剩余树的整形修剪在树形上要改"小冠形"为"大冠形"，在整形上要改"控冠"为"扩冠"，采取提干、落头、疏枝等技术措施，调减骨干枝（主枝）数量，修剪方法以长放、轻剪为主。

　　1）适宜树形的选择

　　根据剩余树的基础树形和间伐后的株行距等，选择开心形、改良纺锤形等树形。开心形树形的特点为干高 0.8～1.0m，树高 3.0～3.5m，主枝 3～4 个，每个主枝上有 2～3 个侧枝，每个侧枝有一定的单轴延伸的大、中型结果枝组（群）。改良纺锤形树形的特点为干高 0.8～1.2m，树高 3.0m，主枝 8～10 个，中央干落头开心，具有"圆柱形"立体结果的树形特征。

　　2）提干

　　对于山地果园小冠（主干）疏层形树体，通过疏除距离地面太近的主枝、辅养枝等措施，将主干提高到 0.8m 以上；通过撑枝、拉枝等措施改变主枝角度，提升树冠有效结果体积；对于圆柱形、纺锤形树体，通过对基部分枝采取分年回缩、变向、疏除等综合措施，逐步将树干抬高至 0.8～1.0m。注意逐年分步实施的原则，在 2～3 年完成。同一株树上，不要一次同时去除 2 个对生枝或轮生枝，防止对树干造成伤害。

　　3）落头

　　落头是选择在分枝角度适中、长势中庸、粗度为中央干的 1/5～1/3 的骨干分枝（或上层主枝）处锯除中央干换头，以骨干分枝带头。

　　4）疏大枝

　　在选留好永久性主枝的基础上，对一、二层主枝之间及层内过多、过密的骨干枝及中央干上多余的辅养枝、过渡枝分年逐步疏除。先疏除轮生、对生和重叠的主枝、侧枝，每年疏除 1～2 个大枝，最终保留 4～6 个主枝。疏枝以冬季修剪为主，夏季修剪疏枝为辅。

　　主枝修剪：注意培养主枝向被伐除行（株）的空间部位伸展，加快培养主枝延长枝，选留强壮延长枝带头，疏除树冠外围特别是主枝延长头附近的竞争枝和密生枝，以保持树冠扩张生长的明显优势；采取轻剪、长放、多留枝的修剪方法，在间伐后 1～3 年，减少修剪量、保持较多留枝量，保持果园产量。

4. 结果枝组培养与搭配

　　间伐、改形后的果园，在优化树体骨架结构、培养高光效树形的基础上，要注意结果枝组的培养、更新与搭配、分布。

　　优质结果枝组培养与更新：充分利用着生在主枝和侧枝两侧以及树冠内膛平斜、健壮的营养枝，通过放、拿、捋、拉等方法，培养形成大量的单轴延伸的下垂状结果枝组或结果枝组群，填补枝组空缺；对连续多年结果的老龄结果枝组通过回缩修剪进行更新复壮。拉枝多在春季或秋季进行。

　　结果枝组搭配与分布：在结果枝组培养过程中，应注意大、中、小型结果枝组的合理搭配与空间分布。以利用着生在主枝或侧枝两侧的大、中型结果枝组或枝组群为主，小型结果枝组为辅；空间布局上不交错、不重叠，插空分布。

3.4.7　小结与展望

　　针对主产区苹果园郁闭、光照条件恶化、病虫害发生严重、结果部位外移、产量和品质下降、果实着色差、优质果率降低等问题，研究提出了合理间伐（一次性间伐或计划性间伐）优化果园群体结构，改形减枝（提干、落头、疏大枝、缩冠等整形修剪措施）优化树体结构，以及培养结果枝组、调整枝组空间搭配来解决果园密闭问题，提高树冠内的光照，配套应用树盘覆盖、果园生草、增施有机肥、水肥一体化、病虫害预测预报、绿色生态防控、精准花果管理等综合栽培技术，显著改善果园微域环境，提高了劳动生产率，降低了生产成本，减少了农药用量，大幅度提升了果实品质和经济效益。

3.5 苹果园生物多样性与农药减量增效

3.5.1 苹果园生物多样性现状

当前我国苹果园普遍采用清耕除草管理模式，果园除草破坏了生态平衡，严重影响了自然天敌的繁殖、栖息及越冬场所，显著减少了天敌的种类和数量，失去了天敌的自然控制作用。苹果园生草是在全园或果树行间和株间种植适宜草种并除去不适宜杂草，达到蓄养天敌、改善土质、保水保肥的一种现代化果园管理方法（郝紫微和季兰，2017）。该技术最早开始于19世纪末的美国，20世纪40年代迅速发展，目前在欧美和日本广泛应用。苹果园生草后能够改变节肢动物群落结构，增加园内天敌的种类和数量，延长天敌发生时间和数量，达到持续控制有害昆虫的目的（陈川等，2002）。生草后，苹果园内的主要害虫（如绣线菊蚜等）数量会明显减少、危害程度减轻或是发生高峰推迟，同时能够将部分树冠上的害虫吸引到地面上，降低果树受害程度。苹果园种植覆盖作物后，中华通草蛉、拟长毛钝绥螨等天敌的数量均增加；与清耕苹果园相比，种植紫花苜蓿的苹果园草被上东亚小花蝽的数量可以增加1倍以上，树冠上天敌的数量增加70%以上（杜相革和严毓骅，1994）；种植三叶草和紫花苜蓿后，树冠上的七星瓢虫、龟纹瓢虫、异色瓢虫、草蛉等的发生高峰期较对照苹果园提前7～10天，且持续时间明显延长（宫永铭等，2004）；间作黑麦草、白三叶草和紫花苜蓿的苹果园，天敌的种类增加了11种，主要天敌的发生期提前并延长了近1个月，天敌丰富度指数高于清耕苹果园（赵雪晴等，2011）；生草园优势天敌龟纹瓢虫、异色瓢虫、中华通草蛉和蚜茧蜂数量较清耕园明显增多（王淑会等，2014）。

为明确苹果园后期主要害虫及天敌的发生情况，对不同管理情况下苹果园果树上的主要害虫及天敌的发生数量进行调查，结果表明，果树上的主要害虫为苹果绣线菊蚜、大青叶蝉、卷叶蛾类和食叶毛虫类，生草果园害虫的发生数量明显少于清耕果园；果树上的优势天敌为异色瓢虫、龟纹瓢虫和中华通草蛉，生草果园天敌的发生数量多于清耕果园；施药越频繁的果园害虫的发生数量越多，天敌发生数量越少。调查果园的最大益害比为1∶1.5，最小为1∶7.4，均明显大于有效益害比［1∶（20～25）］，此时园内自然天敌可以有效控制害虫为害，不需要使用杀虫剂防治。少使用或不使用杀虫剂可显著增加越冬天敌数量，为第二年发挥天敌作用创造有利条件（张硕等，2018）。

3.5.2 苹果园生物多样性环境

生草果园是形成生物多样性的基础，不仅可以影响害虫和天敌数量，还可以增加土壤养分、改善果园生态环境（汪晓光，2007）。对果园自然杂草进行定向筛选，并选择适宜的草种及种植方式等都直接影响生物多样性，影响天敌种类和数量及对害虫的控制效果。

1. 自然生草建立生物多样性环境

果园自然杂草种类繁多，不同地区及不同果园也不尽相同，多以禾本科杂草为主。保留主要杂草种类，如马唐、狗尾草、打碗花、繁缕、藜、小飞蓬等，当其高度达到 30～40cm 时进行刈割，同时清除生长成高秆的植物（如蒿草、灰菜等），以及拉秧和深根植物。对果园自然杂草种类进行定向选择，经过 2～3 年时间建立起适合果园生产管理的自然杂草植被，形成生物多样性的基础环境。

2. 人工辅助生草形成生物多样性群落

自然杂草形成的生态环境不能为自然天敌提供充足的食物和蜜源，无法有效增殖和保持天敌数量，以及充分发挥天敌的持续控制作用。因此，需要在果园内进行人工种草，补充自然天敌需要的食物和蜜源。目前对苹果园生草草种的研究较少，苹果园的人工草种主要有百喜草、百脉根、鼠茅草、长柔毛野豌豆、白三叶草、黑麦草、紫花苜蓿等（李国怀，2001；刘蝴蝶等，2003；寇建村等，2010；王艳廷等，2015）。在常规用药苹果园间作蜜源植物能够增加寄生性天敌对害虫的寄生率（Wratten et al.，2003），目前苹果园常见人工草种的花期多集中在 7 月之前，无法满足后期天敌对蜜源的需求，因此果园后期天敌数目大幅下降，为害虫暴发为害埋下了隐患。探讨果园在以自然生草为主的基础上，建立不同时期皆有一定开花植物的生草方式，实现有效吸引和繁育天敌，保持较多的天敌种类和数量，充分发挥自然天敌的持续控制作用，减少农药的使用。

3.5.3　用药对果园生物多样性的影响

化学防治即通过使用农药直接杀死害虫，是苹果园最常见的害虫防治方法。当前苹果园病虫害主要依赖化学农药进行防治，这不仅造成了高的生产成本，还大量杀伤天敌生物，使果园生态环境不断恶化。例如，防治蚜虫的药剂烯啶虫胺、吡虫啉、啶虫脒等新烟碱类药剂及阿维菌素、毒死蜱、溴氰菊酯、高效氯氰菊酯、甲维盐等对鳞翅目害虫的防治效果较好（张养安，2005；孙瑞红等，2017）。由于对农药认识的片面性，果农在施药时多选择广谱性且单一、毒性高的农药种类（张大为等，2007）。杨军玉等（2013）对全国不同苹果产区观测点在 2011～2012 年的用药情况进行了调查统计，每个观测点每年平均使用杀虫剂 6.62 次，每次多为 2 种及以上的农药混配，阿维菌素、毒死蜱、吡虫啉是使用最多的杀虫剂种类。这些高毒农药的不合理使用，不但导致害虫产生抗药性、防治效果下降，还杀伤了果园内的天敌，同时引发了一系列生态环境问题。

为了明确使用农药对生草苹果园主要害虫及其天敌发生动态的影响，在矮化密植苹果树行间连片种植紫花苜蓿，在果园常规使用农药防治病虫害的情况下，采用五点随机取样和扫网法，系统调查了生草区和清耕区苹果园主要害虫及其天敌种群的发生动态。结果表明，与清耕区相比，生草区害虫数量明显较少，天敌数量明显增多，害虫的平均发生量是清耕区的 59%，果树上天敌的平均发生量是清耕区的 1.4 倍。果园喷施杀虫剂后，生草区果树上天敌数量的降幅明显小于清耕区，且恢复速度快于清耕区，由此说明果园种植紫花苜蓿有利于保护和增殖自然天敌，从而控制苹果树害虫（张硕等，2019b）。

3.5.4　常用药剂对果园害虫天敌的安全性评价

化学药剂在防治害虫的同时，往往也大量杀伤了自然天敌。通过室内毒力测定研究常用杀虫剂对天敌毒性的大小，并进行安全性评估，筛选出防治害虫高效而对天敌相对安全的药剂，在必须使用药剂防治害虫时，可以减少或避免对自然天敌的杀伤，保护生物多样性。采用喷雾法测定杀虫剂对异色瓢虫幼虫和成虫的毒力，结果表明，阿维菌素、啶虫脒、吡虫啉、虫酰肼对异色瓢虫3龄幼虫和成虫的毒性比较高，哒螨灵、吡蚜酮对3龄幼虫和成虫的毒性比较低（杨琼等，2015）。采用浸渍法测定杀虫剂和杀螨剂对龟纹瓢虫幼虫与成虫的毒力，结果表明，阿维菌素、吡虫啉、烯啶虫胺、毒死蜱等对龟纹瓢虫3龄幼虫和成虫的毒性比较高，哒螨灵、氟啶虫胺腈、灭幼脲、氯虫苯甲酰胺、螺螨酯、吡蚜酮等对龟纹瓢虫3龄幼虫和成虫的毒性比较低（张孝鹏等，2019）。采用浸渍法和喷雾法分别测定常用杀虫剂对中华通草蛉卵、幼虫、蛹与成虫的毒性，结果表明，吡虫啉、啶虫脒、烯啶虫胺、毒死蜱、阿维菌素和高效氯氰菊酯对中华通草蛉各虫态的毒性均相对较高，甲氧虫酰肼、噻嗪酮、螺虫乙酯、吡蚜酮对中华通草蛉各虫态的毒性低，氯虫苯甲酰胺和溴氰虫酰胺对中华通草蛉成虫的毒性较高，这12种杀虫剂对中华通草蛉蛹的毒性最低（王晓等，2019）。

采用叶片残毒法测定常用药剂对加州新小绥螨的毒力，结果表明，24h内，联苯肼酯、螺螨酯、吡蚜酮、噻虫嗪、氯虫苯甲酰胺对加州新小绥螨均无明显毒杀作用；哒螨灵、虫酰肼、阿维菌素对加州新小绥螨有明显毒杀作用，其中阿维菌素的毒力最高（LC_{50}为14.7mg/L），其次为虫酰肼（LC_{50}为18.4mg/L），最低的是哒螨灵（LC_{50}为33.8mg/L）。根据《化学农药环境安全评价试验准则》的测定标准，阿维菌素和哒螨灵对加州新小绥螨表现出中等风险性；虫酰肼对加州新小绥螨表现出高风险性（黄婕等，2019）。

尽管采用喷雾法、药膜法、浸渍法等不同方法测定同种药剂对同种天敌的毒力大小存在一定差别，但对天敌的毒性高低基本一致。高效氯氟氰菊酯、氯氟氰菊酯、毒死蜱、阿维菌素、甲维盐、吡虫啉、啶虫脒、烯啶虫胺等药剂对瓢虫、草蛉等天敌的毒性较高，吡蚜酮、螺螨酯、哒螨灵、螺虫乙酯、灭幼脲、氯虫苯甲酰胺等药剂对瓢虫、草蛉更安全，因此田间防治蚜虫等害虫时要选择对天敌较安全的药剂。

3.5.5 提高果园生物多样性与农药减量增效

1. 种植紫花苜蓿吸引与繁育自然天敌

多年生紫花苜蓿是优良牧草品种和天敌昆虫繁育的优良寄主植物。紫花苜蓿既可以提高土壤有机质含量，改善土壤肥力，也可以长时间大量吸引和繁育昆虫天敌，用于控制苹果害虫。紫花苜蓿上的主要害虫是苜蓿蚜虫，春季苜蓿蚜虫数量增加迅速，并持续时间较长，但苜蓿蚜虫不为害苹果等果树。苜蓿蚜虫是各种瓢虫、草蛉、食蚜蝇、蚜茧蜂等天敌的重要食物，这些天敌昆虫发育到成虫阶段即可转移到苹果树上捕食或寄生蚜虫、害螨、卷叶虫、食心虫等害虫的卵、幼虫（若虫）或成虫。紫花苜蓿花期从4月一直持续到8月，花期非常长，还可为自然天敌成虫提供充足蜜源，特别是5月中下旬以后，随着小麦成熟，大量麦田瓢虫、草蛉、食蚜蝇及寄生蜂等天敌成虫转移到苜蓿上取食蚜虫和花蜜，为果园吸引与聚集了大量自然天敌，可较长时间保持自然天敌较多的种类和数量，发挥其持续控制害虫的作用，减少药剂使用。

紫花苜蓿种植面积直接决定天敌昆虫的繁殖数量，若全园种植紫花苜蓿繁殖天敌效果虽好，但增加了种植成本和工作量，若种植面积过少，繁殖天敌数量又达不到有效控制害虫的效果。通过研究确定紫花苜蓿繁育和保持天敌数量的效果，提出了紫花苜蓿最佳种植面积和布局方式。

2017 年山东农业大学刘永杰课题组设立了紫花苜蓿不同种植布局试验区，种植布局采用：苹果行间连续种植紫花苜蓿（以下简称逐行种植区）、苹果行间隔一行种植紫花苜蓿（以下简称隔一行种植区）、苹果行间隔两行种植紫花苜蓿（以下简称隔两行种植区），以自然生草试验区（以下简称自然生草区）为对照。紫花苜蓿逐行种植区位于路北，隔一行种植区位于逐行种植区的正南方向，隔两行种植区位于隔一行种植区正西方向，自然生草区位于其正东方向，不同种植布局试验区间隔 10 行苹果。每试验区包括 20 行苹果树，每苹果行长度约为 80m。紫花苜蓿于 2017 年 3 月 25 日进行机械播种，行间播种 6 行紫花苜蓿，每行长度约70m，每亩试验区需紫花苜蓿草种 2.0 ～ 3.0kg。5 月中下旬至 7 月上旬园区内的紫花苜蓿进入花期，7 月中旬后自然杂草为优势草种。种植紫花苜蓿的苹果行间 4 ～ 6 月仅保留紫花苜蓿，7 月之后开始保留部分水肥消耗较少的自然杂草；不种植紫花苜蓿的苹果行间和自然生草区在 4 月初通过人工拔草的方式去除与苹果树强烈争夺肥水的高大杂草，保留的杂草种类有狗尾草、马唐、藜、荠菜、小飞蓬、车前草、泥胡菜等。根据不同生草种类进行刈割，紫花苜蓿全年人工刈割 2 次，留茬高度约 15cm，自然杂草机器刈割 3 次，留茬高度约 10cm，割下的紫花苜蓿和杂草留在苹果行间。在其他管理措施方面，紫花苜蓿区与自然生草区保持一致。

系统调查了 4 种生草方式苹果园果树上和生草上害虫及天敌的发生动态，结果表明，在害虫总量上，紫花苜蓿逐行种植区最少，比隔一行种植区少 20.29%，比隔两行种植区少48.53%，比自然生草区少 49.91%；在苹果树上天敌总量上，紫花苜蓿隔一行种植区最多，是逐行种植区的 1.13 倍、隔两行种植区的 1.29 倍、自然生草区的 1.78 倍；在生草上和天敌总量上，紫花苜蓿逐行种植区最多，是隔一行种植区的 1.05 倍、隔两行种植区的 1.19 倍、自然生草区的 1.66 倍；在益害比方面，紫花苜蓿逐行种植区和隔一行种植区的益害比明显高于其他试验区。综合考虑防治效果和种植成本，紫花苜蓿隔一行种植的布局方式更合理。

2. 组合生草吸引与繁育自然天敌

2016 年 10 月在组合生草区，每苹果行间播种 2 行紫花苜蓿，长度约 30m，每亩需紫花苜蓿草种 1.0 ～ 1.5kg；在苹果株间及果园边缘空旷地人工撒播长柔毛野豌豆草种，每亩需长柔毛野豌豆草种 0.5 ～ 1.0kg。2017 年 7 月对组合生草区和自然生草区的生草进行人工倒伏 1 次，8 月下旬喷施枯草芽孢杆菌 1 次，未进行其他除草措施。2017 年组合生草格局为紫花苜蓿 + 长柔毛野豌豆 + 自然生草。

2017 年 10 月中旬对组合生草区的紫花苜蓿和长柔毛野豌豆适量补种，试验区每亩补种草种 0.5 ～ 1.0kg。2018 年于 5 月 6 日、5 月 18 日、5 月 31 日、6 月 11 日共计 4 次在苹果行间的空地上人工点状种植孔雀草和万寿菊，每亩需孔雀草和万寿菊草种 300g。全年组合生草区未进行除草措施，杂草过高时进行人工倒伏，自然生草区 6 月 29 日割草一次。2018年组合生草格局为多种蜜源植物（紫花苜蓿 + 长柔毛野豌豆 + 孔雀草 + 万寿菊）+ 自然生草。

组合生草区与自然生草区采取统一的管理模式，果树修剪、整枝及果园施肥、浇水等田间管理措施保持一致。选择孔雀草和万寿菊作为后期蜜源植物，在多年自然生草苹果园进行紫花苜蓿、长柔毛野豌豆、孔雀草和万寿菊的混种试验，探索出一种全新的苹果园组合生草模式。这些研究旨在为苹果园生草种的选择、种植布局和生草模式提供指导，为推广苹果园绿色防控、减药增效技术提供依据。

2017 年和 2018 年对组合生草模式苹果园树冠上昆虫及生草上天敌群落进行调查，综合全年调查结果，树冠上共有昆虫 11 种，其中害虫 5 种，2018 年害虫相对多度低于 2017 年，绣线菊蚜为优势种；树冠上天敌 6 种，异色瓢虫为优势种；生草上 2017 年天敌有 18 种，2018 年为 20 种，蜘蛛和食蚜蝇种类有所增加，生草上的优势天敌为寄生蜂、龟纹瓢虫和食蚜蝇，2018 年寄生蜂和食蚜蝇的相对多度增加（表 3-24）。2018 年树冠上害虫数量减少，但天敌数量较多，群落多样性均有所增加。

表 3-24　组合生草模式苹果园树冠上昆虫和生草上害虫天敌的群落组成

调查时间及位置		物种丰富度	物种组成及相对多度	群落生态优势度	群落多样性
2017 年	树冠上	11	天敌：异色瓢虫 0.05、龟纹瓢虫 0.03、中华通草蛉 0.01、七星瓢虫 0.01、大草蛉 0.006、食蚜蝇 0.004 害虫：绣线菊蚜 0.86、金纹细蛾 0.01、苹果瘤蚜 0.01、叶蝉 0.004、尺蠖 0.002	0.7467	0.6678
	生草上	18	寄生蜂（4 种）0.22、龟纹瓢虫 0.16、黑带食蚜蝇 0.14、蜘蛛（5 种）0.14、异色瓢虫 0.10、中华通草蛉 0.09、大草蛉 0.03、小花蝽 0.04、七星瓢虫 0.04、食菌瓢虫 0.02、螳螂 0.02	0.1381	2.1142
2018 年	树冠上	11	天敌：异色瓢虫 0.08、龟纹瓢虫 0.04、中华通草蛉 0.05、大草蛉 0.002、七星瓢虫 0.02、食菌瓢虫 0.007 害虫：绣线菊蚜 0.74、金纹细蛾 0.03、苹果瘤蚜 0.006、叶蝉 0.007、尺蠖 0.002	0.5571	1.0764
	生草上	20	寄生蜂（4 种）0.25、蜘蛛（6 种）0.12、龟纹瓢虫 0.13、食蚜蝇（2 种）0.17、异色瓢虫 0.09、中华通草蛉 0.08、小花蝽 0.06、大草蛉 0.03、螳螂 0.01、七星瓢虫 0.03、食菌瓢虫 0.02	0.1438	2.1517

2017～2018 年组合生草模式苹果园树冠上主要害虫为绣线菊蚜和金纹细蛾，调查期间均有危害；苹果瘤蚜仅在 6 月前有发生，且数量较少，危害较轻，其他害虫数量极少，危害较轻。2017 年和 2018 年害虫发生高峰时间无明显差异，均出现在 5 月中下旬和 8 月中下旬，2018 年最大发生数量少于 2017 年，组合生草区害虫总量 2018 年较 2017 年减少了 93.67%，且明显少于自然生草区（图 3-24）。

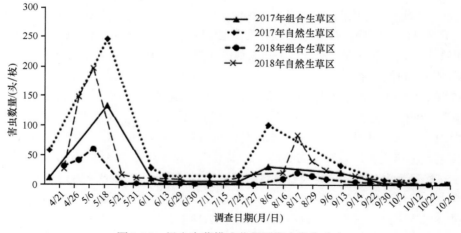

图 3-24　组合生草模式苹果园害虫发生动态

2017～2018 年组合生草模式苹果园树冠上的主要天敌为龟纹瓢虫、异色瓢虫和中华通草蛉，生草上的主要天敌为寄生蜂、食蚜蝇、小花蝽、蜘蛛、龟纹瓢虫、异色瓢虫和中华通草蛉，2018 年组合生草区天敌较 2017 年增加 2 种。树冠上和生草上天敌发生高峰时间在 2018 年与

2017 年基本一致，但组合生草区 2018 年天敌总量和最大发生量均大于 2017 年，树冠上天敌的平均发生量较 2017 年增加了 **43.96%**，生草上天敌增加了 **16.89%**，且明显大于自然生草区（图 3-25）。2018 年 9 月之前组合生草区生草上天敌数量与 2017 年同期差异不显著，9 月之后部分植物进入花期，天敌数量有所增加（图 3-26）。

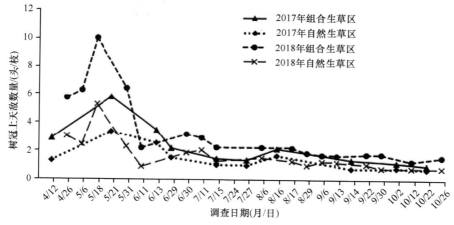

图 3-25　组合生草模式苹果园树冠上主要天敌发生动态

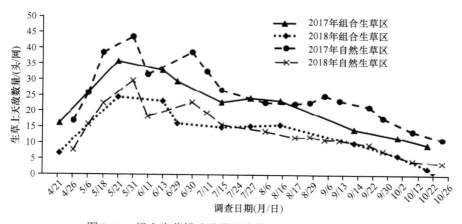

图 3-26　组合生草模式苹果园生草上主要天敌发生动态

　　组合生草区苹果园树冠上益害比高于自然生草区，2018 年增加种植蜜源植物后，益害比明显高于 2017 年（表 3-25）。5 月和 8 月两次害虫发生高峰时，组合生草区益害比有所降低，但仍高于 1：25，在随后一次调查时恢复至较高水平，其余调查时间组合生草区的益害比均高于 1：25，超过生物防治有效比值。组合生草区苹果园草被上益害比显著高于自然生草区，2018 年增加种植蜜源植物后，益害比明显高于 2017 年（表 3-26）。5 月和 8 月两次害虫发生高峰期，自然生草区益害比降至 1：25 以下，未达到生物防治有效水平；此时组合生草区益害比虽然有所降低，但仍明显高于 1：25，全年益害比均明显高于生物防治有效水平。

表 3-25　组合生草模式苹果园树冠上益害比

调查日期 （年-月-日）	益害比		调查日期 （年-月-日）	益害比	
	组合生草区	自然生草区		组合生草区	自然生草区
2017-4-21	1：4.09	1：48.06	2018-6-11	1：0.51	1：14.13
2017-5-21	1：23.38	1：75.94	2018-6-30	1：0.25	1：5.11
2017-6-13	1：2.94	1：11.30	2018-7-11	1：0.16	1：0.30
2017-6-29	1：2.40	1：10.10	2018-7-24	1：0.13	1：0.33
2017-7-15	1：3.75	1：15.54	2018-8-6	1：0	1：12.55
2017-7-27	1：4.45	1：16.97	2018-8-17	1：4.74	1：17.00
2017-8-16	1：14.63	1：64.31	2018-8-29	1：11.32	1：95.11
2017-9-14	1：15.96	1：49.07	2018-9-6	1：9.09	1：34.21
2017-10-2	1：2.32	1：11.00	2018-9-13	1：6.25	1：22.22
2017-10-22	1：3.61	1：14.64	2018-9-22	1：2.94	1：16.00
2018-4-26	1：5.48	1：8.90	2018-9-30	1：2.00	1：15.71
2018-5-6	1：6.58	1：63.29	2018-10-12	1：0.33	1：8.86
2018-5-18	1：6.06	1：38.10	2018-10-26	1：0	1：0.57
2018-5-31	1：0.22	1：7.47			

表 3-26　组合生草模式苹果园生草上益害比

调查日期 （年-月-日）	益害比		调查日期 （年-月-日）	益害比	
	组合生草区	自然生草区		组合生草区	自然生草区
2017-4-21	1：2.43	1：29.81	2018-6-11	1：0.18	1：3.74
2017-5-21	1：13.21	1：39.76	2018-6-30	1：0.09	1：1.99
2017-6-13	1：1.34	1：5.26	2018-7-11	1：0.07	1：0.15
2017-6-29	1：0.88	1：4.31	2018-7-24	1：0.05	1：0.13
2017-7-15	1：1.23	1：5.28	2018-8-6	1：0	1：5.87
2017-7-27	1：1.33	1：5.55	2018-8-17	1：2.07	1：7.85
2017-8-16	1：6.15	1：29.40	2018-8-29	1：4.41	1：36.82
2017-9-14	1：6.86	1：17.91	2018-9-6	1：3.16	1：16.24
2017-10-2	1：1.02	1：5.69	2018-9-13	1：2.22	1：10.42
2017-10-22	1：1.63	1：12.20	2018-9-22	1：1.15	1：7.52
2018-4-26	1：4.05	1：6.89	2018-9-30	1：0.88	1：7.09
2018-5-6	1：4.38	1：35.33	2018-10-12	1：0.14	1：5.39
2018-5-18	1：4.10	1：25.00	2018-10-26	1：0	1：0.38
2018-5-31	1：0.12	1：2.82			

第4章 苹果化肥和农药减施增效技术途径

4.1 苹果根层养分调控

近年来，土壤中氮素养分浓度与植株生长发育之间的关系的研究引起了科研人员的重点关注。大量研究表明，土壤中氮素养分浓度的高低除了直接影响可供根系吸收的氮素的多少，还会影响根系形态和功能及光合产物在各器官中的分配（葛顺峰，2014）。根层养分调控成为协调作物优质高产与养分高效利用的关键。如果能把根层养分调控在既能充分发挥苹果生物潜力、满足苹果优质高产的养分需求，又不会造成养分过量累积而向环境中迁移的范围内，就有可能实现土壤和肥料的养分供应与苹果优质高产养分需求在数量上匹配、在时间上同步、在空间上耦合，从而实现苹果优质高产与养分高效利用相协调的目标，进而实现氮肥减量。为此我们开展了不同生育期氮肥投入限量标准、根层稳定供氮机制研究，并提出了根层稳定供氮的实现途径。

4.1.1 苹果关键物候期肥料氮去向及氮肥投入限量标准

从萌芽至新梢旺长期为苹果树的大量需氮期，此期正是苹果树体各器官的细胞分裂和伸展期，必须保证充足有效的氮素供应。然而有研究表明，早春树体器官的构建主要利用的是上一年的贮藏营养，后期才逐渐过渡为利用当年吸收的外源氮素（樊红柱等，2008）。当前苹果生产上果农为了追求高产和大果，过度重视春季施氮，而过量施氮会导致新梢旺长，并影响5月底花芽分化质量，进一步影响翌年的开花坐果，可见春季过量施氮不符合果树的需肥特性；同时，在早春干旱和低温的气候条件下根系吸收能力较弱，过量未被吸收的氮素不仅导致农业生产效益降低，还会加大环境污染的风险。早春树体新生器官建造所需的营养主要来源于树体的贮藏营养，随着土壤温度的提高和根系吸收能力的不断增强，树体生长所需的营养逐渐由依赖贮藏营养向利用当年营养过渡，根系开始从土壤中大量吸收外源氮素，这个时期为苹果的营养转换期，也叫营养临界期（凌晓明和赵辉，2008）。此期土壤养分供应状况对当年苹果产量及翌年花芽质量具有显著影响，如此期土壤养分不足，则会造成贮藏营养枯竭，出现"断粮"现象，不利于坐果和幼果的膨大；如此期土壤养分过量，一方面会出现营养器官旺长，易造成落果和花芽分化差的现象。果实膨大期是果实质量和体积快速增加及花芽进行形态分化的阶段，此期树体营养水平的高低会显著影响果实产量和花芽分化质量（史继东和张立功，2011；张爱敏和凤舞剑，2016）。此期土壤供氮不足则会导致产量降低；过量则会导致树体旺长，果实不易着色，还会影响钙等中、微量元素的吸收（隋秀奇等，2013），降低果实品质；另外过量未被利用的氮素也会在土壤中大量累积，易造成深层淋洗和地表径流损失（Raese et al.，2007）。目前，对这三个关键时期的氮素管理仍缺乏深入研究，果农主要凭经验和习惯施肥，施肥标准不统一，过量和不足并存。因此，明确不同时期肥料氮去向，制定该阶段的氮肥投入限量标准，有利于实现苹果生产的减氮增效。

运用 ^{15}N 同位素示踪技术，以5年生烟富 3/SH6/ 平邑甜茶苹果为试材，分别研究了萌芽至新梢旺长期、营养转换期和果实膨大期不同施氮水平（$0kg/hm^2$、$50kg/hm^2$、$100kg/hm^2$、$150kg/hm^2$、$200kg/hm^2$、$250kg/hm^2$）下肥料氮的吸收利用、土壤残留与土壤氮库盈亏特点，提出了基于土壤氮素平衡的氮素投入限量标准（图 4-1）。

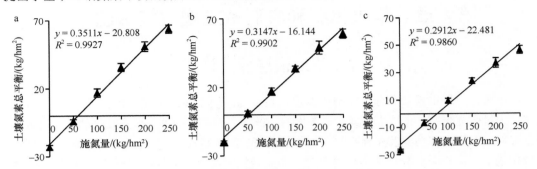

图 4-1　基于土壤氮素平衡的苹果关键生育期氮素投入限量标准

a. 萌芽至新梢旺长期；b. 营养转换期；c. 果实膨大期

1. 萌芽至新梢旺长期

^{15}N 优先分配到根系中，然后向外运输用于地上部新生器官（果实、新生枝叶）的形态建造。新梢旺长期结束后（施氮 2 个月后），5.88% ～ 9.91% 的肥料氮被树体吸收，29.76% ～ 33.43% 的肥料氮残留在 0 ～ 60cm 土层中，56.66% ～ 64.37% 的肥料氮通过其他途径损失。随施氮水平的提高，树体吸收的肥料氮量和土壤残留氮量逐渐增加，但肥料氮利用率和土壤残留率却不断降低，同时损失量和损失率不断增加。随施氮水平的提高，土壤氮素总平衡由亏缺转为盈余，且盈余量随施氮水平的提高而显著提高，表明施氮不足将会造成土壤氮含量的下降，而过量施氮则会加剧土壤氮素累积，增加氮素污染风险。施氮水平与土壤氮素总平衡呈显著线性相关关系，拟合方程为 $y=0.3511x-20.808$（$R^2=0.9927$），当施氮量为 59.27kg/hm^2 时，萌芽至新梢旺长期的土壤氮库达到平衡。

2. 营养转换期

随施氮水平的提高，肥料氮的利用率逐渐下降，且树体吸收的氮来自土壤氮的比例逐渐降低，而来自肥料氮的比例逐渐升高；施氮 1 个月后，5.75% ～ 12.99% 的肥料氮被树体吸收，29.62% ～ 39.74% 的肥料氮残留在 0 ～ 60cm 土层中，47.27% ～ 64.64% 的肥料氮通过其他途径损失。随着施氮水平的提高，树体吸收的肥料氮量和土壤残留氮量逐渐增加，但肥料氮利用率和土壤残留率却不断降低，同时损失量和损失率不断增加。残留在土壤剖面中的肥料氮主要分布在表土层（0 ～ 20cm），各土层 ^{15}N 丰度随施氮水平的提高显著提高。随施氮水平的提高，土壤氮素总平衡由亏缺转为盈余，表明低施氮水平会造成土壤氮肥力的下降，过量施氮则会加剧土壤氮素累积。施氮水平与土壤氮素总平衡存在着较好的正相关关系，其回归方程为 $y=0.3147x-16.144$（$R^2=0.9902$），当施氮水平达到 51.30kg/hm^2 时，土壤氮库达到平衡。

3. 果实膨大期

当施氮水平低于 100kg/hm^2 时，随着施氮水平的提高果实单果质量及产量均显著提高，但当施氮水平高于 100kg/hm^2 时，各处理间差异不显著。随着施氮水平的提高，肥料氮利用率逐渐下降，且树体吸收的氮来自土壤氮的比例逐渐降低，来自肥料氮的比例逐渐升高；果实膨大期结束时（施氮 2 个月后），5.98% ～ 13.78% 的肥料氮被树体吸收，27.26% ～ 37.38% 残留在 0 ～ 60cm 土层中，48.84% ～ 66.76% 通过其他途径损失。随施氮水平的提高，树体吸收的肥料氮量和土壤残留氮量逐渐增加，但肥料氮利用率和土壤残留率却不断降低，同时损失量和损失率不断增加。随施氮水平的提高，0 ～ 60cm 土层无机氮（硝态氮＋铵态氮）含量显著提高，且残留在土壤剖面中的无机氮主要分布在表土层（0 ～ 20cm）。不施氮和低氮水平（施氮 50kg/hm²）下土壤无机氮积累量为负积累，当施氮水平高于 100kg/hm² 时，土壤无机氮积累量呈正积累。随施氮水平的提高，土壤氮素总平衡由亏缺转为盈余，表明供氮不足会造成土壤氮肥力的下降，过量施氮则会加剧土壤氮素累积，增加氮素污染风险。拟合分析发现，在试验施肥水平土壤氮素总平衡与施氮水平呈线性显著正相关关系，其回归方程为 $y=0.2912x-22.481$（$R^2=0.9860$），当施氮水平为 77.20kg/hm² 时，土壤氮素达到平衡。

综合来看，当土壤氮素总平衡为负值时，尽管氮素利用率较高，损失较低，但土壤供氮缺乏，产量较低，还会消耗土壤本底氮素；当氮素大量盈余时，过量的氮素导致树体旺长，增产效果不显著，较低的氮素利用率和较高的损失率会导致农业生产效益降低与环境污染风险加大。因此，不同关键生育期氮素投入限量标准的提出既能保证苹果产量，还可以降低氮素的环境污染风险。但是此结果的提出与果园土壤肥力水平有关，因此不同土壤肥力条件下'富士'苹果不同关键生育期的施氮标准仍有待进一步研究。

4.1.2　根层稳定供氮的理论基础

土壤中氮素养分浓度与植株生长发育关系密切。氮素供应不足时，玉米根系变细，侧根数量与根毛密度增加，玉米主要通过增加根系吸收面积来获取更多的养分；同时，根系通过分泌有机酸类物质来活化土壤中的养分。氮素供应不足时，玉米根系的快速生长会导致地上部碳水化合物下运增加，从而会抑制地上部的生长，尤其是光合产物向籽粒中的分配减少。当土壤中氮素养分浓度超过一定值后，侧根数量不再继续增加甚至降低，根系无法充分发挥其高效吸收养分的生物潜力，根系冗余生长量增加。相对于对植株产生的负面效应，过高的氮素供应造成的氮素淋失和活性氮排放等环境问题更加引人注目。因此，土壤氮素供应稳定、充足而不过量，既是保障高产苹果氮素需求的关键，又是降低氮素向环境损失的核心。我们设想如果能把根层土壤氮素浓度维持在既可以满足树体生长和果实发育对氮素的需求，又可以最大限度地减少氮素损失的范围内，则有可能实现苹果产量和氮肥利用效率的协同提高。

为进一步明确土壤氮素供应强度与苹果生长发育间的关系，为氮肥的高效利用提供理论支持，我们以苹果矮化砧 M9T337 幼苗为试材，采用 ¹⁵N 和 ¹³C 同位素双标记技术，研究了 5 种不同氮素供应方式，分别为 NO₃⁻-N 浓度从低变高（由 0.5mmol/L 变为 25mmol/L，N1）、从高变低（由 25mmol/L 变为 0.5mmol/L，N2）、持续适量（5mmol/L，N3）、持续低量（0.5mmol/L，N4）及持续高量（25mmol/L，N5）处理，研究了不同供氮方式对苹果幼苗生长、碳氮营养、光合特性、内源激素含量及根系硝态氮转运蛋白基因表达的影响，进而明确了根区最适氮素供应浓度及稳定供氮机制（图 4-2）。

适量稳定供氮通过保持较高的 NO₃⁻ 吸收速率和植株器官从肥料中吸收分配到的 ¹⁵N 量对该器官全氮量的贡献率（Ndff）值，并逐渐提高叶片 NR 活性，促进体内硝态氮同化，以达到对氮素的高效吸收利用，实现苹果幼苗最适生长。处理 20 天后，以 N3 处理干物质量最大，N4 处理最小，N1 处理地上部干物质量的增幅最高；N3 处理总根长、总表面积最大，根尖数最多，N4 处理次之，N5 处理最小。NO₃⁻-N 浓度变换后 1 天，N1 处理根系 NO₃⁻ 吸收流量最大，与 N3 处理间无显著差异。NO₃⁻-N 浓度变换后 10 天，N3 处理根系 NO₃⁻-N 吸收流量显著高于其他处理，N5 处理变为外排，N1 处理较 NO₃⁻-N 浓度变换 1 天时降低了 61.98%；各器官 Ndff 值、植株总氮量及 ¹⁵N 吸收量均以 N3 处理最高，N4 处理最低，N1 处理增幅最大；

处理第 11 天，N5 处理根系和叶片硝态氮含量最大，与 N3 处理间无显著差异。处理第 20 天，N3 处理叶片硝态氮含量比 N5 处理低 13.42%；N5 处理叶片硝酸还原酶（NR）活性在处理 12 天后显著低于 N3 处理，处理 20 天时，叶片 NR 活性大小为 N3 > N1 > N5 > N2 > N4。因此，随处理时间延长，供氮不足则限制幼苗氮素吸收，供氮过量则氮素同化及根系生长受抑制，均不利于苹果幼苗生长。

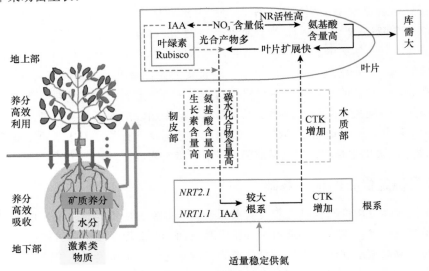

图 4-2　苹果氮素稳定适量供应机制

IAA：生长素；CTK：细胞分裂素；NR：硝酸还原酶；Rubisco：核酮糖-1,5-双磷酸羧化酶/加氧酶；
NRT1.1：硝酸盐转运蛋白基因 1.1；*NRT2.1*：硝酸盐转运蛋白基因 2.1

适量稳定供氮增强了叶片 Rubisco 活性，提高了苹果幼苗的光合性能，增加了光合产物向根的运输，实现了光合产物积累与分配的良性循环。NO_3^--N 浓度变换后 14 天，以 N3 处理干物质量最高，N4 处理最小，N1 处理地上部干物质量的增幅最大。N1、N2、N4 和 N5 处理下叶绿素 a 含量分别比 N3 处理低 17.33%、41.94%、93.41% 和 30.37%，叶绿素 b 含量变化趋势与叶绿素 a 相同。N3 处理的叶片净光合速率（P_n）、气孔导度（G_s）和蒸腾速率（T_r）显著高于其他处理。与 N4 处理相比，N1 处理下 P_n、G_s 和 T_r 分别提高了 97.54%、128.41% 和 81.00%。而与 N5 处理相比，N2 处理 P_n、G_s 和 T_r 分别降低了 73.62%、100.45% 和 102.19%。叶片 Rubisco 活性以 N3 处理最高，N5 处理最低，而光合氮利用效率（PNUE）以 N4 处理最大，N5 处理最小。苹果幼苗叶片 ^{13}C 分配率为 N5 > N3 > N1 > N2 > N4，而根系 ^{13}C 分配率为 N4 > N3 > N2 > N1 > N5。NO_3^--N 浓度变换 14 天内，N1 处理叶片吲哚乙酸（IAA）、玉米素（Z）、玉米素核苷（ZR）及赤霉素（GA_3）含量均呈增加的趋势，脱落酸（ABA）含量则显著降低，N2 处理趋势与之相反。处理结束时，N3 处理叶片 Z+ZR 和 GA_3 含量最高，ABA 含量最低。因此，随处理时间延长，供氮不足和过量均不利于苹果幼苗光合性能的提高和生物量的积累。适量稳定供氮一方面通过保持较高的叶绿素含量，增强叶片 Rubisco 活性，并提高叶片 Z+ZR 和 GA_3 含量，降低 ABA 含量，从而提高了苹果幼苗的光合性能；另一方面，适量稳定供氮减少了光合产物在茎部的分配，而将较大比例的光合产物运输到根部，实现了光合产物积累与分配的良性循环，从而有利于苹果幼苗的营养生长。

适量稳定供氮使根系 IAA 含量显著增加，促进根系发生，而叶片 Z+ZR 含量较高，促进叶面积的增大和叶片数的增加。不同供氮水平和稳定性下 M9T337 幼苗生长及内源激素响应的研究：处理第 21 天，与 N3 处理相比，N4 处理根冠比增加了 11.11%，而 N5 处理降低了 28.57%。N3 处理总根长、总表面积及根长密度最大，其次为 N2 处理，最小的为 N5 处理，而叶面积为 N3 > N5 > N2 > N1 > N4。处理 7 天后，N4 处理根系 IAA 含量显著高于 N5 处理，而叶片 IAA 含量显著低于 N5 处理。N2 处理在 NO_3^--N 浓度变换 11 天内根系 IAA 含量增加了 16.68%，叶片 IAA 含量降低了 20.90%；N1 处理的变化趋势与之相反。处理 21 天内，N5 处理根系和叶片的 Z+ZR 含量均显著高于 N4 处理。各处理根系 ABA 含量在处理第 21 天时无显著差异，而叶片 ABA 含量为 N4 > N2 > N1 > N5 > N3。N4 处理根系 *NRT1.1* 的相对表达量在处理 7 天后显著高于 N5 处理，且 N4 处理在处理 1 天后显著诱导了根系 *NRT2.1* 的表达。由此推测，与高氮相比，低氮下苹果幼苗 IAA 从地上部向根系极性运输增加，Z+ZR 含量降低，叶片 ABA 含量积累，根系 *NRT1.1* 和 *NRT2.1* 相对表达量提高，可能是苹果幼苗在不同 NO_3^--N 浓度下生长差异的重要原因。

4.1.3 根层稳定供氮的实现途径

氮素在土壤中移动性强、变异性大，稳定土壤氮素含量是实现氮素高效利用与苹果稳产丰产的关键。研究发现，合适的氮肥品种（控释氮肥），改善土壤保肥能力（生物质炭、生草），提高肥料有效性（黄腐酸）和改进施肥技术（膨大期氮素总量控制、分次施氮）均是实现根层氮素稳定供应的有效途径。

1. 控释氮肥实现根层土壤无机氮含量稳定，提高氮素利用效率

通过研究普通尿素（CU）、袋控缓释肥（BCRF）和控释氮肥（CRNF）对 ^{15}N-尿素的吸收、利用、损失与 0 ~ 80cm 土层氮素累积动态的影响，发现 CRNF 和 BCRF 处理较 CU 处理均明显提高了苹果生长后期土壤无机氮含量，果实成熟期叶片的 SPAD 值、氮含量、净光合速率和 Ndff 值，但 CRNF 影响更显著。在 0 ~ 40cm 土层不同物候期 ^{15}N 残留量呈降低趋势，均以 CRNF 最高，BCRF 次之，CU 最低，且 CRNF 降幅平缓，^{15}N 残留量主要集中在 0 ~ 40cm 土层；在 40 ~ 80cm 土层不同物候期 ^{15}N 残留量呈增加趋势，均以 CU 最高，BCRF 次之，CRNF 最低，且 CRNF 增幅平缓（图 4-3）。在果实成熟期，CRNF 的 ^{15}N 肥料利用率为 32.6%，分别是 BCRF 和 CU 的 1.11 倍、1.56 倍，而 ^{15}N 损失率为 21.6%，显著低于 BCRF（35.6%）和 CU（59.6%）。综上所述，在苹果整个生长季内，与普通尿素相比，袋控缓释肥和控释氮肥均达到了氮素的稳定供应，氮素利用率分别提高了 41.0%、56.3%，氮素损失率分别降低了 39.3%、63.8%。与袋控缓释肥相比，控释氮肥的无机氮含量供应更加平稳，后期仍然有较高浓度的氮素供应，^{15}N 残留量主要集中在 0 ~ 40cm 土层，减少了向深层的迁移，有利于苹果根系的吸收；提高了生长后期叶片的光合性能，增强了生长后期植株对肥料氮的吸收征调能力，从而提高了氮素利用率；同时提高了产量，改善了果实品质。

2. 分次施氮显著降低氮素损失，实现氮素的适量稳定供应

分次施氮对苹果 ^{15}N-尿素吸收、利用及土壤氮素累积动态影响的研究发现，随着果实的膨大，植株新生器官（叶片、新梢和果实）Ndff 值以八次施氮处理（N3）最高，一次施氮处理（N1）最低；果实成熟期，八次施氮处理 ^{15}N 吸收量分别是二次施氮处理（N2）和一次施氮处理的 1.61 倍和 2.10 倍；植株营养器官和生殖器官 ^{15}N 分配率均以八次施氮处理最高，一次施氮处理最低；在果实成熟期，八次施氮处理 ^{15}N 利用率为 17.65%，显著高于二次施氮处理（10.99%）和一次施氮处理（8.37%），而 ^{15}N 损失率为 47.54%，显著低于二次施氮处理（59.05%）和一次施氮处理（67.92%）（图 4-4）。因此，增加施氮次数（少量多次施氮）能显著降低氮素损失，在苹果需肥关键期间接实现氮素的适量稳定供应，从而提高氮素利用率及苹果产量和品质。

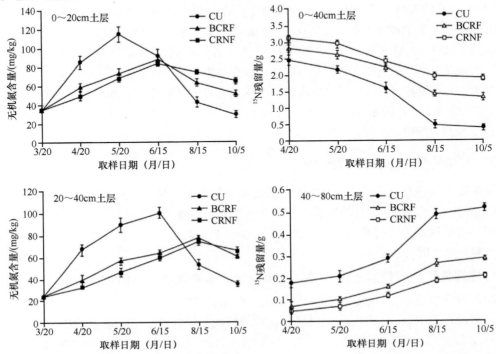

图 4-3　苹果关键物候期不同施肥处理 0～20cm 和 20～40cm 土层无机氮含量与 0～40cm 和 40～80cm 土层 ^{15}N 残留量

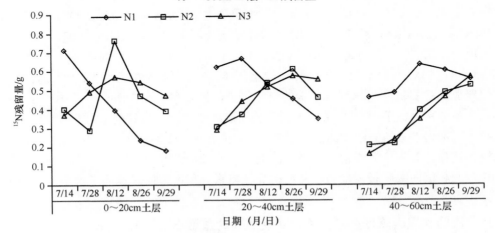

图 4-4　不同时期分次施氮 0～60cm 土层 ^{15}N 残留量

3. 黄腐酸提高了土壤保肥能力，稳定了氮素浓度，减少了氮素损失

果实成熟期，苹果根系、一年生枝和叶片的 Ndff 值均为 NF3 > NF4 > NF2 > NF1 > CK

[单施尿素（CK），尿素配施不同用量黄腐酸处理（黄腐酸用量分别为75kg/hm²、150kg/hm²、300kg/hm²和450kg/hm²，分别以NF1、NF2、NF3和NF4表示）]。植株全氮量和^{15}N吸收量均以NF3处理最大，其次为NF4处理，CK处理最低。与CK处理相比，NF1、NF2、NF3和NF4处理^{15}N利用率分别提高了14.2%、33.5%、64.2%和50.0%，而^{15}N损失率分别降低了9.1%、18.5%、37.1%和28.7%。不同处理对土壤^{15}N残留量的影响不同。配施黄腐酸处理0～60cm土层^{15}N残留量显著高于CK处理，其中以NF3处理最多，而在60～100cm土层配施黄腐酸处理总体上显著低于CK处理（表4-1）。因此，尿素配施黄腐酸降低了氮素损失，保证了苹果根系集中分布区适量而稳定的氮素供应。

表 4-1　各处理不同土层 ^{15}N 残留量

处理	不同土层 ^{15}N 残留量/g					
	0～20cm	20～40cm	40～60cm	60～80cm	80～100cm	总计
CK	0.87d	0.99d	1.04c	0.75a	0.44a	4.09e
NF1	1.05c	1.23c	1.20b	0.73ab	0.41b	4.62d
NF2	1.22b	1.38b	1.19b	0.66b	0.38c	4.83c
NF3	1.35a	1.56a	1.26a	0.61c	0.34d	5.12a
NF4	1.31a	1.52a	1.23ab	0.61c	0.36cd	5.03b

注：同列数据后不含相同字母表示处理间差异达5%显著水平

4. 生物质炭改善了土壤理化性质，稳定了氮素供应，提高了氮素利用率

以两年生'富士'/平邑甜茶为试材，采用^{15}N标记示踪技术，研究添加秸秆和生物质炭对土壤容重、阳离子交换量、植株生长及氮素转化（树体吸收、氨挥发、N_2O排放和土壤残留）的影响。试验共设4个处理：对照（CK）、单施氮肥（N）、施用氮肥并添加生物质炭（N+B）和施用氮肥并添加秸秆（N+S）。结果发现，不同处理的土壤容重在0～5cm和5～10cm两个土层中的变化趋势一致；CK与N处理间差异不显著，但均显著高于N+B和N+S处理；两个添加外源碳的处理间，N+B处理的土壤容重显著低于N+S处理。与N处理相比，N+S和N+B处理的0～5cm与5～10cm两个土层的容重分别降低了0.06g/cm³、0.09g/cm³和0.07g/cm³、0.11g/cm³。与CK（18.32cmol/kg）和N（19.61cmol/kg）处理相比，N+S（22.27cmol/kg）和N+B处理（25.35cmol/kg）显著提高了0～10cm土层的土壤阳离子交换量，并且以N+B处理效果较好。3个施氮处理间植株总干重、^{15}N积累量和^{15}N利用率均以N+B处理最高，N+S处理次之，N处理最低。与CK相比，3个施氮处理（N、N+S和N+B处理）的氨挥发量均显著增加。与N处理相比，添加外源碳的两个处理（N+S和N+B处理）显著减少了氨挥发损失量，以N+B处理减少幅度最大。与CK相比，3个施N处理（N、N+S和N+B处理）的N_2O排放量均显著增加，以N+B处理最高，其次为N+S处理，N处理最低，由此可见添加外源碳的两个处理的N_2O排放量均有所增加，但3个施氮处理间差异不显著。去掉CK本底值后，N、N+S和N+B处理的氮素总气态损失量（氨挥发量+N_2O排放量）占施氮量的比例分别为6.54%、4.33%和3.04%。由此可见，添加秸秆和生物质炭显著降低了氮素气态损失量，以N+B处理效果较好。耕层土壤（0～50cm）的^{15}N残留量以N+B处理最高，N+S处理次之，N处理最低；而深层土壤（50～100cm）则以N处理最高，N+S处理次之，N+B处理最低（表4-2）。3个施氮处理间，N回收率（树体吸收量+土壤残留量）以N+B处理最高，

为 42.26%，其次为 N+S 处理（37.22%），N 处理最低（31.54%）；N 损失率以 N 处理最高，为 68.46%，其次为 N+S 处理（62.78%），N+B 处理最低（57.74%）（表 4-3）。由此可见，添加秸秆和生物质炭显著降低了土壤容重，提高了土壤阳离子交换量，促进了苹果植株生长和对肥料氮的吸收，增加了土壤对氮素的固定，减少了氮肥的气态损失，稳定了耕层土壤氮素浓度，提高了氮肥利用率，其中以添加生物质炭的效果较好。

表 4-2　生物质炭对 ^{15}N 土壤残留的影响

处理	0 ～ 15cm 土层残留量/(kg/hm²)	15 ～ 30cm 土层残留量/(kg/hm²)	30 ～ 50cm 土层残留量/(kg/hm²)	50 ～ 100cm 土层残留量/(kg/hm²)	总残留量/(kg/hm²)	占施氮量的比例/%
N	16.21c	11.35c	8.96b	10.94a	47.46c	18.98c
N+S	22.78b	16.64b	10.42a	7.43b	57.27b	22.91b
N+B	26.47a	19.72a	11.19a	6.31b	63.69a	25.48a

注：同列数据后不同字母表示处理间差异达 5% 显著水平

表 4-3　生物质炭对氮肥去向的影响

处理	回收氮量/(kg/hm²)			回收率/%	损失氮量/(kg/hm²)				损失率/%
	树体吸收量	土壤残留量	合计		氨挥发量	N₂O 损失量	其他	合计	
N	31.40c	47.46c	78.86c	31.54c	15.29a	1.07b	154.78a	171.14a	68.46a
N+S	35.78b	57.27b	93.05b	37.22b	9.32b	1.50a	146.13b	156.95b	62.78b
N+B	41.95a	63.69a	105.64a	42.26a	6.01c	1.58a	136.77c	144.36c	57.74c

注：同列数据后不同字母表示处理间差异达 5% 显著水平

5. 果园生草稳定了根层微域环境，减少了氮素损失，促进了氮素利用

在苹果/白三叶（M1）和苹果/黑麦草（M2）复合系统中，设置根系分隔［完全分隔（N1）、尼龙网分隔（N2）、不分隔（N3）］，明确了果园生草对苹果 N 吸收、利用、损失和土壤残留的影响。结果发现，苹果新梢旺长期，在 M1 中苹果各生长指标均为 N3 ＞ N2 ＞ N1，而在 M2 中趋势相反。与 N1 处理相比，M1 中 N2 和 N3 处理苹果 N 利用率分别增加了 11.91％和 18.96％，M2 中分别降低了 5.76％和 8.99％，苹果全氮量和 N 吸收量与之变化趋势相同。苹果根区土壤 ^{15}N 丰度、总氮含量和 ^{15}N 残留率均以 N1 处理最高，N3 处理最低。苹果落叶期，两种复合系统中均以 N3 处理的苹果各生长指标最大，N1 处理最低。在 M1 中 N2 和 N3 处理苹果根区土壤 ^{15}N 丰度分别比 N1 处理增加了 22.33％和 34.15％，在 M2 中增幅分别为 13.73％和 21.44％，土壤总氮含量呈相同变化趋势。M1 和 M2 中苹果全氮量、^{15}N 吸收量和各器官 Ndff 值差异显著，均为 N3 ＞ N2 ＞ N1。与 N1 处理相比，M1 中 N2 和 N3 处理苹果 ^{15}N 利用率分别增加了 19.11％和 42.66％，而 N 损失率分别降低了 13.66％和 27.12％，在 M2 中趋势相同。苹果生长前期，黑麦草和苹果以互相竞争为主，白三叶对苹果的促进效果亦不显著。而至苹果生长后期，两种牧草和苹果根系互作降低了苹果根区的氮素损失，促进了苹果的氮素吸收利用和营养生长。

4.1.4　小结与展望

以根层养分调控为核心的养分管理技术的核心点有以下几方面。第一，必须将以往对整个土层土壤养分的管理调整为对果树根层土壤养分的动态管理，而果树根层的范围既取决于苹果砧木，以及苹果生长发育时期，又受到土壤养分的反馈调节。第二，由于不同养分的空间有效性、生物有效性和时空变异特征不同，因此应采取不同的管理策略。特别是氮素，由于其具有强烈的时空变异特征，应进行精细的实时监控；根层磷钾的时空变异相对较小，需要充分发挥磷钾的生物有效性，可采用较为简单的恒量监控。第三，以苹果不同时期所需求的根层土壤最低养分供应强度为目标，根据不同土壤和气候条件下养分的主要损失规律，确定相应的施肥量、施肥时期、施肥方法和肥料类型；关于不同产区不同时期的氮素投入限量标准，仍有待于进一步研究。此外，根层养分管理必须与高产栽培技术和水肥一体化技术有机整合，充分发挥作物产量潜力，优化根层土壤水分管理，减少根层养分损失。

4.2　苹果依水调肥

水分供应水平是影响苹果养分利用效率和化肥减施增效的重要因子。水是肥的"开关"，水不仅能调节土壤肥力状况，而且协同影响苹果根系对养分的吸收利用效率。水分合理供应是提高化肥利用效率、实现苹果园化肥减施增效的有效途径（李生秀和赵伯善，1993；Khasanova et al.，2013）。推进依水调肥，在有限的水资源条件下达到矿质营养的高效利用，是实现节水节肥农业和苹果产业可持续发展的重要措施（马强等，2007；房燕等，2013）。为此我们开展了苹果养分高效吸收利用与水分的关系及水肥一体化的研究和实践，发现苹果 N、P、K 的吸收利用效率与水分条件密切相关，且 N、P、K 的供应反馈调控苹果的抗旱性；因此提出依水调肥的旱地"肥水膜"一体化技术，为苹果肥水高效利用提供了理论参考和实践依据。

4.2.1　水分供给对苹果根系氮吸收利用的影响

氮素是果树生长发育必不可少的矿质元素之一，对营养生长、生殖生长及果实产量和品质具有重要影响。科学施氮可提高苹果果实的单果重和可溶性固形物含量，但过量施氮不仅造成环境污染，而且抑制花芽分化、降低果实品质（束怀瑞等，1981；张绍玲，1993）。氮素高效的吸收利用与氮素形态、水分和施肥时期密不可分。植物从土壤中吸收 N 源的主要形式是 NH_4^+ 和 NO_3^-，且不同植物对这两种无机 N 源往往存在偏好。NH_4^+ 和 NO_3^- 也是苹果根系从土壤中吸收的主要氮素来源（Huang et al.，2018）。同时，苹果根系对氮素的吸收与土壤水分状况密切相关，研究苹果根系氮吸收特性与水分的关系对于旱地氮素高效利用技术开发具有重要的意义。我们以苹果砧木平邑甜茶和富平楸子为试材，研究了干旱胁迫与不同氮素水平对苹果幼苗生长、氮素和水分吸收及 N 代谢等方面的影响，分析了干旱胁迫下苹果根系对 NH_4^+ 和 NO_3^- 的吸收特性，发现富平楸子（*Malus prunifolia* 'Fupingqiuzi'）与平邑甜茶（*Malus hupehensis*）细根对 NH_4^+ 和 NO_3^- 的吸收特性存在差异。在正常供水下，平邑甜茶细根对 NO_3^- 的净吸收明显高于 NH_4^+，而富平楸子细根对 NO_3^- 和 NH_4^+ 均具有较高的净吸收（图 4-5，图 4-6）。在干旱胁迫下，富平楸子和平邑甜茶细根对 NH_4^+ 的净吸收均高于 NO_3^-。此外，干旱胁迫对细根表面 NO_3^- 和 NH_4^+ 净吸收的影响不同。受干旱胁迫影响，NH_4^+ 净吸收在富平楸子和平邑甜茶中均明显增加，且在平邑甜茶中增长更为剧烈；而 NO_3^- 净吸收在富平楸子中显著降低，而在平邑甜茶中未发生明显变化。氮素水平对细根表面 NO_3^- 和 NH_4^+ 净吸收的影响也存在差异。当氮素水平降低时，NO_3^- 净吸收有降低趋势，而 NH_4^+ 净吸收显著升高（黄琳琳，2018）。这些结果表明，水分对氮素的高效利用有重要意义，充足的水分条件是提高苹果氮素吸收效率的关键；同时，在水分短缺条件下，施用一定的 NH_4^+-N 能提高氮素的吸收效率。

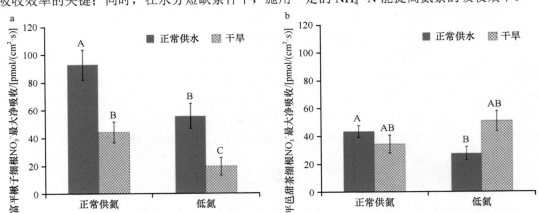

图 4-5　干旱胁迫对富平楸子（a）和平邑甜茶（b）细根 NO_3^- 最大净吸收的影响

每组柱子上方不同大写字母表示同一供氮水平下处理间差异达 5% 显著水平

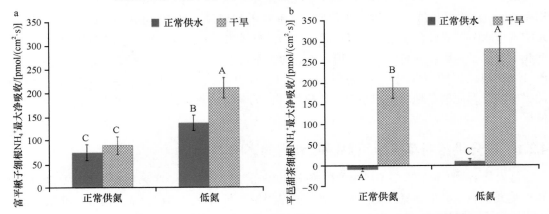

图 4-6　干旱胁迫对富平楸子（a）和平邑甜茶（b）细根 NH_4^+ 最大净吸收的影响

离子净吸收正值表示流入，负值表示流出。每组柱子上方不同大写字母表示同一供氮水平下处理间差异达 5% 显著水平

4.2.2　氮素供应对苹果水分利用的影响

研究发现，氮素水平和干旱胁迫的交互作用包括协同作用（DaMatta et al.，2002）与拮抗作用（Wu et al.，2008）。目前，不同氮素水平对植物抗旱性的影响并没有统一结论。有研究证实，增加氮素水平可以提高水分利用效率，并通过防止细胞膜损害及增加渗透调节来缓解干旱对植物生长的伤害，促进生物量积累（Andivia et al.，2012）。同时，也有研究发现，施氮量的增加能降低山毛榉（Dziedek et al.，2016）、麦氏草、槐树（Wu et al.，2008）等植物对干旱的抗性。为进一步探明干旱胁迫下苹果砧木平邑甜茶根系对 NO_3^- 和 NH_4^+ 的吸收特性与水分的关系，我们以苹果砧木平邑甜茶为材料，研究了干旱胁迫和不同氮素水平对幼苗生长、生理、形态、水分和氮素吸收及相关基因表达等方面的影响（黄琳琳，2018）。在正常供氮和低氮水平下，干旱胁迫均显著抑制平邑甜茶幼苗的光合作用和生物量积累，改变叶片气孔特性和根初生结构，影响根系生长和吸水能力，并减缓氮代谢过程，且低氮供应促进了根系生长（图 4-7），降低了干旱对平邑甜茶的伤害。受干旱胁迫影响，根系 NO_3^- 和 NH_4^+ 含量降低，氮同化关键酶 NR 活性受到抑制，且多数 NO_3^- 转运蛋白基因和氮同化酶编码基因的表达水平

明显下降。干旱胁迫导致平邑甜茶根系对 NH_4^+ 的吸收相对增加，根系氨转运蛋白表达水平大幅上调。^{15}N 同位素示踪技术研究也表明，在干旱胁迫下，平邑甜茶幼苗 $^{15}NH_4^+$ 吸收量显著增加，并且显著高于 $^{15}NO_3^-$ 吸收量（图 4-8）。此外，施用 50% NH_4^+-N 肥能提高苹果对干旱胁迫的抗性。这些结果表明，在旱区大量施用氮肥不仅吸收效率低，而且降低了苹果树对干旱胁迫的抗性，影响产量和品质，但在施肥中施用一定的氨肥能提高氮的吸收效率和抗旱性。

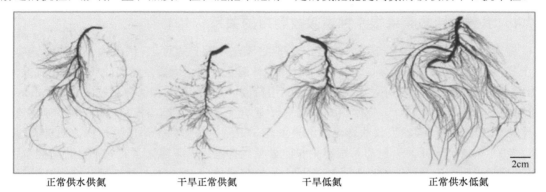

正常供水供氮　　　　　干旱正常供氮　　　　　干旱低氮　　　　　正常供水低氮

图 4-7　干旱胁迫对不同供氮水平下平邑甜茶幼苗根系形态的影响

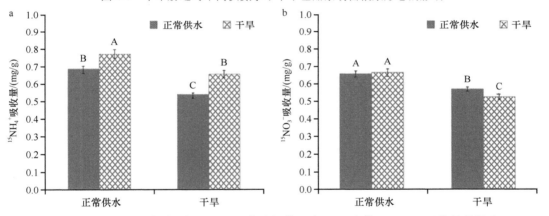

图 4-8　干旱胁迫与氮素水平对平邑甜茶幼苗 $^{15}NH_4^+$（A）和 $^{15}NO_3^-$（B）吸收量的影响

每组柱子上方不同大写字母表示同一供水条件下处理间差异达 5% 显著水平

4.2.3　不同物候期水分短缺对氮素吸收效率的影响

氮素在苹果树体内的运转和分配与生长中心有关，且根系对养分的吸收具有明显的季节性（丁宁等，2016a）。为探明不同季节水分胁迫对苹果根系氮素吸收的影响，我们应用 ^{15}N 同位素示踪技术，以平邑甜茶盆栽苗为材料，研究了不同物候期干旱胁迫对氮素吸收效率的影响，发现平邑甜茶氮素吸收效率最高的时期是 9 月，且对 NO_3^--N 的吸收效率最高。干旱条件下，氮素的吸收效率明显降低，但 4 月干旱对 NH_4^+-N 吸收的抑制效果最弱，且施用 NH_4^+-N 能提高苹果的抗旱性。在 9 月，干旱对 NO_3^--N 吸收的抑制效果最明显，对尿素吸收的抑制效果最低（戚建国，2018）。这些结果表明，干旱条件下苹果春季施用硝酸铵则氮素吸收效率高，且生长好，而秋季施用尿素效果较好。

同时，应用 ^{15}N 同位素示踪技术，以洛川旱地 15 年'富士'苹果树为材料，研究了不同生长时期施 N 对其吸收效率及果实品质的影响，发现不同生长时期施肥对旱区果园氮素吸收效率不同。4月施肥，苹果对氮素的利用能力最强，氮素主要用于新生器官的营养生长；6月施肥，苹果对氮素的利用能力最弱；9月施肥，苹果对氮素的利用能力较强，根、多年生枝等器官对氮素的吸收征调能力提高，氮素开始向树体回流。同时，采果前秋施尿素可导致果实中果糖、葡萄糖等含量降低，苹果酸和蔗糖含量升高，果实糖酸比下降，可溶性固形物含量降低（戚建国，2018）。因此，旱地苹果园 N 肥高效利用的施用关键时间是春季萌芽前。

4.2.4　水分供给与苹果根系钾素吸收利用的关系

钾素为植物所需的大量矿质元素之一，而在土壤中根表面 K^+ 浓度较低，植物需要逆浓度梯度吸收土壤中的 K^+，其过程受水分和 K^+ 转运蛋白或通道蛋白的调控（王毅和武维华，2010）。为了解析干旱条件下苹果 K^+ 的吸收利用特性，我们运用非损伤微测技术（non-invasive micro-test technique，NMT）在水培试验条件下研究了干旱（15% 聚乙二醇）和低钾胁迫对苹果生理生长与根部 K^+ 吸收的影响。结果发现，平邑甜茶作为干旱敏感植株，低钾胁迫下（K^+ 浓度：0.05mmol/L）平邑甜茶根系生长明显受到抑制，显著降低了其对干旱胁迫的抗性。NMT 检测表明，干旱胁迫能显著降低苹果根系的 K^+ 吸收速率与 H^+ 外排速率，降低 K 的吸收利用效率（图 4-9）。同时还发现利用通道蛋白抑制剂 CsCl 与 PMH^+-ATPase 抑制剂原钒酸盐能显著降低干旱条件下根系对 K^+ 的吸收能力。这表明干旱胁迫下植株根系 K^+ 吸收主要依赖转运载体介导的主动吸收，且来自钾离子转运载体 KUP 家族的 K^+ 转运蛋白基因响应最为明显，其可作为抗旱转基因育种的候选基因（杨琳，2016）。这些结果一方面表明在旱区必须注重 K 肥的施用，缺钾将降低果树对干旱胁迫的抗性，降低果实品质和产量；另一方面也表明苹果根系对 K 的吸收高度依赖水分条件，依水调肥是提高 K 肥利用效率的关键（张林森，2012）。

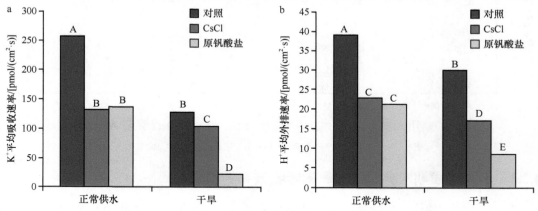

图 4-9　干旱对平邑甜茶根系对 K^+ 吸收速率（a）与 H^+ 外排（b）速率的影响

每组柱子上方不同大写字母表示同一供水条件下处理间差异达 5% 显著水平

4.2.5　水分供给与苹果根系磷素吸收利用的关系

自然条件下，磷素的有效性与土壤的水分含量有着密切的关系，土壤水分影响植物对磷素的吸收、利用和分配，适量地提高磷素水平能够在一定程度上提升植物对干旱的适应性及水分利用效率，提高作物的产量（Raghothama，2005）。我国黄土高原苹果产区降水量较少，土壤有效磷含量较低，生长在该地区的苹果受到低磷干旱胁迫。提高植株的磷吸收利用效率是提高植物对抗低磷干旱胁迫的有效途径之一。为探明干旱胁迫条件下不同苹果砧木根系对 P 肥的利用效率，研究了新疆野苹果（*Malus sieversii*）、富平楸子、平邑甜茶 3 种砧木在干旱胁迫、低磷干旱胁迫和高磷干旱胁迫下的抗旱能力（Sun et al.，2019）。结果显示，干旱条件下不同磷浓度胁迫，抗旱能力排序：新疆野苹果＞富平楸子＞平邑甜茶。且低磷干旱胁迫对砧木造成的伤害更为严重，影响砧木的根冠比、抗氧化系统酶的活性及地上部叶片的光合特性，干旱条件下增加磷的供应有助于缓解干旱胁迫造成的环境压力。同时，干旱条件下 3 种砧木对磷的吸收效率和利用效率有所不同。干旱胁迫下砧木对磷的吸收效率明显低于对照，新疆野苹果下调 37.8%，富平楸子下调 23.0%，平邑甜茶下调 21.9%。但砧木对磷的利用效率明显高于对照，新疆野苹果上调 68.2%，富平楸子上调 54.2%，平邑甜茶上调最少，为31.8%。不同砧木的抗低磷干旱胁迫的能力大小与苹果 $PHT1;7$ 基因的表达量呈正相关，该基因可以作为砧木抗性的 Marker 基因来衡量砧木在低磷干旱胁迫下的抗性强弱（Sun et al.，2019）。当砧木处于低磷和干旱双重胁迫时，3 种砧木对磷的吸收效率明显下降，但对磷的利用效率显著提高。

4.2.6　苹果园"肥水膜"一体化技术效应分析

水分高效合理利用是提高化肥等养分利用效率，实现苹果园化肥减施增效的有效途径。水肥一体化可以显著改善果树的生理和营养状况，促进果树新梢生长。由于水肥的耦合作用，它比单一通过增加水、肥量的效果更明显（李生秀和赵伯善，1993；马强等，2007）。徐巧等（2016）的研究表明，使用水肥一体化技术的苹果树的萌芽率和坐果率分别为 61.67% 和 62.92%，与传统单一施肥、浇水相比，分别提高了 27.8% 和 20.8%。房燕（2014）以苹果品种'信浓红'为试材，研究了旱地果园不同肥水管理模式（"肥水膜"一体化、起垄覆膜、生草覆膜、全覆膜、清耕）对土壤质量及苹果生长、产量及品质的影响。结果表明，与传统的清耕相比，试验中"肥水膜"一体化、起垄覆膜、生草覆膜、全覆膜和清耕模式均能提高叶片质量，促进新梢生长，提高光合速率，其中"肥水膜"一体化模式的土壤速效养分含量增加最为明显，因此"肥水膜"一体化技术是旱地果园简单易行的一种肥水高效利用模式。同时以'信浓红'为试验材料，研究旱地苹果园"肥水膜"一体化对土壤速效养分含量及果树生长、产量、果实品质的影响。结果表明，与传统的开沟施肥管理模式相比，"肥水膜"一体化能提高叶片质量，促进新梢生长，新梢生长量与对照相比增加 31.37%，单果重增加 15.74%，产量增加 24.64%，可溶性固形物含量增加 20.18%（房燕等，2013）。为了苹果园保墒保水，促进依水调肥，提高化肥利用效率，旱区利用的"肥水膜"一体化技术能有效提高养分利用效率，并提高旱地苹果的产量和品质（安贵阳等，2014）。

4.2.7　小结与展望

水是肥的"开关"。苹果根系对 N、P、K 的高效吸收利用与根际水分条件密切相关，干旱条件下，N、P、K 的吸收显著被抑制，同时养分条件反馈调控苹果对干旱胁迫的抗性，适当缺 N 有利于提高苹果的抗旱性，但大量施 N 或缺 P、缺 K 均能降低苹果的抗旱性。在氮素形态上，干旱条件下，苹果根系会增加对铵态氮的相对吸收效率，施用 50% 的铵态氮能提高苹果的抗旱性和养分利用效率。在旱区苹果园，充分利用好降雨资源，通过起垄覆膜、果园覆盖、增施有机肥等技术做好保墒保水，并结合雨水条件科学施用化肥，做到水肥同步。同时，在雨季进行集雨，化肥的追施宜采用适宜的水肥一体化技术，实现水肥的耦合，提高化肥利用效率，改善果树的生理和营养状况，促进果树新梢的生长和果实品质的提升。在旱地苹果园水肥一体化技术中，为提高水肥利用效率，可采用根域渗灌技术，实现靶向"肥水膜"一体化，减少地面蒸腾损失和避免根系上移。

4.3　苹果病虫害预测预警

我国的植保方针是"预防为主，综合防治"，在当前全国上下都在关注食品安全、环境保护的形势下，进行果园病虫害绿色防控，尽量减少果园化学品投入成为生产中的热点。要确保果园丰产丰收，又要减少使用农药，只有科学用药、按需施药才能达到目的，科学用药的基础是准确进行病虫害测报，根据病虫害发生情况提出防治决策。果树病虫害预测预警不但要掌握识别病虫害的基本技能，而且要对病虫害发生的生物学特性有所了解，对主要病虫害发生、发展过程中涉及的生长发育、环境影响等因素基本掌握，然后进行科学的调查监测，根据检测到的数据对病虫害的发展趋势做出判断，再根据果园生产状况采取相应的防控措施。

4.3.1　果树病虫害的识别

1. 病原性病害的识别

病原性病害是指受病原微生物侵染产生的病害，植物病原微生物包括真菌、病毒、类病毒、细菌、类支原体。病原性病害最大的特点是具有传染性，其中真菌主要可通过风雨传播，病毒、类病毒主要通过传毒昆虫、嫁接传播，细菌主要通过风雨传播，寄生性种子植物主要通过鸟类、土壤传播，线虫主要通过苗木运输、土壤灌水传播。植物受病原侵害后，首先是内部生理上发生变化，随后外部形态上发生变化，即表现出一定的症状。在田间根据病害的症状可以诊断出一些病害发生的原因。一般受真菌感染，植物表面先出现点状变色，表现为褪绿、发黄、发红或颜色变暗，严重时出现坏死和腐烂，在叶片上出现圆斑、角斑、轮斑或不规则斑，枝干上出现腐烂、干枯等，果实上出现圆斑、果腐等，并且到后期在病部常出现霉状物、粉状物、点状物等病征，如苹果的炭疽病在果实表面形成圆形病斑，当病斑扩展到直径约1cm时，在病斑中心形成轮状橘红色小点，而轮纹病一般当年不形成这样的病征。受病毒、类病毒侵染后，植物主要表现症状如花叶、黄化、小果、小叶、皱叶、丛枝等，如果是嫁接带毒，则一开始就周身性发病，如果是栽植后感染的，开始可能先在一个小枝上发病，但最终会全株发病，如苹果花叶病、苹果衰退病。植株受细菌感染以后，症状主要有组织坏死、萎蔫、畸形，在病部出现脓状物，如桃细菌性穿孔病、根癌病等。植物受线虫侵染以后，根系受害部位易形成根瘤，地上部分形成顶芽、花芽坏死，以及植株生长矮小、树势衰弱等。寄生性种子植物易于识别，如菟丝子、列当等，是长在林果树上或根上的植物。

当然，林果上发生的病虫害是多种多样的，有时从症状上难以确定真正的病原种类，需要通过实验室解剖检验、培养分离等方法诊断，有时侵染性病害和非侵染性病害相互关联，如营养失调导致树体抵抗力差，容易感染一些病害，营养失调表现出的症状和致病菌导致的症状同时存在，需要细致研究才能找到病因。

2. 虫害的识别

虫害相对易于识别，不同的虫害种类之间有很大差别，不同的虫害种类对不同的药剂敏感性差异也很大，因此，防治措施迥然不同。一般把虫害分为害虫危害和蜱螨类危害，昆虫和螨最大的区别为昆虫成虫有3对足，2对翅，体分头、胸、腹3节，而螨类为4对足，蜱类为2对足，体分头胸节和腹节。昆虫又分为多种类型，其中发生最普遍的为鳞翅目昆虫，即蛾蝶类，如各种毛虫、卷叶蛾、食心虫、蝴蝶等。鳞翅目害虫多以幼虫危害，幼虫有多对足，为咀嚼式口器，而成虫为虹吸式口器。只有少数鳞翅目成虫危害植物，如吸果夜蛾。其他咀嚼式口器的害虫有鞘翅目的金龟子、天牛、象甲、小蠹虫等，还有直翅目的蝗虫、蝼蛄、蟋蟀等。这些害虫造成植物器官组织残缺不全，用药防治时多以触杀剂和胃毒剂为主。另外一大类害虫以吸食植物组织汁液危害植物。如半翅目的蚜虫、叶蝉、木虱、介壳虫和各种椿象，均以刺吸式口器刺入植物组织，然后大量吸食汁液，而缨翅目的蓟马以锉吸式口器把植物组织刮破，吸取植物汁液，最终都造成植物器官失绿、畸形甚至枯死。对于吸取汁液的害虫种类，防治药剂多以内吸剂和触杀剂为主。螨螨类为刺吸式口器，螨类危害常造成植物器官失绿发黄甚至脱落，而瘿螨类可造成植物器官畸形。

3. 药害的识别

在管理林果过程中，人为因素常对树体造成损害，最常见的是药害和肥害。在防治病虫害过程中，当农药使用浓度过大，或者使用不当均会造成药害，如坐果灵使用浓度过高，会造成落花、叶片畸形。还有不少果树对某些药剂敏感，如核果类对波尔多液敏感，而有些果树在某一个生理发育期对某些农药敏感，如桃、杏、苹果的某些品种在坐果期对敌敌畏、敌百虫、水胺硫磷等药剂敏感，而过了生理落果期后则安全，不恰当的用药会引起大量落果。石硫合剂和波尔多液不宜交替喷洒，如果需连续喷洒间隔期要在半个月以上。有时在高温天气喷药也会产生药害，而当长期干旱高温时更易加重药害。药害一般在喷药 1 ～ 3 天以后表现明显症状，一般开始先出现水烫状损伤，然后局部颜色变褐，进而坏死。在叶片上药害症状多先出现在叶尖、叶缘部位，表现为叶尖、叶缘枯死，严重时也会出现整个枝条枯死。如果喷药时搅拌不均匀，那么喷到最后桶底时，会造成局部枝条干枯；如果在喷洒如硫酸亚铁、尿素等颗粒状物时搅拌不匀，叶片上会出现点状斑点。在果实上药害除了造成落果，有时还可见到果实萼凹周围出现块状干枯，轻一点的在果面出现果锈。在施肥时，如果挖坑离主根过近、肥料分布不均匀、用量过大，均可引起烧根，地上部分表现为新梢萎蔫，严重时也会造成整株死亡。

4. 冻害的识别

极端温度可造成林果的严重损害，春季开花期间，杏、桃、梨、苹果均易受晚霜的危害，严重时幼芽受冻变黑，花器呈水浸状，花瓣变色脱落，坐果率显著降低。如果正值授粉期，虽然没有出现明显的霜冻，但持续低温也会影响花粉管延伸而影响果实胚受精，降低坐果率。在展叶期出现低温大风，会造成叶缘干枯，叶肉点状坏死，展叶后出现穿孔。冻害常发生在丘陵山区，当冬季昼夜气温差异大时，树干面向西南方向的一面最易发生冻害，原因是当下午太阳直射树干时树干吸热温度升高，树干组织膨胀，到夜晚骤然降温时，树干外皮收缩快，而内部收缩慢，树皮组织受到损伤，而树干微小的损伤，给枝干腐烂病菌侵入创造了条件，因此，在高海拔温差大的山区，容易见到成片树干西南方受腐烂病危害的果园。

5. 营养失衡的识别

植物在生长过程中需要各种营养，广义上包括各种营养元素、水分和光照，各种营养元素的缺乏或过剩都会使植物表现出病态，有时产生的症状和病原性病害难以区分。

当植株缺铁时，新梢黄化，这是因为铁在植物体内移动性差，当土壤缺铁或者浇水过多时易出现症状，与病毒花叶病的差别在于缺铁时整个叶片发黄，而病毒花叶病在成熟叶上呈片状黄化。当缺锌时，植株发生小叶病，新梢叶小、丛生，节间短，有时和根腐病、苹果衰退病造成的症状难以区分，一般情况下，缺锌是整株、连片均表现类似症状，而根腐病和苹果衰退病在有些情况下仅表现在个别植株上，甚至是一株树的个别枝条，根腐病可挖病枝相对应的地下根系发现病因。土壤缺氮能使叶片变浅绿色，叶柄和叶脉变红，严重缺氮时，整个新梢短而细，花芽较正常株减少，叶片小，叶肉出现红色斑点。树体缺锰时，叶脉间叶肉组织褪绿变黄，主脉及邻近组织绿色。果树缺硼出现坐果率低，叶片变小而厚，叶脉变黄，严重时小枝顶端枯死。果树缺钙表现为抗病性差，果实出现苦痘病，在套袋栽培条件下，果实容易发生裂纹，苦痘病加重。缺钾时叶片向上卷曲，夏天以后叶色变浅绿色，严重时主脉附近皱缩，叶缘出现坏死斑。缺钾树体抗病力也差。果树缺磷时花芽分化不好，叶片呈深绿色，叶背的叶脉呈红褐色或紫色。

水是生命之源，水分不足易引起叶片凋萎，花芽分化减少，早期落叶、落果，而久旱后大雨，又立刻晴天，也会使果树突然大量落叶、落果，主要是因为降雨使土壤温度下降，氧气减少，雨后晴天蒸腾作用强烈，而根系活动减弱，吸收水分、养分的能力不强，树上养分跟不上而发生器官脱落。如果长期积水可导致根系窒息死亡，发生腐烂。光照对果树生长也至关重要，树体过密导致光饥饿，使树冠内膛叶片脱落，花芽分化不好，在温室中光照更为重要，光照不足可能会导致果实大量脱落。光照过强，可引起日灼，在树体西南方向暴露在外面的果实最易发生日灼，开始果面出现水浸状烫伤症状，然后变褐腐烂，容易再感染炭疽病、轮纹病或褐腐病等。

4.3.2　立地条件与病虫害发生的关系

果园病虫害的发生与果园立地条件有着密切的关系，只有适合当地发生的病虫害才能在果园发生、发展蔓延造成危害。这些条件主要包括果园栽植品种、果园栽培环境和方式、气候条件及土壤条件等。在果园病虫害治理过程中要充分考虑这些因素对病虫害的发生发展的影响，再结合果园实时病虫害监测，才能对果园病虫害防控有着全局的把握。

1. 果园栽植品种与病虫害发生的关系

苹果品种的抗性与病虫害的发生发展有着直接的关系，栽植适合当地的品种是做好病虫害防治工作的基础，如果选择不适合当地的品种，在漫长的果园管理过程中将面临许多麻烦。比如，在高温多湿的环境条件下栽植嘎啦系和金冠系品种，将面临炭疽叶枯病的危害，导致大量果园炭疽叶枯病暴发，防治成本居高不下，防治不好造成连年损失惨重。‘富士’品种易感苹果绵蚜、苹果轮纹病、褐斑病等，在高温多雨的条件下若不进行套袋栽培，难以进行生产。因此，在病虫害调查时需要针对不同品种分别进行调查和监测。

2. 果园栽培环境和方式与病虫害发生的关系

果园的栽培环境影响病虫害发生情况，苹果和桃树连片栽植会导致梨小食心虫在苹果上发生严重。在靠近苹果园附近栽植桧柏，往往造成苹果园苹桧锈病的暴发。果园周边栽植刺槐、核桃等树木会增加果实炭疽病的发生概率。此外，果园栽植密度、整形方式等对果园病虫害的发生也有明显的影响，如果园密度过大会造成树冠郁闭，往往褐斑病流行。果园合理间作可以减轻某些病虫害的发生，如果园间作毛叶苕子，不但可以增加土壤有机质含量，而且在早春可以大量繁殖天敌，连续生草 3 年以上，可以显著降低红蜘蛛的暴发频率；行间间作土豆可以减轻二斑叶螨的危害。

3. 气候条件与病虫害发生的关系

气候因素中的温度、湿度、光照、风力等都显著影响病虫害的发生。温度不但限制果树的栽培区域，而且与病虫害的发生密切相关。在气候偏暖的区域病虫害发生代数多，容易暴发成灾，极限低温限制苹果栽培。异常的温度也导致病虫害的暴发，部分区域由于昼夜温差大，导致树体枝干热胀冷缩剧烈，树皮会形成微小伤口造成腐烂病菌入侵，往往在高纬度或者高海拔区域腐烂病发生严重。在高温高湿的黄河故道区域苹果轮纹病、炭疽叶枯病等发生严重。湿度往往成为病害发生流行的限制因素，在干旱的西部果区，由于降雨偏少，除了腐烂病等少数病害，果实、叶片很少有侵染性病害发生。虫害的发生也与湿度密切相关，西部果区由于干旱，往往树体内缺乏水分，体液中营养物质浓度偏高，加上空气湿度低，害虫体表水分散失快，这些因素导致刺吸式口器害虫（介壳虫、叶螨等）发生严重。阳光是自然的杀菌剂，在高海拔区域，紫外线强烈导致苹果病害发生较轻。

4. 土壤条件与病虫害发生的关系

土壤是果树生存的根基所在，在贫瘠的果园，果树缺乏营养导致生长不良，缺乏抗性，往往引起苹果腐烂病暴发。土壤黏重板结造成通气性差，往往引起根腐病。在沙土地果园，土壤通气性良好，根结线虫容易发生。有些害虫在土壤中越冬，土壤结构直接影响越冬害虫的存活率。

4.3.3　果树病虫害的田间调查

做好病虫害田间调查是进行有效治理的基础，只有通过田间系统调查掌握病虫害的发生状态，并通过资料汇总分析，做出病虫害发生现状、发展趋势评估，才能制订科学的防治决策。

1. 田间调查的目的

田间调查的目的是通过田间实地调查掌握果园病虫害的发生种类、发生数量、发生阶段，果园害虫天敌的发生情况，以及果树的生长状态，为科学决策防治措施提供依据。

2. 田间调查的方法

根据调查目的，结合果树病虫害发生种类、发生时期、为害部位，采用不同的调查方法，以通过有代表性的少量调查，客观反映田间病虫害的发生状况为目标，在获得调查结果后还要科学统计分析，得出反映客观实际的结论。常见的田间调查方法如下。

普查：主要是进行种类调查，对于当地病虫害缺乏系统的资料记录，不了解当地果园病虫害发生种类时，需要进行普查。根据果树物候期和病虫害生物学特点，分阶段进行调查，主要是查清当地病虫害的发生种类、可造成的危害程度，整理记录档案。

巡查：在果树生长过程中经常到果园看一看，观察果树是否生长正常，了解各种病虫害发生发展的状况，可沿着道路边走边看，对一些不正常的现象仔细观察，查找分析原因。对发现的一些不熟悉昆虫、异常症状的叶片和果实等样品收集并照相，能够保存实物的可带回保存，并做好记录，以备日后查阅相关资料或咨询专家所用。发现数量较多的病虫害时，应进行详细调查。

详细调查：主要是掌握病虫害的数量，并通过定期调查了解病虫害的发生动态。根据常年病虫害发生规律和果树发育阶段，有针对性地对一些主要病虫害进行系统详细的调查。根据不同病虫害的发生特点，可以采用取样调查、灯光诱集、性诱剂诱集、食物诱集、色板诱集、孢子捕捉等不同的调查方法，以能够比较准确地估计单位面积病虫害发生程度或数量。并且取得的资料可作为基础数据，以进行不同时期、不同年份、不同地点的比较分析等。

3. 苹果生长季调查方案

通过简便快捷调查，获取苹果园主要病虫害发生动态，制订生长期病虫害调查方法，不同区域与果园可以根据当地环境及实际情况进行修订。

取样原则：每2公顷作为1个取样单元，以主栽品种进行取样，因为不同品种对病虫害的敏感性有差异，不要有意取高密度虫量样本，要使整个区域有代表性。一般采用五点取样法，小果园可以采用棋盘式五点取样法，大果园可以根据取样路线采用线性路线取样法，也可根据地形特点，分区域采用五点取样法，分别调查了解不同区域、类型果园病虫害发生动态。为了提高调查结果的准确度，可以2人同时取样，选取2个单元同时调查。

具体调查方案如下。

叶片调查：叶片调查对象包括叶螨、潜叶蛾及其天敌，以及褐斑病等主要为害叶片的病虫害。每点取样调查4株树，每株树在4株相向1/4树冠范围分别取内膛5个叶丛枝上的成熟叶片1片，4株树合计取样20片叶，合并观察记录，每个单元共取20株，100片叶，每周调查1次。

新梢调查：调查对象包括蚜虫、卷叶蛾、盲蝽及其主要天敌，以及白粉病、斑点落叶病等为害嫩梢的病虫害。新梢调查和叶片调查同步进行，采用五点取样法，每点调查4株树，在4株树相向1/4范围每株调查外围5个新梢，每点调查20个新梢，每个调查单元调查20株、100个新梢。

枝干病虫害花前普查：调查对象包括苹果绵蚜、介壳虫、腐烂病等。每个果园采用五点取样法，调查株发生率，每园调查20株。苹果绵蚜调查为调查每株主干和4个大枝上的20个剪锯口。介壳虫调查5个2年生枝，从基部向顶部调查30cm长。腐烂病调查发病大枝数。生长季发生高峰期不定期补充调查数量。

果实病虫害调查：调查对象包括桃小食心虫、梨小食心虫、桃蛀螟、黑点病、轮纹病等。每个果园采用五点取样法，分品种调查，每点调查4株树，每株调查中上部50个果实，成虫发生期调查卵果率，为害期调查蛀果率，每点调查200个果实，每园调查1000个果。

性诱剂诱捕器监测：监测对象包括桃小食心虫、梨小食心虫、金纹细蛾、卷叶蛾等。可间隔100m挂1个诱捕器，每园挂4个诱捕器，挂在树冠背阴处，离地面1.5～1.8m高处，每5天调查1次，记录每个诱捕器的诱蛾量，并及时更换诱芯和粘板。大型果园根据果园区域分布特点，分区域悬挂诱捕器，每个区域设1组共4个诱捕器，诱捕器间隔100m。

4.3.4　田间调查资料的统计

果园病虫害调查应在调查前做好计划，设计好表格，力求调查结果客观真实地反映病虫害发生的真实状态，并利于资料的统计分析。常用的统计数据包括虫果率、虫梢率、百叶虫数，在反映病虫害发生动态时用到虫口增长率、虫口减退率、校正防治效果等指标，主要病害常根据危害程度分级调查，计算病情指数。这些指标都需要通过多点取样，获取多个数据，通过计算求出平均数，以代表整个取样区的病虫害状况。

1. 平均数计算

如平均虫果率：

$$虫果率 = \frac{虫果数}{调查总果数} \times 100\%$$

$$平均虫果率 = \frac{X_1 + X_2 + \cdots + X_N}{N}$$

式中，X_1 为第一次调查虫果率（%），依此类推；N 为调查次数。

2. 虫口减退率及校正防治效果计算

如药剂处理后计算防治效果：

$$虫口减退率 = \frac{处理前数量 - 处理后数量}{处理前数量} \times 100\%$$

$$校正防治效果 = \frac{（处理区虫口减退率 - 对照区虫口减退率）}{（100\% - 对照区虫口减退率）} \times 100\%$$

有时候有的病虫害不用通过药剂处理前后的数量变化获得防治效果，可以直接用虫口数量减退率直接表示防治效果。

3. 昆虫性诱剂诱捕器的诱蛾统计

为便于对田间调查的诱集虫量的比较分析，对田间获得的调查数据要进行统一的整理转换，最后统计为平均每天每个诱捕器诱集的数量，这样获得的数据在不同的果园、不同的年份可以横向比较，或者纵向比较果园害虫发生数量的动态变化。

4.3.5　苹果主要病虫害防治指标及其应用

为了提高果园农药使用效率，在保证防治效果的基础上有效减少农药使用量，防止盲目喷药、滥用农药，收集苹果病虫害相关防治指标及经济阈值的研究成果，并根据生产实际情况，汇集成苹果园主要病虫害的防治指标（表 4-4），这些指标不同于理论防治指标和经济阈值，是在理论防治指标的基础上直接量化果园病虫害数量指标，以便于操作。但具体决策防治措施及药剂调配可以根据监测结果进行综合评估，并结合往年防治经验，形成防控措施。

表 4-4　苹果主要病虫害防治指标及应用说明

害虫种类	防治指标	使用说明
桃小食心虫	1. 卵果率 0.5% 以上 2. 地面处理：诱捕器诱到第 1 头成虫 3. 树上防治：每个诱捕器平均每天诱到 5 头成虫	上一年发生严重，采收期虫果率在 5% 以上，需要越冬代幼虫出土期进行地面处理，用诱捕器监测到第 1 头成虫时，开始地面施药。 生长期诱捕器监测，平均每天每个诱捕器诱到 5 头成虫，开始查卵，卵果率在 0.5% 以上时，开始喷药
金纹细蛾	1. 落花后至麦收前，活虫平均 1 头/百叶 2. 麦收后 5 头/百叶 3. 7～9 月，8 头/百叶以上	推荐在成虫羽化初期喷药
苹果黄蚜	虫梢率 50%	根据天敌数量，指标可以灵活掌握，新梢停长后可不用喷药防治
苹果绵蚜	10% 剪锯口受害	根据发生情况，可以挑治
山楂叶螨、苹果全爪螨、二斑叶螨	1. 落花后成螨平均 1 头/叶 2. 麦收前成螨 2 头/叶 3. 麦收后叶螨天敌少时成螨 3 头/叶，天敌多时成螨 5 头/叶	麦收前以调查内膛叶片为主，麦收后随机取叶
苹小卷叶蛾	虫梢率 5%	新梢调查，计算虫梢率
苹果球蚧	虫枝率 10%	调查 2 年生枝条
苹果褐斑病、炭疽叶枯病	5mm 以上降雨（叶片保持湿润 5h 以上）	根据天气预报，雨前、雨后选取不同药剂
苹果轮纹病	10mm 以上降雨（枝干保持湿润 9h 以上）	根据天气状况喷药

4.3.6　苹果主要病虫害发生期及重点关注阶段

在果树不同的发育阶段，病虫害发生种类及防控重点有所差异。幼龄果园以营养生长为主，主要关注的病虫害以为害叶片、新梢为主，以蚜虫、顶梢卷叶蛾等作为防治重点；但在成龄果园，发生少量的顶梢卷叶蛾对树体影响不大，一般不作为防治重点。以下针对成龄果园主要发生的病虫害种类、重点关注期及注意事项进行介绍。

1. 叶部病虫害调查

1）山楂叶螨

检查越冬基数，可在发芽前检查树干翘皮下越冬成螨数量，生长季一般从落花后 1 周开始调查。前期山楂叶螨数量较少，调查时注意从树冠主枝附近的叶丛枝取样，一般到麦收前气温升高后其进入快速繁殖期，所以麦收前后是重点关注时期，到 6 月下旬以后，随着雨量增加及天敌数量上升，山楂叶螨数量会逐渐进入下降阶段，但用药不合理、使用广谱性杀虫剂频繁的果园往往会持续暴发。

2）苹果全爪螨

由于苹果全爪螨以卵越冬，在发芽前要进行越冬卵量调查，可调查短果枝上越冬卵量，确定是否需要在发芽前进行铲除剂防治，生长季从落花后 1 周开始调查。苹果全爪螨一般有 2 个发生高峰，春季落花后会持续上升，一直为害到 6 月下旬，秋季进入 10 月后数量再次上升，出现一个小高峰，7 ～ 10 月是否会持续暴发为害与喷洒药剂相关。调查关注的重点是前期的发生数量。

3）二斑叶螨

二斑叶螨以成螨在地面越冬为主，越冬成螨早春出蛰后先在地面为害，一般到 5 月下旬才开始逐渐向树上转移，所以生长季调查在前期要注意从树冠内膛叶丛枝上取样，这样才容易发现二斑叶螨。二斑叶螨在树上初始为害期晚于山楂叶螨和苹果全爪螨，但多数情况下会在果园持续为害，在喷洒广谱性杀虫剂频繁的果园一直会为害到深秋，此外，由于二斑叶螨体色浅，不易被发现，往往造成严重危害后才引起注意。

4）金纹细蛾

利用金纹细蛾性诱剂诱捕器监测，早春往往可以诱到大量成虫，但前期由于干旱，第一代发生量很少，多数情况下前期金纹细蛾喜欢在树冠中下部内膛为害，在麦收前后数量会激增，应注意前期的取样部位。

5）苹小卷叶蛾

在苹果园内设置 4 个糖醋酒液盆，盆间距离大于 100m，糖醋酒液盆的高度在树冠中下部。糖醋酒液各组分的比例：糖∶醋∶酒∶水 =1∶4∶1∶16。5 月 1 日到 10 月 30 日（苹果收获前）每 5 天收集 1 次，记录每盆糖醋酒液诱集的苹小卷叶蛾成虫数量，为了保证诱集效果，应保持盆中水量，并适时添加醋和酒，保持适当的比例和诱集液的高度。每天于 9：00 将糖醋酒液盆内的蛾捞出并记录诱蛾量，统计 5 天的诱蛾量，根据蛾量的动态变化情况，分析苹小卷叶蛾的田间发生和消长规律。

6）苹果早期落叶病

物候观察法：当苹果树展叶后至开花前，日平均气温 15℃以上时，此期间若有降雨，苹果斑点落叶病的病菌孢子即开始散发和侵入，花期前后结合防治霉心病选择用药。褐斑病和炭疽叶枯病从 5 月下旬开始发生，根据天气预报安排防治措施，在土壤黏重的果园，下雨后不能及时入园喷药时，要以雨前喷药为主，在降雨前 2 ～ 3 天喷洒农药以保护剂为主，混配内吸杀菌剂；如果出现持续性降雨，在雨后及时喷洒内吸性杀菌剂防治。根据降雨次数和降雨强度增减喷药次数。

田间调查法：苹果褐斑病前期往往从树冠内膛中下部先发生，调查时前期注意取样部位。炭疽叶枯病从树冠局部发生，所以要求多取样本点数，早期落叶病高感品种病叶率达 1% ～ 2%、中感品种病叶率在 2% ～ 3% 时，进入防控关键期。

2. 果实病虫害调查

1）桃小食心虫

性诱剂诱捕法：从 5 月中下旬开始在果园内设置桃小食心虫性诱剂诱捕器 4 个，诱捕器间隔距离为 100m 左右，悬挂在距地面 1.8m 的树枝上。诱捕器用直径 20cm 的大碗制成，碗内加 1000 倍洗衣粉水溶液，将 1 枚含性诱剂的诱芯悬挂在碗中央，距水面 1cm，每天上午观察并记录诱蛾数，捞出雄蛾并添加失去的水。也可使用粘胶诱捕器，注意及时更换粘板。

卵果率调查法：在果园按对角线取样法，每个单元调查 20 棵树，在每棵树的中上部各调查 50 个果实，共调查 1000 个果，统计卵果率。

2）苹果蠹蛾

在苹果开花前，将诱捕器悬挂于果园内的果树树冠上，每公顷挂 1 个诱捕器，诱捕器距地面高度为 1.8m，利用诱芯散发出的苹果蠹蛾性诱剂引诱雄成虫，每 5 天调查 1 次，统计诱捕到的雄成虫数量，每月更换 1 次诱芯，直到成虫羽化期结束。对发生期（成虫羽化期、幼虫蛀果期）、发生量进行预报。

3）苹果轮纹病

物候观察法：春季苹果落花后，日平均气温达 20℃时，如有 10mm 以上的降雨，将有较多孢子散发，如连续降雨，将有大量孢子散发；幼果期及果实膨大期，较多或连续降雨同样有利于孢子的释放。

孢子捕捉法：选择园内感病品种（富士系和元帅系等）枝干病斑较多的树 5 株，每株树在距带病枝干 5 ～ 10cm 处各固定 1 个玻片，使涂凡士林的一面对着有较多病斑的枝干。从开花期开始每 5 天换 1 次，取回室内镜检，若发现病菌孢子，即可发出预报，再结合物候期观察和天气预报等情况，确定喷药日期。

4）苹果炭疽病

根据不同地区，可分别于苹果树落花后或 5 月中旬开始田间孢子捕捉，方法同苹果早期落叶病的测报，只是玻片应设置在'国光''红富士''秦冠'等易感炭疽病的苹果树上。若雨量正常，一般应于谢花后半个月的幼果期病菌开始侵染时喷第 1 次药。以后根据降雨情况和药剂残效期，确定喷药时间与次数。

4.4　苹果害虫高效化学防控

害虫防治是苹果生产中的一项关键任务，也是造成农药使用过量等问题的主要原因（吴孔明等，2009）。苹果实行套袋以后，解决了苹果主要病虫害食心虫、轮纹病的问题，但近年来，随着果园种植集约化的发展，有害生物种群与群落结构急速变化，害虫发生有逐年加重的趋势，一些次要害虫逐渐抬头上升为主要害虫，一些新害虫在生产中频繁出现（赵增峰，2012），给苹果产业带来了巨大的挑战。同时，消费市场需求的不断升级和果园栽培管理模式的改变，使得农药使用量总体上有增无减（马丽，2008），大量化学农药的使用导致果园的生态群落失调，害虫抗药性上升，不仅影响果实的品质和消费者身体健康，更影响果品出口贸易及国际市场的开拓（王新等，2012），这已经成为制约我国苹果产业健康发展的瓶颈。根据《中国果树病虫志（第二版）》记载，苹果害虫有 373 种，较重要的有 150 种，常发的种类有 40 多种（中国农业科学院果树研究所和中国农业科学院柑桔研究所，1994），害虫发生的复杂性给苹果生产造成巨大的防治压力，在保证果品安全的前提下防好、防住害虫，是生产者最为关注的问题，也是推动苹果产业健康稳定发展的重要措施。当前苹果栽培模式正在经历由乔化稀植、乔化密植向矮化密植集约转变，经营模式也由以科技含量较低的粗放型向以科技含量高的资本密集型转变，特别是劳动力短缺与成本的增加，诱导苹果害虫管理要跳出传统管理的经验模式，顺应市场发展，应用现代化、标准化管理技术，科学、绿色、环保地对苹果害虫进行管理，这也是降低生产成本、提高果品质量的根本解决方法（Gafsi，2006）。

精准施药是降低农药使用量、生产绿色和无公害果品的有效途径。随着农业信息化的发展和可持续农业发展需求的提高，病虫害精准防治技术已成为农业生产中迫切需要解决的问题。精准施药技术的核心是根据果园害虫的发生规律、发生程度、抗性水平，按需施药，精准施药，达到化学农药使用精准化、替代高毒农药、减少"安全药"、发展生物农药的目的。根据目前的研究现状及实验室研究，筛选了防治蚜虫、二斑叶螨等苹果主要害虫的高效化学药剂。

4.4.1　蚜虫的高效药剂筛选

蚜虫具有迁飞性，是一种高繁殖力昆虫，孤雌生殖、发育历期短、繁殖快，对环境适应能力强，容易对长期使用的化学杀虫剂产生抗药性（Will and Vilcinskas，2013）。在新农药产品开发中，杀蚜剂筛选也是最为活跃的领域之一（李振西等，2019）。苹果黄蚜（*Aphis citricola*）又名绣线菊蚜，属半翅目蚜科。其在我国广泛分布，主要为害苹果、海棠、梨、山楂等多种蔷薇科植物，近几年随着宽行密植苹果园集约化的发展，果园通风透光条件改善，更有利于黄蚜的迁入，苹果黄蚜的危害也越来越重。苹果黄蚜以若蚜、成蚜群集于幼嫩叶片上刺吸汁液，受害叶片常呈现褪绿斑点，为害严重时可造成落叶，严重影响苹果的品质和产量（张金勇等，2009）。果园生态系统复杂，多种害虫同时发生，抓住关键期才能事半功倍。苹果展叶期是苹果黄蚜的关键防治期，也是多种害虫的关键防治期，而此时的用药对授粉昆虫、天敌影响最大，因此苹果黄蚜的防治必须考虑对其他害虫的兼治作用与对天敌和授粉昆虫的安全性问题，这也对果园农药减量具有重要作用。当前登记在苹果黄蚜上使用的药剂共38 种，含有吡虫啉的复配药剂或者吡虫啉单剂占了 55.26%，防治苹果蚜虫的登记药剂有 177 种，其中吡虫啉单剂和复配药剂占比近 10%，生产中吡虫啉仍是防治苹果黄蚜的当家品种。因此，选择了 4 类 13 种中国农药信息网上登记的药剂（包含吡虫啉的不同剂型、不同含量的药剂）和 10 种苹果黄蚜发生期常用药剂对苹果黄蚜的室内毒力进行测定（表 4-5），以期筛选出适用于苹果黄蚜防治同时对授粉昆虫和天敌昆虫安全系数高的药剂，并提出合理的使用策略，为果园精准选药和农药减量提供数据支持。

表 4-5　供试药剂、有效成分含量和生产厂家

类型	供试药剂	有效成分含量	生产厂家
登记药剂	吡虫啉乳油	20%	河北野田农用化学有限公司
	吡虫啉乳油	5%	河北威远生物化工有限公司
	吡虫啉悬浮剂	350g/L	江苏克胜集团股份有限公司
	吡虫啉悬浮剂	600g/L	青岛星牌作物科学有限公司
	吡虫啉可湿性粉剂	50%	天津市华宇农药有限公司
	吡虫啉可湿性粉剂	25%	山东省联合农药工业有限公司
	吡虫啉可湿性粉剂	10%	江苏克胜集团股份有限公司
	吡虫啉可溶液剂	200g/L	拜耳公司
	吡虫啉水分散粒剂	70%	江苏克胜集团股份有限公司
	辛硫磷乳油	40%	天津艾格福农药科技有限公司
	联苯菊酯乳油	100g/L	江苏扬农化工股份有限公司
	溴氰菊酯乳油	25g/L	浙江威尔达化工有限公司
	阿维菌素乳油	1.8%	浙江海正化工股份有限公司
生产中常用药剂	噻虫啉微囊悬浮剂	2%	山东国润生物农药有限责任公司
	烯啶虫胺可溶粉剂	25%	山东省联合农药工业有限公司
	氟啶虫胺腈悬浮剂	22%	美国陶氏益农公司
	甲氧虫酰肼悬浮剂	240g/L	美国陶氏益农公司
	虫酰肼悬浮剂	20%	济南天邦化工有限公司
	氯虫苯甲酰胺悬浮剂	200g/L	美国杜邦公司
	氯虫苯甲酰胺水分散粒剂	35%	美国杜邦公司
	溴氰虫酰胺可分散油悬浮剂	10%	美国杜邦公司
	吡蚜酮水分散粒剂	50%	河北威远生物化工有限公司
	螺虫乙酯悬浮剂	22.4%	拜耳公司

1. 登记药剂对苹果黄蚜的室内防治效果

登记药剂对苹果黄蚜的室内 48h 防治效果见表 4-6。结果表明,大部分供试药剂的高推荐浓度对苹果黄蚜具有较好的防治效果,50% 吡虫啉可湿性粉剂 10 000 倍液、70% 吡虫啉水分散粒剂 14 000 倍液和 100g/L 联苯菊酯乳油 3000 倍液处理对苹果黄蚜 48h 防治效果达到100%,除 20% 吡虫啉乳油、200g/L 吡虫啉可溶液剂、25g/L 溴氰菊酯乳油、1.8% 阿维菌素乳油以外,其余供试药剂的高推荐浓度对苹果黄蚜的防治效果均在 90% 以上,其中 25g/L 溴氰菊酯乳油 1500 倍液防治效果在 60% 以下,与其他药剂差异显著;大部分供试药剂的低浓度对苹果黄蚜的防治效果大幅降低,但 600g/L 吡虫啉悬浮剂 10 000 倍液、50% 吡虫啉可湿性粉剂 12 000 倍液、70% 吡虫啉水分散粒剂 16 000 倍液、40% 辛硫磷乳油 1500 倍液对苹果黄蚜 48h 防治效果均能达到 95% 以上;通过试验结果可以看出,供试吡虫啉不同含量、不同剂型高推荐浓度处理对苹果黄蚜的防治效果没有显著差异,剂型之间差异也不显著,生产中选用高含量制剂的低浓度即可;除溴氰菊酯乳油外,登记的 12 种药剂均是防治苹果黄蚜的理想药剂,可根据果园害虫实际发生情况选择使用。

表 4-6   登记药剂对苹果黄蚜的室内 48h 防治效果

供试药剂	稀释倍数	防治效果/%	供试药剂	稀释倍数	防治效果/%
20%吡虫啉乳油	6 000	87.81	200g/L吡虫啉可溶液剂	4 000	87.80
	8 000	70.73		5 000	78.05
5%吡虫啉乳油	2 000	95.12	70%吡虫啉水分散粒剂	14 000	100.00
	3 000	78.05		16 000	95.22
350g/L吡虫啉悬浮剂	7 000	90.24	40%辛硫磷乳油	1 000	97.62
	9 000	82.39		1 500	95.23
600g/L吡虫啉悬浮剂	8 000	92.83	100g/L联苯菊酯乳油	3 000	100.00
	10 000	95.22		4 000	88.36
50%吡虫啉可湿性粉剂	10 000	100.00	25g/L溴氰菊酯乳油	1 500	59.46
	12 000	97.61		2 000	61.84
25%吡虫啉可湿性粉剂	5 000	92.68	1.8%阿维菌素乳油	4 000	88.08
	6 000	85.36		6 000	80.92
10%吡虫啉可湿性粉剂	2 000	95.12			
	4 000	85.37			

2. 果园中常用药剂对苹果黄蚜的室内防治效果

果园中常用药剂对苹果黄蚜的室内防治效果见表 4-7。试验结果表明，2%噻虫啉微囊悬浮剂 2000 倍液和 4000 倍液、240g/L 甲氧虫酰肼悬浮剂 3000 倍液、10% 溴氰虫酰胺可分散油悬浮剂 1500 倍液对苹果黄蚜均表现出很好的防治效果，室内防治效果达到 100%；25% 烯啶虫胺可溶粉剂 2000 倍液和 4000 倍液、22% 氟啶虫胺腈悬浮剂 3000 倍液、240g/L 甲氧虫酰肼悬浮剂 5000 倍液、200g/L 氯虫苯甲酰胺悬浮剂 7000 倍液、35% 氯虫苯甲酰胺水分散粒剂 7000 倍液和 10 000 倍液处理对苹果黄蚜的室内防治效果达到 90% 以上，表现出很好的防治效果；22.4% 螺虫乙酯悬浮剂和 20% 虫酰肼悬浮剂、50% 吡蚜酮水分散粒剂对苹果黄蚜的防治效果均低于前面 5 种药剂，高浓度处理的防治效果在 70% 左右。其中 2% 噻虫啉微囊悬浮剂、240g/L 甲氧虫酰肼悬浮剂、10% 溴氰虫酰胺可分散油悬浮剂、35% 氯虫苯甲酰胺水分散粒剂、200g/L 氯虫苯甲酰胺悬浮剂高、低推荐浓度均对苹果黄蚜表现出很好的防治效果，生产中可以使用低推荐浓度。

表 4-7   果园中常用药剂对苹果黄蚜的室内防治效果

供试药剂	稀释倍数	防治效果/%	供试药剂	稀释倍数	防治效果/%
2%噻虫啉微囊悬浮剂	2 000	100.00	200g/L氯虫苯甲酰胺悬浮剂	7 000	95.11
	4 000	100.00		10 000	87.78
25%烯啶虫胺可溶粉剂	2 000	97.67	35%氯虫苯甲酰胺水分散粒剂	7 000	90.22
	4 000	97.67		10 000	95.11
22%氟啶虫胺腈悬浮剂	3 000	93.02	10%溴氰虫酰胺可分散油悬浮剂	1 500	100.00
	4 500	76.72		2 000	87.78
240g/L甲氧虫酰肼悬浮剂	3 000	100.00	50%吡蚜酮水分散粒剂	2 500	79.05
	5 000	92.67		5 000	56.88
20%虫酰肼悬浮剂	1 000	63.33	22.4%螺虫乙酯悬浮剂	3 000	76.15
	2 000	38.89		4 000	73.77

3. 苹果黄蚜高效化学防治策略

与大部分人研究的结果一致（李强等，2018），目前大部分登记药剂对苹果黄蚜防治效果显著。当家品种吡虫啉具有触杀、胃毒和内吸多重药效，同时对天敌安全，因其低廉的价格，是当前防治苹果黄蚜的首选良药。研究结果表明，其不同剂型、不同含量的制剂对苹果黄蚜均具有较好的杀虫效果，高含量制剂的高、低推荐浓度对苹果黄蚜均具有较好的杀虫效果，因此生产中选用高含量制剂时可选低浓度喷雾防治，既能降低成本也能延缓抗药性的产生，保护生态环境；辛硫磷和联苯菊酯高浓度对苹果黄蚜也表现出很好的防治效果，因为这两种农药均为广谱性农药，在防治害虫的同时，对天敌也具有较大的杀伤力，生产中单独防治苹果黄蚜时，不推荐使用，可在果树休眠期或兼治其他害虫时使用；阿维菌素的杀虫效果在 80% ～ 90%，同时对叶螨也具有很好的防治效果（张金勇等，2009），可在兼治这 2 种害虫时使用；溴氰菊酯高推荐浓度防治效果不到 60%，基本失去防治作用，应该是因果园连续多年使用菊酯类产品，导致田间苹果黄蚜产生抗性（张金勇等，2009），这与宫庆涛等（2019）的研究结果一致，高效氯氟氰菊酯 8.3 ～ 12.5mg/L 防治效果在 55.1% 以下。果园中常用杀虫剂噻虫啉、烯啶虫胺、甲氧虫酰肼、溴氰虫酰胺高推荐浓度、氟啶虫胺腈高推荐浓度、氯虫苯甲酰胺对苹果黄蚜的室内防治效果均达到 90% 以上，甚至到 100%。噻虫啉是一种新型氯代烟碱类杀虫剂，近年来在农作物中得到了广泛的应用（刘刚等，2017），对蜜蜂更加安全，毒性远低于噻虫嗪和吡虫啉（Blacquiere et al.，2012），苹果露红期是防治蚜虫的关键期，选择的药剂必须考虑对授粉昆虫的安全性，因此噻虫啉可以作为果园防治早期蚜虫的一种储备药剂。氟啶虫胺腈属砜亚胺杀虫剂，是国际杀虫剂抗性行动委员会（IRAC）认定为唯一的 Group 4C 亚组全新的防治刺吸式害虫的杀虫剂，能有效防治对烟碱类、菊酯类、有机磷类和氨基甲酸酯类农药产生抗性的刺吸式害虫（曲春鹤和王彭，2017），也是果园蚜虫防治的比较理想的储备药剂。烯啶虫胺也是烟碱类杀虫剂，同样对苹果黄蚜有显著的防治效果，可作为理想的储备药剂。甲氧虫酰肼、溴氰虫酰胺、氯虫苯甲酰胺同时对果园鳞翅目害虫有很好的防治效果（高越等，2017），因此可以在鳞翅目害虫与蚜虫共同发生时使用。根据宫庆涛等（2014）的田间试验结果可知，螺虫乙酯虽然速效性稍差，但其持效性很好，施药后 21 天的防治效果还可达到 98% 以上，因此可在低虫量时使用，延长持效期，达到理想的防治效果。

苹果黄蚜是果园的一种常发害虫，果农往往是单一依靠化学农药防治，看到大量蚜虫发生才开始防治，因此存在用药量大还防不住的现象。苹果黄蚜的防治一定要充分利用天敌昆虫的作用，增加果园植被的多样性可以助增天敌数量，有研究表明种植毛叶苕子、紫花苜蓿等植物后，果园小花蝽、瓢虫、食蚜蝇等天敌可以完全控制苹果生长早中期的苹果黄蚜（孔建等，2001），而且功能植物挥发的气味还延长了苹果黄蚜搜寻最适宜寄主植物的时间，降低了危害（范佳等，2014）；另外抓住防治适期，做到防早防少，重点防控越冬虫出蛰及迁入种群。苹果展叶期是苹果黄蚜越冬卵的孵化盛期（吕兴，2014），此期防治事半功倍，在苹果黄蚜发生的 2 个高峰期（5 月下旬前后、9 月初前后）（吕兴，2014），应加强监测预警，严控防治指标，达到防治指标时根据其他害虫和天敌的发生情况选择药剂，注意药剂的轮换使用。

4.4.2　二斑叶螨的高效药剂筛选

二斑叶螨（*Tetranychus urticae*）是一种重要的世界性害虫，属蜱螨目叶螨科，是叶螨科中食性最广的物种，其寄主植物包含了果树、蔬菜、油料作物、花卉等（刘庆娟等，2012），目前已超过 140 科 1100 余种（Bi et al.，2016）。据高越等（2019）发表的结果显示，在我国北方苹果园发生的 3 种叶螨中，二斑叶螨发生量占 22.67%，但因为其种群增长和转移危害速度较快，现已逐渐成为果树上的重要害螨之一（洪晓月等，2013）。其危害聚集度高，不仅抑制光合作用，严重时更会造成叶片焦枯脱落、整株死亡，对果树的产量和质量均造成很大影响（胡尊瑞等，2017）。张金勇和陈汉杰（2013）的调查结果也显示，害螨成为每个苹果园最普遍的防治对象，杀螨剂少则使用 2 遍，多则 3 ~ 4 遍，长期以来由于缺乏对二斑叶螨防治的正确引导，生产中存在不定期喷施保险药，随意增加药液浓度、喷洒量、喷洒次数等现象。农药的大量不合理使用，造成了二斑叶螨对有机磷类、氨基甲酸酯类、拟除虫菊酯类等多种杀虫剂、杀螨剂的抗性发展十分迅速，并且产生了严重的抗性和交互抗性（王开运等，2002；赵卫东等，2003；van Pottelberge et al.，2009；刘庆娟等，2012），因此果园防治二斑叶螨的用药次数增多，防治效果却越来越差。选择高效药剂是害虫精准防治的基础，生产中急需评价当前登记药剂及果园常用药剂对二斑叶螨的防治效果，并根据药剂的特点提出合理的使用方案。作者查阅中国农药信息网发现，截至 2019 年 6 月，共检索到在果树二斑叶螨上使用的登记药剂有 41 个，其中单剂 19 个、复配剂 22 个；单剂产品包括阿维菌素和腈吡螨酯，阿维菌素的产品占 94.74%，腈吡螨酯占 5.26%；复配产品中，阿维·哒螨灵最多，占 54.55%；阿维·三唑锡占 15.79%；唑螨·三唑锡和阿维·矿物油各占 10.53%，阿维·高氯、噻酮·炔螨特、唑酯·炔螨特和四螨·联苯肼均只有 1 种。在果园二斑叶螨上使用的登记药剂有 67 个，其中单剂 37 个，阿维菌素的产品最多，占 26.87%，其次是哒螨灵，占 14.93%；复配药剂中，阿维·哒螨灵数量最多，占 40%。因此根据药剂的类型、在生产中选择使用的比例，选用了 10 种在叶螨上使用的登记药剂及 9 种果园常用药剂（表 4-8），室内评价了对二斑叶螨的毒力效果，以期为二斑叶螨的精准选药、果园农药减量提供科学依据，减少果园农药使用量，保障苹果产业健康稳定发展。

表 4-8　供试药剂、有效成分含量和生产厂家

供试药剂	有效成分含量	生产厂家
双甲脒乳油	200g/L	爱利思达生命科学株式会社
阿维菌素乳油	1.8%	浙江海正化工股份有限公司
炔螨特乳油	73%	麦德梅农业解决方案有限公司
联苯菊酯乳油	100g/L	江苏扬农化工股份有限公司
哒螨灵悬浮剂	30%	青岛星牌作物科学有限公司
哒螨灵乳油	15%	江苏克胜集团股份有限公司
三唑锡悬浮剂	20%	台州市大鹏药业有限公司
哒螨灵可湿性粉剂	10%	江苏克胜集团股份有限公司
哒螨灵悬浮剂	40%	江苏剑牌农化股份有限公司
四螨嗪悬浮剂	500g/L	陕西康禾立丰生物科技药业有限公司
螺螨酯悬浮剂	29%	浙江威尔达化工有限公司
虫酰肼悬浮剂	20%	济南天邦化工有限公司
噻虫啉微囊悬浮剂	2%	山东国润生物农药有限责任公司
氟啶虫胺腈悬浮剂	22%	美国陶氏益农公司
甲氧虫酰肼悬浮剂	240g/L	美国陶氏益农公司

供试药剂	有效成分含量	生产厂家
螺虫乙酯悬浮剂	22.4%	拜耳公司
溴氰虫酰胺可分散油悬浮剂	10%	美国杜邦公司
氯虫苯甲酰胺悬浮剂	200g/L	美国杜邦公司
氯虫苯甲酰胺水分散粒剂	35%	美国杜邦公司

按照药剂推荐的制剂用量用蒸馏水将药剂稀释成推荐用量的高、低两个浓度。螨卵和若螨的室内防治效果测定参照 FAO 推荐的叶片残毒法（FAO，1980），雌成虫的室内防治效果试验采用玻片浸渍法。

1. 登记药剂对二斑叶螨的室内防治效果

从表 4-9 可以看出，200g/L 双甲脒乳油和 1.8% 阿维菌素乳油对二斑叶螨具有较好的防治效果，200g/L 双甲脒乳油 1000 倍液和 1500 倍液、1.8% 阿维菌素乳油 3000 倍液处理后 48h 防治效果能达到 100%，1.8% 阿维菌素乳油 4000 倍液处理后 48h 防治效果能达到 92.68%；73% 炔螨特乳油高浓度、100g/L 联苯菊酯乳油两个浓度和 30% 哒螨灵悬浮剂高浓度对二斑叶螨的防治效果能达到 60%；其他各处理防治效果均较差，均在 40% 以下，与其他药剂差异显著。以上结果表明，选用的 10 种登记药剂中，8 种防治效果较差，不适合用于防治二斑叶螨，仅 1.8% 阿维菌素乳油和 200g/L 双甲脒乳油可用于防治二斑叶螨。

表 4-9　登记药剂对二斑叶螨的室内防治效果

供试药剂	稀释倍数	防治效果/%	供试药剂	稀释倍数	防治效果/%
200g/L双甲脒乳油	1000	100.00	15%哒螨灵乳油	3000	39.54
	1500	100.00		3350	15.84
1.8%阿维菌素乳油	3000	100.00	20%三唑锡悬浮剂	1000	34.09
	4000	92.68		2000	20.45
73%炔螨特乳油	1000	66.67	10%哒螨灵可湿性粉剂	3000	13.23
	2000	28.57		4000	4.22
100g/L联苯菊酯乳油	2000	65.91	40%哒螨灵悬浮剂	5000	4.22
	3000	63.64		7000	−2.32
30%哒螨灵悬浮剂	2000	63.66	500g/L四螨嗪悬浮剂	5000	−2.44
	4000	25.58		6000	0.00

2. 果园常用药剂对二斑叶螨的室内防治效果

从表 4-10 可以看出，29% 螺螨酯悬浮剂、20% 虫酰肼悬浮剂和 2% 噻虫啉微囊悬浮剂对二斑叶螨均表现出很好的防治效果；29% 螺螨酯悬浮剂推荐浓度处理下对二斑叶螨的卵和若螨的防治效果均达到 91% 以上；虫酰肼和噻虫啉对二斑叶螨成虫的室内防治效果达到 84% 以上；22% 氟啶虫胺腈悬浮剂、240g/L 甲氧虫酰肼悬浮剂、35% 氯虫苯甲酰胺水分散粒剂、22.4% 螺虫乙酯悬浮剂、10% 溴氰虫酰胺可分散油悬浮剂和 200g/L 氯虫苯甲酰胺悬浮剂两种推荐浓度处理下的防治效果均较差，均不足 20%。结果表明，螺螨酯是一种很好的防治二斑叶螨的杀卵、杀若螨药剂；2% 噻虫啉微囊悬浮剂和 20% 虫酰肼悬浮剂高、低推荐浓度对二斑叶螨均表现出很好的防治效果，且差异不显著，生产中可以使用低推荐浓度。

表 4-10　果园常用药剂对二斑叶螨的室内防治效果

供试药剂	稀释倍数	防治效果/%	供试药剂	稀释倍数	防治效果/%
29%螺螨酯悬浮剂	4 800	96.65（若螨）	240g/L甲氧虫酰肼悬浮剂	3 000	13.64
	5 800	91.16（若螨）		5 000	2.28
29%螺螨酯悬浮剂	4 800	91.08（卵）	22.4%螺虫乙酯悬浮剂	4 000	4.88
	5 800	95.25（卵）		5 000	7.32
20%虫酰肼悬浮剂	1 000	93.18	10%溴氰虫酰胺可分散油悬浮剂	1 500	4.73
	2 000	97.73		2 000	4.88
2%噻虫啉微囊悬浮剂	1 000	88.67	200g/L氯虫苯甲酰胺悬浮剂	7 000	0.00
	2 000	84.09		10 000	2.13
22%氟啶虫胺腈悬浮剂	3 000	13.64	35%氯虫苯甲酰胺水分散粒剂	7 000	9.75
	4 500	0.00		10 000	−0.15

3. 二斑叶螨防治策略

由于二斑叶螨的抗药性增强，果园防治二斑叶螨存在用药量大、效果差的普遍现象，而从本研究的测定结果来看，选用的叶螨登记单剂产品中 80% 的药剂对二斑叶螨的防治效果较差或失去控制作用，这可能是果园二斑叶螨防不住的主要原因。10 种药剂中仅双甲脒乳油和阿维菌素乳油对二斑叶螨均具有较好的防治效果。双甲脒是广谱性、中等毒性的杀螨剂，高、低推荐浓度对二斑叶螨的 48h 防治效果均达到 100%，杨丽梅等（2019 年）的测定结果也显示，其药后 7 天对二斑叶螨的防治效果仍可达到 96%，但因为其毒性大，二斑叶螨对其的抗性存在，目前在生产中应用很少。高越等（2019）对全国 25 个苹果试验站 9 年的杀螨剂应用的调查结果显示，双甲脒仅在 2010 年的苹果园中使用。据作者调查，此种药剂在生产中也不多见，因此，单独防治二斑叶螨时，不推荐使用。阿维菌素是一种广谱性神经毒剂，高、低推荐浓度对二斑叶螨均具有较好的杀虫效果，48h 防治效果达到 92% 以上，尽管王新会等（2019）和杨丽梅等（2019）的试验结果显示阿维菌素对二斑叶螨防治效果差，甚至建议停用，但高越等（2019）对全国苹果园的调查结果显示，阿维菌素仍是苹果园防治二斑叶螨中使用最多的药剂。作者认为，阿维菌素对蚜虫具有较好的防治效果（本试验结果），对食心虫具有一定的兼治效果（高越等，2017），因此可在二斑叶螨发生量不大时使用并兼治其他害虫；果园常用药剂中，螺螨酯、虫酰肼、噻虫啉对二斑叶螨的防治效果均很好。螺螨酯是一种新型杀螨剂，其作用机制是干扰螨类体内的脂肪合成，本试验结果显示其对二斑叶螨卵和若螨 48h 的防治效果可达到 91% 以上，Marcic（2007）的研究表明，虽然其对成螨的防治效果一般，但会干扰雌成螨的生殖力，降低卵的孵化率，同时与现有杀螨剂之间无交互抗性，因此可在二斑叶螨发生重的区域或园片使用。虫酰肼是非甾族新型昆虫生长调节剂，选择性强，且对天敌安全，本试验结果显示其对二斑叶螨成虫 48h 的防治效果达到 93% 以上，同时对鳞翅目害虫防治效果较好（崔全敏等，2008），可在二斑叶螨与其他鳞翅目害虫混合发生时使用。噻虫啉是一种新型氯代烟碱类杀虫剂，与其他传统杀虫剂的作用机制不同，主要作用于昆虫神经接合后膜，干扰昆虫神经系统的正常传导，速效且持效（谢心宏和王福久，2001），本试验结果显示其对二斑叶螨成虫的防治效果达到 84% 以上，近年来对天牛表现出较好的防治效果（刘刚等，2017），对蜜蜂的毒性远低于噻虫嗪和吡虫啉，48h 的半数致死量（LD$_{50}$）仅为其他两种新烟碱类杀虫剂的 1/1000 以下（Blacquiere et al.，2012），因此更加安全，可以作为果园防治二斑叶螨的一种储备药剂。研究结果表明，登记在果树叶螨上 80% 左右的单剂产品对二斑叶螨失去了控制作用，因此应加强二斑叶螨高效药剂的登记或更替，提高对二斑叶螨的防治效果，降低果园的用药量。

除低效药剂的原因外，二斑叶螨防治难的另一个原因是害虫（螨）抗性的增加，依赖化学农药必将继续增加二斑叶螨的抗性风险，增加未来防治的难度。因此，二斑叶螨的防治要立足果树和果园健康，充分发挥苹果园生态系统的自然控害功能，变灭绝为调节，构建稳定、多元化的果园生态系统，摆脱对化学农药的依赖。在防治上，一是要适当放宽防治指标，定期查看，不达到防治指标不进行化学防治，应考虑生态因素，制定生态防治指标；二是充分发挥自然天敌的控害功能，通过种植功能植物给自然天敌提供适宜的栖息环境及庇护所或者尝试释放或助迁天敌防治二斑叶螨，比较成熟的天敌产品如捕食螨、塔六点蓟马等，还可通过提供诱集食物引诱天敌自然迁入，如张金勇和陈汉杰（2013）的研究是通过引入林木上的微小螨类增加捕食螨数量；三是充分利用农业和物理防治手段，如根据二斑叶螨越冬后爬树的生物学特性，利用粘虫诱集带进行防治；四是精准选药，首先要选用对环境友好、对天敌安全的药剂，已经产生抗性的药剂尽量不选用，不同类型的药剂要轮换使用，同时要严格按照推荐剂量使用，不随意加大喷药量和使用次数。同时还要根据药剂的特点及防治谱，以及果园二斑叶螨及其他害虫的发生现状合理选药，让药剂的作用发挥到最大。

随着人们生活水平的提高，果品安全问题受到越来越多的关注，影响果品安全的主要因素是农药，因此，农药的精准科学使用是当前迫切需要解决的问题。从调查结果来看，种植者在害虫防治过程中忽视了果园生态系统对害虫的自然控制能力。单一的化学防治，不仅增加了害虫抗药性，造成果品农药残留和环境污染，而且大量杀伤害虫天敌，降低果园自身生态系统对害虫的控制能力。因此，要做到害虫的高效化学防治，首先，要建立健康的果园生态系统，加强苹果树自身所具有的应对害虫为害的防御能力和生态系统中天敌的控害能力，从果树本身健康及果园生态环境健康两方面着手去提高。制定好在不同果树树龄、土壤肥力和种植密度条件下果树负载量的标准；增加果园植被，提高天敌的自然控害能力。其次，建立害虫的精准测报系统和精准用药方案，在此基础上，加强对区域害虫特征的调查，明确目标，实现区域精准防治。最后，根据我国果树种植模式和体制，因地制宜地发展果园植保机械化，加强果园施药机械的自主研发。果园植保机械是实施先进的果树种植栽培管理技术的桥梁、纽带和重要载体，也是实现农药使用量"零增长"的重要手段，提高农药利用效率，达到精准施药的目的。

随着农业现代化的发展，高效、精准防治害虫技术在很多国家已经广泛应用，它是可持续农业发展的重要途径，也是保护环境、助力美丽乡村建设的重要手段。

4.5　苹果病害高效化学防控

苹果病害种类多、分布广、发生频率高、造成损失大，一直是影响苹果产量和品质的重要生物灾害，严重威胁苹果产业的健康可持续发展。通过多年的理论研究和实践积累，植保工作者提出了利用抗/耐病品种、合理修剪、科学栽培及化学防控等系列措施，显著降低了各种病害造成的损失。然而，目前我国苹果病害防控还存在以下几个问题：首先，果树抗病育种周期长、难度大，可用抗病品种匮乏，同时以植物健康管理为核心的绿色生态"防病"理念导向不够，使得化学防控依旧占据主导地位。其次，对不同产区苹果病害发生种类及规律的认识依旧不够透彻，防控关键时期把握不准，病害防控盲目、被动、低效。加之果农的绿色生产意识仍然淡薄，片面追求高防治效果而超次、超量地打保险药，使得化学防控过量、低效现象普遍。而长期单一、过量地使用化学药剂，不但容易引起致病菌产生抗药性，而且会造成环境污染、果品农残超标等潜在问题。因此，研究病害高效化学防控基础理论和技术，削减无效或低效的重复用药，促进化学农药的高效、持效利用，引导传统化学防治向现代精准绿色防控转变，对实现果品的产量、质量安全与农业生态环境保护相协调的可持续发展意义重大。

为了更好地实现苹果病害高效化学防控，首先要摸清不同果区的主要防控对象和当前的用药情况，科学地分析不同果区的减药潜力以减少不必要的农药投入。同时，在明确果园重点防控对象的基础上筛选高效、低毒的化学药剂，特别是选择科学的药剂组合从而实现不同药剂的协同增效作用，且不同作用机制的杀菌剂的复配施用有助于延迟病菌抗性的产生，实现药剂的持续高效。进而基于病菌传播、侵染、致害规律找到病害预防关键时期，研发高效精准的施药技术以降低施药频次和剂量，实现病害的精准防控。同时监测病菌抗药性的水平以实现药剂的持续高效，并通过激活树体自身抗性及结合农业生态调控等措施，最终实现对苹果重大病害的高效化学防控，确保果品质量安全和果园生态环境安全。为此，我们提出了防控对象精准、防控药剂精准、防控部位精准、防控时期精准的"四精准"防控思路。围绕该思路，我们首先明确了当前生产上的主要防控对象，据此筛选出了防控技术配套的各类高效复配化学药剂，揭示了当前生产常用药剂的作用机制，并评估了重大病害病原菌对生产常用药剂和新登记药剂的抗性风险，为生产上长期科学用药提供了重要的理论依据。

4.5.1 主要防控对象及当前防控用药情况

苹果病害种类多，且不同产区的发生类别及危害程度存在一定差异。因此，不同区域应长期监测当地的病害发生情况，以明确防控重点。以陕西省为例，通过对 30 个苹果生产大县进行十余年的系统检测，发现对苹果产业造成较大影响的病害主要有苹果树腐烂病、褐斑病、炭疽病、轮纹病和白粉病（陕西省植物保护工作总站调查数据）。同时，我们也连续多年对洛川、旬邑、印台、凤翔、扶风、乾县、礼泉等陕西果区开展了苹果主要病害发生情况调查，发现腐烂病、枝干轮纹病和褐斑病在陕西果区普遍危害严重。其中枝干轮纹病在扶风、兴平、礼泉等老果区发生较为普遍，个别果园发病率高达 93.4%；苹果树腐烂病普遍发生较重，特别是在大龄果园，部分陕北果区新建园的幼树也有发病；褐斑病每年均有发生，特别是在郁闭果园 8 月落叶率可达 65% 以上；炭疽叶枯病在'嘎啦'品种上发病严重。为实现果园病害的高效防控，首先应该以"重点防控关键病害，兼防次要病害"为理念，减少不必要的农药投入。因此，根据调查结果和生产实际情况，我们重点围绕苹果树腐烂病、枝干轮纹病、褐斑病及炭疽叶枯病开展了高效化学防控的相关研究，首先实现了防控对象精准。

由于不同区域病害发生危害程度存在差异，各地的用药水平也各不相同。因此，要想实现化学药剂的减施增效，必须摸清当前病害防控的用药情况以分析减药潜力。苹果产业技术体系分别于 2011 年和 2012 年对全国 44 个观测点与 35 个观测点的杀菌剂使用情况进行了分析，发现 2011 年杀菌剂共使用 452 次，每个测试点平均使用杀菌剂 10.3 次，平均每次用药使用杀菌剂为 1.52 种；2012 年杀菌剂共使用 371 次，每个测试点平均每次用药使用杀菌剂为 1.64 种。综合 2011 年和 2012 年杀菌剂使用情况，使用率较高的有戊唑醇、甲基硫菌灵、多菌灵、代森锰锌等（杨军玉等，2013）。2015 年，对黄土高原主产区和渤海湾主产区 5 个省 10 个地级市 18 个县（市、区）苹果种植户或专业合作社果园的用药情况进行调查发现，苹果园防治病害的全年所用化学杀菌剂共 89 种，平均每次用药 7.9 种次（杨勤民等，2018）。项目实施前，我们也对陕西省 3 个市 5 个县（区）8 个乡（镇）的 125 个果园的用药情况进行了调查，发现果园整体用药量较大和次数较多，主要为 10～12 次，且部分地区出现了单个果园一年内多次使用同一种农药的现象，不符合国家标准规定的每个生长季内同一种农药最多只能使用 3 次的要求（陈晓宇等，2017）。同时，分析还发现，陕西省 5 个县（区）苹果年用药次数为 6～15 次，每亩折纯用量大多在 1kg 以上。由此可以看出，当前用于苹果病害防控的用药次数、单次用药种类和用药量整体偏高。依据"重点防控关键病害，兼防次要病害"的理念，基于重大病害发生规律的传统认知和新的认识，可以从使用高效药剂、减少施药次数、降低用药种类及用药量 3 个角度实现化学药剂的减施增效。

4.5.2　苹果重大枝干病害高效化学药剂筛选

"药剂精准"是实现病害高效防控的关键基础，也是病害防控过程中化学农药减施增效的一个重要前提。通过前期实践，发现戊唑醇、苯醚甲环唑、甲基硫菌灵等对苹果树腐烂病和轮纹病具有较好的田间应用效果，并已经在全国果区应用多年（翟慧者等，2012；王丽等，2016）。为了避免田间长期单一使用某一化学药剂，需要筛选出更多可用于替换使用的高效药剂。同时，化学药剂的科学复配具有协同增效作用，对提高防治效率、减少药剂用量、延缓病菌抗药性产生具有重要作用（时春喜等，2003；耿忠义等，2010；刘保友等，2018）。

为此，我们首先评价了 4 种复配药剂对苹果树腐烂病的作用效果（表 4-11）。皿内菌丝生长抑制试验发现，4 种复配药剂对菌丝生长的抑制作用明显，4 种复配药剂抑制中浓度（EC_{50}）从小到大依次为 30% 唑醚·戊唑醇悬浮剂（0.281μg/mL）、24% 吡唑·壬菌铜微乳剂（0.537μg/mL）、45% 吡醚·甲硫灵悬浮剂（3.156μg/mL）和 30% 吡唑·异菌脲悬浮剂（4.918μg/mL）。

表 4-11　4 种复配药剂对苹果树腐烂病菌菌丝生长的回归方程及 EC_{50}

药剂	回归方程	EC_{50}/（μg/mL）	药剂	回归方程	EC_{50}/（μg/mL）
30%吡唑·异菌脲悬浮剂	$y=1.141x+0.798$	4.918	45%吡醚·甲硫灵悬浮剂	$y=2.288x+1.142$	3.156
24%吡唑·壬菌铜微乳剂	$y=0.678x+0.183$	0.537	30%唑醚·戊唑醇悬浮剂	$y=0.585x+0.322$	0.281

离体枝条试验表明，4 种复配药剂均有很好的防治效果，其中 30% 唑醚·戊唑醇悬浮剂效果最好，处理组病斑未见扩展。田间治疗试验表明，根据防治效果由低到高，复配药剂依次为 30% 吡唑·异菌脲悬浮剂、24% 吡唑·壬菌铜微乳剂和 30% 唑醚·戊唑醇悬浮剂、45% 吡醚·甲硫灵悬浮剂（表 4-12）。

表 4-12　4 种复配药剂对苹果树腐烂病的田间试验结果

药剂	复发率/%	防治效果/%	药剂	复发率/%	防治效果/%
30%吡唑·异菌脲悬浮剂	23.3	75.0	30%唑醚·戊唑醇悬浮剂	16.7	82.1
24%吡唑·壬菌铜微乳剂	16.7	82.1	清水对照	93.3	
45%吡醚·甲硫灵悬浮剂	10.0	89.3			

同时，我们还分析了上述复配药剂对苹果轮纹病的作用效果（表4-13）。皿内抑菌试验发现，4种复配药剂对轮纹病菌的菌丝生长有明显抑制作用（表4-13），根据EC$_{50}$从小到大，4种复配药剂依次为30%唑醚·戊唑醇悬浮剂（0.009μg/mL）、30%吡唑·异菌脲悬浮剂（0.753μg/mL）、24%吡唑·壬菌铜微乳剂（3.452μg/mL）及45%吡醚·甲硫灵悬浮剂（3.517μg/mL）。

表4-13　4种复配药剂对苹果轮纹病菌菌丝生长的回归方程及EC$_{50}$

药剂	回归方程	EC$_{50}$/（μg/mL）	药剂	回归方程	EC$_{50}$/（μg/mL）
30%吡唑·异菌脲悬浮剂	$y=1.750x+0.216$	0.753	45%吡醚·甲硫灵悬浮剂	$y=2.369x+1.294$	3.517
24%吡唑·壬菌铜微乳剂	$y=0.743x+0.400$	3.452	30%唑醚·戊唑醇悬浮剂	$y=0.711x+1.472$	0.009

离体枝条试验表明，4种复配药剂均有很好的防治效果，防治效果均在90%以上，其中45%吡醚·甲硫灵悬浮剂防治效果最好，所做处理病斑均未见扩展。田间试验表明，根据防治效果由低到高，4种复配药剂依次为30%吡唑·异菌脲悬浮剂、24%吡唑·壬菌铜微乳剂、45%吡醚·甲硫灵悬浮剂及30%唑醚·戊唑醇悬浮剂（表4-14）。

表4-14　4种复配药剂对苹果树枝干轮纹病的田间试验结果

药剂	病瘤增长率/%	防治效果/%	药剂	病瘤增长率/%	防治效果/%
30%吡唑·异菌脲悬浮剂	21.9	56.2	30%唑醚·戊唑醇悬浮剂	5.7	88.6
24%吡唑·壬菌铜微乳剂	14.3	71.4	清水对照	50.0	
45%吡醚·甲硫灵悬浮剂	11.1	77.8			

由此可见，与以往所用的药剂相比，筛选出的唑醚·戊唑醇和吡醚·甲硫灵等复配药剂用量更低、效果更好，能够显著减少化学药剂的投入，可以作为田间苹果树腐烂病与轮纹病防治的可靠药剂资源。

4.5.3　苹果早期落叶病高效化学药剂筛选

苹果早期落叶病暴发性强，一旦发生，很难防控。要实现该病害的高效防控，必须在病菌入侵高峰期之前利用高效药剂进行预防保护。为此，筛选高效药剂也是早期落叶病防控的重中之重。我们首先评价了30%吡唑·异菌脲悬浮剂、24%吡唑·壬菌铜微乳剂、30%唑醚·戊唑醇悬浮剂和45%吡醚·甲硫灵悬浮剂对褐斑病的作用效果。结果显示，30%吡唑·异菌脲悬浮剂、30%唑醚·戊唑醇悬浮剂和24%吡唑·壬菌铜微乳剂抑制分生孢子萌发的EC$_{50}$分别为0.024μg/mL、0.189μg/mL、0.392μg/mL（表4-15）；抑制分生孢子盘形成的EC$_{50}$分别为0.051μg/mL、0.041μg/mL、0.129μg/mL（表4-16）；抑制菌丝生长的EC$_{50}$分别为0.069μg/mL、0.034μg/mL、0.156μg/mL（表4-17）。

表4-15　4种复配药剂对苹果褐斑病菌分生孢子萌发的回归方程及EC$_{50}$

药剂	回归方程	相关系数（R^2）	EC$_{50}$/（μg/mL）
30%唑醚·戊唑醇悬浮剂	$y=2.0674x+6.4969$	0.9783	0.189
30%吡唑·异菌脲悬浮剂	$y=1.9506x+8.1643$	0.9384	0.024
24%吡唑·壬菌铜微乳剂	$y=2.6844x+6.0923$	0.9698	0.392
45%吡醚·甲硫灵悬浮剂	$y=2.5089x+3.6925$	0.9683	3.320

表 4-16　3 种复配药剂对苹果褐斑病菌分生孢子盘形成的回归方程及 EC_{50}

药剂	毒力回归方程	相关系数（R^2）	EC_{50}/(μg/mL)
30%唑醚·戊唑醇悬浮剂	$y=1.7521x+7.4392$	0.9570	0.041
30%吡唑·异菌脲悬浮剂	$y=1.1558x+6.4910$	0.9865	0.051
24%吡唑·壬菌铜微乳剂	$y=2.1222x+6.8770$	0.9153	0.129

表 4-17　3 种复配药剂对苹果褐斑病菌菌丝生长的回归方程及 EC_{50}

药剂	毒力回归方程	相关系数（R^2）	EC_{50}/(μg/mL)
30%唑醚·戊唑醇悬浮剂	$y=1.2859x+5.8829$	0.9734	0.034
30%吡唑·异菌脲悬浮剂	$y=1.8221x+7.1116$	0.9693	0.069
24%吡唑·壬菌铜微乳剂	$y=0.8109x+5.6547$	0.9244	0.156

　　对室内离体叶片保护作用的分析发现，30% 唑醚·戊唑醇悬浮剂对苹果褐斑病的预防效果为 93.1%，30% 吡唑·异菌脲悬浮剂为 79.6%，24% 吡唑·壬菌铜微乳剂为 37.5%（表 4-18）；对离体叶片治疗作用的分析发现，30% 唑醚·戊唑醇悬浮剂对苹果褐斑病的治疗效果为 65.2%，30% 吡唑·异菌脲悬浮剂为 49.7%，24% 吡唑·壬菌铜微乳剂为 12.4%（表 4-19）。由此可见，对于褐斑病的防控，预防效果显著大于治疗效果。供试药剂中，30% 唑醚·戊唑醇悬浮剂效果最好，兼具保护和治疗的作用。

表 4-18　3 种复配药剂对苹果褐斑病的室内保护作用

药剂	有效浓度/(mg/kg)	病情指数	预防效果/%
30%唑醚·戊唑醇悬浮剂	120	6.5	93.1a
30%吡唑·异菌脲悬浮剂	120	19.2	79.6b
24%吡唑·壬菌铜微乳剂	120	59.0	37.5c
清水对照		94.4	

注：同列不同字母表示处理间预防效果差异达 5% 显著水平

表 4-19　3 种复配药剂对苹果褐斑病的室内治疗作用

药剂	有效浓度/(mg/kg)	病情指数	治疗效果/%
30%唑醚·戊唑醇悬浮剂	120	33.3	65.2a
30%吡唑·异菌脲悬浮剂	120	48.4	49.7a
24%吡唑·壬菌铜微乳剂	200	85.7	12.4b
清水对照		95.6	

注：同列不同字母表示处理间预防效果差异达 5% 显著水平

　　田间试验表明，陕西关中地区于 4 月底 5 月初根据温度和降雨情况进行保护性喷药，30% 唑醚·戊唑醇悬浮剂、30% 吡唑·异菌脲悬浮剂、24% 吡唑·壬菌铜微乳剂和 80% 代森锰锌可湿性粉剂（对照）防治效果均在 80% 以上，其中 30% 唑醚·戊唑醇悬浮剂防治效果最好，达到 93.6%。在病害发生初期（内膛病叶率低于 1%）喷施 30% 唑醚·戊唑醇悬浮剂防治效果最好，然后是 30% 吡唑·异菌脲悬浮剂、对照（80% 代森锰锌可湿性粉剂）、24% 吡唑·壬菌铜微乳剂。病叶率达到 3% 之后喷药，防治效果较差（表 4-20）。

表 4-20　4 种复配药剂对苹果褐斑病的田间防治效果　　　　　（单位：%）

药剂	防治效果			
	保护性喷药	病叶率 1% 时喷药	病叶率 3% 时喷药	病叶率 5% 时喷药
30% 唑醚·戊唑醇悬浮剂	93.6	72.4	20.8	19.4
30% 吡唑·异菌脲悬浮剂	85.4	54.8	47.2	40.4
24% 吡唑·壬菌铜微乳剂	82.8	17.6	12.1	9.5
80% 代森锰锌可湿性粉剂（对照）	81.6	27.6	17.9	12.3

同时，室内评价了 24% 吡唑·壬菌铜微乳剂、30% 吡唑·异菌脲悬浮剂、30% 唑醚·戊唑醇悬浮剂、45% 吡醚·甲硫灵悬浮剂和 45% 甲硫·腈菌唑水分散粒剂对炭疽叶枯病菌菌丝生长的抑制效果。结果表明，5 种复配药剂对菌丝生长均有一定的抑制作用，其中 30% 吡唑·异菌脲悬浮剂、30% 唑醚·戊唑醇悬浮剂和 24% 吡唑·壬菌铜微乳剂抑制效果较好，其 EC_{50} 分别为 0.1829μg/mL、0.3682μg/mL 和 1.6653μg/mL；45% 吡醚·甲硫灵悬浮剂和 45% 甲硫·腈菌唑水分散粒剂抑制效果较差，其 EC_{50} 分别为 5.6907μg/mL 和 123.8084μg/mL（表 4-21）。田间试验表明，30% 吡唑·异菌脲悬浮剂、30% 唑醚·戊唑醇悬浮剂、24% 吡唑·壬菌铜微乳剂在田间对苹果炭疽叶枯病的防治效果较好，分别达 85.07%、84.71% 和 75.33%（表 4-22）。

表 4-21　5 种复配药剂对苹果炭疽叶枯病菌菌丝生长的回归方程及 EC_{50}

药剂	回归方程	EC_{50}/(μg/mL)
30% 唑醚·戊唑醇悬浮剂	$y=0.6931x+5.3008$	0.3682
30% 吡唑·异菌脲悬浮剂	$y=0.5815x+5.4290$	0.1829
24% 吡唑·壬菌铜微乳剂	$y=0.6324x+4.8609$	1.6653
45% 吡醚·甲硫灵悬浮剂	$y=0.5085x+4.6160$	5.6907
45% 甲硫·腈菌唑水分散粒剂	$y=1.0102x+2.8859$	123.8084

表 4-22　3 种复配药剂对苹果炭疽叶枯病的田间试验结果

药剂	药前各级病叶基数调查		末次药后 7 天各级病叶调查		防治效果/%
	总叶数	病情指数	总叶数	病情指数	
30% 吡唑·异菌脲悬浮剂	212	1.18	230.50	1.40	85.07a
30% 唑醚·戊唑醇悬浮剂	212	1.20	228.00	1.45	84.71a
24% 吡唑·壬菌铜微乳剂	212	1.23	230.50	2.41	75.33b
清水对照	215	1.19	232.75	9.32	

注：同列不同字母表示处理间防治效果差异达 5% 显著水平

上述研究表明，对于褐斑病等早期落叶病的防控，首先应在关键时期进行喷药预防，预防的效果整体高于治疗效果。综合分析，30% 唑醚·戊唑醇悬浮剂和 30% 吡唑·异菌脲悬浮剂具有较好的预防与治疗效果，可以作为防控苹果早期落叶病的高效化学药剂。

4.5.4　苯醚甲环唑和戊唑醇对苹果树腐烂病菌的细胞学作用机制

揭示药剂对病菌的作用机制对科学指导用药具有重要指导意义。戊唑醇已经被登记用于苹果树腐烂病的防控。虽然苯醚甲环唑尚未被登记用于腐烂病的防控，但经过室内药效评价，发现其对腐烂病菌菌丝生长和分生孢子萌发具有非常高的抑制作用（张林才等，2014；郭晓峰等，2015）。然而，两种药剂对腐烂病菌的作用机制尚不明确。为此，利用显微技术观察了不同浓度的两种药剂对病菌孢子萌发、菌丝形态及细胞结构的影响，从组织细胞学层面分别揭示了苯醚甲环唑和戊唑醇对苹果树腐烂病菌的作用机制，为田间更加准确合理地使用该类药剂提供了重要的科学依据。总的来看，苯醚甲环唑和戊唑醇作为三唑类杀菌剂，对苹果树腐烂病菌的影响既有相同点又有着不同点（图 4-10 ～图 4-13）。相同点：两种药剂均不影响孢子的吸涨，但能抑制孢子萌发，主要是抑制芽管的伸长，使芽管畸形不能正常侵入寄主；二者均能抑制菌丝在寄主中的侵染和扩展；均能引起菌丝形态和超微结构的变化，形态的变化主要为菌丝顶端肿胀，分枝增多，菌丝增粗，细胞壁破裂，原生质外渗等，结构的变化主要为细胞壁不规则增厚，线粒体增多、膜增厚或不规则缢缩，细胞核增多、核仁弥散，细胞隔膜增多、不规则增厚，细胞液泡化，原生质外渗，细胞最终坏死等，有时可在坏死的细胞内发现子菌丝。不同点：在侵染寄主的过程中，苯醚甲环唑处理枝条后菌丝主要在寄主表皮和愈伤组织间定植，戊唑醇处理后菌丝扩展较快，主要在皮层内定植；在结构上，苯醚甲环唑可以导致菌丝细胞壁降解，细胞外出现颜色较深的颗粒状物质，细胞质较为完整，部分出现了降解，而戊唑醇可以使细胞壁整体增厚，但不能降解，细胞外并未发现颗粒状物质，且细胞质基本紊乱，可导致细胞坏死。由此表明该类杀菌剂虽然有通过抑制真菌细胞膜上麦角甾醇的合成这个共同作用位点，但不同的杀菌剂也可能有独特的作用位点。该类杀菌剂在田间混合使用可能会降低腐烂病菌对二者的抗药性风险。

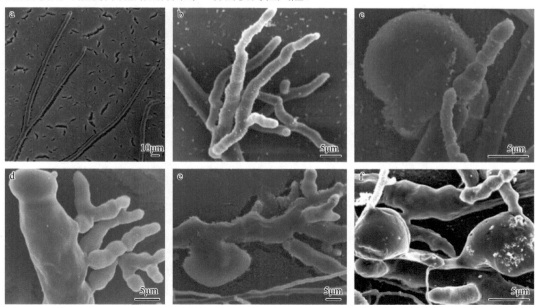

图 4-10　戊唑醇对苹果树腐烂病菌菌丝形态的影响

a. 未经药剂处理的对照菌丝（400×）；b. 药剂处理 12h 后的菌丝（2200×）；c. 药剂处理 24h 后的菌丝（2500×）；

d ～ f. 药剂处理 48h 后的菌丝（d. 3000×，e. 1500×，f. 2000×）

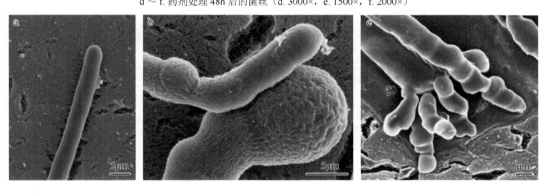

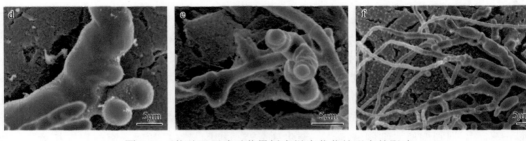

图 4-11　苯醚甲环唑对苹果树腐烂病菌菌丝形态的影响

a. 未经药剂处理的菌丝（1800×）；b. 苯醚甲环唑处理 12h 后的菌丝（4000×）；c、d. 苯醚甲环唑处理 24h 后的菌丝（c. 1500×，

d. 3500×）；e、f. 苯醚甲环唑处理 48h 后的菌丝（e. 4500×，f. 1500×）

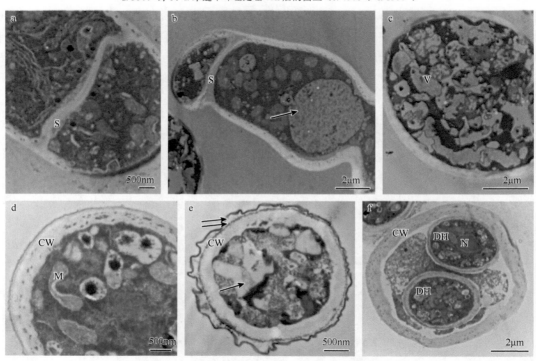

图 4-12　戊唑醇对苹果树腐烂病菌菌丝结构的影响

a ～ c. 戊唑醇处理 24h 后的菌丝细胞；d ～ f. 戊唑醇处理 48h 后的菌丝细胞。

CW：细胞壁；DH：子菌丝；M：线粒体；N：细胞核；S：隔膜；V：液泡

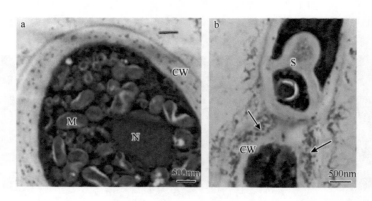

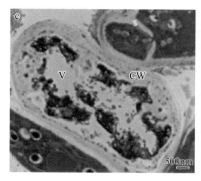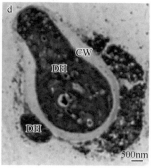

图 4-13　苯醚甲环唑对苹果树腐烂病菌丝结构的影响

a～d. 药剂处理 48h 后的菌丝细胞（a. 20 000×，b. 20 000×，c. 12 000×，d. 15 000×）。
CW：细胞壁；DH：子菌丝；M：线粒体；N：细胞核；S：隔膜；V：液泡

4.5.5　苹果树腐烂病菌对苯醚甲环唑和吡唑醚菌酯的敏感性

化学杀菌剂的长期单一使用及滥用，容易诱导病菌对其产生抗性，致使药剂对靶标病害的防治效果大幅下降。要想达到理想防控效果，只能不断加大使用剂量，这样不仅加大了防治成本，而且造成农药残留超标。更为重要的是，一旦抗性产生，还可能因为产生交互抗性而使得生产上无药可用（刘保友等，2013b）。因此，明确病菌对药剂的敏感性水平，能够为病害持续高效防控提供重要科学依据。为了科学指导用药，实现病害防控的持续减药增效，我们首先测定了来自 7 个省份 7 个不同年份的 106 株苹果树腐烂病菌对苯醚甲环唑的敏感性水平。供试菌株的 EC_{50} 在 0.003～0.123μg/mL，敏感性频率分布呈连续性单峰曲线。经 Kolmogorov-Smirnov 检验符合正态分布，未出现敏感性明显下降的抗性群体，平均 EC_{50} 0.044μg/mL 可作为苹果树腐烂病菌对苯醚甲环唑的敏感性基线（图 4-14）。进一步分析发现，不同地理来源的菌株对苯醚甲环唑的敏感性有显著性差异，来自辽宁省的菌株敏感性最高，河南省的敏感性最低；同时，不同年份的菌株敏感性也有差异，2009 年采集的菌株对苯醚甲环唑的敏感性普遍最高，而 2016 年采集的菌株敏感性相对较低，菌株对药剂的敏感性表现出随年份推移逐渐降低的趋势，这也在一定程度上说明病菌对苯醚甲环唑的敏感性在逐步降低（图 4-15）。

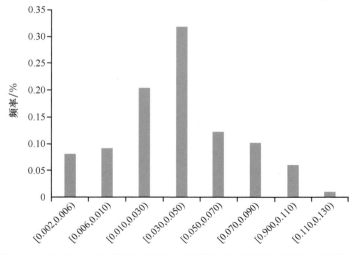

图 4-14　全国 106 株苹果树腐烂病菌菌株对苯醚甲环唑的敏感性测定

　　同时，我们还分析了采自 6 个省份的 120 株苹果树腐烂病菌对吡唑醚菌酯的敏感性。EC_{50} 分布在 0.001 37 ～ 0.024 00μg/mL，平均 EC_{50} 为 0.009 09μg/mL。所有菌株对吡唑醚菌酯的敏感性频率分布呈连续单峰曲线，近似于正态分布，未发现敏感性显著下降的亚群体，即田间还未出现抗药性菌株。因此，可将平均 EC_{50} 作为苹果树腐烂病菌对吡唑醚菌酯的敏感性基线（图 4-16）。最敏感的是新疆菌株，其平均 EC_{50} 为 0.0040μg/mL，最不敏感的是辽宁菌株，其平均 EC_{50} 为 0.0128μg/mL。新疆菌株与辽宁、山东、甘肃、山西菌株在 5% 水平差异显著；陕西菌株与辽宁菌株在 5% 水平差异显著；辽宁、山东、甘肃、山西菌株对吡唑醚菌酯的敏感性差异不显著（图 4-17）。

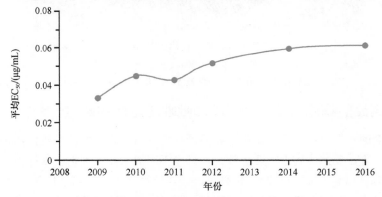

图 4-15　苯醚甲环唑对不同年份的苹果树腐烂病菌的 EC_{50}

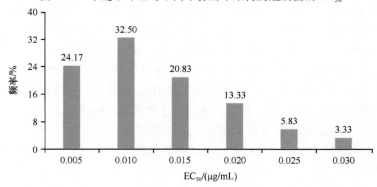

图 4-16　全国 120 株苹果树腐烂病菌对吡唑醚菌酯的敏感性测定

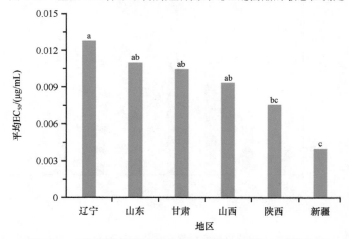

图 4-17　不同地区苹果树腐烂病菌对吡唑醚菌酯的敏感性

柱子上方不同小写字母表示各地区差异达 5% 显著水平

虽然目前腐烂病菌对两种药剂还未产生明显抗性，但仍应积极预防，采取合理的用药策略，建议与甲氧基丙烯酸酯类、苯酰胺类、二甲酰亚胺类和苯并咪唑类等其他杀菌剂合理交叉使用，避免一直使用同一类杀菌剂，以延长药剂使用周期。另外，化学防治要与物理防治和生物防治交替配合使用，这样既能够防控病害、减少损失，还可以延长农药的使用寿命，降低开发新型药剂的压力。

4.5.6　苹果树腐烂病菌对吡唑醚菌酯的抗药性风险

自吡唑醚菌酯投入使用以来，病菌抗药性问题越来越严重。先后在多个地区、多种作物上发现链格孢、灰葡萄孢等已经出现了抗性菌株，且很多抗性菌株对很多种药剂具有交互抗性（Avenot et al.，2008；Kim and Xiao，2010，2011；Fernández-Ortuño et al.，2012；Yin et al.，2012；Avenot and Michailides，2015；Fan et al.，2015）。该药剂在 2013 年已经在我国被登记用于苹果树腐烂病的防控，但对其抗性风险尚不了解。评估腐烂病菌对吡唑醚菌酯的抗药性风险，分析不同菌株的生物适合度和不同杀菌剂之间的交互抗药性，可对其科学使用策略的制定提供重要参考依据。我们随机选取了 14 株苹果树腐烂病菌野生型菌株，在含不同浓度吡唑醚菌酯的培养基上驯化诱导后获得了 3 株能够稳定遗传的抗性菌株（XJVM001R1、XJVM001R2 和 972R），其抗性倍数分别是野生亲本菌株的 41.0 倍、56.8 倍和 22.0 倍（表 4-23）。生物适合度分析显示，抗性菌株产繁殖体数量与野生亲本菌株相比无明显差异，但菌落生长直径、菌丝干重和致病力显著降低。与野生亲本菌株相比，抗性菌株对水杨肟酸（SHAM）和 NaCl 更敏感。交互抗药性结果显示，吡唑醚菌酯与戊唑醇、苯醚甲环唑、抑霉唑和甲基硫菌灵之间不存在交互抗药性（图 4-18）。

表 4-23　吡唑醚菌酯抗性菌株的抗性水平及遗传稳定性

菌株	来源[A]	EC_{50}/(μg/mL)		抗性倍数（RF）[B]	
		第一代	第十代	第一代	第十代
XJVM001	亲本菌株	0.003 29	0.003 01		
XJVM001R1	抗性突变体菌株	0.135	0.102	41.0	33.9
XJVM001R2	抗性突变体菌株	0.187	0.158	56.8	52.5
972	亲本菌株	0.005 08	0.004 93		
972R	抗性突变体菌株	0.112	0.057 5	22.0	11.7

注：A. 野生亲本菌株为田间分离获得，突变体菌株为室内吡唑醚菌酯驯化获得；B. 抗性倍数（RF）= 抗性菌株 EC_{50}/野生亲本菌株 EC_{50}

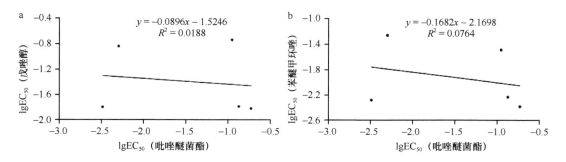

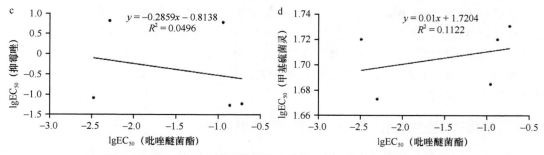

图 4-18　腐烂病菌对吡唑醚菌酯及其他 4 种杀菌剂的交互抗药性

　　总体来看，在药剂选择压力存在的条件下苹果树腐烂病菌对吡唑醚菌酯能够产生中等水平的抗药性，但抗性菌株生物适合度较低，竞争力较弱，且与其他常用药剂之间不存在交互抗性，推测其抗药性风险为中低水平。但是为了延缓病菌抗药性的产生，建议在田间轮换使用不同作用机制的药剂，或者将吡唑醚菌酯与其他无交互抗药性的药剂复配应用，使得病菌对吡唑醚菌酯始终保持在高度敏感阶段，这对于延长吡唑醚菌酯的使用寿命非常必要。

4.5.7　苹果树腐烂病早期监测预警技术及无症带菌分子检测技术

　　实现病害早期诊断和监测预警，对于指导病害科学高效防控具有重要意义。苹果腐烂病菌是一种弱寄生菌，病菌侵染后并不一定很快表现出症状。树势强壮时，病菌定植在树皮的浅层组织处于潜伏状态，直到树势衰弱时，病菌快速侵染导致组织溃烂。这一潜伏时期甚至可长达 1 年以上。

　　针对上述特点，基于前期研发的分生孢子捕捉及病菌分子检测技术（Zang et al.，2012；杜战涛等，2013），集成开发出了苹果树腐烂病早期监测预警技术。具体技术和参数：苹果开花期从花瓣露红至落花，每隔 7 天在果树上距地面 1.5m 高度处悬挂涂有凡士林的玻片，每亩按照五点采样法悬挂 5 个，悬挂 24h 后取回进行分生孢子显微计数（16×40 倍）。如果平均每视野可以检测到大于 1 个孢子时，说明田间菌源量已经达到防控阈值，需采取保护措施。同时，基于病菌多重巢氏 PCR 技术研发了苹果树腐烂病菌无症带菌分子检测技术，灵敏度高达 100fg/μL（1fg=10^{-14}g），且专化性强，能准确区分黑腐皮壳属（*Valsa*）不同种及其他病菌。近年来田间试验表明，当果园"健康树体"无症带菌率超过 5% 时，则应建议采取相关措施控制或延缓病菌进一步侵染扩展危害。

　　利用无症带菌分子检测技术，我们对我国北方主要苹果产区的 3 个省份中 10 个乡（镇）的 57 个不同树龄和发病情况的果园一年生无症状枝条的带菌率检测发现，供试枝条均普遍带菌，且重度发病果园的带菌率明显高于轻度发病或未发病果园的带菌率，枝条带菌率为 20%～35% 的果园，发病率低于 40%；带菌率在 90%～100% 的果园，发病率超过 80%。同时还发现，果园带菌率随树龄的增大而上升，在部分地区树龄较小、轻度发病甚至未发病的果园一年生枝条也存在较高的带菌率（表 4-24）。这表明我国苹果树腐烂病发生风险较高，一旦果树树势衰弱，病害可能会大发生并造成严重损失，应加以关注并做好病害预防工作。

表 4-24　我国北方主要苹果产区一年生枝条无症带菌的检测结果

地点	树龄	果园发病情况	带菌率/%	各个树龄平均带菌率/%	地点	树龄	果园发病情况	带菌率/%	各个树龄平均带菌率/%
河南省三门峡市灵宝市寺河乡姚院村	5 年	轻度	40	40	山西省运城市临猗县	5 年	轻度	40	40
		重度	40				重度	—	
	10 年	轻度	60	60		10 年	轻度	60	70
		重度	60				重度	80	
	20 年	轻度	60	70		20 年	轻度	80	90
		重度	80				重度	100	
河南省三门峡市灵宝市寺河乡磨湾村	5 年	轻度	60	70	陕西省咸阳市乾县王村镇	5 年	未发病	40	60
		重度	80				重度	80	
	10 年	轻度	40	50		10 年	未发病	40	40
		重度	60				重度	40	
	20 年	轻度	40	20		20 年	轻度	0	10
		重度	0				重度	20	
河南省三门峡市灵宝市寺河乡窝头村	5 年	未发病	80	80	陕西省渭南市白水县	5 年	未发病	60	70
		重度	80				重度	80	
	10 年	轻度	60	70		10 年	未发病	80	80
		重度	80				重度	80	
	20 年	轻度	20	60		20 年	轻度	60	60
		重度	100				重度	60	
河南省三门峡市灵宝市焦村镇焦村	5 年	未发病	0	10	陕西省铜川市印台区	5 年	轻度	20	20
		重度	20				重度	—	
	10 年	轻度	80	60		10 年	轻度	40	40
		重度	40				重度	40	
	20 年	轻度	60	60		20 年	轻度	40	50
		重度	60				重度	60	
山西省临汾市吉县	5 年	轻度	40	40	陕西省延安市洛川县凤栖镇下黑木村	5 年	未发病	40	60
		重度	—				轻度	80	
	10 年	轻度	60	80		10 年	轻度	80	90
		重度	100				重度	100	
	20 年	轻度	100	100		20 年	轻度	100	100
		重度	100				重度	100	

4.5.8　激活树体抗病力的理论基础与技术

科学合理利用品种抗病性是防治病害最经济有效的方法，也是实现化学农药减量控害的前提和基础。我们首先评价了 40 个苹果品种和 60 个砧木材料对苹果树腐烂病的抗性，发现不同材料的抗性水平存在明显差异，未发现免疫品种或砧木资源（图 4-19）。进一步分析发现，抗/感病材料受到病菌侵染后超氧化物歧化酶（SOD）、过氧化物酶（POD）、过氧化氢酶（CAT）、多酚氧化酶（PPO）的活性均有所增强，但抗病性较强材料的抗病相关酶 POD、SOD、CAT、PPO 的活性高于感病性较强材料；同时还发现，抗/感病材料受到病菌侵染之后抗病相关基因 *PDF1*、*NPR1*、*PR1*、*PR2*、*PR4* 也均表现出表达上调，同样抗病性较强材料的

抗病相关基因 *PDF1*、*NPR1*、*PR1*、*PR2*、*PR4* 的表达量高于感病性较强材料。进而，转录组分析发现，苹果存在大量抗病相关基因且能够在受到病菌侵染时表达上调（Yin et al.，2016）。另外，前期研究发现，不同苹果属材料对褐斑病的抗性水平也存在显著差异，将苹果褐斑病菌接种感病材料'富士'和抗病材料山荆子后发现，病菌在二者组织中的生长发育过程和寄主的反应相似，只是病菌在抗病材料中发育相对迟缓（王洁等，2012）。转录组分析发现，不同抗/感品种均存在抗病信号通路，只是感病材料中抗病（抗病相关）基因数量及表达水平低于抗性材料（Feng et al.，2019）。这表明，虽然果树对腐烂病和褐斑病表现为感病，但是并不意味着树体没有任何抗病反应，其自身的抗病信号均可以被病菌的侵染所诱导。为此，通过外源手段激发寄主抗病相关基因和抗病相关酶活性的高表达可能能够提升寄主的抗性水平。

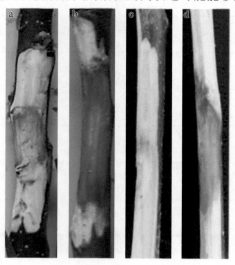

图 4-19　不同材料对苹果树腐烂病的抗性水平

a、b：不同品种；c、d：不同砧木

基于上述理论，我们提出了"地上喷施诱抗剂＋地下增施生物菌肥/有机肥"的树体抗病力激活技术。具体技术要点：落花期、幼果期和果实膨大期按照建议使用浓度叶面喷施氨基寡糖素、寡糖·链蛋白、壳寡糖、赤·吲乙·芸苔等植物免疫诱抗剂 1 ～ 2 次或淋刷树干 1 次，同时结合萌芽期增施生物菌肥与秋施基肥时增施有机肥，以增强果树树势、提高树体抗病力。该技术不仅可以提升树体抵抗病菌侵染的能力，同时保水保肥，增强果树抗旱、抗寒能力，显著提升树势，从而提高对苹果树腐烂病等病害的抗性水平，特别是落花后喷施 1 次氨基寡糖素类免疫诱抗剂，对褐斑病具有较好的防控效果，单项技术综合防治效果可达 65%。多年调查显示，常规管理果园配套该技术可使果树对苹果树腐烂病/枝干轮纹病和褐斑病的防治效果提升 10% ～ 15%，特别是在早春低寒天气效果表现尤为突出。此外，该技术还可以促进植物生长，有效提高果品产量和品质。

4.5.9　阻止病菌入侵定植苹果枝干的病害高效防控技术

"预防为主、综合防治"的植保方针自制定以来，指导广大植保工作者和农业生产者在防控植物病虫害工作中取得了很好的效果。然而，对于个别病害，如苹果树腐烂病和枝干轮纹病等重大病害，因对病菌的传播侵染致害规律不清，导致病害防控始终处于"想防无法防、只治不防"的被动局面。果农只能在见到病斑之后采取被动地刮除病斑后涂药的治疗办法。但因腐烂病的菌丝可深入皮层韧皮部，甚至达到木质部，病组织难刮除且药剂难渗透，导致治疗效果一直很差，且病斑复发率很高。因此，急需找到病菌入侵关键部位和时间，以研发防病部位精准和防病时期精准的高效防控技术。

过去人们一直认为苹果树腐烂病菌以菌丝体、分生孢子器及子囊壳在病组织中越冬、越夏。经过我们多年的调查发现，病菌还可以在修剪枝残体、枯死枝、带菌的"健康"组织及其他寄主组织中越冬、越夏。只要条件合适，病菌便可周年从分生孢子器和子囊壳中释放出大量分生孢子与子囊孢子，随风、雨、昆虫、修剪工具等传播。分生孢子传播高峰期从苹果树萌芽前至幼果期持续 5 个月左右，全年传播数量累计达 27.5 万个/cm²，开花期传播量最大。分生孢子在距离地面 0.5 ～ 2.5m 的树冠高度均能传播，其中距地面 0.5 ～ 1.5m 的树冠高度传播量最大（杜战涛等，2013）。病菌落到树皮表面后，主要从树皮表面肉眼不可见的裂纹等微小伤口及皮孔等自然孔口入侵（Ke et al.，2013），也可通过冻伤、剪锯伤、虫伤、日灼伤等部位入侵。大量显微观察发现，条件适宜时，分生孢子在树皮表面 6h 开始吸涨，由腊肠形变为椭球形或球形。16h 可从孢子的不同部位萌发产生 1 至多个芽管，20h 芽管便可入侵并进入树皮组织。4 天后病菌菌丝可在皮层薄壁组织和韧皮部大量定植。15 天后菌丝便可扩展至木质部导管，此时木质部外围的形成层、韧皮部和皮层组织大量消解，失去原有的细胞和组织形态（Ke et al.，2013）。根据上述理论研究，提出并实践了阻止病菌入侵或者杀死定植在浅层组织病菌的防病技术，实现了"防控时期精准"和"防控部位精准"，极大地降低了盲目被动防控病害造成的农药浪费。

"阻侵入"的防病技术极大地减轻了后期的病害防控压力。具体技术要点：幼果期（夏季 6 ～ 8 月）对主干大枝（主干涂至离地面 1.5 ～ 2.0m，大枝涂至离分杈点 0.3m 左右）及枝杈处全面涂刷（喷淋）戊唑醇、吡唑醚菌酯、噻霉酮等杀菌剂，淋刷 2 次，每次间隔 15 ～ 20 天，单项技术平均防治效果达 81.6% 以上，且操作简单，省工省时。2018 年对陕、甘、豫、晋 4 省随机选取 110 个果园进行调查发现，68 个果园应用了夏季药剂淋干技术，占调查总园数的 61.8%，说明夏季药剂淋干技术在生产上已得到部分推广与应用，然而果农对低龄果园病害的发生不够重视，推广应用工作需进一步加强。统计分析结果表明，夏季药剂淋干能减轻苹果树腐烂病的发生。6 ～ 10 年生、11 ～ 15 年生、16 ～ 20 年生和 21 ～ 25 年生果树应用夏季药剂淋干技术和未应用该技术的发病株率分别降低 53.0%、48.1%、45.9% 和 53.7%，平均降低 48.7%（表4-25）；从病斑数量来看，新病斑分别减少 18.5%、35.4%、32.1% 和 50.7%（图4-20），其中主干部位病斑分别减少 62.5%、76.7%、84.2% 和 96.9%，其他部位（中心干、主枝）病斑分别减少 30.2%、31.2%、38.1% 和 50.5%。

表 4-25 夏季药液淋干技术对苹果树腐烂病的防治效果

树龄	技术应用情况	发病株率/%					新发病株率降低幅度/%
		河南	山西	陕西	甘肃	平均	
6～10 年	-	31.2	3.6	29.6	8.0	18.1	
	+	—	6.7	8.0	10.7	8.5	53.0
11～15 年	-	8.0	20.0	44.0	35.2	26.8	
	+	4.0	8.0	28.8	14.8	13.9	48.1
16～20 年	-	—	24.0	—	57.3	40.7	
	+	17.3	12.0	37.3	21.3	22.0	45.9
21～25 年	-	—	28.0	64.0	73.3	55.1	
	+	26.2	19.6	27.0	29.0	25.5	53.7

注："-"代表未应用夏季淋干技术；"+"代表应用了夏季淋干技术

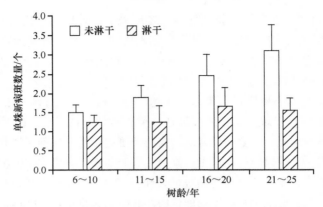

图 4-20 夏季药液淋干技术对苹果树腐烂病新病斑数量的影响

同时，我国苹果轮纹病菌主要以菌丝体和子座在枝干组织及散落在果园中的病残体上越冬。翌年春天气温回升后，越冬菌丝体继续扩展危害，越冬的子座则产生有性或无性孢子侵染枝干和果实。分生孢子器一般在 2 月开始释放分生孢子，5～6 月达到全年高峰，7～8 月若遇较长时间降雨，则再次达到释放侵染高峰，9 月后逐渐减少。为了实现重大枝干病害高效防控，比较分析苹果树腐烂病菌周年传播规律和轮纹病菌周年传播规律发现，轮纹病菌的传播高峰与腐烂病菌在时间上高度一致，且病菌的入侵存在一个高峰期（夏季 6～8 月）。为此，结合筛选出的对两种病害均有较好效果的药剂，在果树幼果期应用药剂淋干技术可以成功实现"一刷防二病"。值得注意的是，如果树体存在轮纹病瘤，应在首次淋干前将病瘤刮除，来年病瘤复发率可控制在 15% 以下。该技术连续应用三年后，可减为每年淋刷 1 次，甚至不再淋刷。喷涂树干应细致、周到，但注意不要喷洒在叶、果上。对于矮砧密植园，苹果树腐烂病与轮纹病的防控可以结合叶部病害进行同步防控，在防控叶部时，加施防治苹果树腐烂病与轮纹病的药剂，喷洒叶面的同时淋湿主干与主枝，可实现高效防病。该技术在陕西洛川、乾县、扶风、凤翔等果区进行了三年的试验与示范，效果显著，示范园病害防控效果达到 85% 以上。

4.5.10 化学防控和生态防控相结合的苹果早期落叶病高效防控技术

苹果褐斑病是导致我国苹果树早期落叶的主要病害。近年来在我国苹果产区普遍严重发生。重病园落叶率高达 80%～100%，严重时导致苹果秋后二次开花，不但降低了苹果的产量和品质，而且极大地削弱了树势。基于前期研究，结合项目实施期间监测的褐斑病发生适宜气象因子，发现春季田间日平均气温达到 15℃，遇 24h 以上阴雨时，越冬病菌开始进行初侵染。大流行条件为 7 月和 8 月旬平均气温为 23℃，旬平均相对湿度在 90% 以上。总体来看，褐斑病发生程度与雨量呈显著正相关，4～5 月降雨早、雨日多或雨量大，则田间开始出现病叶时间早、病叶率高。7～8 月秋梢生长期降雨多，病菌大量重复侵染，病叶率和病情指数迅速上升，8～9 月出现大量落叶。

基于上述结论，提出了"落花后坐果前，瞧着降雨打保险"的褐斑病动态防病理念。即在苹果褐斑病的化学防治中，喷药的时间、种类和次数要根据当地气候条件进行调整。其共性规律是花后至幼果期（陕西关中果区 4 月底至 5 月上旬，渭北旱塬果区 5 月中上旬，黄土高原果区 5 月下旬至 6 月上旬）根据温度和雨水情况（通常温度超过 15℃，连续 2 天阴雨）喷施 1～2 次 37% 丙森锌可湿性粉剂或 37% 代森锰锌可湿性粉剂（或 30% 吡唑·异菌脲悬浮剂或 30% 唑醚·戊唑醇悬浮剂）；病害发生初期（病叶率在 1% 以内）喷施 1～2 次内吸性杀菌剂（如 30% 吡唑·异菌脲悬浮剂或 30% 唑醚·戊唑醇悬浮剂）。回温早、雨水多，应注意提前喷药预防。降雨较多的年份或地区可以在发病初期加喷 1 次治疗剂，7 天后喷施 1 次倍量式波尔多液。该技术在陕西洛川、乾县、扶风、凤翔等果区进行了三年的试验与示范，效果显著，示范园病害防控效果平均达到 85% 以上，部分示范园褐斑病防治效果达到 95% 以上。

此外，炭疽叶枯病在早熟品种（如'松本锦''嘎啦'等）上发生普遍，危害严重时造成果树大量落叶。其中，落花后至幼果期为病菌侵染最适期，果实膨大至成熟期（特别是 7 ~ 8 月）为病害发生高峰期，发病急，扩展快，若遇连续阴雨、雨后骤晴等适宜环境条件，3 ~ 4 天叶片便开始大量脱落。参考苹果褐斑病防控经验，提出了花后至幼果期（5 ~ 6 月）及时喷药防控，要根据天气预报雨前喷药防病，特别是在连阴雨天气一定要特别注意，10 ~ 15 天喷施 1 次，保证每次出现 48h 连阴雨前叶片表面要有药剂保护。

果园生态环境对早期落叶病的发生影响很大。果园覆盖稻草帘、铺地布等有助于控制早期落叶病的暴发流行，落叶病防治效果能够提升 5% ~ 15%。

4.5.11　以植物健康管理为核心的重大病害绿色防控技术体系

苹果树腐烂病、轮纹病和褐斑病等重大病害的发生与树势强弱存在密切关系。树势强，发病轻；树势弱，发病重。早期落叶病的发生能够显著降低树势，从而加重枝干病害的发生危害。因此，病害防控是一个系统工程，要以预防为主，以植物健康管理为核心的重大病害绿色防控技术体系集成将成为减药增效控害的重点。

在这一思想的指导下，我们提出了"早预警、阻侵入、抗扩展"的改治为防的新策略。坚持以科学处理病残体和修剪枝残体、降低菌源量为基础，以监测预警为指导，以在病菌传播侵染关键时期保护树体为重点，以综合应用植物诱抗剂和生物菌肥/有机肥提升树体抗病力为根本，结合果园生草等生态调控技术，设置三道防线以达到降病原、阻侵入、抗扩展的防病目的。针对田间病菌来源多，提出了消灭侵染源从而压低病原基数的第一道防线。具体技术要点：入冬前彻底清扫果园落叶，果树修剪后及时将修剪枝残体进行资源化利用，或将修剪枝残体集中覆盖隔离，或早春对修剪枝残体喷施戊唑醇、苯醚甲环唑或噻霉酮等进行杀菌处理，减少田间菌源量。发现弱枝、病枝、死枝、病叶要及时清理并带出园外销毁。果树落叶后和早春萌芽前进行清园，全树喷施一次具有治疗作用的广谱性杀菌剂，树干、大枝和丫杈部位均需喷施周到。针对病菌传播数量大导致树体表面侵染点多，提出了关键时期保护树体阻止病菌侵染的第二道防线（具体见阻止病菌入侵定植苹果枝干的病害高效防病技术与化学防控和生态防控相结合的苹果早期落叶病高效防控技术）。针对病菌入侵后在浅层组织定植潜育的特点，提出了通过激活树体抗病力来阻止病菌进一步扩展危害的第三道防线（激活树体抗病力技术）。

在此基础上，结合国内外已有的防治经验，基于高效药剂筛选、病菌抗药性监测和常用药剂作用机制解析，结合果园生草等生态调控措施，集成了以监测预警为指导、以壮树防病为基础、以精准施药为核心的苹果重大病害绿色防控技术体系。该技术体系集成度高、创新性强、适用性广，化学药剂减施增效显著，实现了苹果树腐烂病轻简化防控目标，降低劳动力成本 50% 以上，综合防病效果达到 85% 以上。

关键环节包括如下内容。

1. 萌芽前期

彻底清园，杀灭越冬菌源；合理修剪，刮治腐烂病斑，伤口、剪锯口及时保护（用吡醚·甲硫灵或苯醚甲环唑等）。

2. 萌芽期

以根施氮肥为主，磷肥为辅，根施生物菌肥 1 次有助于激活树体抗性。

3. 花露红期

喷施 1 次腈菌唑、己唑醇、多抗霉素等防控白粉病、霉心病等病害。

4. 落花后—幼果期

做好监测预警工作。全园喷施氨基寡糖素、寡糖·链蛋白、壳寡糖等植物诱抗剂 1～2 次激活树体抗病力；喷施保护性杀菌剂（丙森锌或代森锰锌等）预防早期落叶病，之后视降水情况和病害发生情况（内膛病叶率 1% 以内）喷施 1～2 次杀菌剂（唑醚·戊唑醇或吡唑·异菌脲或甲硫·腈菌唑等）防控早期落叶病等。疏花疏果，合理负载。

5. 幼果期—果实膨大期

乔化园于 6～8 月对主干、大枝进行药液淋刷（唑醚·戊唑醇或吡醚·甲硫灵或苯醚甲环唑或噻霉酮等）预防苹果树腐烂病、枝干轮纹病；根据 7～9 月降雨情况喷施药剂（唑醚·戊唑醇或吡唑·异菌脲或甲硫·腈菌唑等）防控早期落叶病。矮化密植园结合叶部病害的防控进行药液淋干防控苹果树腐烂病和枝干轮纹病。根据生长情况施速效化肥，叶面喷施以钾肥为主，磷肥为辅。建议各种药剂交替使用，避免病菌产生抗药性。

6. 落叶越冬期

果实采收后施入基肥，以有机肥为主。冬季清园降低来年侵染源。树干涂白预防冻害发生。

4.5.12　小结与展望

针对当前苹果病害防控存在的问题，在防控对象精准、防控药剂精准、防控部位精准、防控时期精准的高效防控思路的指导下，我们在明确了果园重点防治对象的基础上筛选出了高效的化学杀菌剂，并通过科学的药剂组合，减少了用药品种和用药量，进而基于病菌侵染传播致害规律找到病害预防的关键时期和关键部位，研发出高效精准的施药技术以降低施药频次和剂量。同时，监测评估了重大病害病菌对当前常用药剂的抗性水平和抗性风险，并揭示了药剂对病菌的作用机制，为生产上长期科学用药提供了重要依据，以实现药剂使用的持续、低量、高效。此外，建立了激活树体自身抗病力技术，结合果园健康管理、果园生草等农业生态调控等措施，助力苹果重大病害的高效化学防控。在此基础上，通过对已有技术的整合和新技术的研发、集成、形成了重大病害早期监测预警技术、关键时期防入侵技术、树体抗病力激活技术、生态防病技术等，并在陕西不同果区进行熟化及大面积示范应用，效果显著。陕北黄土高原果区由 7～8 次药降为 5～6 次药；渭北旱塬果区由 8～10 次药降为 7～8 次药；陕西关中灌区果区由 10～14 次药降为 7～8 次药；单次用药品种普遍减少 1～2 种。初步实现了从"治已病"到以植物健康管理结合高效药剂为核心进行"防未病"的转换，在一定程度上削减了无效或低效的重复用药，促进了化学农药的高效、持效利用。

然而，随着气候变化和栽植模式改变，苹果病虫害交替发生、致害致灾规律也随之变得更为复杂。这就要求我们继续加大病害高效化学防控的基础理论研究和技术研发的力度，实现传统化学防治向现代精准绿色防控转变。要继续加大新型高效药剂的开发力度及已有药剂的高效应用技术的研发力度；进一步研发、评估植物免疫诱抗产品、机制及应用技术；探索苹果无袋栽培后的植保新方案；深入揭示营养（水、肥等）条件与树体抗性的关系及其与药效发挥程度的关系；充分发挥智能化在苹果病害高效防控中的作用，加强农业大数据的挖掘、分析和整理，推进病虫害监测预警进入大数据时代，使得苹果病虫害防控更加精准。

4.6 苹果精准施药技术

病虫害防治以主要病虫害和单项技术为主，较少考虑病虫害的生物学特性，及其在生长季内发生时间和空间上的重合，从一体化方向出发进行技术整合。如何使技术规程着眼于果园农药使用的全过程，针对关键环节存在的主要问题开展研究工作，减少农药使用量、提高防治效果、集成农药精准使用技术是我们研究的重点。因此我们从解决生产实际问题的角度出发，对监测、选药、配药、用药等多个方面进行集成、优化和推广应用，通过各节点技术的配合应用，集成了覆盖"科学病虫监测＋明确防治对象＋找准用药适期＋精准选择药剂＋选对施药器械"5 个重要环节的苹果园精准高效施药技术模式（图 4-21），希望通过这一技术的应用，实现化学农药的精准、高效、减量使用。

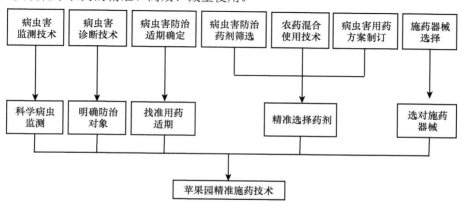

图 4-21 苹果精准施药技术框架

4.6.1 科学病虫监测

病虫害的科学监测是开展病虫害防治的前提和基础，国内从事病虫害防治研究的科研单位从 20 世纪 60 年代初期即开展了病虫害发生发展规律的研究，目的就是对其进行科学监测，目前已基本形成了一套较完善的监测方法。具体监测方法如下。

1. 桃小食心虫

1）越冬幼虫出土时期的预测预报

在具有代表性的果园，选择上年受害较重的 5 株树为调查树，开春后拣走树盘范围内的石块、杂草，4 月下旬每棵树以树干为圆心，在半径 1m 的圆内同心轮纹状放置小瓦片 50 片，从 5 月初开始，每天早、中、晚各检查一次瓦片。

2）成虫发生期的预测预报

从 5 月中下旬开始，果园内设置桃小食心虫性外激素诱捕器，每 10～20 亩果园用对角线取样法设置 5 个诱捕器，诱捕器间距约 50m。诱捕器用直径 15cm 的大碗制成，碗内加500 倍洗衣粉水溶液，将一枚含 500μg 性诱剂的诱芯悬挂在碗中央，其底部与水面保持 1cm 的距离。然后将诱捕器悬挂到指定地点树冠距地面 1.5m 的树枝上。每日上午观察记录诱蛾数，捞出雄蛾并添加水。

3）卵果率调查法

在果园采取对角线取样法，调查 10 ～ 20 棵树，在每棵树的东西南北中 5 个方位各调查 50 ～ 100 个果实，共调查 1000 ～ 2000 个果实，统计卵果率。

2. 苹果全爪螨

1）越冬卵孵化期预测预报

选择具有代表性的果园，在其中选定生长势中庸、越冬卵较多的 5 株树作为调查树，在每株树的树冠外围 4 个方位及内膛各选定一个枝，从每个小枝上截取有 50 ～ 100 粒越冬卵的长约 5cm 的枝段，并仔细统计越冬卵数，剪口用白漆封闭，5 个枝段固定于一块 10cm×10cm 的白色小木板上，周围涂凡士林，宽约 1cm，将小木板固定在被调查树的树干上，并及时检查凡士林的黏着力是否下降。从苹果萌动初期开始每天进行调查，记录粘在凡士林上的初孵幼虫数，然后用小针剔除，当累计卵孵化率达到 50% 时发出预报，要求及时防治。

2）发生量预测预报

在具有代表性的果园选择对角线取样法，选定 5 个调查点，每点附近选定一株长势中庸的树作为调查树。5 月上旬开始每隔 2 ～ 4 天调查一次。每次调查在每株调查树树冠的东西南北中 5 个方位各随机采枝条中部叶片两片，每树 10 片，统计苹果叶螨各个虫态和各种天敌的数量。6 月以前平均每叶活动态螨数达到 3 ～ 5 头时应发出预测预报，并进行防治。6 月以后平均每叶活动态螨数达到 7 ～ 8 头时应发出预测预报，并进行防治。不过，益害比大于 1 ： 50 时可暂时不进行药剂防治。

3. 山楂叶螨

1）越冬雌成螨出蛰上芽为害期预测预报

在果园中按对角线取样法选定 5 个调查点，每点附近选定一株长势中庸的树作为调查树。从苹果萌芽开始，每隔两日调查一次，每次在每株树树冠东、西、南、北及内膛等 5 个方位的外围偏内部位，各随机调查 4 个短枝芽顶，每株调查树调查 20 个芽，共计 100 个，统计芽上的越冬雌成螨数，至开花时调查工作结束。每芽平均有越冬雌成螨 2 头时，即应进行防治。

2）发生量预测预报

参照苹果叶螨。

4. 二斑叶螨

1）越冬雌成螨出蛰为害期预测预报

在具有代表性、上年该虫害发生严重的果园，按对角线取样法选定 5 个调查点，每点附近选根颈部有萌蘖的树 2 株，每株只保留一根蘖，其余剪除。萌蘖萌芽期开始进行调查，到开花时结束。每天调查 1 次，每次调查各萌蘖所有的新叶和颈干上的出蛰越冬雌成螨，并计数。连续 3 日发现有出蛰雌成螨时发出预报，进行防治。

2）发生量预测预报

参照苹果叶螨。

5. 苹果小卷叶蛾

1）越冬幼虫出蛰期预测预报

在具有代表性且上年受害严重的果园内，按对角线取样法确定 5 个观测点，每点附近选定 2 株主栽品种树，且品种一致。每株树在有越冬虫茧的剪锯口或翘皮裂缝处标记虫茧 20 个。从苹果树芽萌动开始，每隔一日调查所有标记虫茧一次，以空茧表示出蛰幼虫数。并按照公式：

越冬幼虫出蛰率 = 出蛰幼虫数/调查总虫茧数 ×100%，计算当日幼虫的出蛰率和累计出蛰率。当累计出蛰率达 30% 且累计虫芽率达到 5% 时发出预测预报，应立即进行防治。

2）成虫发生期预测预报

同上的方法选定 10 株调查树，从田间发现幼虫化蛹开始挂性外激素诱捕盆于树冠的外围，距地面 1.5m。每天早晨检查落入诱捕盆的成虫数，计数后捞出。根据每日诱蛾累计数绘制消长柱形图，从而判断成虫发生的高峰，向后推 7 ～ 10 天为卵孵化盛期。并在卵孵化盛期 7 ～ 10 天后进行防治。

6. 顶梢卷叶蛾

参照苹小卷叶蛾。

7. 金纹细蛾

在具有代表性且上年受害严重的果园内，采用对角线取样法确定 5 个观测点，每点附近选定 2 棵树，在树冠外围悬挂一个该虫的诱捕器，诱捕器距离地面 1.5m。从当地苹果萌动开始挂诱捕器，并在每天早晨检查落入诱捕器的成虫数，计数后捞出，并将每日诱蛾累计数绘成消长柱形图，从而判断成虫的发生高峰期。在当年第一代成虫高峰期发出预测预报，进行防治。

8. 苹果树腐烂病

病菌越冬后，遇雨或相对湿度在 60% 以上时，分生孢子器内排出大量的分生孢子，在外表形成孢子角。一年中该病有两个发病高峰：3 ～ 4 月和 9 月。

9. 苹果干腐病

该病的发生与降雨有密切关系，在辽宁南部果区 5 月中旬至 10 月中旬均能发病，其中以降雨量最少的 6 月发病最多，7 月中旬雨季来临时，病势减轻。在山东以 6 ～ 8 月和 10 月为两个发病高峰。在前一年秋雨很少、当年春季干旱和气温回升快的情况下，发病期大大提前。

10. 苹果炭疽病

根据不同地区，可分别于苹果落花后或 5 月中旬开始进行田间孢子捕捉，方法：在园内选取历年发病较重的感病品种 5 株，如‘国光’‘红富士’‘秦冠’等树种，在苹果展叶后，在每株树的东、西、南、北、中 5 个方位各挂一个涂有凡士林的载玻片，于花后每 5 天取回玻片镜检 1 次，发现病原孢子，立即预报并喷药。

11. 苹果轮纹病

1）物候观察法

春季苹果落花后，日平均气温达 20℃ 左右，如有 10mm 以上降雨，将有较多孢子散发，如连续降雨，将有大量孢子散发；幼果期及果实膨大期，如遇较多或连续降雨，同样有利于孢子的释放。

2）孢子捕捉法

在园内选感病品种（富士系和元帅系等）枝干病斑较多的树 5 株，每株树在距枝干病斑 5 ～ 10cm 处分东、西、南、北 4 个方位各固定 1 个玻片，使涂凡士林的一面对着有较多成熟孢子器的枝干。从开花期开始每 5 天换 1 次，取回室内镜检，发现病原孢子，即可发出预报，再结合物候期观察和天气预报等情况，确定喷药的日期。

12. 苹果斑点落叶病

在有代表性的果园，用对角线取样法选感病品种 5 ～ 10 株，在每株的东、南、西、北、中 5 个方位，各选 2 个外围延长枝，挂布条做标记，每 5 天调查一次。每次调查每株树 10 个枝条全部叶片的病叶率和每叶平均病斑数。高感品种病叶率达 5% ～ 8%、中感品种达 10% ～ 15% 时，进行专用药剂的第一次喷洒；高感品种病叶率达 30%，中感品种病叶率达 50% 左右时，进行专用药剂的第二次喷洒。之后再根据病情和严重程度，在秋梢生长阶段进行 1 ～ 2 次防治。

13. 苹果褐斑病

参照苹果斑点落叶病。

14. 炭疽叶枯病

参照苹果斑点落叶病。

4.6.2　明确防治对象

在监测过程中，在树体的枝、干、叶、果等部位发现病虫为害时，需根据树体受害特点和病虫形态进行病虫种类诊断，同时通过苹果化肥农药双减公众号、技术咨询、参考工具书、网络图片等各种手段，明确防治对象。

4.6.3　找准用药适期

每种病虫害在田间均有其特定的发生规律和关键防治时期。通过监测和诊断明确园内发生的病虫种类后，需对其发生规律进行了解，找到其相对适宜的用药时期，以便进行防治药剂的选择。主要病虫害适宜的用药时期可参考表 4-26。

表 4-26　苹果主要病虫害适宜的用药时期

病虫害名称	适宜的用药时期
腐烂病	刮治：一般在春秋两季进行病斑刮除，并涂抹药剂，春季刮治宜在树体休眠结束后进行。 生长季用药适期：落叶后初冬和萌芽前。重病果园 1 年 2 次药，轻病果园用 1 年 1 次药即可，一般落叶后比萌芽前喷药效果好
干腐病	刮治：时期和方法参考腐烂病。 生长季用药适期：一般发芽前喷施 1 次铲除性药剂
轮纹病	刮治：发芽前刮除枝干病瘤，轻刮，表面硬皮刮破即可，然后涂药。 生长季用药适期：发芽前全园喷施铲除性药剂。果实轮纹病一般从苹果落花后 7 ～ 10 天开始喷药，套袋苹果至套袋后，不套袋苹果至 8 月底或 9 月上旬，具体喷药时间视降雨情况，尽量雨前施药，若雨后施药需在雨后 2 ～ 3 天，雨多多喷，雨少少喷，无雨不喷
炭疽病	用药：果树发芽前，全园喷铲除性药剂。生长季一般从落花后 7 ～ 10 天开始喷药，10 ～ 15 天一次，至果实套袋。不套袋果园则需喷药至采收前，具体喷药时间可结合果实轮纹病防治
白粉病	一般在果园萌芽后至开花前和落花后各喷药 1 次，严重果园需在落花后 10 ～ 15 天再喷药 1 次
斑点落叶病	用药一：春梢期喷药始于落花后，10 ～ 15 天喷施 1 次，施药 2 ～ 3 次；用药二：秋梢期视降雨情况，在雨前喷保护性药剂，一般施药 2 ～ 3 次
褐斑病	用药：根据当地雨季时间，参考病害发生档案，在历年发病前 10 天左右开始喷药，第一次喷药一般始于 6 月上旬，10 ～ 15 天喷施 1 次，施药 3 ～ 5 次。套袋果园在套袋前喷 1 次，套袋后喷 2 ～ 4 次
炭疽叶枯病	雨季时根据天气预报在雨前，特别是将要出现连阴雨时喷药，10 ～ 15 天喷施 1 次，保证每次出现 2 天的连阴雨前叶片表面都要有药剂保护
锈病	往年发病严重果园，在展叶至开花前、落花后及落花后半月左右各喷 1 次；不严重果园可结合防治其他病害进行兼治
桃小食心虫	往年发病严重果园，在发现越冬幼虫开始出土时进行地面喷药，喷药结束后耙松土壤表层。树体喷药时间可在地面用药后 20 ～ 30 天或田间卵果率达 0.5% ～ 1% 或性诱剂测报成虫高峰时开始喷药，7 ～ 10 天喷 1 次，喷 2 ～ 3 次。防治第 2 代幼虫时，可依据卵果率和性诱剂监测结果进行喷药。套袋果园，需在套袋前喷药 1 次

病虫害名称	适宜的用药时期
梨小食心虫	田间喷药需结合性诱剂监测结果，在每次诱蛾高峰后 2～3 天各喷药 1 次
苹果绵蚜	萌芽后至开花前和落花后 10 天左右是药剂防治的前两个关键期，可喷药 1～2 次，间隔 7～10 天。秋季苹果绵蚜数量再次迅速增加时，是第二个关键期，喷药 1～2 次即可
绣线菊蚜	往年发病严重果园，在萌芽后近开花时，喷药 1 次。一般果园，在落花后新梢生长期，当嫩梢上蚜虫数量开始迅速上升或开始为害幼果时喷药，喷 1～2 次，第二次喷药间隔 7～10 天
苹果瘤蚜	喷药掌握在越冬卵全部孵化后至叶片尚未卷曲之前，一般应在发芽后半月至开花前进行，喷药 1 次即可，也可结合苹果绵蚜的花前防治一并进行
苹果全爪螨	用药适期一：发病严重果园，在花序分离期，喷药 1 次。用药适期二：在落花后 3～5 天喷药 1 次。之后在害螨数量快速增长初期进行喷药，春季防治指标为 3～4 头/叶，夏季防治指标为 6～8 头/叶
山楂叶螨	用药适期一：严重果园，发芽至花序分离期，喷药 1 次，防治越冬雌成螨；用药适期二：落花后 10～20 天，喷药 1 次，防治第一代幼（若）螨。以后在害螨数量快速增长初期进行喷药，春季防治指标为 3～4 头/叶，夏季防治指标为 6～8 头/叶
二斑叶螨	用药适期一：落花后半月内，害螨上树为害初期；用药适期二：6 月底至 7 月初，害螨从树体内膛向外围扩散初期。这两个时期需各喷药 1 次。以后在害螨数量快速增长初期进行喷药，春季防治指标为 3～4 头/叶，夏季防治指标为 6～8 头/叶
绿盲蝽	用药适期一：花序分离期；用药适期二：落花后 1 个月。喷药次数取决于往年为害程度，一般花前 1 次，花后 1～2 次，间隔 7～10 天
苹小卷叶蛾	用药适期：落花后 3～5 天防治越冬幼虫，6 月中旬防治第 1 代幼虫，8 月防治第 2 代幼虫。6～9 月的具体施药时间可依据性诱剂测报结果，在诱蛾高峰出现后的 3～5 天喷药
顶梢卷叶蛾	用药适期一：花芽展开时防治越冬幼虫，6 月中旬防治第 1 代幼虫。严重果园在花前喷药 1 次，一般果园与苹小卷叶蛾合并防治即可

4.6.4　精准选择药剂

　　明确防治对象、找到用药适期之后，需根据田间病害发生阶段、害虫种群结构和病虫为害程度进行药剂的选择。在我国，由农业农村部农药检定所负责新农药的登记与审批，在其批准认证的农药田间药效试验单位经过多年的试验验证，登记推广了许多高效低毒与环境友好的药剂，我们结合自己的试验结果及国内同行的技术报告，制定了苹果主要病虫害防治药剂选择参考表（表 4-27）。

表 4-27　苹果主要病虫害防治药剂选择参考表

病虫害名称	防治药剂种类
腐烂病	涂抹药剂：甲硫·萘乙酸、腐殖酸·铜、辛菌胺醋酸盐、甲硫·戊唑、丁香菌酯等。
	喷施药剂：代森铵、甲基硫菌灵、丁香菌酯、戊唑醇、多菌灵等
干腐病	涂抹药剂和喷施药剂：参考腐烂病
轮纹病	涂抹药剂：参考腐烂病。
	喷施药剂：代森铵、硫酸铜钙、波尔多液（发芽前）、甲基硫菌灵、多菌灵、代森锰锌、氟硅唑等
炭疽病	喷施药剂：代森铵、硫酸铜钙（发芽前）、甲基硫菌灵、多菌灵、咪鲜胺、戊唑醇、代森锰锌、三乙膦酸铝、苯醚甲环唑等
白粉病	喷施药剂：戊唑醇、三唑酮、腈菌唑、苯醚甲环唑等
斑点落叶病	喷施药剂：多抗霉素、异菌脲、戊唑醇、代森锰锌等
褐斑病	喷施药剂：戊唑醇、氟硅唑、丙环唑、多菌灵、波尔多液等
炭疽叶枯病	喷施药剂：甲基硫菌灵（发病前预防）、吡唑醚菌酯、咪鲜胺、波尔多液等
锈病	喷施药剂：戊唑醇、腈菌唑、苯醚甲环唑、烯唑醇、三唑酮等
桃小食心虫	喷施药剂：毒死蜱、辛硫磷（地面）、高效氯氟氰菊酯、高效氯氰菊酯、联苯菊酯、甲氰菊酯、毒死蜱等
梨小食心虫	喷施药剂：高效氯氟氰菊酯、氰戊菊酯、溴氰菊酯、高效氯氰菊酯、毒死蜱等
苹果绵蚜	喷施药剂：螺虫乙酯、毒死蜱、噻嗪酮等

续表

病虫害名称	防治药剂种类
绣线菊蚜	喷施药剂：氟啶虫胺腈、吡虫啉、啶虫脒、吡蚜酮、螺虫乙酯等
苹果瘤蚜	喷施药剂：氟啶虫胺腈、吡虫啉、啶虫脒、吡蚜酮、螺虫乙酯等
苹果全爪螨	喷施药剂：螺螨酯、乙螨唑、联苯肼酯、三唑锡、唑螨酯、炔螨特、阿维菌素（初期为害轻时）等
山楂叶螨	喷施药剂：参考苹果全爪螨
二斑叶螨	喷施药剂：阿维菌素、螺螨酯、乙螨唑、联苯肼酯、三唑锡、唑螨酯、甲氰菊酯等
绿盲蝽	喷施药剂：毒死蜱、高效氯氰菊酯、高效氯氟氰菊酯、吡虫啉、啶虫脒等
苹小卷叶蛾	喷施药剂：氯虫苯甲酰胺、甲氨基阿维菌素苯甲酸盐、灭幼脲、除虫脲、甲氧虫酰肼、阿维菌素等
顶梢卷叶蛾	喷施药剂：参考苹小卷叶蛾
金纹细蛾	喷施药剂：氯虫苯甲酰胺、高效氟氯氰菊酯、灭幼脲等

施药防治病虫害时，需依据田间病虫发生种类和为害程度，精准选择药剂。为降低施药频率，节省人工和能耗成本，在病虫为害初期可选择兼治药剂将病虫合并防治，在病虫为害较为严重时须选择专治药剂，并及时施药防治；药剂混配时，应遵循先固体剂型（可湿性粉剂、水分散粒剂等），再液体剂型（悬浮剂、水剂等），后油剂剂型（乳油等）的混合顺序，一次施药应尽可能避免三种以上剂型的混合使用，且必须采用二次稀释的药液配制方式；苹果主要病虫害防治药剂选择参考表中所列药剂针对靶标的防治效能受抗药性和其他因素的影响可能存在一定变化，可借鉴产品说明和当地生产经验进行药剂种类与浓度的适当调整。

4.6.5　选对施药器械

确定防治对象、用药适期和防治药剂后，施药需选用压力适中、雾化效果好的施药器械，可依据果园栽培模式、栽植密度和树体枝量，适当调整用液量，一般密植和稀植条件下，亩施药液量在100kg左右较为适宜。施药时需保证树体各部位均匀着药，以确保防治效果。尽可能选择晴天无风的10：00以前和16：00以后施药。同时需综合考虑器械对药效、用药量和能耗及人力成本的影响。常用施药器械选择可参考表4-28。

表 4-28　苹果园农药施用器械选择参考表

果园类型	机动喷雾车	担架式动力喷雾器	背负式喷雾器	无人机
山地栽培			√	√
平/坡地栽培	√	√		
苗圃			√	

4.6.6　小结与展望

苹果园农药精准高效使用技术以辽宁苹果园的病虫害进行试验验证，技术框架可借鉴全国其他苹果产区。应用该技术时，当地技术部门和果农可参考本地区惯用的病虫害综合防控体系，并依据当地品种物候期和药剂使用效果，对技术简表中病虫害的防治适期和药剂的种类进行补充、修正，以增强技术应用的贴合性。

第5章 苹果化肥和农药减施增效的产品途径

5.1 苹果新型肥料及其高效利用

新型肥料是指在普通肥料的基础上赋予了促生、养分缓释、高效利用等功能的肥料，相较于传统肥料，其功能更为丰富，养分利用率有了有效提高。

"新"具体体现在以下某一方面或几方面。①肥料多功能化和养分利用率提高。多功能化体现在，赋予了肥料提供作物营养元素外的其他功能，使普通肥料兼具了促生、抗旱、抗寒、杀菌和保水等功能。例如，经常提到的药肥、保水肥料等均属于既具有养分供给功能又具备其他功效的肥料。此外，养分利用率的提高主要是通过普通肥料二次加工技术的拓展大幅提升了肥料效率。主要技术有肥料包膜技术，即肥料颗粒表面包覆一层或多层憎水性材料（常见的有树脂、硫磺、石蜡等）以减缓肥料的溶解速率从而增加养分在土壤中的存留时间；抑制剂添加技术，即在肥料加工中加入脲酶抑制剂、硝化抑制剂等制剂来减缓速效养分在土壤中的形态转化速率的缓释技术。上述类型的新型肥料是通过加工技术的二次提升，实现了延长肥效期和减少养分损失的目标，此类技术不仅大幅提升了养分利用率，而且增加了施肥效益，这类肥料也是目前肥料企业大力发展的类型，具有成本低、收益高的特点。②肥料形态的改变。肥料形态的改变主要是指肥料养分存在状态发生新的变化，如此类新型肥料在形态上区别于传统的固体形态，目前主要有液体肥料、膏状肥料、气体肥料等，将肥料养分存在的状态改变以改善养分的有效性。市场上最为常见且各厂家大力推荐的是液体肥料，该类肥料具有很好的水溶性，并且能够被植物根系或叶片快速吸收，所以使用该类肥料能够快速改善作物养分状况。应用这类肥料并配合相应的施肥技术，不仅在提高养分利用率上有很好的效果，而且能够大量节省施肥产生的劳动力成本，但是其价格相对高的特点也使其在大田作物上的推广受到了限制，一般主要应用在经济价值较高的瓜果蔬菜上。③养分存在形态的改善和稳定。其主要是通过新材料的引入来改善养分的存在形态，并提高养分利用率。首先，在肥料原料上发生了变化，最为典型的是传统氮、磷、钾元素主要来源于尿素、二铵、硫酸钾、氯化钾等传统的化学肥料，而现在氮、磷、钾等来源更为丰富，包括聚合态的氮（聚谷氨酸、聚脲等工业副产品）、聚磷酸或聚磷酸铵等工业产品，这类新产品中的营养成分存在状态更稳定，需要配合土壤中的微生物才能逐步被降解为小分子的营养物质（铵根离子、硝酸根离子、磷酸根离子）被植物吸收利用，所以延长养分在土壤中的存留时间，从而增加肥效期，有利于养分利用率的提高。其次，还有通过添加新型助剂来提高肥料利用率的肥料。这类肥料也可归于新型肥料，最为普遍的是在肥料中添加新型防结块剂、稳定剂等添加物从而增加养分活性，有利于作物吸收利用。④作物专用肥。这类肥料是针对某一作物养分缺乏症状或急需解决的特殊生产模式而开发的肥料，虽然在养分存在形态及肥料形态方面与普通肥料无差别，但是其是针对作物、栽培方式及种植条件的不同，专门研发的有针对性的肥料。该类肥料也归属于新型肥料，其更加侧重于实际生产中针对性问题的解决，如叶面肥等。⑤具有间接调控作物生长并提供养分的功能。该类肥料中的调控物质主要包括一些菌剂及其他生物制剂。代表性的物质有微生物肥料、腐植酸肥料等，如微生物肥料中的巨大芽孢杆菌等接种剂。

5.1.1 新型肥料类型及特点

依据新型肥料分类及其供肥特征，我们总结了几种代表性新型肥料（控释肥、生物肥、超大颗粒腐植酸缓释肥）在苹果园中的应用效果，同时研发了超大颗粒腐植酸缓释肥等新型肥料，并开展了田间效果和应用技术研究，以期为苹果园适宜新型肥料的选择和应用提供参考。

1. 控释肥

控释肥作为市场上存量较大的新型肥料种类，早期已在果园中应用。该种肥料通过包覆的膜层减缓了肥料颗粒的快速溶解，其养分释放呈"S"形曲线，与作物吸收养分的规律相似，所以在大部分作物上均能够起到增产和增效作用。研究者针对不同区域、不同树龄、不同苹果品种及不同施肥量做了一系列相关研究。通过相关肥效研究得出，控释肥在苹果产量和经济效益方面具有很大的提升作用。黄修芬等（2018）在四川连续两年的研究结果表明，控释肥能够使苹果产量增加 2.2%～3.7%，经济效益提高 5.6%～7.3%，每公顷果园能节约肥料投入成本 5958.55 元。陈琛等（2012）的研究报道得出，控释肥投入成本增加 52.42%，但收益提高 16.94%，同时氮素投入减少 38.34%。邵蕾等（2008）利用控释尿素进行苹果肥效研究，控释肥减量 50% 时还有产量提高，每株施用 0.458kg 控释尿素的苹果产量和单果重比每株施用 0.87kg 普通尿素分别提高 30.08% 和 10.49%，经济效益提高 30%。这也从侧面说明了控释肥对于养分的利用和吸收具有非常大的作用。同时，姜远茂等（2018）利用同位素示踪的方法标记了 N，利用包膜 ^{15}N 尿素进行了'王林'品种的氮吸收利用试验，结果表明在果实成熟期，控释肥的 ^{15}N 肥料利用率为 32.6%。另外，控释肥能够显著提升果实品质。徐素珍和苏步军（2017）在施肥量相同的情况下的研究得出，控释肥施肥深度为 20cm 时效果最好，单果质量、单株产量、可溶性固形物含量、可溶性糖含量和维生素 C 含量均为最高，分别为 248.8g、76.3kg、14.8%、15.3% 和 17.5%。范伟国等（2018）从风味的角度进行了品种考察，研究结果说明了控释肥具有显著促进品质提升的作用，结论指出施用包膜掺混肥处理的果实中挥发物质种类比对照减少，但具有特殊苹果香味的酯类物质如 2-甲基丁酸乙酯、丁酸乙酯、2-甲基戊醇乙酸酯、己酸乙酯等的相对质量分数明显增加，醇类物质下降，同时包膜掺混肥明显提高了果实的单果质量并促进了果实着色和增加了果实特殊香味等。陈宏坤等（2012）的研究结果得出，控释肥处理的苹果糖酸比提高了 5.5%～7.2%，产量增加了 25.1%～27.2%。这些是由于供试控释肥与苹果树能够基本实现同步营养，持续供应树体生长和果实膨大所需要的养分，是其显著增产和品质改善的关键。

关于控释肥对果园土壤理化性状的影响方面也有相关研究报道。控释 BB 肥对于果园土壤养分维持具有显著的作用，普通肥处理的土壤电导率变化幅度平均为 75μS/cm，控释肥处理的电导率变化幅度平均为 20μS/cm，这也说明了控释肥的养分稳定释放的特性对于维持土壤养分供给能力具有很好的支持作用（陈琛等，2012）。控释肥对于土壤有效磷和速效钾的浓度也有一定的维持作用，普通肥处理的有效磷浓度变化幅度平均为 40mg/kg，控释肥处理变化幅度平均只有 20mg/kg。宋立芬等（2009）的研究结果也说明，氮减施 50%，春季控释肥一次性施入整个季节（8 个月）所需要的氮肥量，普通尿素分别于春季和秋收后施用，控释肥处理能够将土壤电导率维持在一个较高的值，而普通尿素施用一周后电导率持续下降，这主要归结于普通尿素进入土壤后不断淋溶、挥发和反硝化而损失，控释肥能够持续少量释放尿素、维持土壤氮浓度。春季苹果器官的建造对氮素最为敏感，控释肥减量与普通肥未减量处理无明显差别。同时也有相关研究者进行了苹果树表观生长指标的考察，高文胜等（2013）发现，与普通肥相比，控释肥能够使叶片 N、P、K、Ca 和 Mg 的含量分别提高 4.4%、26.5%、27.2%、4.2% 和 6.5%，Zn 含量降低 70.2%，但并不会对 Fe、Cu 和 Mn 的含量造成影响。宋立芬等（2009）的研究得出，控释肥提高'嘎啦'和'红富士'苹果叶片叶绿素值的范围分别为 2.7% ～ 3.5% 和 1.7% ～ 3.5%，且均能促进新梢生长量增加，但不同的控释肥促进的程度不同。

宋立芬等（2009）和邵蕾等（2008）发现在少施 50% 氮的情况下，控释肥在土壤氮素供应和苹果幼树的生长状况方面仍不比尿素处理差，在少施 1/3 ～ 1/2 肥料的情况下仍能获得同等或更好的施肥效果和经济效益。虽然有大量研究证明控释肥在提高苹果产量、品质及经济收益方面有着显著的优势，但是其减施化肥的数量范围并没有明确，以及施用控释肥后氮、磷、钾等养分的利用率的具体范围也不确定。目前关于苹果树氮素利用率的准确数据的报道很少，姜远茂等（2018）利用同位素标记的方法在'王林'品种上进行了利用率的测定，控释氮的利用率为 32.6%，是普通尿素的 1.56 倍；控释肥中的 ^{15}N 损失率为 21.6%，显著低于普通尿素的 59.6%。同位素标记的方法在计算利用率方面有着很好的精确度，但是对于磷、钾等标记困难或无法标记的元素则并不能准确确定肥料利用率，所以关于磷、钾等元素在苹果上的利用率的报道很少，这主要是由于苹果树体大，不同于农田粮食作物可以进行大面积破坏性试验，按照常规农学利用率的计算方法存在成本制约问题，因此未见相关新型肥料利用率的方法的研究。为了明确控释肥在提高磷、钾利用率上的具体数值范围，该方面研究有待于研究者的进一步加强。

2. 水溶肥和叶面肥

水溶肥和叶面肥均能够快速溶于水体，通过管道灌溉、浇灌、喷洒等方法快速施入土壤或果树叶面，具有快速补充作物养分和改善果实品质的作用，且方便高效，我国政府也在"水肥一体化"技术推广中提倡配套施用。水溶性的肥料种类繁多，原料来源多样，Zhang 等（2018）利用红糖、发酵剂及其他功能物质组成了液体肥，将稀释 100 倍和 200 倍浓度的营养液喷洒到树龄 2 年与 12 年的'富士'苹果树上，结果表明，叶面喷施水溶肥能够有效改善苹果幼树的树高、树干周长，促进枝条生长和叶面积增加，提高苹果产量和品质。Wójcik 和 Borowik（2013）的研究表明，水溶性钙肥（甲酸钙、乙酸钙、氯化钙和硝酸钙）对苹果的产量与可溶性固型物含量、可滴定酸度和淀粉指数均无影响，但是可显著提高果实的耐贮性，其中，秋收时期喷洒钙肥有利于苹果硬度的提高且不易产生苦味，在实际施用中可将质量分数 10% 的甲酸钙、乙酸钙与氯化钙或硝酸钙混合后施用，效果最佳。我国也有大量关于水溶肥的研究报道，栗海英（2019）通过对比试验，发现微量元素水溶肥的施用比普通施肥处理增产 114.4kg/亩，增产率达 5.61%，比不施微量元素肥处理增产 103.2kg/亩，增产率为 5.17%。方凯等（2018）研究发现，微量元素水溶肥能够使着色期提前 4 天，对苹果产量和品质改善具有良好效果，微量元素水溶肥处理增产 234kg/亩，增产率达 8.04%，每亩增收 1158 元。

此外，腐植酸类水溶肥在市面上存在量较大，且在农业生产中施用量大，这主要是由于腐植酸对促生根系、改善作物品质和改良土壤结构有积极作用。王竹良等（2016）研究了腐植酸类水溶肥施用次数对苹果树生长的影响，发现腐植酸类水溶肥喷施 6 次时，叶片长、宽、厚分别增加 7.48%、12.06% 和 21.90%，果实的产量和单果重分别增加了 31.75% 和 31.66%，每公顷果园收入增加 41 650.95 元。安然等（2017）通过两年两地在寒富苹果树上的研究也表明，腐植酸水溶肥处理的苹果可溶性固形物含量比未使用腐植酸水溶肥处理的高出 1.4 个百分点。何流等（2018）在膨果期的苹果上施用黄腐酸水溶肥，结果表明，每株 7 年生苹果树施用 2.0kg 黄腐酸的效果最佳，肥料偏生产力和产量分别提高了 22.25% ～ 34.27% 和 6.15% ～ 25.89%。此类肥料的增产主要是由于腐植酸类物质是高分子有机物，其含有多种官能团，尤其是酸性官能团具有很强的促生和调节土壤理化性状的作用，同时腐植酸在生产加工过程中吸附了大量钾离子，施入土壤后有效补充了钾，改善了果品品质，这也是其提高产量和改善品质的关键原因。

此外，虽然水溶肥具有很好的应用效果，但是也面临着一系列问题，如其售价高，经济欠发达地区应用相对较少；同时，水溶肥在苹果开花和果实着色等关键环节才使用，对于施肥设备的利用频率较低，所以如何降低水溶肥的管道等设备投入和提高设备利用频率也是该类型肥料在果树上应用所面临的困难；虽然从应用效果来看，水溶肥增产和减少化肥施用的潜力很大，但是，关于这方面的报道很少，尤其在养分利用率上，目前的研究工作主要集中在如何施用上，对于减施的理论层面的研究未见相关详细报道。

3. 生物肥料

生物肥料与传统肥料最大的区别在于微生物功能的体现，该类型肥料首先对果树生长需要的营养元素具有很好的补充作用，体现在增加营养和提升树体长势上。高树青等（2011）通过 10 年生的'富士'苹果试验表明，春季施用解钾功能的生物肥料 15kg/株，增产幅度为 7.3% ～ 67.7%，平均增产 25.0%；单果重增加幅度为 1.3% ～ 35.9%，平均增加 16.7%。王作汉和王佳军（2015）在每株苹果上施 2.27kg 生物肥料，苹果树体干粗增加 9.31% ～ 11.5%，分枝生长量增加 11.07%，百叶重增加值为 9.14% ～ 9.33%。杨素苗等（2015）的研究表明，在春季施生物肥 2.5kg/株 + 专用掺混肥 2.5kg/株的产量较单纯施化肥提高 23.5%，果实着色提高 0.5 ～ 1 级，翌年成花率和花序坐果率分别提高 8.7% 和 2.0%。

另外，生物肥料的作用体现在抑制病菌发生和提升土壤质量上。葛顺峰等（2017）的研究表明，生物肥料在减少苹果花脸病发生、提高产量和果实品质方面作用显著。经过两年的试验得出，花脸病的防控效果分别为 7.1% 和 20.9%，并且施加生物肥料显著改善了花脸病苹果植株的根系及新梢生长状况，尤其是显著促进了苹果细根的发生，并且最高能够提高氮素利用率 14.4%。刘丽英等（2018）以枯草芽孢杆菌生物肥料为研究对象，通过其在苹果树上的施用发现，生物肥料能够增加苹果幼苗鲜重 171.5% 和干重 142.3%，株高提高了 25.3% ～ 97.9%，能够有效提高连作土壤中蔗糖酶、脲酶、过氧化氢酶、中性磷酸酶等的活性，在一定程度上缓解了苹果连作障碍。生物肥料对苹果果实品质的提升效果也明显，金柏年（2017）的试验结果表明，生物肥料在提升苹果品质和果实着色、含糖量及一级果和二级果比例方面效果非常明显，并能增产 6.7%。此外，陈伟等（2013）报道了生物肥料配施生物炭可使土壤细菌、放线菌、根际真菌数量提升至少 1 倍，对苹果根系微生物群落多样性有重要影响。

5.1.2　新型肥料在苹果上的应用效果研究

1. 控释尿素掺混肥的应用效果研究

控释肥在苹果生产中使用已久，但是在以往的研究中，主要集中在对苹果树同一时期不同肥料类型和用量的研究上。在减少化肥施用量 25% 的情况下，为了明确施肥比例、施用时间等具体施肥参数，探究了控释尿素（CRU）掺混肥和普通复合肥（CCF）对苹果树生长、产量、品质及土壤肥力的影响。以 7 年生苹果树为试材进行了大田试验，供试土壤为棕壤。试验设一次性施入控释尿素掺混肥 1（One-1），一次性施入控释尿素掺混肥 2（One-2），一次性施入控释尿素掺混肥 3（One-3），一次性施入控释尿素掺混肥 4（One-4），一次性施入普通复合肥 5（One-5），分别两次施入普通复合肥和控释尿素掺混肥 1（Twi-1），分别两次施入普通复合肥和控释尿素掺混肥 2（Twi-2），分别两次施入普通复合肥和控释尿素掺混肥 3（Twi-3），分别两次施入普通复合肥和控释尿素掺混肥 4（Twi-4），分别两次施入普通复合肥 5（Twi-5），分别两次施入普通复合肥 6（Twi-6），分别三次施入普通复合肥（Thr）和不施肥处理（CK）共 13 个处理。所有施肥处理 N、P_2O_5 和 K_2O 的施用量分别为 400kg/hm^2、200kg/hm^2 和 400kg/hm^2。有机肥于每年果实收获后一次性基施，控释尿素掺混肥与普通复合肥在苹果树生长的萌芽期（3 月）、花芽分化期（7 月）、膨果期（8 月）、果实成熟期（10 月）以相应的比例基施及追施。

结果表明，在 3 月施用普通复合肥 0.474kg/株，8 月施用控释尿素掺混肥 1.148kg/株，Twi-3 的苹果产量（2017 年和 2018 年分别为 51 888kg/hm^2 和 59 892kg/hm^2）最高（表 5-1）。各施肥处理对苹果品质的影响存在一定的差异，Twi-4（2017 年和 2018 年分别为 6.10kg/cm^2 和 8.43kg/cm^2）和 Twi-3（2017 年和 2018 年分别为 6.80kg/cm^2 和 8.13kg/cm^2）显著提高了苹果的果实硬度。总体而言，两次施肥均使苹果可溶性糖含量明显增加（表 5-2）。一次施肥处理比其他施肥处理更能显著地促进树干直径的生长，两次施肥比一次施肥和三次施肥对株高生长的影响更显著，值得注意的是，Twi-2 株高（分别为 2.97m 和 3.18m）及新梢长度（分别为 17.89mm 和 44.87mm）比施用普通复合肥和不施肥显著提高。

表 5-1　2017 年和 2018 年苹果产量　　　　（单位：kg/hm^2）

处理	2017 年产量	2018 年产量	处理	2017 年产量	2018 年产量
One-1	34 656a	50 064abc	Twi-3	51 888a	59 892a
One-2	36 672a	39 468cd	Twi-4	37 224a	36 024d
One-3	51 828a	55 956a	Twi-5	37 896a	45 888abcd
One-4	41 664a	51 264abc	Twi-6	48 516a	53 496abc
One-5	45 300a	54 492ab	Thr	36 768a	52 404abc
Twi-1	30 900a	40 500bcd	CK	38 520a	41 160cd
Twi-2	32 220a	51 012abc			

注：同列数据后不含相同小写字母表示处理间差异达 5% 显著水平

表 5-2　2017 年和 2018 年不同施肥处理苹果可溶性固形物含量、可溶性糖含量与酸度

处理	可溶性固形物含量/%		可溶性糖含量/%		酸度/%	
	2017 年	2018 年	2017 年	2018 年	2017 年	2018 年
One-1	14.88ab	14.33a	10.65d	12.8bc	0.54c	0.38bcd
One-2	14.33b	13.67a	13.15d	12.97bc	1.14a	0.88ab
One-3	16.32ab	15.33a	13.84bcd	14.97a	0.38c	0.55bcd
One-4	21.50a	14.33a	22.27a	12.33bc	1.08ab	1.13a
One-5	14.26b	14.25a	9.55d	13.50ab	0.74abc	0.71abc

续表

处理	可溶性固形物含量/%		可溶性糖含量/%		酸度/%	
	2017 年	2018 年	2017 年	2018 年	2017 年	2018 年
Twi-1	16.42ab	14.10a	11.76cd	13.10bc	0.71abc	0.46bcd
Twi-2	17.21ab	15.00a	13.19bcd	11.53bc	0.34c	0.15d
Twi-3	16.23ab	15.09a	13.88bcd	13.57ab	0.61bc	0.46bcd
Twi-4	17.10ab	14.46a	15.82bc	12.63bc	0.38c	0.26cd
Twi-5	16.36ab	14.00a	10.90cd	13.60ab	0.32c	0.24cd
Twi-6	20.04ab	13.67a	17.50b	13.33ab	0.57c	0.43bcd
Thr	20.16ab	13.93a	17.38b	12.43bc	0.66abc	0.60bcd
CK	9.21c	12.00a	8.34e	11.78bc	0.78ab	0.80b

注：同列数据后不含相同小写字母表示处理间差异达 5% 显著水平

　　施肥可使苹果树生长的土壤 pH 保持在适宜的范围内，但不同施肥时间和施肥频率对土壤 pH 影响不明显。Twi-4（1295.00mS/cm）和 One-2（1865.67mS/cm）的土壤电导率分别在 2017 年与 2018 年达到最高值。两次施肥对提高土壤硝态氮含量有较好的稳定性；不同施肥处理对土壤速效磷含量的影响规律不明显，但是 Twi-1 和 Twi-2 施肥处理与 CK 比土壤有效磷含量明显提高；同样两次施肥对土壤速效钾含量有显著的促进作用，Twi-2 施肥处理对土壤速效钾含量有明显改善作用（图 5-1）。上述结果表明，在减少 25% 施肥量的情况下，控释尿素掺混肥第二年苹果产量比不施肥增产 45.51%。控释尿素（CRU）掺混肥与普通复合肥相比，不仅在提高苹果产量方面，而且在提高品质、促进生长发育和提升土壤肥力方面都有明显的优势。研究结果同时表明，两次施肥比一次、三次和不施肥显著提高了苹果产量、品质、生长量与土壤肥力，两次施肥有助于满足苹果树的养分需要。总体来说，3 月施 30% ～ 50% 普通复合肥 +7 月施 50% ～ 70% 控释尿素（3 个月释放期）掺混肥的措施是最适合苹果树的施肥方法。

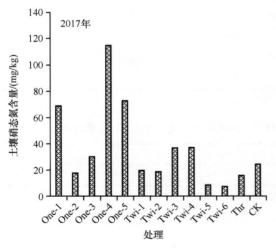
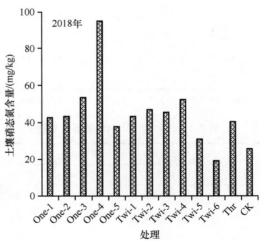

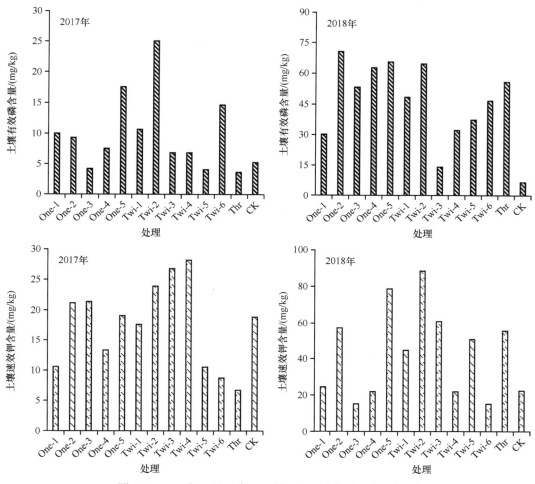

图 5-1　2017 年、2018 年不同施肥处理土壤养分变化情况

2. 生物有机肥的应用效果研究

有机肥可调控土壤有机质、氮、磷、钾等含量，改善土壤结构及提高土壤肥力水平，有机肥与化肥配合施用能够提高养分利用率，促进作物产量的增长，改善作物品质，也能够增加土壤微生物的群落和多样性，实现土壤的可持续发展。然而，有机肥与化肥以多大的比例配比合适，如何有效地减少化肥的施用量，在苹果树生长的不同时期该以多大的比例施加化肥，目前因土壤条件、肥料种类等不同，研究得出的最适比例也不同。

我们为了探究苹果在不同生长时期以一定比例生物有机肥替代化肥的施用对苹果产量、品质及土壤肥力的影响，以 7 年生苹果树（'沂源红'）为试验材料进行了大田试验，供试土壤为淋溶褐土。试验设计见表 5-3。有机生物肥均于每年 10 月以相应的比例一次性基施，化肥在苹果树生长的萌芽期（3 月）、新梢旺长期（6 月）、膨果期（8 月）、果实成熟期（10 月）以相应的比例基施及追施。

表 5-3 苹果树生物有机肥替代化肥施肥方案

处理	养分投入量/(kg/棵)			肥料用量/(kg/棵)			
	N	P_2O_5	K_2O	萌芽期（3月下旬）	膨果期（6月上旬）	膨果期（8月上旬）	采收后（10月下旬）
CK	0	0	0				
Twi-1（75% CCF+25% OM）	0.320	0.160	0.320	0.474 CCF	0.316 CCF		0.395 CCF+0.6875 OM
Twi-2（75% CCF+25% OM）	0.320	0.160	0.320	0.474 CCF		0.316 CCF	0.395 CCF+0.6875 OM
Twi-1（75% CCF）	0.237	0.119	0.320	0.474 CCF	0.316 CCF		0.395CCF
Twi-2（75% CCF）	0.237	0.119	0.320	0.474 CCF		0.316 CCF	0.395 CCF
Twi-1（50% CCF+50% OM）	0.320	0.160	0.320	0.474 CCF	0.316 CCF		1.375 OM
Twi-2（50% CCF+50% OM）	0.320	0.160	0.320	0.474 CCF		0.316 CCF	1.375 OM
Twi-1（80% CCF）	0.256	0.128	0.256	0.474 CCF	0.316 CCF		0.474 CCF
Twi-2（80% CCF）	0.256	0.128	0.256	0.474 CCF		0.316 CCF	0.474 CCF

注：CCF 为复合肥（$N-P_2O_5-K_2O=20-10-20$）；OM 为生物有机肥（$N-P_2O_5-K_2O=12-6-12$）

　　结果表明，与不施肥处理与施用化肥相比，生物有机肥替代 25% 的化肥施用量处理苹果产量，Twi-1 和 Twi-2 产量分别为 12.26t/hm² 和 9.76t/hm²。其次，生物有机肥替代 50% 的化肥施用量处理亦能明显提高苹果产量，Twi-1 和 Twi-2 产量分别为 8.15t/hm² 和 8.63t/hm²。在单一施用化肥处理中，施用 80% 的化肥比施用 75% 的化肥的效果明显，其中减少 20% 施用量的处理（Twi-1 和 Twi-2）产量分别为 7.02t/hm² 和 7.34t/hm²，减少 25% 施用量的处理（Twi-1 和 Twi-2）产量分别为 6.06t/hm² 和 5.33t/hm²（图 5-2）。生物有机肥替代 25% 和 50% 的化肥施用量处理大体上能明显提高苹果的单果重。不同施肥处理对果形指数的影响不是很明显，所有处理均在 0.80 ～ 0.90。施用 80% 的化肥 Twi-2（80% CCF）对苹果的硬度提高有明显的作用，为 7.39kg/cm²。但是，相比不施肥处理（5.44kg/cm²），生物有机肥替代化肥均能促进苹果硬度的提高。生物有机肥替代 50% 的化肥施用量能明显提高苹果的可溶性糖含量。其次，施用 75% 的化肥对苹果的可溶性糖含量也有一定的提高作用。与不施肥处理（0.39%）相比，大多数施肥处理均能降低苹果的酸度，以 Twi-1（75% CCF+25% OM）最为明显（表 5-4）。

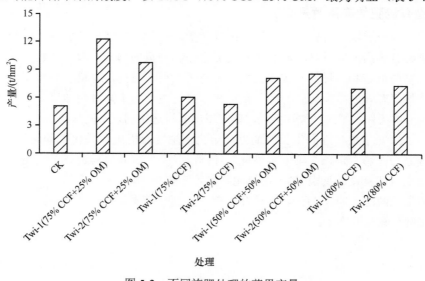

图 5-2 不同施肥处理的苹果产量

表 5-4　不同施肥处理的苹果品质

处理	单果重/g	果形指数	果实硬度/(kg/cm²)	可溶性糖含量/%	可滴定酸含量/%
CK	211.50a	0.83a	5.44c	14.50b	0.39bc
Twi-1（75% CCF+25% OM）	246.92a	0.84a	6.04bc	14.54b	0.32c
Twi-2（75% CCF+25% OM）	221.41a	0.86a	5.86bc	14.96ab	0.51a
Twi-1（75% CCF）	234.35a	0.81a	6.70ab	15.26ab	0.35bc
Twi-2（75% CCF）	216.54a	0.80a	5.91bc	15.22ab	0.39bc
Twi-1（50% CCF+50% OM）	198.20ab	0.85a	5.95bc	15.78a	0.35bc
Twi-2（50% CCF+50% OM）	244.75a	0.86a	6.75ab	15.88a	0.45ab
Twi-1（80% CCF）	221.43a	0.82a	6.18bc	15.30ab	0.39bc
Twi-2（80% CCF）	152.59b	0.89a	7.39a	14.56b	0.34bc

注：同列数据后不含相同小写字母表示处理间差异达 5% 显著水平

　　有机生物肥替代 25% 的化肥施用量处理显著影响了土壤的氮磷钾含量，Twi-2（75% CCF+25% OM）处理提高土壤氮磷钾含量的效果最佳，其他施肥处理对氮磷钾含量的影响不尽相同（图 5-3）。有机生物肥替代 25% 化肥施用量是提高苹果产量的最佳配比，并且以 6 月追施化肥最佳，亦能有效提高土壤的肥力水平。有机生物肥替代 50% 化肥施用量对改善苹果品质有一定的作用，尤其在增加糖分方面，但是对于单果重的提高以有机生物肥替代 25% 化肥施用量为宜。

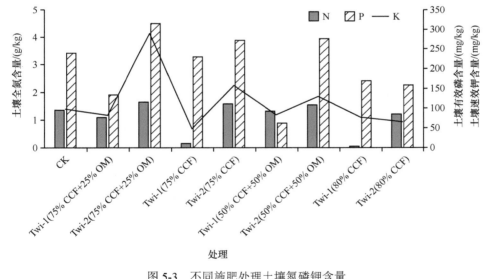

图 5-3　不同施肥处理土壤氮磷钾含量

3. 超大颗粒腐植酸缓释肥料的应用效果研究

　　腐植酸能够显著提高肥料利用率和土壤质量，并刺激植物生长，已被作为肥料增效剂广泛用于农业中。同时，风化煤中含有大量的腐植酸，在农业应用中具有很大的潜力。因此，将风化煤应用到农业中，不仅解决了风化煤废弃物资源浪费的问题，而且可以变废为宝，进一步改善土壤质量和刺激作物生长。市场上该类型产品较多，为了探明腐植酸缓释肥产品在苹果树上的减少化肥施用效果和减施机制，我们研究了超大颗粒腐植酸缓释肥料（SAF）和粉末状活化的腐植酸缓释肥料（PAF）对果树生长的影响。按 100%（SAF1、PAF1）、80%（SAF2、PAF2）、50%（SAF3、PAF3）施肥，以普通肥料（BBF）和不施肥（CK）作为对照，共 8 个处理，每个处理重复 8 次，利用机械打孔方式施肥，将肥料施入苹果树树干周围。如图 5-4a 所示，施用超大颗粒腐植酸缓释肥料处理（SAF2、SAF3）中的土壤硝态氮含量均高于粉末状腐植酸缓释肥料（PAF2、PAF3），表明超大颗粒腐植酸缓释肥料更能提高土壤肥力。施用腐植酸缓释肥料处理的土壤铵态氮含量明显高于普通肥料（BBF）和不施肥（CK）处理，说明施用腐植酸缓释肥料能够提高土壤铵态氮含量。但是，施用超大颗粒腐植酸缓释肥料的处理（SAF1、SAF2、SAF3）和粉末状腐植酸缓释肥料（PAF1、PAF2、PAF3）处理的土壤铵态氮含量的差异不明显（图 5-4b）。此外，施用腐植酸缓释肥料处理的土壤有效磷含量明显高于普通肥料处理（BBF）和不施肥（CK）处理，说明施用腐植酸缓释肥料能够提高土壤有效磷含量（图 5-4c）。施用超大颗粒腐植酸缓释肥料处理（SAF1、SAF2、SAF3）的有效磷的含量低于粉末状腐植酸缓释肥料（PAF1、PAF2、PAF3），表明粉末状腐植酸缓释肥料在土壤中释放了更多的磷。施用超大颗粒腐植酸缓释肥料处理（SAF1、SAF2、SAF3）中的土壤速效钾含量低于粉末状腐植酸缓释肥料（PAF1、PAF2、PAF3）（图 5-4d），表明粉末状腐植酸缓释肥料在土壤中释放了更多的钾。其原因可能是，超大颗粒腐植酸缓释肥料中的养分不易被释放出来。

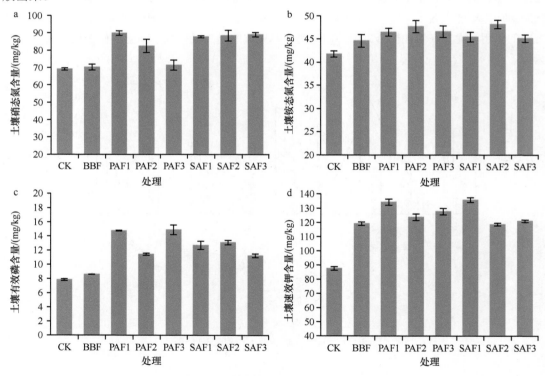

图 5-4　不同施肥处理土壤养分含量

此外，与不施肥（CK）处理相比，BBF 处理的土壤 pH 较低，而 PAF2、PAF3 及 SAF3 处理的土壤 pH 较高；其他加入腐植酸缓释肥料的处理也都比 BBF 高，说明施用腐植酸缓释肥料在一定程度上能够提高土壤 pH（图 5-5a）；而在土壤有机质含量方面，不同处理存在着明显的差异（图 5-5b）。在所有处理中，SAF1 处理的土壤有机质含量最高，说明超大颗粒腐植酸缓释肥料能够维持土壤较高的有机质含量；施用普通肥料处理土壤有机质含量较低，说明施用腐植酸缓释肥料能够提高土壤质量。

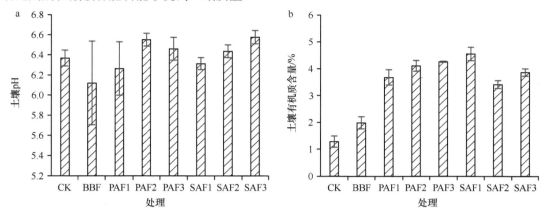

图 5-5　不同施肥处理的土壤 pH 和有机质含量

为进一步明确超大颗粒腐植酸缓释肥料（SAF）的提质增效原理，我们又以制备该种肥料的主要原料［即超大颗粒未活化腐植酸缓释肥料（SRF）、粉末状活化的腐植酸缓释肥料（PAF）、粉末状未活化的腐植酸缓释肥料（PRF）、粉末状的缓释肥料（PF）和高分子缓释肥料单独挤压得到的超大颗粒缓释肥料（SF）］作为对照，研究了其不同养分的释放特征。室内土柱淋溶试验表明，超大颗粒活化的腐植酸缓释肥料对 NH_4^+-N 淋失的控制效果优于 NO_3^--N，这可能是由于活化腐植酸对 NH_4^+-N 有很强的吸附能力。同时，SAF、SRF、PAF、PRF、SF 和 PF 中有效磷的累积淋失率分别为 21.70%、25.23%、28.50%、29.12%、36.72% 和 38.00%。SAF、SRF、PAF、PRF、SF 和 PF 中速效钾的累积淋失率分别为 45.75%、48.70%、53.12%、54.00%、65.80% 和 67.98%（图 5-6）。由此说明 SAF 能够减少养分淋失。

此外，SAF 的土壤最大持水量最高，SRF 次之（图 5-7a），15 天后，CK 的保水率仅为 2.7% 左右，而 SAF、SRF、PAF、PRF、SF 和 PF 的保水率分别为 36.0%、31.0%、26.0%、23.3%、5.8% 和 4.7%（图 5-7b）。上述结果表明，施用 SAF 改善了土壤的保水性能，这是由于活化褐煤和超大颗粒肥料的特性，对改善土壤质量、提高作物产量、加快作物生长速度具有积极作用。

同时，将上述不同处理的肥料分别密封在塑料网袋中，埋入土壤中，在埋袋后不同的天数，回收网袋测定肥料中养分的释放率（图 5-8）。与常规粉末状肥料（PAF、PRF、PF）相比，超大颗粒肥料（SAF、SRF、SF）能有效改善 N 的缓释行为。90 天内，SAF 和 PAF 的 N 累积释放率分别低于 SRF 与 PRF，其中 SAF 的 N 累积释放率最低。与预期结果一样，SAF、SRF 和 SF 的 P 与 K 累积释放率分别低于 PAF、PRF 和 PF。在 90 天后，P 和 K 的累积释放率分别为 73.2% 和 90.9%。这些结果进一步表明了，与传统的粉末状肥料相比，超大颗粒肥料特别是超大颗粒腐植酸肥料能够显著提高肥料的缓释特性。

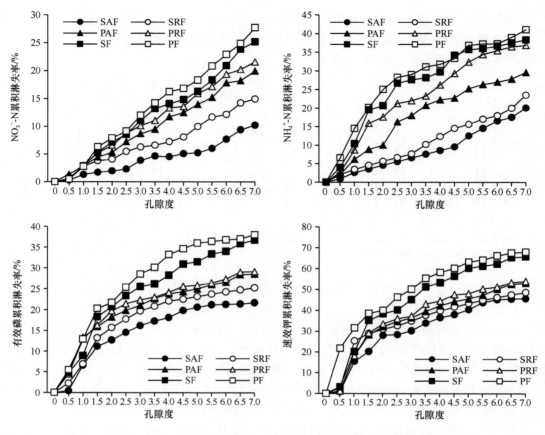

图 5-6　SAF、SRF、PAF、PRF、SF 和 PF 对速效养分累积淋失率的影响

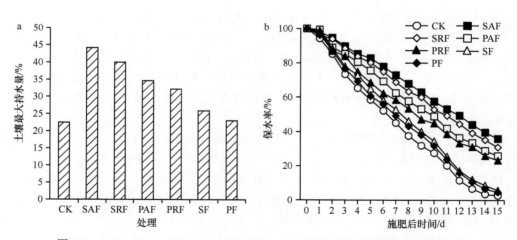

图 5-7　SAF、SRF、PAF、PRF、SF 和 PF 对土壤最大持水量和保水率的影响

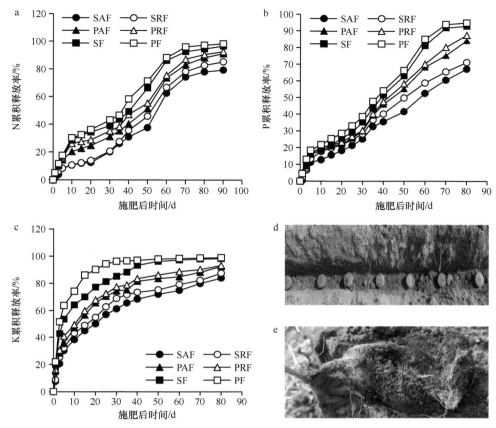

图 5-8　SAF、SRF、PAF、PRF、SF 和 PF 中 N、P、K 在土壤中的释放规律

d. SAF 田间施用情况；e. SAF 施肥区根系生长情况

5.1.3　小结与展望

已有研究表明，控释肥、生物有机肥及部分腐植酸类新型肥料等均对苹果树生长和果实品质有很大的促进与提高作用，在传统施肥的基础上减少化肥施用量 25%，不会对产量和品质造成影响。但是，由于新型肥料的类型不一，其养分供给特征和增效原理不相同，因此基本总结如下。①控释肥的施用，首先应考虑养分的控释周期，继而决定施用时间。由于苹果树需肥时间长，可采用速效肥与缓效肥配合的方法来满足全程养分需求，3 月施 30% ～ 50%普通复合肥 +7 月施 50% ～ 70% 控释尿素 3 个月释放期掺混肥的施肥最为经济，不仅能减少 25% 的化学肥料施用，而且对苹果提质增效作用显著。②生物有机肥最为显著的特点是其微生物的功效，本研究中采用生物有机肥替代了部分化肥，替代 25% 化肥作为基肥施入，对于苹果产量、品质等的提高作用最佳，配套 6 月追施化肥能有效提高土壤的肥力水平。③超大颗粒腐植酸缓释肥料是本团队研发的集养分缓释、微生物促生等功能于一体的新型肥料，该种肥料在减缓养分淋失、促进果树生长和改善土壤理化性质方面效果显著，在果树减少化肥用量和改善土壤理化性质方面的应用前景巨大。

新型肥料虽然品种多样，但是市场占有率高的并不多，针对现有的控释肥、生物有机肥及多功能超大颗粒肥料已形成了减少化肥施用和改善果实品质方面的应用技术，但是只集中于单一肥料品种的研究。每种新型肥料除了供给养分，最为突出的是其独特的功能特征，将几种新型肥料的特征综合到同一技术中,使这些肥料的功能全程服务于苹果生产,形成省肥、省工、环保高效的优化模式,这样势必会使将来苹果生产质量和产量有更大幅度的提升。因此,在现有单一新型肥料品种施用技术研究的基础上,开展多种新型肥料配合施用,包括施用依据和理论的建立,是将来苹果生产更为精准、经济与高效施肥的重要突破方向;具有长时间维持果树营养的新型肥料产品的开发也是苹果生产施肥量减少、施肥次数减少、土壤理化性状改善的重要突破口。

5.2 苹果新型农药及其高效利用

新型农药以其高效性、经济性和安全性等特点在当前农业有害生物防治中发挥着非常重要的作用,目前在苹果生产中常用的新型农药有吡唑醚菌酯、甲氧虫酰肼、草甘膦、苄氨·赤霉酸等。我们根据中国农药信息网公布数据,详细分析了 2016 ～ 2019 年我国苹果专用新型杀虫剂和杀菌剂的登记与应用情况,目前在苹果上共登记农药 1876 项(含续展),其中杀菌剂数量最多,杀虫杀螨剂次之,分别占总登记数量的 54.10% 和 40.35%,除草剂和生长调节剂登记数量较少,仅占总登记数量的 5.54%。

5.2.1 杀菌剂的高效利用

在已登记的 1015 项杀菌剂中,包括单剂 595 项(涉及 54 种单一化合物)、复配制剂 420 项(123 种产品)。按商品名划分,登记量居前 10 位的单剂为戊唑醇、甲基硫菌灵、代森锰锌、多菌灵、苯醚甲环唑、多抗霉素、克菌丹、醚菌酯、丙森锌和己唑醇;复配制剂为多·锰锌、甲硫·福美双、戊唑·丙森锌、唑醚·戊唑醇、福·福锌、戊唑·多菌灵、甲硫·戊唑醇、乙铝·多菌灵、唑醚·代森联和丙森·多菌灵(表 5-5)。吡唑醚菌酯、肟菌酯、嘧菌环胺和丁香菌酯均属于在苹果上的新型高效杀菌剂。

表 5-5 2016 ～ 2019 年苹果专用杀菌剂登记情况

杀菌剂类型	序号	种类	数量	杀菌剂类型	序号	种类	数量
单一成分杀菌剂	1	戊唑醇	123	单一成分杀菌剂	16	石硫合剂	7
	2	甲基硫菌灵	92		17	乙蒜素	7
	3	代森锰锌	80		18	福美锌	6
	4	多菌灵	56		19	咪鲜胺	6
	5	苯醚甲环唑	30		20	丙环唑	5
	6	多抗霉素	16		21	代森联	4
	7	克菌丹	16		22	二氰蒽醌	4
	8	醚菌酯	13		23	肟菌酯	4
	9	丙森锌	12		24	辛菌胺醋酸盐	4
	10	己唑醇	12		25	中生菌素	4
	11	百菌清	10		26	波尔多液	3
	12	吡唑醚菌酯	10		27	代森锌	3
	13	异菌脲	10		28	氟硅唑	3
	14	硫磺	8		29	腈菌唑	3
	15	嘧啶核苷类抗菌素	7		30	抑霉唑	3

续表

杀菌剂类型	序号	种类	数量	杀菌剂类型	序号	种类	数量
单一成分杀菌剂	31	丁香菌酯	2	复配杀菌剂	14	苯醚·甲硫	6
	32	氟环唑	2		15	戊唑·醚菌酯	6
	33	碱式硫酸铜	2		16	苯甲·多菌灵	5
	34	枯草芽孢杆菌	2		17	戊唑·异菌脲	5
	35	喹啉铜	2		18	唑醚·甲硫灵	5
	36	咪鲜胺锰盐	2		19	苯甲·中生	4
	37	嘧菌环胺	2		20	丙森·醚菌酯	4
	38	噻霉酮	2		21	代锰·戊唑醇	4
	39	溴菌腈	2		22	多·福	4
	40	氧化亚铜	2		23	福·甲·硫磺	4
	41	氟啶胺	1		24	甲硫·醚菌酯	4
	42	福美双	1		25	克菌·戊唑醇	4
	43	寡雄腐霉菌	1		26	乙铝·锰锌	4
	44	井冈霉素	1		27	异菌·多菌灵	4
	45	硫酸铜钙	1		28	苯甲·吡唑酯	3
	46	咪鲜胺铜盐	1		29	苯甲·代森联	3
	47	噻菌灵	1		30	苯甲·锰锌	3
	48	三氯异氰尿酸	1		31	丙唑·多菌灵	3
	49	双胍三辛烷基苯磺酸盐	1		32	硅唑·多菌灵	3
	50	四霉素	1		33	甲硫·氟硅唑	3
	51	烯唑醇	1		34	苯甲·丙森锌	2
	52	香芹酚	1		35	苯甲·克菌丹	2
	53	亚胺唑	1		36	苯甲·肟菌酯	2
	54	己唑醇	1		37	丙森·己唑醇	2
复配杀菌剂	1	多·锰锌	59		38	丙森·腈菌唑	2
	2	甲硫·福美双	28		39	丙森·戊唑醇	2
	3	戊唑·丙森锌	19		40	多·福·锌	2
	4	唑醚·戊唑醇	17		41	多抗·吡唑酯	2
	5	福·福锌	16		42	多抗·丙森锌	2
	6	戊唑·多菌灵	16		43	噁酮·氟硅唑	2
	7	甲硫·戊唑醇	13		44	二氰·戊唑醇	2
	8	乙铝·多菌灵	12		45	腐殖·硫酸铜	2
	9	唑醚·代森联	12		46	己唑·醚菌酯	2
	10	丙森·多菌灵	10		47	甲硫·锰锌	2
	11	二氰·吡唑酯	8		48	甲硫·乙嘧酚	2
	12	肟菌·戊唑醇	8		49	甲硫·异菌脲	2
	13	多·福·锰锌	7		50	甲硫·中生	2

杀菌剂类型	序号	种类	数量	杀菌剂类型	序号	种类	数量
	51	锰锌·多菌灵	2		88	甲硫·戊菌唑	1
	52	醚菌·代森联	2		89	井冈·嘧苷素	1
	53	戊唑·代森联	2		90	克菌·多菌灵	1
	54	中生·多菌灵	2		91	克菌·肟菌酯	1
	55	唑醚·丙环唑	2		92	克菌·溴菌腈	1
	56	唑醚·克菌丹	2		93	喹啉·戊唑醇	1
	57	唑醚·咪鲜胺	2		94	硫·酮·多菌灵	1
	58	百·多·福	1		95	硫磺·锰锌	1
	59	苯甲·多抗	1		96	硫磺·戊唑醇	1
	60	苯甲·二氰	1		97	锰锌·福美双	1
	61	苯甲·氟酰胺	1		98	锰锌·腈菌唑	1
	62	苯甲·咪鲜胺	1		99	锰锌·烯唑醇	1
	63	苯甲·醚菌酯	1		100	锰锌·异菌脲	1
	64	苯甲·嘧苷素	1		101	咪铜·多菌灵	1
	65	苯甲·溴菌腈	1		102	咪鲜·丙森锌	1
	66	苯甲·抑霉唑	1		103	醚菌·啶酰菌	1
	67	吡醚·丙森锌	1		104	醚菌·氟环唑	1
	68	吡醚·氟环唑	1		105	嘧环·甲硫灵	1
复配杀菌剂	69	吡醚·甲硫灵	1	复配杀菌剂	106	铜钙·多菌灵	1
	70	吡唑·异菌脲	1		107	肟菌·代森联	1
	71	丙森·异菌脲	1		108	肟菌·喹啉铜	1
	72	波尔·锰锌	1		109	戊醇·异菌脲	1
	73	丁香·戊唑醇	1		110	戊唑·百菌清	1
	74	啶酰·肟菌酯	1		111	戊唑·咪鲜胺	1
	75	多·福·福锌	1		112	戊唑·嘧菌酯	1
	76	多·酮·福美双	1		113	溴菌·戊唑醇	1
	77	多抗·锰锌	1		114	乙铝·福美双	1
	78	多抗·戊唑醇	1		115	异菌·福美双	1
	79	多抗·中生菌	1		116	中生·戊唑醇	1
	80	噁酮·锰锌	1		117	唑醚·锰锌	1
	81	二氰·肟菌酯	1		118	唑醚·丙森锌	1
	82	氟菌·戊唑醇	1		119	唑醚·代森锌	1
	83	寡糖·戊唑醇	1		120	唑醚·喹啉铜	1
	84	硅唑·咪鲜胺	1		121	唑醚·壬菌铜	1
	85	几糖·戊唑醇	1		122	唑醚·异菌脲	1
	86	甲硫·丙森锌	1		123	唑酮·福美双	1
	87	甲硫·腈菌唑	1				

1. 吡唑醚菌酯

吡唑醚菌酯是巴斯夫公司于 1993 年研发的甲氧基丙烯酸酯类杀菌剂的代表，通过抑制线粒体呼吸发挥杀菌作用，是目前杀菌活性最强的单剂。该类药剂通过阻断电子从细胞色素 b 向细胞色素 c1 的传递从而抑制线粒体呼吸，使其不能产生和提供细胞代谢所需要的 ATP，最终导致真菌细胞死亡。吡唑醚菌酯具有广谱、高效、低毒、对非靶标生物安全等特点（左文静等，2017）。2015 年 6 月以来，我国农药企业竞相开展了该杀菌剂的登记。至今，获得登记 553 项，含复配制剂 288 项，单剂 265 项（含原药登记 80 项），其中在苹果上登记单剂 10 项、复配制剂 65 项（表 5-5）。吡唑醚菌酯主要应用于苹果叶斑类病害的防治，对近几年暴发的苹果炭疽叶枯病防治效果良好，在生产中占据重要地位（王冰等，2014）。我们进行了室内测试，结果表明，吡唑醚菌酯对苹果炭疽叶枯病菌的菌丝生长和分生孢子萌发都具有良好的抑制作用（表 5-6），优于对照药剂戊唑醇。田间试验结果表明，30% 吡唑醚菌酯悬浮剂稀释 1000 倍和 2000 倍的防治效果都达到了 85% 以上，显著优于对照药剂戊唑醇（表 5-7）。

表 5-6　吡唑醚菌酯对炭疽叶枯病菌的毒力

供试药剂	菌丝生长			分生孢子萌发		
	毒力回归方程	相关系数（R^2）	EC_{50}/（μg/mL）	毒力回归方程	相关系数（R^2）	EC_{50}/（μg/mL）
咪鲜胺	$y=1.161x+1.955$	0.990	0.0207	$y=2.319x-3.029$	0.966	20.2379
吡唑醚菌酯	$y=1.095x-0.271$	0.947	0.5680	$y=2.689x-3.619$	0.969	22.1745
戊唑醇	$y=2.587x-0.402$	0.991	1.4316	$y=2.060x-3.048$	0.974	30.1725

表 5-7　吡唑醚菌酯对苹果炭疽叶枯病的防治效果

药剂	稀释倍数	杨树泊果园			蔡家沟果园		
		AUDPC	病果率/%	防治效果/%	AUDPC	病果率/%	防治效果/%
30%吡唑醚菌酯悬浮剂	1000	69.21±1.52e	1.00±0.82c	94.59	120.92±4.98c	1.50±0.41e	92.41
	2000	152.03±21.91d	3.25±0.50c	87.84	133.87±6.49c	2.75±0.29d	86.08
	4000	325.58±15.18c	3.75±0.50b	79.73	177.01±5.50b	4.75±0.50c	75.95
43%戊唑醇悬浮剂	2000	421.30±55.55b	5.00±0.82b	71.62	189.69±1.40b	7.625±0.25b	61.39
不施药		803.29±28.53a	18.50±1.73a		623.11±21.32a	19.75±0.50a	

注：AUDPC 为病害发展曲线下面积。表中数据为平均值 ± 标准误。同列不同小写字母表示在 5% 水平差异显著

2. 肟菌酯

肟菌酯由瑞士诺华（现先正达）公司研制、拜耳公司开发，与吡唑醚菌酯均属于甲氧基丙烯酸酯类杀菌剂，作用机制类似，为线粒体呼吸抑制剂，具有广谱、活性高的优点（顾林玲，2019）。目前，该药剂在国内共登记 107 项，包含复配制剂 68 项、单剂 39 项（含原药登记 25 项）。在苹果上登记的肟菌酯复配制剂 17 项、单剂 4 项，防治对象为褐斑病、轮纹病及斑点落叶病。试验表明，75% 肟菌酯·戊唑醇水分散粒剂对苹果斑点落叶病和苹果褐斑病的田间防治效果分别为 73.65% ~ 83.87% 和 75.41% ~ 90.08%，可防控这两种病害的发生和流行，且可显著提高采后果实硬度和维生素 C 含量，延长果品贮藏期（李敏等，2013）。

3. 嘧菌环胺

嘧菌环胺是由先正达公司开发的嘧啶胺类杀菌剂，主要通过抑制病原菌蛋氨酸和水解酶的生物合成来抑制病原菌的发展，兼具保护、治疗和叶片穿透及根部内吸活性。该药剂在我国已获得 25 项登记，其中复配制剂 10 项、单剂 15 项（含原药 4 项）。在苹果上该药剂目前获得登记 3 项，其中单剂 2 项、复配制剂 1 项，防治对象为苹果斑点落叶病。秦韧等（2014）报道了使用 40% 甲基硫菌灵·嘧菌环胺悬浮剂防治苹果斑点落叶病的田间药效试验报告，认为 40% 甲基硫菌灵·嘧菌环胺悬浮剂对苹果斑点落叶病有较好的防治效果，能有效地控制苹果斑点落叶病的发生，并建议该复配制剂适宜的田间有效成分使用量为 133.3 ～ 200.0mg/kg（2000 ～ 3000 倍液）。

4. 丁香菌酯

丁香菌酯是由沈阳化工研究院有限公司自主研发的一种天然源甲氧基丙烯酸酯类杀菌剂，通过抑制细胞色素 b 和细胞色素 c 之间的电子传递而阻止 ATP 的合成，从而抑制其线粒体呼吸而发挥抑菌作用。该药剂对苹果树腐烂病、轮纹病及斑点落叶病均有较好的防控效果（关爱莹等，2014）。目前该药剂在我国有 4 项登记，其中原药 1 项、单剂 2 项，与戊唑醇复配制剂 1 项，均登记于苹果上，防治对象为腐烂病和褐斑病。

5.2.2　杀虫剂的高效利用

杀虫剂以单一成分登记涉及 55 种化合物，获得登记证 519 项，占杀虫剂登记证总数的 68.56%。登记数量位居前 10 名的单一成分杀虫剂分别是毒死蜱、啶虫脒、高效氯氟氰菊酯、阿维菌素、甲氰菊酯、三唑锡、四螨嗪、哒螨灵、炔螨特和敌敌畏。前 10 种单一成分杀虫剂共获得了 331 项登记，占杀虫剂登记数量的 43.73%，占单一杀虫剂登记数量的 63.78%。复配杀虫剂共 66 种，获得登记证 238 个。登记数量位于前 10 名的复配杀虫剂分别是氰戊·马拉松、阿维·哒螨灵、高氯·马、阿维·甲氰、氯氰·毒死蜱、甲氰·辛硫磷、四螨·哒螨灵、氰戊·辛硫磷、吡虫·毒死蜱和阿维·啶虫脒。前 10 名的复配杀虫剂共获得 155 个登记证，占复配杀虫剂登记数量的 65.13%（表 5-8）。在苹果上登记的杀虫剂单剂中，甲氧虫酰肼、氯虫苯甲酰胺、氟啶虫酰胺、螺螨酯、氟啶虫胺腈、螺虫乙酯和乙唑螨腈都是较为新型的高效杀虫剂。

表 5-8　2016 ～ 2019 年苹果专用杀虫剂登记情况

杀虫剂类型	序号	种类	登记数量	杀虫剂类型	序号	种类	登记数量
单一成分杀虫剂	1	毒死蜱	65	单一成分杀虫剂	11	联苯菊酯	17
	2	啶虫脒	50		12	灭幼脲	16
	3	高效氯氟氰菊酯	43		13	联苯肼酯	14
	4	阿维菌素	38		14	溴氰菊酯	12
	5	甲氰菊酯	32		15	苏云金杆菌	11
	6	三唑锡	23		16	唑螨酯	10
	7	四螨嗪	23		17	除虫脲	9
	8	哒螨灵	20		18	吡虫啉	8
	9	炔螨特	20		19	高效氯氰菊酯	7
	10	敌敌畏	17		20	噻螨酮	7

杀虫剂类型	序号	种类	登记数量	杀虫剂类型	序号	种类	登记数量
	21	S-氰戊菊酯	6		3	高氯·马	22
	22	虫酰肼	6		4	阿维·甲氰	14
	23	氯氰菊酯	6		5	氯氰·毒死蜱	9
	24	氰戊菊酯	6		6	甲氰·辛硫磷	7
	25	杀铃脲	5		7	四螨·哒螨灵	7
	26	矿物油	4		8	氰戊·辛硫磷	6
	27	双甲脒	4		9	吡虫·毒死蜱	5
	28	苦参碱	3		10	阿维·啶虫脒	4
	29	石硫合剂	3		11	阿维·高氯	4
	30	苯丁锡	2		12	高氯·毒死蜱	4
	31	虫螨腈	2		13	阿维·三唑锡	3
	32	氟啶虫酰胺	2		14	阿维·四螨嗪	3
	33	甲氨基阿维菌素苯甲酸盐	2		15	吡虫·三唑锡	3
	34	螺螨酯	2		16	哒螨·矿物油	3
	35	噻虫嗪	2		17	阿维·丁醚脲	2
	36	虱螨脲	2		18	阿维·辛硫磷	2
	37	辛硫磷	2		19	哒螨·灭幼脲	2
单一成分杀虫剂	38	丙溴磷	1		20	高氯·辛硫磷	2
	39	多抗霉素	1	复配杀虫剂	21	甲氰·噻螨酮	2
	40	呋虫胺	1		22	氯氰·啶虫脒	2
	41	氟虫脲	1		23	氯氰·辛硫磷	2
	42	氟啶虫胺腈	1		24	氰戊·杀螟松	2
	43	甲基硫菌灵	1		25	炔螨·矿物油	2
	44	甲氧虫酰肼	1		26	噻虫·高氯氟	2
	45	金龟子绿僵菌	1		27	四螨·联苯肼	2
	46	腈吡螨酯	1		28	辛硫·高氯氟	2
	47	精高效氯氟氰菊酯	1		29	乙螨·三唑锡	2
	48	喹螨醚	1		30	阿维·高氯氟	1
	49	螺虫乙酯	1		31	阿维·联苯菊	1
	50	氯虫苯甲酰胺	1		32	阿维·氯苯酰	1
	51	马拉硫磷	1		33	阿维·灭幼脲	1
	52	双丙环虫酯	1		34	阿维·炔螨特	1
	53	溴螨酯	1		35	吡虫·矿物油	1
	54	乙螨唑	1		36	丙溴·辛硫磷	1
	55	乙唑螨腈	1		37	哒螨·辛硫磷	1
复配杀虫剂	1	氰戊·马拉松	50		38	啶虫·哒螨灵	1
	2	阿维·哒螨灵	31		39	啶虫·毒死蜱	1

杀虫剂类型	序号	种类	登记数量	杀虫剂类型	序号	种类	登记数量
	40	啶虫·氟酰脲	1		54	联肼·乙螨唑	1
	41	啶虫·辛硫磷	1		55	螺虫·噻虫啉	1
	42	氟啶·吡虫啉	1		56	螺螨·三唑锡	1
	43	氟啶·啶虫脒	1		57	氯虫·啶虫脒	1
	44	高氯·敌敌畏	1		58	氯虫·高氯氟	1
	45	高氯·啶虫脒	1		59	氯氰·敌敌畏	1
复配杀虫剂	46	甲氧·甲维盐	1	复配杀虫剂	60	马拉·联苯菊	1
	47	甲氧·矿物油	1		61	灭脲·吡虫啉	1
	48	甲氧·马拉松	1		62	噻螨·哒螨灵	1
	49	甲维·除虫脲	1		63	噻酮·炔螨特	1
	50	甲维·毒死蜱	1		64	溴氰·噻虫嗪	1
	51	甲维·杀铃脲	1		65	唑螨·三唑锡	1
	52	联苯·吡虫啉	1		66	唑酯·炔螨特	1
	53	联苯·螺虫酯	1				

1. 甲氧虫酰肼

甲氧虫酰肼属于双酰肼类昆虫生长调节剂,具有胃毒活性,同时也具有一定的触杀及杀卵活性,促使昆虫加快进入蜕皮过程而导致死亡(北京科发伟业,2019)。截至 2019 年 8 月 31 日,甲氧虫酰肼在我国登记 71 项,其中单剂 36 项(含原药 17 项)、复配制剂 35 项。在苹果上登记单剂两项,登记单位分别是美国陶氏益农公司和浙江钱江生物化学股份有限公司,主要用于防治苹果小卷叶蛾。目前未发现在苹果上有复配制剂登记。孙丽娜等(2014)报道了甲氧虫酰肼对苹果褐带卷叶蛾具有良好的防治效果。

2. 氯虫苯甲酰胺

氯虫苯甲酰胺为鱼尼丁受体作用剂,是邻甲酰氨基苯甲酰胺类杀虫剂中的一个有效成分,可以广谱、高效地防治果树、蔬菜、大田作物、特种作物和草坪上的咀嚼式口器害虫。除了防治鳞翅目害虫,氯虫苯甲酰胺在增加用药量的情况下,还可以防治科罗拉多甲虫和叶蝉等,同时,对粉虱具有抑制作用。氯虫苯甲酰胺的化合物专利大于 2021 年 3 月到期。其世界专利(WO0170671)申请于 2001 年 3 月 20 日,于 2021 年 3 月 19 日专利到期;欧洲专利(EP1265850)申请于 2001 年 3 月 20 日,于 2021 年 3 月 19 日专利到期;美国专利(US6747047)申请于 2001 年 3 月 20 日,于 2021 年 3 月 19 日专利到期;中国专利(CN1419537B、CN1419537A)申请于 2001 年 3 月 20 日,于 2021 年 3 月 19 日专利到期。目前共有氯虫苯甲酰胺登记 31 项,其中单剂(含原药 4 项)17 项、复配制剂 14 项。该药剂在苹果上登记 6 项,其中单剂只有美国富美实公司登记了 35% 氯虫苯甲酰胺水分散粒剂 1 项,复配制剂登记 5 项,包括先正达南通作物保护有限公司和瑞士先正达作物保护有限公司各 2 项,陕西标正作物科学有限公司 1 项。仇贵生等(2010)研究发现,35% 氯虫苯甲酰胺水分散粒剂对苹果园桃小食心虫和金纹细蛾的防治效果均达 80% 以上。张怀江等(2011)测试了 35% 氯虫苯甲酰胺水分散粒剂对苹果园 5 种害虫的防治效果，结果表明氯虫苯甲酰胺是防治苹果树桃小食心虫、金纹细蛾和苹小卷叶蛾的有效药剂，可作为生产中常用药剂的替代药剂。

3. 氟啶虫酰胺

氟啶虫酰胺是由日本石原产业株式会社发现的吡啶酰胺（或烟酰胺）类杀虫剂。氟啶虫酰胺具有良好的内吸和渗透作用，可从植株根部向茎部及叶部传导，对各种刺吸式口器害虫有效，主要用于防治各类作物上的蚜虫、叶蝉、粉虱、飞虱和木虱等害虫。该杀虫剂对咀嚼式口器害虫没有毒力，对各类天敌昆虫如蜜蜂、寄生蜂、草蛉、食蚜蝇、瓢虫及猎蝽等均表现出良好的安全性，是典型的选择性杀虫剂（苏建亚，2019）。氟啶虫酰胺作为新化合物于 1993 年 7 月 23 日在中国获得专利保护，该专利已于 2013 年 7 月 22 日到期，至 2017 年 3 月 24 日，氟啶虫酰胺的原药正式登记保护期也已到期。目前，我国氟啶虫酰胺已获得 32 项登记，其中单剂 18 项（含原药 11 项）、复配制剂 14 项。该药剂在苹果上获得登记 4 项，其中单剂 2 项，分别由日本石原产业株式会社和陕西恒田生物农业有限公司登记，分别与啶虫脒和吡虫啉复配登记 1 项，登记防治对象为苹果黄蚜。范巧兰等（2018）报道了 10% 氟啶虫酰胺对苹果黄蚜的良好防治效果，且持效期可达 7 天以上。

4. 氟啶虫胺腈

从 2013 年 12 月 1 日欧盟开始限用吡虫啉、噻虫嗪和噻虫胺等 3 种新烟碱类杀虫剂以来，新烟碱类杀虫剂对蜜蜂高毒的问题日益受到关注。而陶氏益农公司在这个背景下将氟啶虫胺腈推向市场，国际杀虫剂抗性行动委员会（IRAC）最终将氟啶虫胺腈归类为 Group 4C 亚组，其成功地与 Group 4A 亚组中的吡虫啉等传统新烟碱类杀虫剂"划清"了界限（柏亚罗，2018）。氟啶虫胺腈仍在专利保护期内，其在欧洲、美国和中国的化合物专利都将于 2027 年期满。因此目前其在我国只有 5 项登记，单剂 3 项（含原药 1 项）、复配制剂 2 项，都是由美国陶氏益农公司取得。在苹果上其只有 22% 氟啶虫胺腈悬浮剂（PD20160336）1 项登记，防治对象为苹果黄蚜。宫庆涛等（2016）测试发现，50% 氟啶虫胺腈水分散粒剂 55.56mg/L 处理对苹果黄蚜的防治效果在药后 14 天可达 92.44%，防治效果优良，持效期长。

5. 螺螨酯

螺螨酯是拜耳公司开发并生产的高效、广谱、触杀型、非内吸性、低毒类全新结构季酮螨酯类杀螨剂。螺螨酯的欧洲和美国专利于 2012 年 7 月已到期，该产品未在我国申请专利。目前我国螺螨酯登记共有 199 项，其中单剂 106 项（含原药 20 项）、混剂 93 项。其在苹果上登记 5 项，其中单剂 4 项、复配制剂 1 项，登记防治对象均为苹果红蜘蛛。张怀江等（2008）研究发现，240g/L 螺螨酯悬浮剂 4000 ~ 6000 倍液是防治苹果全爪螨的高效药剂，持效期可达 49 天。周玉书等（2011）的试验结果表明，240g/L 螺螨酯悬浮剂对二斑叶螨卵和幼螨的 LC_{50} 分别为 3.1886mg/L、15.1252mg/L（制剂用量），对被处理雌成螨所产下卵的 LC_{50} 为 13.2495mg/L（制剂用量）。我们测试了螺螨酯对苹果山楂叶螨的田间防治效果，结果表明，施药后 7 天，240g/L 螺螨酯稀释 4000 倍、4800 倍和 6000 倍对山楂叶螨的防治效果均达 94% 以上，显著优于对照药剂哒螨灵（表 5-9）。

表 5-9　螺螨酯对山楂叶螨的田间防治效果

处理	防治效果/%		
	1 天	3 天	7 天
240g/L螺螨酯悬浮剂 6000 倍液	80.29±0.72bc	90.33±1.05b	95.33±0.26b
240g/L螺螨酯悬浮剂 4800 倍液	82.29±2.52ab	90.87±1.46b	94.84±0.99bc
240g/L螺螨酯悬浮剂 4000 倍液	85.28±1.67a	93.82±1.22a	98.45±0.38a
15%哒螨灵乳油 3000 倍液	77.08±1.87c	86.77±1.71c	93.12±0.86d

注：同列数据后不含相同字母表示处理间差异达 5% 显著水平

6. 螺虫乙酯

螺虫乙酯是拜耳公司开发的新颖内吸型季酮酸类杀虫杀螨剂。其主要用于防治多种作物包括棉花、大豆、热带果树、坚果、葡萄和蔬菜等的各种刺吸式口器害虫与害螨，如蚜虫、蓟马、木虱、粉蚧、粉虱等。螺虫乙酯是一种类脂生物合成抑制剂，通过抑制害虫体内脂肪合成过程中的乙酰 CoA 羧化酶的活性，从而破坏脂质的合成，阻断害虫正常的能量代谢，最终导致害虫死亡。由于其独特的作用机制，可有效地防治对现有杀虫剂产生抗性的害虫，同时可作为烟碱类杀虫剂抗性管理的重要品种。螺虫乙酯于 2007 年在突尼斯首次获得登记，2008 年在美国、加拿大、奥地利、新西兰、摩洛哥、土耳其获得登记，2009 年在巴西、南非、荷兰和墨西哥获得登记。2013 年 11 月欧盟委员会宣布，依据欧盟现行的植物保护产品法规 EU 1107/2009，批准登记螺虫乙酯，并于 2014 年 5 月 1 日被正式列入附录 1，有效期至 2024 年 4 月 30 日。2011 年 3 月其在中国登记（张梅凤等，2014）。螺虫乙酯顺反异构体混合物在中国的专利已于 2017 年 7 月 22 日到期，但其主要活性成分顺式异构体的专利到 2023 年 7 月 1 日才到期。截至 2019 年 8 月 31 日，螺虫乙酯已在我国获得农药登记 76 项，其中单剂 39 项（含原药 16 项）、复配制剂 37 项。其在苹果上取得了 3 项登记，其中拜耳公司获得了单剂和复配制剂各 1 项登记，陕西美邦药业集团股份有限公司获得了 30% 联苯·螺虫乙酯悬浮剂登记。其防治对象为苹果绵蚜、苹果黄蚜、桃小食心虫和介壳虫等。田间试验也已经证实了螺虫乙酯对苹果绵蚜、苹果黄蚜和山楂叶螨的防治效果（张坤鹏等，2015；宫庆涛等，2016；杨福田等，2018）。我们测试了 22.4% 螺虫乙酯悬浮剂对苹果绵蚜的田间防治效果，结果表明，施药后 7 天，螺虫乙酯稀释 3000 倍、4000 倍、5000 倍对苹果绵蚜的防治效果均可达 90% 以上，与对照药剂毒死蜱相当，但速效性不如毒死蜱（表 5-10）。

表 5-10　螺虫乙酯对苹果绵蚜的田间防治效果

处理	防治效果/%		
	1 天	3 天	7 天
22.4%螺虫乙酯悬浮剂 5000 倍液	46.77±5.02c	82.50±2.18b	91.10±2.53a
22.4%螺虫乙酯悬浮剂 4000 倍液	48.60±2.16bc	83.71±1.39ab	91.58±2.53a
22.4%螺虫乙酯悬浮剂 3000 倍液	55.64±2.40b	86.65±2.63a	91.85±2.84a
40%毒死蜱乳油 1200 倍液	63.04±6.66a	85.43±1.92ab	93.15±3.30a

注：同列数据后不含相同字母表示处理间差异达 5% 显著水平

7. 腈吡螨酯

腈吡螨酯是由日本日产化学公司开发的一种新型丙烯腈类杀螨剂，2009 年日产化学公司将其商品化，目前已在日本、韩国、哥伦比亚登记，用于防治叶螨。其结构新颖，作用机制独特，叔丁酯水解后对线粒体呼吸链复合体Ⅱ表现出优异的抑制作用，并对非靶标生物如蜜蜂等安全。沈阳中化农药化工研发有限公司以腈吡螨酯为先导化合物，通过对其结构中的吡唑环和羟基部分进行结构修饰，于 2008 年发现了具有高杀螨活性的化合物乙唑螨腈（SYP-9625）（李斌等，2016；宋玉泉等，2017）。经过后续深入研究，乙唑螨腈于 2015 年获得临时登记，并于 2018 年取得正式登记。目前乙唑螨腈登记原药 1 项、30% 乙唑螨腈悬浮剂 1 项，均由沈阳科创化学品有限公司在 2018 年取得。在苹果上乙唑螨腈主要用于防治叶螨。

5.2.3　除草剂、生长调节剂及诱抗剂的高效利用

除草剂登记种类以草甘膦类为主，共 52 项，包括草甘膦异丙胺盐（24 项）、草甘膦（17 项）、草甘膦铵盐（6 项）、2-甲·草甘膦（3 项）、草甘膦二甲胺盐（1 项）、草甘膦钾盐（1 项）。其他除草剂种类共登记 12 项，包括莠去津（8 项）、敌草快（2 项）、乙氧·莠灭净（1 项）、乙氧氟草醚（1 项）。生长调节剂和诱抗剂登记共 40 项，其中苄氨·赤霉酸登记最多，为 12 项，其次是 1-甲基环丙烯（7 项）、多效唑（5 项）、芸苔素内酯（3 项）、表芸·嘌呤（2 项）和赤霉酸 A4+A7（2 项）都登记 2 项及以上，而表芸·赤霉酸、表芸苔素内酯、表高芸苔素内酯、氨基寡糖素、赤霉酸、糠氨基嘌呤、萘乙酸和噻苯隆在苹果上都是只有 1 项登记（表 5-11）。

表 5-11　2016 ~ 2019 年在苹果上登记数量排名前 10 的农药种类

排序	杀菌剂		杀虫杀螨剂		生长调节剂和诱抗剂		除草剂	
	种类	数量	种类	数量	种类	数量	种类	数量
1	戊唑醇	123	毒死蜱	65	苄氨·赤霉酸	12	草甘膦异丙胺盐	24
2	甲基硫菌灵	92	啶虫脒	50	1-甲基环丙烯	7	草甘膦	17
3	代森锰锌	80	氰戊·马拉松	50	多效唑	5	莠去津	8
4	多·锰锌	59	高效氯氟氰菊酯	43	芸苔素内酯	3	草甘膦铵盐	6
5	多菌灵	56	阿维菌素	38	表芸·嘌呤	2	2-甲·草甘膦	3
6	苯醚甲环唑	30	甲氰菊酯	32	赤霉酸 A4+A7	2	敌草快	2
7	甲硫·福美双	28	阿维·哒螨灵	31	表芸·赤霉酸	1	草甘膦二甲胺盐	1
8	戊唑·丙森锌	19	三唑锡	23	表芸苔素内酯	1	草甘膦钾盐	1
9	唑醚·戊唑醇	17	四螨嗪	23	表高芸苔素内酯	1	乙氧·莠灭净	1
10	多抗霉素	16	高氯·马	22	氨基寡糖素	1	乙氧氟草醚	1

5.2.4　小结与展望

要加强农业面源污染的防治，着力解决突出环境问题，建设美丽中国。化学农药减施增效是当前农业面源污染治理的重要途径，然而我国幅员辽阔，目前全国有 23 个省（自治区、直辖市）都有苹果种植，其中有 9 个省份的苹果种植面积在 5 万 hm² 以上，种植区域的南北和东西差距都在 4000km 以上，气候条件和生态条件差异巨大。从总体来看，我国果园生态环境较为脆弱，其他防控措施还难以完全替代化学农药在苹果病虫害防控中的作用，今后很长一段时间，化学农药仍然会是苹果病虫害防控的重要手段，既要适应社会发展对生态安全日益提高的要求，又要保证果品生产的安全。因此，禁用高毒农药，逐步减少低效农药用量，加大高效新型农药的研发、推广和应用，是实现化学农药减施增效的措施，也是现阶段我国苹果产业农药发展的方向。

第6章 苹果化肥和农药减施增效的机械途径

6.1 苹果园机械化施肥与化肥高效利用

肥料是果树的粮食，果树施肥是果树生产中的关键作业环节，施肥质量直接影响果树养分的吸收，合理施肥是保证果树丰产、稳产和增产的重要举措（韩大勇等，2010；郑小春等，2011；赵政阳，2015）。目前，果树施肥的肥料种类主要有无机肥和有机肥：无机肥以化肥为主，其突出特点是肥效快，但会导致土壤结构改变、土壤肥力下降及果实品质下降等问题；施用有机肥有助于改善土壤的物理化学特性，使土壤容重降低、孔隙度增大、含水量增加、土壤水势升高，增加果实产量，提高果实品质（高菊生等，2005；吴宁等，2016；马晨等，2017）。基肥一般指多年生果树每个生长季第一次施用的肥料。用作基肥的肥料主要是有机肥和在土壤中移动性较小或肥效发挥较慢的化肥，主要供给果树整个生长期中所需要的养分，为作物生长发育创造良好的土壤条件。基肥深施是苹果周年生产中最重要的施肥措施，通过深施基肥可达到化肥减施增效的目的。目前，苹果园基肥的施用方法主要有：全园施肥法、冠下散施肥法、环状沟施肥法、放射状沟施肥法、条状沟施肥法和穴施肥法（韩大勇，2011）。

全园施肥法是指将肥料施于果园地面，用深中耕的方式把肥料翻入土层。此方法适用于根系已满园的成龄苹果园或密植苹果园的大量施肥，一般采用粗肥。冠下散施肥法是指将肥料集中地撒施在树盘范围内，用深中耕的方式把肥料翻入土层。此方法适用于幼龄苹果园，一般采用粗肥与精肥、缓效与速效相结合的混合肥。环状沟施肥法是指根据根系向外扩展的情况，在树冠外围挖一条 $30 \sim 40cm$ 宽、$30 \sim 50cm$ 深的环形沟，后施肥覆土。此方法适用于冬季或早春的新垦苹果园或树冠较小的幼龄苹果园。条状沟施肥法是指在果树的行间或株间，挖 $100 \sim 200cm$ 长、$30 \sim 50cm$ 宽、$30 \sim 50cm$ 深的长条形沟，后施肥覆土。此方法适用于长方形栽植的成龄苹果园。放射状沟施肥法是指在距树干 $100cm$ 远的地方，挖 $6 \sim 8$ 条放射状沟，$30 \sim 60cm$ 宽、$20 \sim 40cm$ 深，长度达树冠边缘，后施肥覆土。此方法适用于成龄苹果园。穴施肥法是指在树干 $100cm$ 以外的树冠下，挖若干个 $40 \sim 50cm$ 深的穴，后施肥覆土。此方法适用于干旱地区的苹果园或密植苹果园（康志军和吕建强，2013；张静和杨宛章，2013；王富，2018）。图 6-1 示苹果园的部分基肥施用方法。

图 6-1　苹果园部分基肥施用方法

a. 环状沟施肥法；b. 条状沟施肥法；c. 放射状沟施肥法；d. 穴施肥法

在现代苹果园种植模式的快速发展下，对施肥机械化技术的需求越来越高，开沟、挖穴施肥机等施肥设备应运而生。在国外，美国、意大利、俄罗斯、日本、法国、德国等是果树生产先进国家，果园从开沟、耕作、挖苗、栽种、灌溉、施肥、修剪、喷药等工序多实现了机械化，主要作业项目机械化程度达 90% 以上，果园机械化逐步向园艺化、精细化方向发展，机械装备和设施逐步向自动化、多功能方向发展。目前国外的施肥机多采用无污染、经济型、环保型的动力装置，降低柴油发动机的尾气排放量；广泛应用电子技术与信息技术；完善计算机辅助驾驶系统、信息管理系统及故障诊断系统；采用单一吸声材料、噪声抑制方法等消除或降低机器噪音；通过不断改进电喷装置，提高液压元件、传感元件和控制元件的可靠性与灵敏性，提高整机的机电液一体化水平，以提高作业效率。在国内，果园机械化施肥技术的研究起步较晚，相应的理论与实践成果不成熟，严重制约了果树的正常生长。目前，我国部分苹果园施肥仍要依靠人工完成，劳动强度大，成本高，效率低。部分企业和高校正在研发果园施肥设备，所研发的设备虽能实现果园施肥作业、降低劳动强度、提高作业效率，但相较于国外的施肥机，其经济性、环保性较差，可靠性、灵敏性较低，自动化、智能化程度较低，仍需不断改进、完善（韩明玉和冯宝荣，2010；杨志勇，2017；汪庆南，2019）。

6.1.1　苹果园机械化高效施肥智能控制技术

1. 卫星导航

卫星导航是指采用导航卫星对地面、海洋、空中和空间用户进行导航定位的技术。全球导航卫星系统（GNSS）是一种无线电导航定位系统，导航卫星播发的信号被 GNSS 接收机接收，经过相关处理后测定卫星载波信号相位在传播路径上变化的周数，或测定由卫星到接收机的信号传播延迟时间，解算出卫星与接收机之间的距离，然后利用三球交会定位原理实现导航定位功能。在农业机械和科学技术不断结合的背景下，卫星导航技术也逐渐成为农业发展中的重要工具，对促进我国农业经济的发展具有重要意义。根据导航系统中使用的定位传感器的不同，可以将农用导航系统分为 GPS 导航、视觉导航、激光导航、多传感器融合导航等，其核心包含多源信息融合的导航定位与环境感知技术、农业机械测距定位技术与农业机械调度系统（刘天雄，2018；王博，2018）。

1）多源信息融合的导航定位与环境感知技术

全球导航卫星系统具有全能性（陆地、海洋、航空和航天）、全球性、全天候、连续性、实时性的导航、定位和定时功能，能提供三维坐标、速度和时间的准确信息。但其信息的精度会受到卫星的几何精度因子（GDOP）、星历误差、时钟误差、传播误差、多路径误差及接收机噪声等因素的影响，定位精度一般为 1～3m。

实时动态定位-全球导航卫星系统（RTK-GNSS）是一种实时载波相位差分定位技术，基准站通过无线通信链路向移动端发送实时载波相位差分数据包，可在移动端实现厘米级的定位精度。RTK-GNSS 为农机自动驾驶系统提供了高精度定位信息。但是，RTK-GNSS 会受到高大的树木、山坡及建筑物等因素干扰，致使信号遮挡或者通讯链路中断无法实现高精度定位，微机电系统（MEMS）惯性传感器可以自主感应地面机器的 3D 运动角速度和线加速度，基于航位推算原理进行导航定位，几乎不受周围环境的影响，因此，在农业导航技术中，更好的导航定位方式是采用以 GNSS 定位为主，融合 MEMS 惯性传感器的多传感器融合的导航定位。

机器视觉导航的关键是通过图像处理和分析识别作业路线，涉及机器视觉传感器标定、图像增强、图像分割与目标识别和导航作业路线提取等多个环节。机器视觉传感器标定是指确定摄像机内部几何和光学特性（内部参数）与相对世界坐标系统的摄像机坐标系统的三维位置及姿态（外部参数）。采用图像增强技术可以增强农田彩色图像中作物与背景之间的差异，便于进一步识别目标。图像分割与目标识别技术旨在采用图像分割方法，分离作物与背景信息，进而通过模式识别等手段确定特定的导航特征及其在图像坐标系中的定位。常用的图像分割方法主要包括逐行扫描方法、模型匹配方法、区域分割方法和基于小波变换的多尺度边缘检测方法等。有两种基本方法可提取导航作业路线：Hough 变换和基于最小二乘的线性回归方法，它们均从统计意义上计算导航线的参数（白辰甲，2017；韩树丰等，2018）。

农机作业时，环境感知的目标主要是对田间作业环境中的动静态障碍物进行探测和识别。涉及的静态障碍物主要包括树木、电线杆、土堆、石块和地块边界等；动态障碍物主要包括：移动的人体、牲畜和其他农业机械。对这些动静态障碍物的识别，主要采用激光雷达和机器视觉方式。识别的主要过程包括：点云与图像数据采集、障碍物识别与分类及障碍物跟踪三个阶段。其中，障碍物识别与分类是最主要的阶段。障碍物识别与分类的主要过程：特征抽取、点云（图像）检测、点云（图像）聚类、后处理和闭包提取。

2）农业机械测距定位技术

导航测距的主要功能是为运行体提供引导运行或确定位置所需的距离参量，是导航的一项重要任务。通过测量各种距离数据，可以获得运行体的位置和速度，并用于辅助转弯、避障、进近等导航需求。对农业机械导航而言，其作用是使得农业机械能够按照期望的路径行驶。在按照期望路径行驶前，首先要对农业机械进行测距定位，通过定位能及时掌握农业机械的位置，为下一步的路线修正提供基础坐标（姚燚，2016）。

以基于 Zig Bee 的定位测距方法为例，其原理是利用移动节点到已知基节点的距离求解出移动节点的具体位置。在测距过程中，利用已知的 Zig Bee 节点坐标，借助几何距离公式，求解出未知移动节点的位置。在二维坐标中，假设 A、B、C 为已知节点，坐标分别用 (x_a, y_a)、(x_b, y_b)、(x_c, y_c) 表示；节点 D 为未知节点，用 (x_d, y_d) 表示。节点 D 到节点 A、B、C 的距离分别为 r_1、r_2、r_3，可根据式（6-1）求解坐标。

$$\begin{cases} \sqrt{(x_d-x_a)^2+(y_d-y_a)^2} = r_1 \\ \sqrt{(x_d-x_b)^2+(y_d-y_b)^2} = r_2 \\ \sqrt{(x_d-x_c)^2+(y_d-y_c)^2} = r_3 \end{cases} \quad （6\text{-}1）$$

式（6-1）考虑了由节点 A、B、C 和节点 D 构成的圆相交，结合实际应用中存在的三圆无法相交的情况，将传统的三边测量方式降为两边测量方式，利用两个交点必然在两圆圆心连线的两侧，从而根据式（6-2）实现对未知节点位置的求解。

$$\begin{cases} \sqrt{(x_d-x_a)^2+(y_d-y_a)^2}=r_1 \\ \sqrt{(x_d-x_b)^2+(y_d-y_b)^2}=r_2 \end{cases} \tag{6-2}$$

采用牛顿迭代法，对上述的方程组进行求解，利用两个已知节点对一个未知节点进行求解。假设农业机械运行区域为一个 40m×40m 的矩形区域，该区域地势平坦。根据两边测量方式，布置该区域整体的 Zig Bee 节点，如图 6-2 所示。在该区域中，共布置 15 个基节点，同时在农业机械车辆上安装 1 个移动节点。当农机车辆移动时，如在 A1 区域，只需要根据节点 1 和节点 2，即可判定农业机械车辆移动节点的位置。

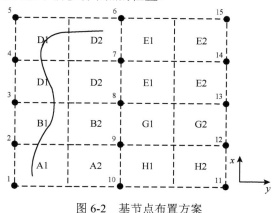

图 6-2　基节点布置方案

3）农业机械调度系统

利用卫星导航定位技术，精确控制农机的行驶路径，保证农田的开沟、挖穴、施肥、喷药及收割的重复性作业。基于北斗 RTK 定位技术，结合全球定位系统（GPS）和格洛纳斯导航卫星系统（GLONASS），研制多模多频 RTK 高精度测量设备，包括 RTK 基准站和流动站，用于农机的实时位置测量。以果园机械为例，卫星导航定位技术为果园机械作业提供了空间标尺，使果园开沟、挖穴、施肥、喷灌等作业更加精准，保证果园作业的重复精度，最大限度地提高土地利用率，减少农资浪费，降低环境污染，实现果园的精细化管理（赵琳等，2011；吴德伟，2015）。

通过在果园建立基准站，设置地基增强网，为果园施肥作业提供 RTK 差分改正服务，以提高开沟、施肥等作业的精度，改善果树的种植环境和条件。在农机上部署监控、调度和导航型 GNSS 终端，提高农机监管和调度效率。在果园运用数据采集型 GNSS 终端和移动智能平板终端，进行果园作业信息无线采集、传输与管理及果园移动增强管理，可以提高果园信息采集效率、信息化和智能化水平，提高农业生产组织的管理效率和自动化水平。果园农机调度系统结构如图 6-3 所示。在果园作业实施中，通过长期监测，利用传感器采集果园的土壤墒情、果树长势、病虫害分布、历史产量等信息，结合卫星定位数据进行分析和计算，生成果树状态的分布图谱，有针对性地对每一株果树进行精细化作业管理，发掘果园发展潜力，同时减少农资投入，在一定程度上降低对环境的污染。

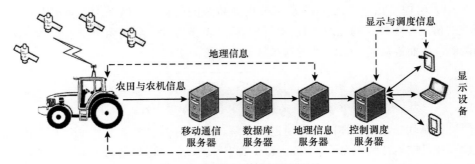

图 6-3　果园农机调度系统结构

2. 自动驾驶

自动驾驶系统采用先进的通信、计算机、网络和控制技术，对车辆实现实时、连续控制。农机自动驾驶系统以高精度全球定位系统为核心，通过电液转向控制装置和导航控制算法控制农机沿预定作业路线自动跟踪行走，系统结构如图 6-4 所示。借助全球定位系统定位，自动驾驶系统既可集成土壤在线采样装置、多光谱传感器、产量传感器等，实现土壤和作物等多维度农情信息的精准采集，又能减轻驾驶员的工作强度，提高资源利用效率和拖拉机在作业中的燃油经济性，同时，也使夜间作业成为可能，大大提高了作业效率。农机自动驾驶系统的关键技术主要包括路径规划与追踪、电控液压转向及提升技术、动力换挡技术和总线集成技术（王智敏，2005；方恩民和孔庆龙，2012）。

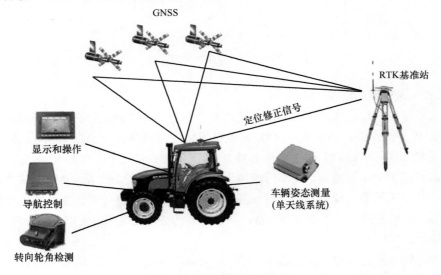

图 6-4　自动驾驶系统结构

1）路径规划与追踪

自动驾驶是保证作业的农机按照规划的路径行驶，根据作业的要求，可以要求农机直线行驶、圆周行驶、特定曲线行驶、智能障碍避让行驶，以及在有效地块内自动规划行驶。农业机械的路径规划方式主要有全覆盖的全局路径规划、局部路径规划和两种方式结合的路径规划。全覆盖的全局路径规划是指环境信息已知，如一定区域内的农田边界坐标点、田间障碍物点等，然后按照一定的算法确定最优路径，使农机能够合理高效地覆盖一定区域内除了障碍区的其他区域，减少重叠路径。局部路径规划是指农机在田间作业行走时，利用自带的传感器，对周围环境进行自我感知，实现实时避障与路径动态规划。也可将两种田间作业路径规划方式结合，形成实时性好、适应性强和易于优化的田间路径规划路线。农机田间作业路径规划的最终目标是使其能高效可靠地代替人力在整个农田区域工作，并且在时间、经济效益等指标上达到最优（张智刚等，2018；刘荣国，2019）。

路径跟踪控制的核心是控制农业机械按预定路线精确跟踪行走。在理论上，通过测距定位算法可实时获取农业机械运行的轨迹，但在实际的应用中，农业机械的运行是按照预先设定的轨迹运行，从而实现农业作业的自动化。在运行中，农业机械自身行驶的路径与预先设定的轨迹会受到地面平整度等因素的影响，出现行驶轨迹与设定路径的偏差。要保证农业机械在农业作业的过程中按照预先设定的轨迹运行，需要对其行驶的航向角、横向偏差等进行修正，让车辆的实际位置与设定的位置之间的横向偏差为零，从而确保其按照预先设定的路径行驶。

农业机械在作业中产生横向偏差与航向角有很大的关系，结合导航规划路径分析和计算行驶轨迹偏差，通过调整前轮转角可以及时修正其行驶的轨迹。同时，结合农业机械在作业过程中速度通常较慢的特点，在考虑多个变量的情况下，结合模糊控制在推理和经验方面的优势，通过双输入单输出的模糊控制算法实现对农业机械的横向偏差进行控制。以上述分析为基础，以横向偏差和航向偏差作为输入参数，通过构建模糊控制规则库并借助模糊推理，实现对前轮转角的控制（张建等，2017），具体过程如图6-5所示。

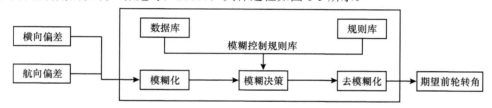

图 6-5　模糊控制原理示意图

2）电控液压转向及提升技术

电控液压转向系统具有转向力矩大、控制精度高、响应速度快等优点，是自动驾驶农业机械的主要转向执行机构。电控液压转向油路、液压转向控制器（SECU）和转向轮偏角检测传感器构成拖拉机电控液压转向系统的闭环控制回路，与农业机械原有全液压机械转向系统并联使用。目前，农机制造企业正在研究将SECU和全液压机械转向系统一体化集成的解决方案，以全面替代现有全液压转向器。一体化解决方案有利于通过对主机厂家系列化农机产品进行定制化液压转向回路改造，实现转向系统油路更加封闭、整合；也便于将转向轮偏角检测传感器预装在转向油缸或者转向前桥内部，提高系统的可靠性，实现农机的快速、高精度转向和运动控制。

电控液压悬挂系统与传统液压悬挂系统的主要区别在于用控制面板取代了操纵机构，电液比例换向阀替代了液压分配器。电控液压悬挂系统主要由悬挂机构、液压系统、控制器、控制面板和传感器组成。采用传感器实时采集农业机械的状态信息，由控制器接收驾驶员经由控制面板发出的指令信息和传感器参数，并根据预先设计的程序控制电液比例换向阀，通过液压系统控制悬挂系统，从而控制机具提升。电控液压悬挂系统都配有控制局域网络（CAN）总线接口。

3）动力换挡技术

动力换挡技术作为一种新型的换挡技术，采用电液控制系统，实现了农业机械在工作条件下动力不中断换挡，从而减少了换挡过程中的动力损失，简化了驾驶员的操作过程，改善了拖拉机的操纵性。同时，基于电液控制的动力换挡系统为农机自动驾驶系统的研发提供了重要基础。农机动力换挡控制器（TECU）的主要工作过程：程序初始化后，TECU 接收并储存换挡规律曲线和湿式离合器结合规律曲线，通过传感器读取车辆状态运行参数（包括发动机转速、车速、油温、油压和离合器位置等），通过 CAN 总线读取发动机和电控液压悬挂系统的状态，TECU 对输入的信号进行分析、运算和判断，选择储存在电可擦除只读存储器（EEPROM）中的适当的换挡曲线和离合器压力特性曲线（换挡曲线中包含电磁阀的开关信息，离合器压力特性曲线包含电液比例换向阀的开度和控制时间等信息），并通过驱动输出模块控制电磁阀和比例阀，进而控制离合器的接合和分离，最终实现平顺的换挡操作。

　　4）总线集成技术

　　1986 年，德国首先提出了基于 CAN 2.0A 版本的农业机械总线标准（DIN 9694），并从 1993 年起在欧洲各国的农机制造厂普遍采用。20 世纪 90 年代中期，以 DIN 9694 为基础，参考 SAE J1939 标准，国际标准化组织（ISO）制定了基于 CAN 2.0B 版本的 ISO 11783，将其作为正式的农业机组数据通信及其接口设计的国际标准。基于 ISO 11783 总线标准，在实现 SECU、发动机控制器（EECU）、TECU、电控提升控制器（HECU）和机具控制器（IECU）互联互通的基础上，进一步引入自动驾驶系统的核心装置导航控制器（NECU）、定位装置（PECU）、LiDAR/MV 环境感知器和显示终端 T-BOX 等，可实现农业机械自动驾驶系统的有效集成，其 ISOBUS 总线结构图如图 6-6 所示。

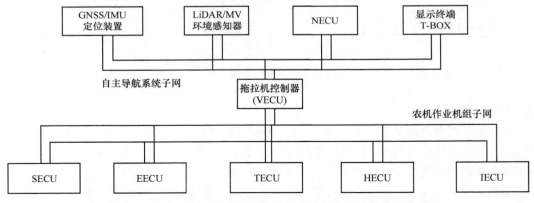

图 6-6　基于 ISOBUS 总线的拖拉机自动驾驶系统结构示意图

6.1.2　基于机器视觉的变量施肥技术

　　视觉定深施肥是指通过图像处理的方式获取果树树冠的关键参数及果树营养状态，变量施肥控制系统根据土壤养分含量、树冠关键参数及果树营养状态对果园施肥进行决策，并在固定深度施肥，实现定深变量施肥。视觉定深施肥的核心技术包含基于图像处理的树体检测技术、变量施肥技术和施肥深度自动调节技术。

1. 基于图像处理的树体检测技术

　　图像处理技术是利用计算机对图像信息进行处理的技术，主要包括图像数字化、图像增强和复原、图像数据编码、图像分割与图像识别等。近年来，图像处理技术在农业领域开始广泛应用。相较于传统的检测方法，基于图像处理的检测方法具有破坏性小、检测速度快和检测精度高等特点。图像处理技术可以无损测量果树树冠体积、树体高度、树干弯曲度、叶密度及部分根系分布，为果树营养状态评估及果树变量施肥奠定了基础。

　　基于图像处理的树体位置检测系统主要由图像采集模块、图像处理模块和执行模块组成。图像采集模块采集果树地上部分的图像信息。图像处理模块通过对果树图像进行灰度化、中值滤波及多阈值分割等操作，获得果树的树干、树叶及果实的分割图像。针对树叶的分割图像，提取树叶面积、树叶分布密度的特征参数，通过色彩聚类的方法，识别出远景中其他背景树叶与研究对象自身树叶，统计研究对象树叶像素个数，与尺寸标定结果运算，得到实际单侧树叶面积，叠加得到整棵树的树叶面积，采用膨胀腐蚀算法减小树叶之间的粘连，统计树叶个数，计算树叶分布密度；针对果实的分割图像，提取果实个数、果实分布密度的特征参数，通过色彩聚类的方法，识别出远景中其他背景果实与研究对象自身果实，采用膨胀腐蚀算法减小果实之间的粘连，统计并且估算出果实个数，计算单侧果实密度分布；针对树干的分割图像，提取果树树形、果树垂直投影面积、果树枝条分布的特征参数，首先通过腐蚀算法将树枝、树干进行连通，其次采用骨架算法将树干、树枝细化，得到果树枝条分布，最后通过像素遍历算法查找树干末节像素位置，删除非末节像素，将所有树干末节连接，构成果树外观树形，通过曲线拟合确定树形参数；通过计算末节像素边缘点位置，确定果树垂直投影面积，果树图像通过图像采集和处理模块，可得到果树树冠关键参数，具体过程如图 6-7 所示（王金星等，2016）。

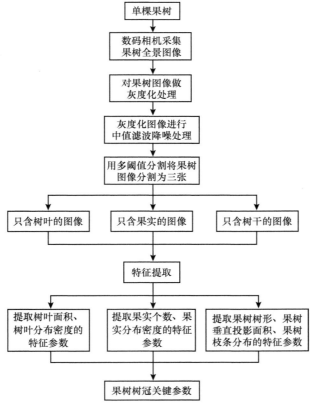

图 6-7　果园树体分割过程

2. 变量施肥技术

　　传统施肥方式是在同一种植区域内等量施加同一种肥料，会造成肥料利用率低和环境污染等问题。变量施肥技术是根据地块内不同区域对肥料的需求而改变肥料施用种类和数量的施肥方式，相比于传统施肥方式，变量施肥技术可以提高肥料利用率、减少环境污染。

果树变量施肥技术以不同尺度地块的产量数据与土壤肥力情况等影响因素为依据进行综合分析和计算，结合果树生长过程中所需要的营养元素制定施肥量决策，指导果树变量施肥，实现节能、优质、高产和环保的目的。果树变量施肥控制技术主要包括土壤含肥量信息获取、果树树形分析、施肥处方生成和变量施肥实施 4 个环节。

1）土壤含肥量信息获取

对作业地块划分网格，利用移动定位设备获取采样点的位置坐标，进行土壤采样并检验氮、磷、钾等元素的含量。将地点和含肥量信息对应记录，为施肥处方图绘制提供数据。

2）果树树形分析

采集果树地上部分的图像信息，对采集到的果树地上部分的图像信息进行处理，得出果树地上部分的各个参数，获取果树树冠参数及果树营养状态。

3）施肥处方生成

以土壤含肥量为基础，基于目标产量施肥法，结合果树树冠参数及果树营养状态，拟合果树根系分布范围内不同区域对肥料的需求量，并将施肥量信息录入数据库或通过算法生成施肥处方图。

4）变量施肥实施

通过变量施肥控制系统，以变量施肥模型为基准，通过施肥执行机械将肥料定量地施入农田。

3. 施肥深度自动调节技术

开沟深度自动调节是指根据实时开沟深度与预设开沟深度的反馈结果进行自动调整的过程。施肥深度过深或过浅都不利于果树养分的吸收。施肥深度过深，肥料下渗到果树的支撑根上，吸收根吸收较少，肥料利用率低；施肥深度过浅，根往上长，容易造成果树根冬季受冻、夏季受旱。合适的施肥深度能保证果树养分吸收，提高树体抗逆性。

施肥深度自动调节系统主要由倾角传感器、单片机、继电器模块、液压模块和显示模块构成。倾角传感器与单片机输入端相连，单片机输出端与继电器模块及显示模块相连，继电器模块与液压模块相连。倾角传感器实时检测开沟器旋转角度，并将角度信息传递至单片机，单片机将其转换成开沟深度并与开沟深度设定范围做比较，如果实时开沟深度在预设开沟范围内，继电器断开，液压模块不动作，开沟深度保持不变；如果实时开沟深度不在预设开沟范围内，继电器闭合，液压模块动作，开沟深度改变。具体调节原理如图 6-8 所示。

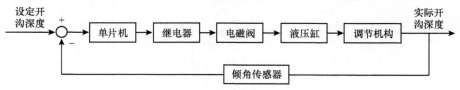

图 6-8　果园开沟深度自动调节过程

施肥作业前，先调节开沟刀至刚接触地面，对角度传感器进行校零处理。设刀盘半径为 r，刀盘中心距升降支点的旋转轴距离为 L，刚接触地面时旋转轴距水平面夹角为 θ_1，升降支点距水平面距离为 H_1；当角度传感器自校零后转过角度 θ 时，旋转轴距水平面夹角为 θ_2，升降支点距沟底距离为 H_2，开沟深度 $h=H_2-H_1$，其中 $H_2=h_2+r$，$H_1=h_1+r$，$h_2=L\times\sin\theta_2$，$h_1=L\times\sin\theta_1$，

$\theta_2=\theta+\theta_1$，如图 6-9 所示。为增强装置的稳定性，根据角度传感器的精度，对 h 进行上、下误差处理，得到相对应的开沟深度范围 h'，并将其作为预设开沟深度范围。施肥作业时，控制装置实时接收开沟深度 h，并将其与预设开沟深度范围 h' 进行比较。若 h 不在预设开沟深度范围 h' 内，控制装置控制电磁阀动作，进而控制液压缸推杆的伸缩，液压缸动作，开沟深度改变。若 h 在预设开沟深度范围 h' 内，液压缸不动作，开沟深度不变。

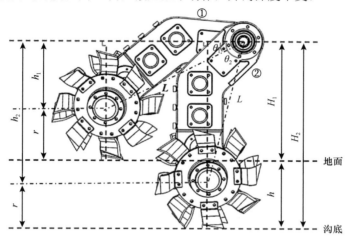

图 6-9　果园开沟深度计算原理示意图

①代表开沟刀刚接触地面的位置；②代表开沟刀在某一深度作业时的位置

6.1.3　苹果园机械化高效施肥装备

1. 开沟施肥机械

1）开沟施肥机械的类型

开沟机根据其工作部件的运动形态可分为三种类型：固定工作部件型、旋转工作部件型和非连续运转工作部件型（洪添胜等，2012）。

具有固定工作部件的开沟机最常见的是铧式开沟犁，机型主要有悬挂式犁和牵引式犁两种。铧式开沟犁作为最早的开沟设备，已经被广泛应用于农田建设中。这类开沟机具有结构简单、生产率高、工作可靠、作业成本低、单位功耗小等优点，但也存在结构笨重、工作时牵引阻力大、沟边留有大且不能分散的垡条、开好的沟形有时需要人工修理等缺点。特别是土壤硬度不能太大，否则所开沟形难以保证。

具有旋转工作部件的开沟机常称为旋转开沟机，利用旋转工作部件切削土壤进行开沟作业。旋转开沟机型式有多种，常见的有圆盘式开沟机和链式开沟机。圆盘式开沟机牵引阻力小、适应性强、工作效率高、所开沟形整齐、能均匀散开沟内土壤，但结构复杂、传动系统制造工艺要求高、单位功耗大；链式开沟机设备简单、组装方便、作业质量好、所开沟壁整齐、沟底不留回土、沟深和沟宽易于调节，但工作速度慢、生产率低，一般适于开窄而深的沟渠。

具有非连续运转工作部件的开沟机来源于工程机械。常见的是各种挖掘机，特别是单斗挖掘机，在果园中常用于开挖土壤作业。但一般生产率较低，生产费用较大。

2）开沟施肥机械的工作原理

开沟机的主要工作部件是开沟器，开沟器在动力机械的牵引或传动下，开沟器切削土壤，已被切削的碎土被抛掷在沟渠的一侧或两侧，完成开沟作业。

3）开沟施肥机械的主要机型

威猛（Vermeer）公司是世界知名的农机生产商，其生产的开沟机有多种机型，主要用于管线的铺设。开沟产品 Vermeer T-1255 Commander 采用双马达驱动，装备 Vermeer TEC2000.2 计算机辅助控制系统，将独立元件集成为几个控制钮。该控制系统自动进刀，可根据工况自动调整开沟机，基本不需要驾驶员干预，减少或避免了手动调整、开沟刀链失速和发动机过载的问题，同时还可以监控开沟作业并记录机器工作参数。Vermeer 大型开沟机的驾驶室也别具特色，多款开沟机配备豪华高架驾驶室，可使驾驶员在作业中根据需要调节视野，部分机型还配备具回转操纵台的双人驾驶室。图 6-10 所示为 Vermeer 系列开沟机的部分机型。

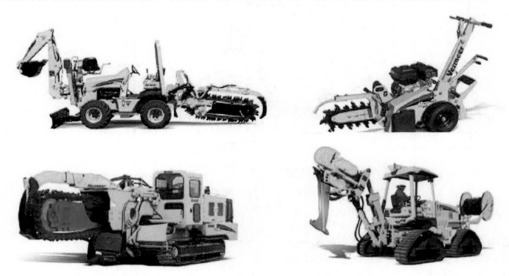

图 6-10　Vermeer 系列开沟机

沟神（Ditch Witch）公司以生产小型开沟机为主，大型机只有 RT185 和 HT185 两种型号，Ditch Witch 公司也是目前唯一在刀链传动中采用双离合变速器技术的公司。RT 机型为轮胎式，HT 机型为履带式，二者均采用功率为 136kW 的发动机，可装备刀链式开沟机构、岩石轮和振动犁，操作方便，能在狭小的空间内作业。8020T 型开沟机可配置多种附件，包括开沟刀链、开沟和振动犁机组、反铲与岩石轮。Ditch Witch 公司研发的沟深探测仪实现了开沟与探测同步，提高了工作效率和准确度。图 6-11 所示为 Ditch Witch 系列开沟机的部分机型。

图 6-11　沟神（Ditch Witch）系列开沟机

西北农林科技大学的王京风等（2010）研制出微型遥控果园开沟机，整体结构如图 6-12 所示。该机未作业时，可直接配套拖拉机的传动 V 带，高速行走。作业时，柴油机输出的动力通过传动 V 带将动力传递至附加减速器，减速后通过链传动的方式把动力传递至变速箱及开沟链，实现低速开沟作业；安装在动力机上的遥控接收装置可以控制开沟机的左转、右转、停车及开沟深度的调节。该机的性能参数：配套动力为 8.8kW，最大开沟深度为 50cm，开沟宽度为 15～30cm，作业速度为 0.15km/h。该机的优点：高度低，通过性好，可以在狭窄的果园工作；遥控、人力两套操纵系统，短距离内可遥控操纵，降低了操作人员的劳动强度；通过减速器改变传动比，满足行走速度与作业速度的不同需求。该机的缺点：该机没有施肥和覆土装置，不能一次性完成开沟、施肥、覆土作业，需要人工施肥和覆土，劳动强度大。

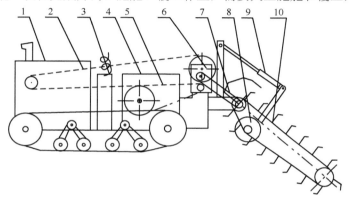

图 6-12　微型遥控果园开沟机整机结构示意图

1. 柴油机；2. 传动 V 带；3. 遥控接收装置；4. 变速箱；5. 链传动 I；6. 附加减速器；

7. 链传动 II；8. 螺旋排土器；9. 液压缸；10. 工作链

山东农业大学姜建辉（2011）等研制出可调式振动深施机，整体结构如图 6-13 所示，主要由机架、动力传动装置、偏心振动装置、开沟装置及施肥装置构成。在作业过程中，拖拉机输出的动力经变速箱传递至偏心装置，偏心装置带动连杆在竖直方向运动，连杆带动振动臂绕铰点摆动。由于开沟器通过螺栓固定安装在振动臂上，振动臂摆动的同时也带动开沟器周期性摆动，随着拖拉机的前进完成开沟作业。施肥的动力来自地轮机构的行走，地轮通过链传动带动排肥轴转动，进而驱动排肥机构排肥，肥料经输肥管落入所开沟内，完成施肥作业。该机的性能参数：配套动力为 15.7～22kW，最大开沟深度为 60cm，开沟宽度为 15～40cm，作业速度为 1.5～3km/h。该机的优点：开沟器通过振动的方式破土，阻力小、能耗低；整机一次性完成开沟、施肥、覆土作业，降低劳动强度，提高生产率。该机的缺点：整机外形尺寸大、质量重，果园通过性低。

金华市农业机械研究所的张加清等（2012）研制出 1KF-20 型果园开沟深施肥机，整机结构如图 6-14 所示，主要由动力、动力底盘、工作传动变速箱、仿生开沟刀盘、肥料箱、排肥器及覆土器构成。整机以汽油机或柴油机为动力源，通过动力底盘的行走变速箱将动力分为两部分：一部分牵引行走机构行走，另一部分传递至工作传动变速箱。工作传动变速箱一方面带动仿生开沟刀盘开出深沟；另一方面，通过链传动带动排肥器将肥料施于沟底。最后通过覆土器将沟填埋，完成开沟、施肥、覆土联合作业。该机的性能参数：配套动力为 4.0kW，最大开沟深度为 20cm，开沟宽度为 8～15cm，作业速度为 0.6～0.8km/h。该机的优点：整机布局合理、结构紧凑、工作可靠、维护方便；采用仿生开沟刀，对不同土壤的适应性好，能适应硬、沙土等多种土质条件。该机的缺点：开沟深度小，施肥效果差。

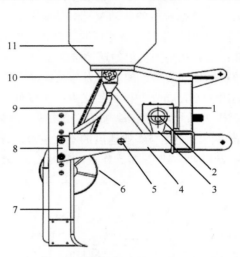

图 6-13   可调式振动深施机整机结构示意图

1. 变速箱；2. 偏心轮；3. 连杆；4. 机架；5. 支点轴；6. 地轮机构；7. 开沟器；8. 振动臂；9. 输肥管；10. 排肥机构；11. 肥料箱

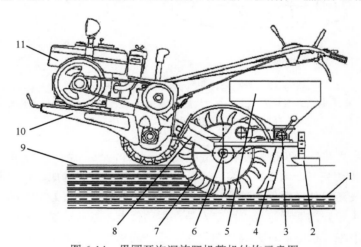

图 6-14   果园开沟深施肥机整机结构示意图

1. 沟底；2. 覆土器；3. 排肥器；4. 排肥管；5. 肥料箱；6. 刀盘轴；7. 仿生开沟刀盘；
8. 工作传动变速箱；9. 沟顶；10. 动力底盘；11. 动力源

新疆农垦科学院机械装备研究所的何义川等（2015）研制出 2FK-40 型果园开沟施肥机，整机结构如图 6-15 所示，主要由机架、传动系统、圆盘开沟装置、施肥装置、埋沟覆土装置及限深装置构成。作业前，根据不同开沟深度要求，通过限深装置调整地轮的高度。作业时，拖拉机的动力通过万向联轴器传递至传动箱，带动开沟装置进行开沟作业。限深装置通过传动系统将动力传递至施肥装置，将肥料箱中的肥料输送到所开沟中完成施肥作业。最后，埋沟覆土装置将开沟装置挖出来的土壤回填到沟里，实现土壤回填作业。该机的性能参数：配套动力为 40.45kW，最大开沟深度为 40cm，开沟宽度为 10～15cm，作业速度为 1.6km/h。该机的优点：采用偏置式开沟结构，可以不受树冠及树叶的影响，在根系附近施肥，不伤作物根系且施肥效果好。该机的缺点：肥料适用性差，含水率较高的肥料排肥效果差。

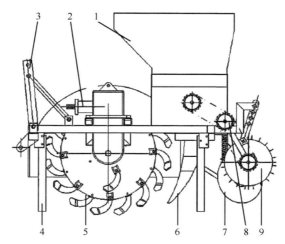

图 6-15　果园开沟施肥机整机结构示意图

1. 肥料箱；2. 传动箱；3. 机架；4. 机架支腿；5. 圆盘开沟装置；6. 施肥装置；7. 埋沟覆土装置；8. 传动系统；9. 限深装置

山东农业大学的王金星等（2019）联合研制出 2FQG-2 型果园双行开沟施肥机，整机结构如图 6-16 所示。整机在拖拉机的牵引下作业，主要由机架、基肥箱、化肥箱、开沟装置、螺旋式排肥装置、刮板式排肥装置、输肥装置、导肥装置构成。工作时，随着机具的前进，开沟刀盘转动，开沟刀切削入土并将土抛起；基肥、化肥分别由排肥刮板及排肥绞笼排出，经导肥板落入所开沟槽内；同时，覆土罩壳将开沟刀抛起的土挡住，使其回落至已开沟槽内，实现开沟、施肥、覆土一体化作业。该机的性能参数：配套动力为 58kW，最大开沟深度为50cm，开沟宽度为 20 ～ 35cm，作业速度为 1.6km/h，有机肥最大施肥量可达 7.5kg/m，化肥最大施肥量可达 2.25kg/m。该机的优点：双行开沟施肥作业，效率高；开沟深度可以实时检测并调节，开沟一致性好；开沟距离可以根据树龄和园艺要求调节，适用范围广；基肥、化肥混施，施肥效果好；施肥量可以根据果树生长状态调节，精量施肥，肥料浪费少。该机的缺点：整机尺寸大，适用于矮砧密植的标准新型苹果园和株间距、行间距较大的传统苹果园，并不适用于株间距、行间距较小的苹果园。

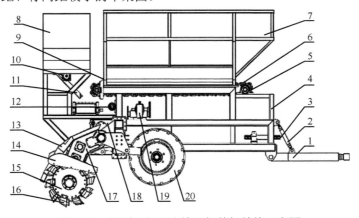

图 6-16　果园双行开沟施肥机整机结构示意图

1. 牵引架；2. 调整拉管；3. 传动轴；4. 机架；5. 基肥链轮；6. "O" 形链；7. 基肥箱；8. 化肥箱；9. 基肥下肥口；10. 排肥绞笼；11. 化肥输送板；12. 侧传动箱；13. 导肥板；14. 覆土罩壳；15. 开沟刀盘；16. 开沟刀；17. 开沟传动箱；18. 主传动箱；19. 中间传动箱；20. 车轮

2. 挖穴施肥机械

1）挖穴施肥机械的类型

挖穴机按配套动力的不同可分为手提式挖穴机、悬挂式挖穴机和自走式挖穴机三种，其中以悬挂式挖穴机和手提式挖穴机应用最广。在平地和缓坡丘陵地的果园多采用自走式或悬挂式挖穴机，而在坡度较大的山地果园或零星狭小地块的果园则多使用手提式挖穴机（洪添胜等，2012）。

手提式挖穴机将汽油机作为动力源，由单人或双人手提操作，方便实用，强劲有力，比人工挖穴施肥效率高，而且可以根据挖穴需要更换不同的钻头，从而调整钻穴的大小及深度。挖穴完成后，需人工将肥料填埋至穴中，劳动强度较大，挖穴直径和深度都比较小，穴的垂直度、深度有一定的局限性，而且对于硬质土壤，挖穴深度会受到影响，比较适用于果树的追肥。

悬挂式挖穴机多采用不平行四连杆的悬挂方式，通过发动机取代人力，挖穴效率高，减轻了果农的劳动量，挖穴直径和深度比手提式挖穴机大，穴的垂直度和深度局限性也相对较小。但由于整机体积较大，部分果园的通过性不好，而且作业时需人工定位，钻头受力不均衡，稳定性相对较差。

自走式挖穴机的配套动力是自走底盘或手扶拖拉机。整机结构简单、小巧，机手可实时观察钻头工作情况，一个人独立完成挖穴操作。自走式挖穴机的机动性和通过性比悬挂式挖穴机高，比较适用于在山地丘陵上作业，但需人工操纵钻头入土，进行挖穴作业。

2）挖穴施肥机械的工作原理

挖穴机的主要工作部件是钻头，钻头由工作螺旋叶片、切土刀和钻尖构成。工作时，由钻尖定位并切削中心的泥土，切土刀在穴底水平切削中心的土壤，螺旋叶片把已被切削的碎土从底部向上输送至穴外。穴的大小和深度分别取决于钻头的直径与螺旋叶片的长度。

3）挖穴施肥机械的主要机型

英国欧佩克（Opico）公司研发的悬挂式挖穴机，整机结构简单，适合于平原或坡度不大的地面进行挖穴作业。近年来，由于液压技术的普及和推广，欧佩克公司在挖穴机上采用液压传动装置。液压驱动比万向节传动更加灵活方便，遇到阻力物体能起到安全缓冲作用，而且还可以根据地面的坡度对钻头进行调节，不仅适合于平原，而且对于大坡度的地形，也能挖出竖直穴。图 6-17 所示为欧佩克公司生产的部分液压挖穴机。

图 6-17　欧佩克系列液压挖穴机

美国生产的 MDL-5B 型挖坑机见图 6-18。整机采用动力为 4.1kW 的 BS Intek Pro OHV 发动机，挖坑机在工作时发动机离操作者有较远的距离，大大减少了噪音对操作者的影响，充分考虑了人机工程学原理，有的手提式挖坑机安装了 1 个支点即轮子，使挖坑机的携带比较方便，工作时还可以把挖坑机的反向力矩释放给轮体，减小操作者手上的反向力矩，增加其安全性并减轻了操作者的疲劳程度。

图 6-18　MDL-5B 型挖坑机

山东农业大学的韩大勇等（2011）研制出果树挖坑定量施肥机，整机结构如图 6-19 所示，主要由机架、挖坑覆土装置、施肥装置和控制系统构成。控制系统以单片机为核心，在采集施肥模式、排肥量、排肥时刻等信息后，控制施肥装置排出定量的肥料。在输入施肥信息后，升降机构驱动钻头下降，钻头以一定的转速旋转挖坑，挖坑过程抛出的土壤顺着钻头螺旋进入套筒上部；挖坑结束后，降低发动机转速并提升钻头，单片机控制步进电机转动，带动排肥槽轮排肥。排肥结束后，继续提升钻头，土壤顺着套筒内壁滑落至坑中，完成覆土工作。该机的性能参数：最大挖坑深度为 30cm，最大挖坑直径为 20cm，单坑的施肥量为 0.1 ～ 1kg。该机的优点：一次性完成挖坑、施肥、覆土作业，降低劳动强度；施肥量可以根据用户需要进行调节，实现果树定量施肥。该机的缺点：缺少行走驱动装置，操作不便；升降挖穴部分仍然需要人工操作，劳动强度大。

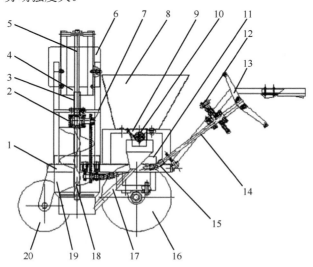

图 6-19　果树挖坑定量施肥机整机结构示意图

1. 机架；2. 齿轮轴；3. 齿条套筒；4. 升降底架；5. 圆柱齿条；6. 挖坑机构；7. 链轮链条机构；8. 肥料箱；9. 排肥器；10. 步进电机；11. 蓄电池；12. 棘轮机构；13. 转向轮；14. 传动轴；15. 万向节；16. 后轮；17. 输肥管；18. 钻头；19. 土壤收集器；20. 前轮

新疆农业大学的张洪等（2013）研制出密植果园挖穴施肥机，整机结构如图 6-20 所示，主要由机架、行走装置、挖穴装置、升降装置、施肥装置和电路控制系统构成。行走电机工作，驱动机具到达指定工作地点。挖穴电机工作，挖穴钻头旋转挖穴，挖出的土壤被抛到穴的周围。当钻头钻到指定深度时，关闭挖穴电机，启动升降电机，提起挖穴电机和钻头，钻头被提到指定高度时，关闭升降电机。在提升钻头的过程中，电机底座上的拉绳被拉动，与拉绳连接的挡肥板拉合、袋杆拉开，肥料顺着排肥斗流入穴中。随后再次启动行走电机，机具前行，"V"形覆土板将土壤覆盖肥料，挖穴施肥作业过程结束。该机的性能参数：最大挖穴直径为 30cm，最大挖穴深度为 60cm，单穴施肥量为 0.5kg。该机的优点：以蓄电池作为动力源，绿色环保、污染小；增加行走装置，操作方便，降低劳动强度。该机的缺点：采用单刃螺旋翼片式钻头，适用范围小；升降装置采用碟刹，安全稳定性差。

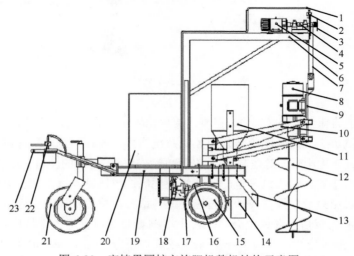

图 6-20　密植果园挖穴施肥机整机结构示意图

1. 油管；2. 碟刹下油泵；3. 绕线轮；4. 绕线轴；5. 升降电机；6. 支撑架；7. 钢丝绳；8. 挖穴电机；9. 电机底座；10. 平行四杆机构；11. 肥料箱；12. 挖穴钻头；13. 排肥斗；14. "V"形覆土板；15. 主动轮；16. 传动电机；17. 联轴器；18. 蜗杆蜗轮减速器；19. 机架；20. 蓄电池箱；21. 从动轮；22. 碟刹上油泵；23. 控制台

目前市场上出售的小型新型果树施肥器，在一定区域的果园已经开始推广，整机结构如图 6-21 所示。果树施肥器由人工背负，通过助力踏板将圆底压入土中，通过枪杆控制肥料的排放及覆土操作。该机的优点：省时高效，打破传统的盖土施肥模式，能够将肥料直接施到果树根部，施肥效果好；可以根据果树生长状况调节施肥量与施肥深度，施肥效率高；保护作物根系，减小果树根系损伤，有利于作物正常生长，保证果树充分吸收养分。该机的缺点：穴的直径、深度有很大的局限性；单次施肥量小，且需人背着肥料箱，劳动强度大。

西北农林科技大学的魏子凯等（2016）研制出山地果园挖坑施肥覆土机，整机结构如图 6-22 所示，主要由机架、升降机构、挖坑覆土机构、施肥机构构成。挖坑铲向下运动并收拢，使挖坑铲入土完成挖坑作业，土壤保存于三个挖坑铲合拢后组成的内部空间。挖坑覆土机构连同挖掘出的土壤向上提升，当完全提升出地面后，联动式舌板运动，量筒与肥料箱断开，与施肥管相连通，储存在量筒中的肥料流入坑中；施完肥后，联动式舌板回到初始位置，量筒与肥料箱连通，与施肥管断开，肥料箱中的肥料再次流入量筒中，用于下一次施肥。挖坑铲分开，土壤靠重力作用落回坑中，完成覆土作业。该机的性能参数：最大挖坑直径为

40cm，最大挖坑深度为 40cm，单坑施肥量为 0.8kg。该机的优点：整机尺寸小，在山地丘陵地带的运输、移动方便，适合山地果园狭小的作业环境；挖坑铲仿照人力手工作业方式，作业循环周期短，效率高。该机的缺点：肥量不易调节，无法实现定量施肥。

图 6-21　小型新型果树施肥器

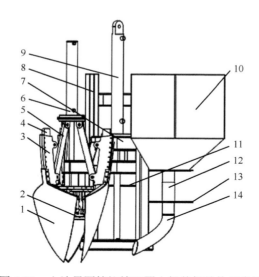

图 6-22　山地果园挖坑施肥覆土机整机结构示意图

1. 挖坑铲；2. 支座；3. 滑块；4. 导轨；5. 连杆；6. 挖坑覆土液压缸；7. 升降台；8. 机架；9. 升降液压缸；10. 肥料箱；11. 拉杆；12. 量筒；13. 联动式舌板；14. 施肥管

山东农业大学的王富（2018）研制出果园饼状缓释肥施肥机，整机结构如图 6-23 所示，主要由双层机架、动力传动系统、液压系统、挖穴装置、施肥装置、控制系统和车轮构成。其中，双层机架分为上下两层，上层用于安置盛放缓释肥料的筐具，下层用于安放液压系统、动力传动系统，并固定车轮轴和车轮。整机与拖拉机通过牵引架连接，在拖拉机的牵引下前进。通过控制按钮实现电磁换向阀的换向功能，控制钻头正反转。正转时，钻头破土并将土壤顺着螺旋叶向上收集到土壤收集桶；完成钻孔作业后，将缓释肥放置在孔内；钻头反转，钻头将土壤收集桶内的土壤甩出，完成覆土作业。该机的性能参数：最大挖穴作业直径为15cm，最大挖穴深度为30cm。该机的优点：整机钻孔稳定、效率高，降低果园缓释肥的施肥操作难度，实现果园饼状缓释肥快速施肥，有利于果园缓释肥的推广。该机的缺点：动力传输不平稳，动力损失大。

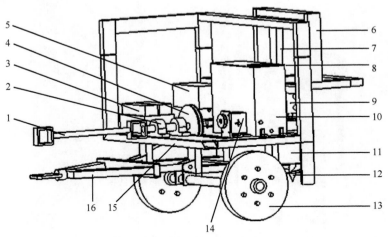

图 6-23　果园饼状缓释肥施肥机整机结构示意图

1. 万向节；2. 轴承座；3. 蓄电池；4. 皮带轮；5. 液压油路总成；6. 钻孔装置机架；7. 液压油缸；8. 进油口；9. 液压马达；10. 液压油箱；11. 土壤收集桶；12. 钻头；13. 车轮；14. 液压齿轮油泵；15. 整机机架；16. 牵引架

3. 抛撒施肥机械

1）抛撒施肥机械的类型

撒施机按照其施肥部件的不同可分为螺旋式撒施机、桨叶式撒施机、圆盘式撒施机、甩链式撒施机、锤片式撒施机和拨齿式撒施机。其中，圆盘式、桨叶式、螺旋式和锤片式撒施机应用比较广泛（李宝筏，2003）。

螺旋式撒施机有横轴螺旋和竖轴螺旋两种形式，横轴螺旋式撒施机的抛撒螺旋水平设置，其优点是结构简单、功耗小、撒肥量大、撒施均匀性好，缺点是撒肥幅宽较窄。竖轴螺旋式撒施机是在横轴螺旋式撒施机的基础上研制的，将抛撒螺旋竖直设置，并对抛撒叶片的角度和排列进行重新设计，其撒肥幅宽增加、工作效率提高、撒施均匀性更好，是目前国内外应用最广泛的撒施机。

桨叶式撒施机的抛撒器有立式抛撒器与卧式抛撒器两种，其中立式抛撒器抛撒幅度宽，卧式抛撒器的抛撒幅度相对集中。桨叶式撒施机体积大、输肥量大、输肥快速平稳、抛撒幅度范围广、使用寿命长，但肥料沿横向与纵向的分布不均匀，且需要消耗较大的动力，适合于平原的撒施作业。

圆盘式撒施机分为单圆盘式和双圆盘式两种。圆盘式撒施机结构简单、撒肥幅宽大、撒肥均匀性好、工作效率高、生产效率高，在欧美等国家被广泛采用。但其传动机构复杂、耗能严重、无法灵活调整撒肥距离，且只适用于流动性好的颗粒肥，而对于含水率较高或物理特性复杂的肥料并不适用。

锤片式撒施机一般为大型侧式抛撒机，优点是撒肥幅宽可调、撒肥均匀性好、肥料适用性较好，可以抛撒沟肥、堆肥、厩肥、沙粪肥等类型的肥料，无论是干燥的肥料还是含水率高的肥料，都能获得较好的撒施效果。但锤片式撒施机作业范围较窄，适用于平整地面工作，且不能应用于狭窄的地带。

2）抛撒施肥机械的工作原理

固体肥撒施机的种类很多，其基本工作原理是肥料落入肥箱底部的输送装置，输送到撒施部件处，由撒施部件抛撒到田间。撒施机上的肥料输送装置有两种，即螺旋式输送装置和链板式输送装置。其中，链板式输送装置应用较为广泛。

3）抛撒施肥机械的主要机型

法国格力格尔-贝松（Gregoire-Besson）公司设计研发的速尔齐 DPX Prima 撒肥机见图 6-24。该机料斗容量为 900～2100L，抛撒范围为 18～24m，抛撒量为 3～1000kg/hm²，整机质量为 300kg。该机在肥料的底端装设有指针式搅拌器，搅拌器速度较慢，以减缓肥料堵塞落肥口，可以最大限度地防止化肥被搅拌器搅成粉末状，排肥机旋转的叶片可以进行人工调节校正，撒肥精度较高，并且在肥箱底部设有过滤箱子，以保证撒肥的均匀性、准确性。但该机没有对肥料输送装置进行强制送料，一般适用于流动性较好的有机商品肥料，且在单行作业中抛撒的肥料沿横向与纵向的分布不均匀，需通过重叠作业改善其抛撒的均匀性。

图 6-24　格力格尔-贝松 DPX Prima 撒肥机

德国阿玛松（Amazone）公司设计研发的 ZA-V 撒肥机见图 6-25。该机料斗容量为 1400～4200L，抛撒范围为 36m，最高运行速度为 30km/h。该机的排肥盘上有两个甩肥片可以调节肥量的大小和出肥方向，并且在甩肥盘上装有快速定位系统能够快速调节叶片的位置，实现自动输送肥料，具有较高的自动化程度。为防止堵塞现象发生，该撒肥机在肥箱底部配装有自动指针式搅拌器，将从肥箱上部落下的肥料进行搅拌，在挡板关闭之后自动降低转速以减少搅拌器的高速旋转对肥料的破坏。

法国库恩（Kuhn）公司设计生产的 MDS 系列双圆盘离心式撒肥机见图 6-26。此系列撒肥机的工作幅宽为 10～24m，肥箱容量较大，且具有扩容装置，以增大肥箱容量。该撒肥机的适用性较高，可以播撒无机肥料、颗粒状的有机肥料及小麦和豌豆等种子，撒肥均匀性好。在农田边缘进行撒肥作业时，撒肥机上的撒肥限制器能够防止抛撒的肥料超出农田限定施肥区域，从而实现不停车对边界区域进行撒肥，并可以实现肥量的自动调节。该撒肥机可以实现无级调速和 72 级调速，调节精度高。该撒肥机可以装备电子计量器，驾驶员在驾驶室可以通过图形显示屏设定各项参数，轻松地操控撒肥机。

图 6-25　阿玛松 ZA-V 撒肥机

图 6-26　库恩 MDS 系列双圆盘离心式撒肥机

北京市农业机械试验鉴定推广站的张艳红等（2011）研制出 2F-5000 型有机肥撒施机，整机如图 6-27 所示，主要由车厢、挂车底盘、传动机构、排肥机构构成。整机动力由拖拉机提供，拖拉机动力通过动力输出轴传递给蜗轮蜗杆减速机（减速换向），再通过半轴链轮（减速）带动棘爪拨动链耙刮板主动轴棘轮转动，实现车厢内有机肥料整体前移，前移的肥料通过出料口上方的旋转刮料辊刮下撒到农田中，实现有机肥料大量均匀撒施。该机对粉状有机肥有较好的撒施效果，而对结块状或高含水率肥料的撒施性能比较差。

图 6-27　2F-5000 型有机肥撒施机

国家农业信息化工程技术研究中心的张睿等（2012）研制出链条输送式变量施肥抛撒机，整机结构如图 6-28 所示，主要由机架、下肥口、转速传感器和位移传感器、肥箱、监控装置、行走轮、撒肥盘和叶片等组成。作业中，链条输送式变量施肥抛撒机由拖拉机牵引，通过 GPS 定位，当施肥控制系统接收到所处位置基于处方图的施肥量信息后，通过安装在输肥链轴上的测速传感器测得输肥链条转速，结合速度传感器测得的机具作业速度，从而控制驱动输肥链的液压马达转速，实现系统变量施肥作业。该机的性能参数：最大撒肥幅宽为 20m，作业效率为 6 ～ 10hm²/h。该机的优点：安装 GPS，实现系统变量施肥作业；倒锥形的撒肥盘，撒肥幅宽大，生产率高。该机的缺点：可以进行变量施肥作业，但实际施肥量与预置施肥量的最大相对误差仍较大。当施肥量较低时，落入接肥盒的肥料较少，受试验环境影响，采集的肥料样品中有土粒等杂物，以及肥料碰撞弹跳的产生对结果有一定的影响。

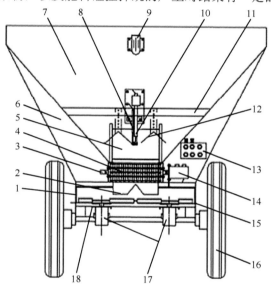

图 6-28　链条输送式变量施肥抛撒机整机结构示意图

1. 横梁；2. 下肥口；3. 转速传感器；4. 链条；5. 肥门；6. 肥箱加强筋；7. 肥箱；8. 位移传感器；9. 监控装置；10. 电动推拉杆；11. 撑肥部件固定梁；12. 撑肥部件；13. 液压控制阀；14. 排肥马达；15. 撒肥盘和叶片；16. 行走轮；17. 撒肥盘马达；18. 撒肥盘马达固定梁

中国农业大学的董向前等（2013）研制出一种锥盘式颗粒肥撒施机，整机结构如图 6-29 所示，主要由机架、肥箱、排肥器、喂料斗、甩盘、护罩和直流电机等组成。撒肥机构的锥形甩盘由盘体、导轨和凸台组成，甩盘盘体部分近似为旋转抛物面，由一条水平线段和抛物线组成的母线绕固定轴旋转一周而形成。该锥盘式撒肥机构在工作时，肥料颗粒在重力作用下沿喂料斗落入喂入区，在甩盘的高速旋转作用下肥料颗粒获得初速度并沿渐开螺旋线导轨做加速运动。肥料颗粒运动到甩盘边缘时已获得较高的速度，以该速度在空中做斜抛运动，直至肥料颗粒落到地面完成撒肥作业过程。通过撒肥试验，研究喂入区大小、甩盘转速、甩肥高度对撒肥区域内肥料分布规律的影响，确定最佳喂入角为 75°，最佳转速为 600r/min，最佳施肥高度为 95cm。

淮海工学院的芦新春等（2015）研制出宽幅高效离心式双圆盘撒肥机，整机结构如图 6-30 所示，主要由机架、悬挂装置、斗型肥箱、排肥量液压调节装置、撒肥盘及撒肥驱动装置等组成。肥箱装在机架上部，在肥箱的底部设置两个肥料出口，出口处设有排肥量调节装置,通过液压油缸驱动调节手柄自由调节撒肥量。撒肥驱动装置固定于机架底部的支撑板上,包括动力输入传动箱和两个撒肥传动箱,两个撒肥盘分别装在两个撒肥传动箱内的垂直传动轴上。肥箱内装有搅肥器,可以进一步打碎团聚的肥料颗粒,使肥料下落顺畅。撒肥作业时,肥料靠自重通过排料口下落,撒肥盘以一定速度旋转,肥料颗粒在自身离心力和推料板推力的作用下向外抛撒。该机的性能参数:最大撒肥幅宽为50m,作业效率为6 ~ 10hm²/h。该机的优点:双圆盘撒肥机构,传动平稳,撒肥均匀度高;排肥量调节灵敏、准确,对肥料适应性强。该机的缺点:可以进行变量施肥作业,但实际施肥量与预置施肥量的最大相对误差较大。

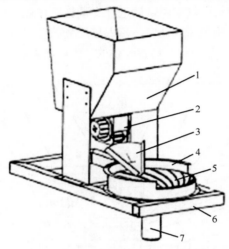

图 6-29　锥盘式颗粒肥撒施机整机结构示意图

1. 肥箱;2. 排肥器;3. 喂料斗;4. 护罩;5. 甩盘;6. 机架;7. 直流电机

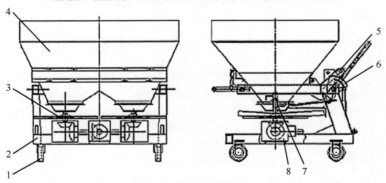

图 6-30　双圆盘撒肥机整机结构示意图

1. 脚轮;2. 机架总成;3. 撒肥盘总成;4. 斗形肥箱;5. 连接悬挂支架总成;6. 排肥量液压调节装置;7. 搅肥器;8. 撒肥驱动装置

6.2　苹果园机械化施药与农药高效利用

随着人民生活水平大幅提升,水果作为重要的健康食品,越来越受消费者重视。近年来,具有较好经济效益和生态效益的矮砧密植与经间伐提干改造的果园快速发展,且果园具备宜机械化作业条件,树形整体呈高细纺锤形状或者圆柱状,平均冠幅1 ~ 1.5m,树高3.5 ~ 4m(赵鹏飞,2015),为果园及时、有效地进行病虫害防控的机械化作业奠定了基础。苹果产业属于劳动密集型产业,劳动力雇用成本的上涨及其他附加投入的增加,使得苹果种植投入越来越大(王仰龙,2015);其中时效性强的施药作业占果树生产管理总劳动量的30%,施药作业效果直接影响了果品质及产量（祁力钧和傅泽田，1998；宋坚利等，2006；傅锡敏等，2009；邱威等，2012；丁素明等，2013）。国外果园施药机械普遍采用风送喷雾技术，美、日、欧等的果园施药作业多采用配套拖拉机的牵引式风送施药机完成（徐莎，2014）。邱威等（2012）认为国内果园机械化施药装备正处于发展期，施药技术、施药机械和农药利用率均有较大的提升空间。然而碎块化、家庭农户经营的果园主要采用"柱塞泵＋拖拽药液管＋喷枪"的施药作业方式，药液雾滴大、药液损失率高、环境污染问题严重；规模化、农（企）业公司（或合作社）经营的果园主要采用风送式喷雾机施药的作业方式，药液在泵压力下雾化和空气气流撞击作用下实现二次雾化，药液雾滴小、节水节药，但药液喷雾飘移严重，进而引起环境污染问题。

围绕苹果农药使用零增长的目标，针对我国苹果农药高效利用技术及智能装备研发落后、科学施药机械化技术普及到位率低带来的农药过量使用等突出问题，依据不同栽培方式树体结构特征及其对雾滴大小、密度和分布的要求与不同生长期果树冠层结构、风力穿透阻力、病虫害发生及分布规律，选择最佳施药期、药剂与树体吸附方式，优化送风口与喷药口的结构形式及位置布置、药流和水流混合模式，创新以树形识别为核心的对靶喷雾作业机械化技术、以智能控制为核心的机具行走自动化技术、以智能化变量化为核心的精准施药技术，从机械途径研究精准、精量、高效的施药机械及配套技术。通过研究与果树种植农艺技术相匹配的冠层探测系统，构建果树冠层结构参数与施药参数间的模型，控制喷头与冠层外形相一致的喷雾位置、喷雾压力，优化风送式果园喷雾机送风场参数，实现果园机械化精准施药作业，对实现苹果安全生产、保护果园生态环境、降低生产成本、促进农业节本增效具有重要意义。

6.2.1　机械化高效施药关键技术

1. 果树冠层特性分析

目前苹果树体结构由复杂趋于简单，冠层结构趋于一致，进而可实现基于果园面积、冠层体积、树体面积、冠层高度等不同模型进行施药量计算（周良富等，2017）。目前主要采用超声波传感测量系统、立体视觉法、激光雷达（LIDAR）传感器法等非接触式和基于果树枝条经纬度测量树形的接触式方法进行果树冠层结构参数的测量。

1）超声波传感测量系统

超声波测量原理为超声波发生器向某一方向发射超声波，在发射时刻同时开始计时，超声波在空气中传播时碰到障碍物就立即返回来，超声波接收器收到反射波就立即停止计时；根据超声波在空气中的传播速度与计时器记录的发射和接收回波的时间差，计算出发射点距离障碍物的距离。为避免超声波在传输过程中因角度发散引起系统分辨率和测量精度误差，一般采用一组超声波传感器配合使用。超声波传感测量系统可精确测量果树的高度和宽度，基于超声波传感器研发各种果树冠层探测系统，可根据超声波传感器测量出来的冠层结构信息来指导喷雾机的变量施药精准作业（图6-31）。果园施药机组行走于果树行间，在机组作业中心竖直方向上安装3个超声波传感器，超声波传感器与施药机组中心的距离（e），测量果树冠层外边界与每个传感器间的距离（x），进而计算出每个区域的冠层宽度（B）、冠层面积（S）和树冠体积（V）。果树冠层结构随着果树物候期的变化而出现不同特征，在样本树形选择时应避免局部树枝生长超出主体冠层而导致冠层实际信息丢失等问题；由于超声波传感器测量精度易受喷头、超声波束等外界条件的影响，在实际测量中需要滤除干扰，以保证超声波传感器的测量精度。

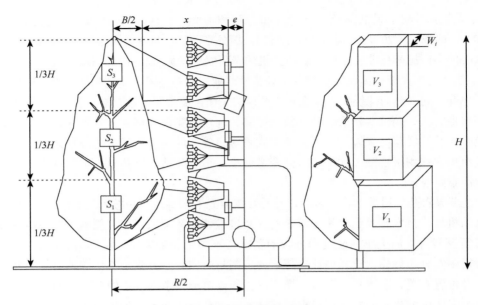

图 6-31　超声波测量果树冠层体积的原理

H 为树高；R 为果树行距；V_1、V_2、V_3 分别为每个超声波传感器测出的冠层体积；e 为超声波传感器与喷药机中心的距离；W_i 为超声波单次测量的长度；S_1、S_2、S_3 分别为每个超声波传感器测出的截面面积；x 为果树冠层外边界与每个传感器间的距离；B 为冠层宽度

2）机器视觉测量系统

机器视觉法测量果树树冠主要包括数码摄影法和立体视觉法。机器视觉测量系统中的图像采集器接收到果树冠层的反射光后，通过电荷耦合器件摄像机或互补金属氧化物半导体光电转化视觉传感器将光学图像转化为电信号，通过模数转换以数字信号输入计算机。机器视觉测量果树树冠的系统由图像获取模块、图像处理模块、模型构建模块等组成（丁为民等，2016），根据样本选择标准及采样标准获取理想果树树冠，由图像处理算法对样本进行处理，提取特征量；采用基于轮廓特征量的单点测量法，构建拟合几何结构体，以结构体的体积近似代替对应果树冠层体积；采用基于面积特征量的多点测量法建立普适性面积与体积相关关系模型以完成测量；将图像获取模块、图像处理模块、模型构建模块融合，构建以计算机为平台的自动测量设备，按照设定标准输入任意果树冠层图像，便可得到对应的果树冠层体积（图 6-32）。

3）LIDAR 传感测量系统

LIDAR 是一种基于非接触式测量技术探测和重构果树冠层的方法，采用成熟的激光-时间飞行原理及多重回波技术，通过激光扫描某一测量区域，并根据区域内各个点与扫描仪的相对位置，以极坐标形式返回测量物体与扫描仪之间的距离和相对角度。李龙龙等（2017b）利用LIDAR 传感器将树冠分割成若干单元，用相应软件管理所采集的数据，在后面的处理软件中计算出冠层轮廓；根据测出的冠层距离计算出每个单元的冠层厚度，分割的单元数量与传感器的角度分辨率和作业速度相关。通过三维激光扫描系统，假设激光在冠层上的撞击数与叶面积呈线性关系，采用适当的算法可以将 LIDAR 获得的 3D 点云数据重构出高精度的果树结构。

4）接触式测量法

接触式果树树形测量装置由支架、底色板、树体高度测量装置、树体幅宽测量装置、枝条偏角测量仪、果树位置经纬度仪构成。底色板安装于支架上，底色板一般采用白色或蓝色，便于与果树枝条形成对照，有利于分辨枝条分布走向。果树位置经纬度仪安装在装有底色板的支架上，并放置于果树树干根部实生苗与地表接荐处，实现果树经度、维度和海拔等参数的测量，达到定点定位、连续测量每年不同物候期的该棵果树的目的。将树体高度测量装置、树体幅宽测量装置和枝条偏角测量仪相结合，可得到枝条在空间分布点的垂直和水平的位置参数及方位角分布参数（图6-33）。

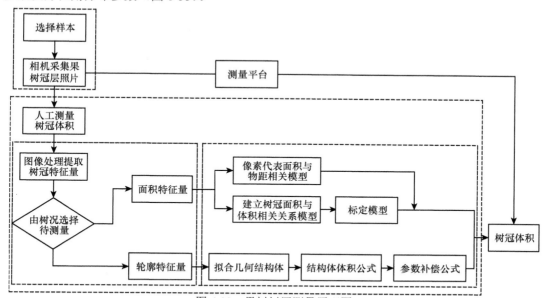

图 6-32　果树树冠测量原理图

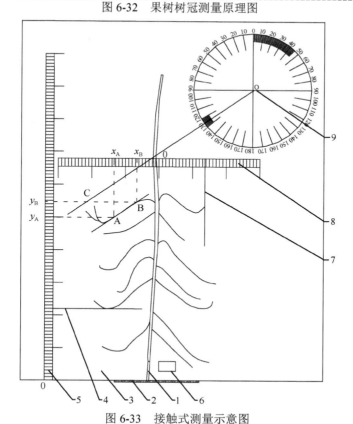

图 6-33　接触式测量示意图

1. 果树；2. 地表；3. 底色板；4. 高度测量接触杆；5. 垂直测量装置；6. 果树位置经纬度仪；7. 幅宽测量接触杆；8. 幅宽测量装置；9. 枝条偏角测量仪；AB 线：枝条；OC 线：枝条偏角测量线。x_A、x_B 均为经幅宽测量仪获得的枝条水平位置参数；y_A、y_B 均为经垂直测量装置获得的枝条垂直位置参数

2. 果园风送与静电喷雾技术

风量是风送式喷雾机的重要技术参数之一，农药高效利用与雾滴飘移损失低的果园喷雾机风量的确定应遵循置换原则及末速度原则，喷雾机以一定速度作业时，在一定的作业时间内风机吹出携带有雾滴的气流应能置换风机前方直至果树内部空间的全部空气；气流到达果树冠层内部时，其速度应达到一定数值，否则气流不足以驱动翻滚枝叶、置换果树树膛原有空气。雾滴从喷头喷出后受到自然风和蒸发等外界干扰因素的影响，使得雾滴表面不稳定，造成雾滴表面和内部受力不均匀，进而产生内外压力差（闻建龙等，2000），使得雾滴分离成更多细小的雾滴颗粒。

静电喷雾技术是应用高压静电在喷头与喷雾目标间建立起静电场，使雾滴带电，减小液体表面张力和降低雾化阻力；药液带有电荷后，极性相同的电荷就会大量沉积在喷嘴射流的表面，形成群体荷电雾滴，在静电场力和其他外力（风力）的联合作用下，雾滴定向运动而吸附在目标的各个部位，具有沉积效率高、雾滴飘移散失少、改善生态环境等良好性能（顾家冰，2012；李龙龙等，2017a）。

风送式静电喷雾技术结合了静电喷雾与风送技术，从喷嘴喷出来的雾滴在高压静电场带上电荷变成带电雾滴，在风机产生的辅助气流和液流的共同相互作用下雾滴二次细化成细小的雾滴，用静电力的排斥和靶标作物的引力及高速度的气流把雾滴送到靶标作物上，可在靶标枝叶的正反两面有效、均匀地沉积。王仰龙（2015）认为风送式静电喷雾可以避免静电高压对植株和操作者的伤害，使雾滴更加高效地附着在果树枝叶上，提升药液附着效果，提高药液的利用率。

3. 变量喷雾施药技术

常规机动喷雾机在作业过程中所有喷雾单元在喷幅内全面积定量连续喷洒，针对不同地块、不同施药目标对施药量的不同要求，一般采用更换喷头的办法改变施药量和控制雾滴大小，难以实现根据果树冠层的用药需求实时改变施药量。变量喷雾施药技术是施药机械的药液喷量跟随果树冠层信息的变化而实时调节喷头流量、雾流方向、喷雾压力的一项精准施药技术，做到因地制宜、按需施药，避免严重的农药浪费和环境污染。变量喷雾系统主要由喷雾量调控系统、喷雾气流调控系统和喷雾位置调控系统组成。

1）喷雾量调控系统

变量喷雾系统包括三个独立的子系统以控制不同高度果树冠层的喷雾（图 6-34），采用与常规喷雾系统相同的药液箱、药液泵、过滤器等零部件，具有变量喷雾和常规喷雾两种作业模式。喷雾量调控的方式有调压变量喷雾、PWM 调节、直接注入式变浓度调节。

调压变量喷雾：压力式变量喷雾系统主要由药液箱、药液泵、比例溢流阀和通过管路相互并联的多个喷雾单元组成，每个喷雾单元由比例减压阀、电磁阀、喷杆、压力式变量喷头、压力传感器和流量传感器构成（史岩等，2004）。在作业过程中，比例溢流阀通过嵌入式计算机调节主管路的压力并保持一定值，CCD 摄像机将实时采集的图像信号通过图像采集卡送入计算机进行处理，压力传感器、流量传感器、雷达传感器同步将辅助信号通过 I/O 模块送入计算机进行处理，计算机将处理结果通过 I/O 模块把开关信号发送到安装在每个喷雾单元上的电磁阀，电磁阀控制各喷雾单元喷雾和停喷，计算机将施药剂量信号通过 I/O 模块发送给各喷雾单元上的比例减压阀，比例减压阀调节各喷雾单元的工作压力并通过压力式变量喷头实现变量喷雾。

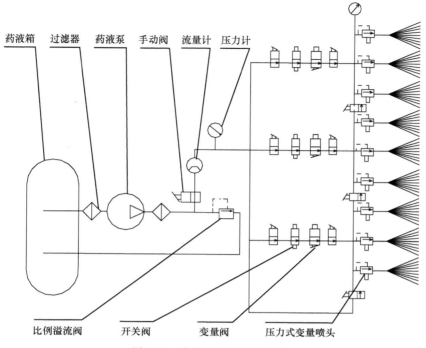

图 6-34 变量喷雾系统示意图

PWM 调节：脉冲宽度调制（PWM）是通过调节控制信号的占空比来调节喷头实际喷施流量。PWM 调速方式有定宽调频法、调频调宽法、定频调宽法三种，前两种方法在调速时改变了对脉冲的周期，从而引起对脉冲频率的改变，当该频率与系统的固有频率接近时会引起振荡，故多采用定频调宽改变占空比的方法来调节直流电机电枢两端电压。

直接注入式变浓度调节：变量施药系统根据变量实现原理分为药剂注入式控制系统与药剂和水并列注入式控制系统，清水由隔膜泵加压注入，而农药则通过各自的注入泵加压注入，最终三者都注入主管路中，由流体在主管路中的自身运行及旋转式混药器混合均匀。这种系统将农药和水分开存放，仅当需要喷洒时才将农药注入水中，经充分混合后喷洒出去，通过改变农药的注入速率，来改变喷药过程中农药的施用量。农药注入速率的计量方式为通过使用计量泵输送农药，或者在闭环控制系统中使用流量计测量农药传送速率。蔡祥等（2013）根据农药注入位置的不同，系统可分为中心注入式、分散注入式、喷嘴直接注入式三种形式（图 6-35），主要区别在于系统从控制浓度发生变化到该浓度药液均匀到达喷嘴的延时不同及农药的混合程度不同，农药的注入位置离喷头越近延时越短。喷嘴直接注入式施药系统注药和注水是同时进行的，在喷药过程中任何一段时间里不管是否进行喷洒，注药时间和注水时间均相同；当注水流量恒定时，改变注药流量，混合溶液的浓度也将发生相应的改变。

2）喷雾气流调控系统

周良富等（2017）认为风送式果园喷雾机在作业过程中，气流不仅要携带雾滴，还要翻动枝叶，驱除和置换树体中原有的空气；在风送喷雾的过程中，与冠层相匹配的气流速度、风量和方向可以保证良好的施药效果，气流不足将导致雾滴难以穿透冠层，而气流过大会致使雾滴难以沉积而大量飘移。根据果树种植的不同模式，风送式果园喷雾机的风送装置主要有环向出风式、塔式、柔性管多头式和独立圆盘式等形式，机组作业时一般通过调节风机转速来改变喷雾气流速度，调节导流板角度来调整风速在垂直面上的分布，进而使气流与果树冠层相吻合，有利于风量与冠层的匹配，增加雾滴在冠层内的穿透性和覆盖均匀性。

3）喷雾位置调控系统

果树仿形喷雾是通过检测果树冠层的实际形状，自动控制喷头组在合适的喷雾距离下进行作业，以提高雾滴在果树冠层内的分布均匀性、减少药液飘移、增加农药施用效率的方法。

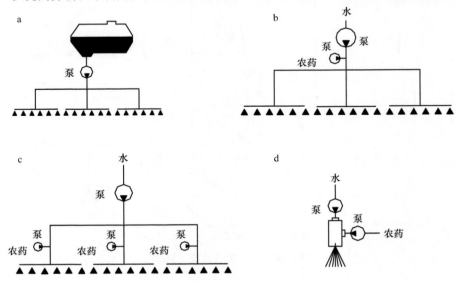

图 6-35　药剂注入方式示意图

a. 传统方式；b. 中心注入式；c. 分散注入式；d. 喷嘴直接注入式

6.2.2　果园机械化高效施药装置

1. 分层布风果园施药装置

分层布风果园施药装置由分层均匀布风系统、药液输送系统、机架构成，药液输送系统安装在机架前端，分层均匀布风系统安装在机架后端（图 6-36）。分层均匀布风系统由风机、布风装置组成，风机位于布风装置的后底部，风机由拖拉机后置动力输出轴驱动工作产生高压气流，高压气流经布风装置导流至果树冠层，实现药液风送和翻动果树冠层枝叶，达到叶片正反面均匀施药的目的。布风装置由前置板、后置板、顶端调节装置、连接轴、可调导向叶、分腔隔板组成；前置板、后置板和顶端调节机构组成一个风腔室，将风机送来的高压气流容纳在风腔室内；分腔隔板将风腔室分割为左右对称的两个腔室，分别给左右两侧的药液喷头输送高压高速气流；根据药液喷头的布置位置，通过布置可调导向叶将每个腔室分割成容纳气体量相等的分支腔室，分支腔室对应一个药液喷头，每个分支腔室内的气流流出布风装置时将对应喷头喷射的药液风送至果树冠层。喷头在药液管上均匀分布，可调导向叶随喷头均匀分布在布风装置内；前置板、后置板与喷头相邻的上下可调导向叶形成的分支腔室出风口截面面积相等，由于每个分支腔室内容纳的空气量相等，使得经过喷头流出布风装置的空气流速相等，进而喷头喷射出的药液均匀送至果树冠层。药液输送系统由药液箱、药液管、喷头组成，药液箱的药液由药液泵加压后经药液管输送至喷头，药液被喷头雾化后经风送至果树冠层，达到防治果树病虫害的目的。

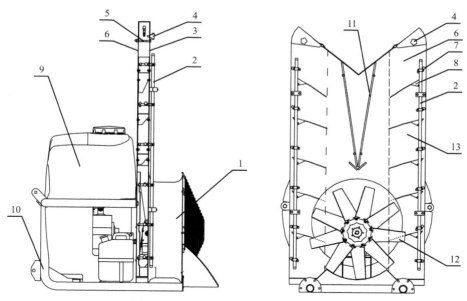

图 6-36　分层布风果园施药装置示意图

1. 风机；2. 药液管；3. 前置板；4. 顶端调节装置；5. 连接轴；6. 后置板；7. 喷头；8. 可调导向叶；

9. 药液箱；10. 机架；11. 分腔隔板；12. 扇叶；13. 分支腔室

2. 静电风送式果园喷雾机

3WFQD-1600 型静电风送式果园喷雾机主要机构除机架、药箱、风机、喷头、隔膜泵以外，还包括高压静电发生器和高压电源等部件（图 6-37）。喷雾作业时，高压电源开启，高压静电发生器开始工作。拖拉机后置动力输出轴输出的动力经联轴器传递至喷雾机的隔膜泵，再通过隔膜泵与风机变速箱间的联轴器传递至风机变速箱，驱动隔膜泵和风机作业。药箱中药液经隔膜泵加压后，除一部分药液回流到药箱起搅拌作用外，其余药液经药液管输送至喷头雾化喷出，由高压静电发生器的作用使喷头喷出的雾滴带上大量的静电荷，在风机作用下高速气流将雾滴送至果树叶片和枝干处，雾滴在一定电场力的作用下沉积在果树枝干表面上；高压高速气流还能翻动果树枝叶，使雾滴均匀覆盖于果树叶片的叶面与叶背（傅泽田等，2009；王士林等，2016）。

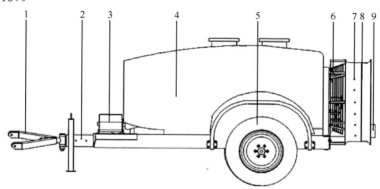

图 6-37　3WFQD-1600 型静电风送式果园喷雾机示意图

1. 牵引架；2. 机架；3. 隔膜泵；4. 药箱；5. 行走轮；6. 导流罩；7. 喷头；8. 高压静电发生器；9. 高压电源

3. 多风机仿树形施药装置

多风机仿树形施药装置由仿树形分层布风精准施药系统、药液混合供给系统及清洗系统构成。药液泵将药液箱内的均匀药液泵送至仿树形分层布风精准施药系统，仿树形分层布风精准施药系统由带有喷头的药液喷管和可调风机组成，通过调节梁的伸缩调整使可调风机风口与果树冠层相匹配；根据果树冠层的阻力大小调整可调风机的转速、风压、风量及调整药液供给量，使药液供给量与果树冠层枝叶用药需求、均匀分布药液相对应，实现仿树形分层布风的精准施药作业（图6-38）。

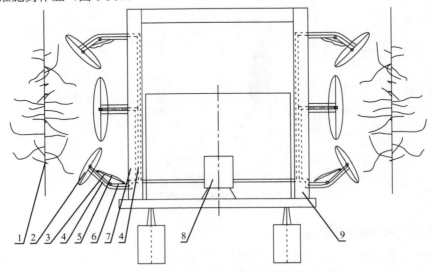

图6-38　多风机仿树形施药装置示意图

1. 果树；2. 可调风机；3. 纵向调节装置；4. 药液管；5. 纵向限位装置；6. 调节梁；7. 竖槽梁；8. 药液泵；9. 施药桁架

4. 山地果园跨行分段施药装置

山地果园跨行分段施药装置由药液桁架升降装置、伸缩翻转药液支臂装置、药液箱、药液泵、行走底盘等组成。伸缩翻转药液支臂装置共有具有对称结构的四套单独支臂装置，支臂装置用于支撑带喷头的药液管和风管；四套单独支臂装置分别用支臂装置A、支臂装置B、支臂装置C、支臂装置D表示，支臂装置A与支臂装置D结构对称，支臂装置B与支臂装置C结构对称；支臂装置A（D）由液压缸、平行四杆机构、四段翻转折叠臂组成，四段翻转折叠臂分别用①、②、③、④（①′、②′、③′、④′）表示，四段翻转折叠臂与支臂装置的转动铰接点分别为a、b、c、d（a′、b′、c′、d′）；四段翻转折叠臂绕各自铰接点转动实现喷药时展开状态和运输时收缩状态；支臂装置C（B）由液压缸、摆臂杆、三段翻转折叠臂组成，三段翻转折叠臂分别用⑤、⑥、⑦（⑤′、⑥′、⑦′）表示，三段翻转折叠臂与支臂装置的转动铰接点分别为e、f、g（e′、f′、g′）。

梯田地边果树行机械化施药方式：梯田地边只有一行果树，只采用单侧伸缩翻转药液支臂装置工作即可，支臂装置A和B中铰接点处由步进电机控制各翻转折叠臂（①、②、③、④、⑤、⑥、⑦）展开角度，达到形成翻转折叠臂呈"冂"形包围果树冠层的施药作业方式，此时与支臂装置A和B关联的风管与药液管均正常工作；支臂装置C和D呈收缩不工作状态，此时与支臂装置C和D关联的风管与药液管均关闭。梯田地内果树行机械化施药方式：施药机械行走在梯田地内，两侧伸缩翻转药液支臂装置均需工作，液压缸推动平行四连杆机构动作使得支臂装置 A 呈展开状态，支臂装置 A 中只需翻转折叠臂①工作而翻转折叠臂②、③、④呈折叠不工作状态，并且翻转折叠臂②、③、④对应的风管和药液管均处于不工作状态；支臂装置 C 处于不工作状态，支臂装置 B 和支臂装置 D 中的翻转折叠臂均需展开且其对应的风管与药液管处于工作状态（图6-39）。

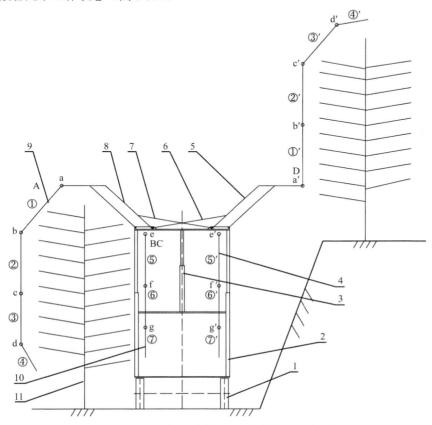

图 6-39　山地果园跨行分段施药装置示意图

1. 行走底盘；2. 药液桁架升降装置；3. 液压升降装置；4. 支臂装置 C；5. 支臂装置 D；6. 液压缸 D；

7. 液压缸 A；8. 支臂装置 A；9. 翻转折叠臂；10. 支臂装置 B；11. 果树

6.2.3　果园机械化施药效果分析

选择河北省曲阳县刘家马村矮砧密植苹果园作为机械化施药试验基地，果树株距1.0 ～ 1.5m，行距 4.0m，树高 3.5 ～ 4.0m；试验时环境温度 15 ～ 20℃，环境湿度 40%，风速 3m/s，西北风，机组作业速度 1.25m/s。在果园选取枝繁叶茂、冠层分布均匀的两行内 6 棵（行间左右各 3 棵）果树作为试验对象，将果树冠层分为上、中、下三个截面，平均离地高度分别为 2.93m、1.82m、0.73m，上层截面与中层截面平均间隔为 1.11m，中层截面和下层截面平均间隔为 0.9m，三个截面的平均冠层直径为 0.87m、1.62m、2.16m。

1. 不同风送方式施药效果分析

在风送式果园喷雾机的各项性能测试中，雾滴在冠层中的沉积和分布特性是衡量施药质量的重要指标之一。风送式果园喷雾机主要有圆形风送式果园喷雾机、塔形风送式果园喷雾机及涡轮风送式果园喷雾机。涡轮风送式果园喷雾机是采用涡轮风机及 4 个出风口，每个出风口配有 3 个双向喷头，通过调整出风口实现涡轮喷雾，可根据冠层形状进行调整，以达到最优效果；塔形风送式果园喷雾机是采用轴流风机调整内部挡流板角度，使药液在高速气流的吹送下与空气撞击而雾化，从而输送至果树冠层；圆形风送式果园喷雾机采用轴流风机，轴向进风、径向出风，呈辐射状气流使雾滴雾化而送至叶片上（王利源等，2018）。采用风送式果园喷雾机进行病虫害防治时，强大的气流带动叶片扰动，从而增强雾滴在冠层的穿透性及上、中、下冠层的雾滴分布均匀性，有效减少药液漏喷现象，提高农药利用率。

为探究不同送风方式下果园喷雾机的施药效果，明确风送式果园喷雾机选型依据和使用操作，按照表 6-1 中参数设置，对涡轮风送式果园喷雾机、塔形风送式果园喷雾机和圆形风送式果园喷雾机进行田间试验，分析验证雾滴沉积密度及其在冠层中的分布效果。

表 6-1　三种机型主要参数

机型	风机形式	配套功率/kW	喷头数量/个	工作压力/MPa	风机尺寸/mm
涡轮风送式果园喷雾机	涡轮式	25.7～36.8	12	0.5～3.0	500
塔形风送式果园喷雾机	轴流式	25.7～36.8	14	1.0～4.0	800
圆形风送式果园喷雾机	轴流式	25.7～36.8	10	1.0～4.0	800

1）药液消耗量

三种机型有效作业距离为 150m 时，测得涡轮风送式果园喷雾机、塔形风送式果园喷雾机和圆形风送式果园喷雾机的药液消耗量分别 8.0L、12.5L 和 12L；在满足《风送式果园喷雾机　作业质量》（NY/T 992—2006）雾滴沉积密度时，涡轮风送式果园喷雾机比塔形风送式果园喷雾机、圆形风送式果园喷雾机分别节省施药量约 36% 和 33.3%。

2）冠层上中下雾滴分布

为探究 3 种机型风送雾滴在冠层不同高度上的分布均匀情况，把收集到的离地平均高度为 2.93m、1.82m、0.73m 的上中下 3 个截面的数据进行处理分析，涡轮风送式果园喷雾机上层雾滴沉积密度分布较低，在 20～58 滴/cm²，而中下层雾滴沉积密度分布在 30～105 滴/cm²；塔形风送式果园喷雾机上中下雾滴沉积密度分布在 40～158 滴/cm²；圆形风送式果园喷雾机上中下雾滴沉积密度分布在 62～130 滴/cm²。3 种机型中下层雾滴沉积密度分布集中，差异在 17.28%～29.51%，而涡轮风送式果园喷雾机的上层雾滴沉积密度分布明显少于另外两种机型，较另外两种机型差异在 66.65%～69.03%；涡轮风送式果园喷雾机冠层上层飘移更少，药液利用率更高。

3）叶面叶背雾滴附着对比

在果树施药过程中，叶面叶背均匀着药能够使施药效果更佳，涡轮风送式果园喷雾机叶面叶背雾滴分布较为均匀，差异仅为 9.60%；塔形风送式果园喷雾机和圆形风送式果园喷雾机的叶面雾滴沉积密度明显高于叶背雾滴沉积密度，叶面叶背雾滴沉积密度不均匀，差异分别为 39.48% 和 42.70%。其原因在于涡轮风送式果园喷雾机采用涡轮离心风机，速度高，排量小，使其能够有效搅动叶片，使叶面叶背药液附着更均匀，而塔形风送式果园喷雾机和圆形风送式果园喷雾机采用轴流风机，速度低，排量大，对叶片的搅动效果不足，导致叶背雾滴沉积密度低。

4）雾滴穿透性能

涡轮风送式果园喷雾机、塔形风送式果园喷雾机和圆形风送式果园喷雾机在机组行进方向上雾滴沉积密度集中在 95 ～ 119 滴/cm²，根据方差分析结果，3 种机型的雾滴穿透性能一致。

2. 静电风送式喷雾机效果分析

为探究果园静电风送式果园喷雾机与传统风送式果园喷雾机的性能差异，预估施药过程中各运行参数的相互关系，对 3WFQ-1600 型风送式果园喷雾机和 3WFQD-1600 型静电风送式果园喷雾机根据喷雾距离（1.0m、1.5m、2.0m）、喷雾压力（10bar[①]、20bar、30bar）、喷头型号（F2002A1.2、F2002A1.5、HCC02、HCC04）和冠层垂直高度（0.5 ～ 4.5m）进行试验。

1）喷雾压力影响

3WFQ-1600 型风送式果园喷雾机的喷雾压力对 F20002A1.5 型喷头的雾滴垂直分布均匀性影响较大。随着喷雾压力的增大，雾滴垂直分布均匀性降低，特别是在 0.7 ～ 1.5m 的高度，雾滴沉积量显著增加；在喷雾距离 1.0 ～ 2.0m 情况下对雾滴沉积量无显著影响，靶标高度对雾滴沉积量影响最大。

2）喷头型号影响

在配套拖拉机、风机、药液泵等作业条件一致的条件下，3WFQD-1600 型静电风送式果园喷雾机雾滴垂直分布集中在 0.5 ～ 3.0m 的位置，随着喷雾压力的增加不同高度雾滴沉积量均有所增加，但对雾滴沉积分布情况影响不大；喷量较大的 HCC04 型喷头在相同压力和距离下比 HCC02 型喷头的累积雾滴沉积量要大；喷雾压力越大，雾滴沉积量越大。在喷雾压力 10 ～ 20bar 下对雾滴沉积量无显著影响，靶标高度对雾滴沉积量影响最大。

3）喷雾距离影响

将 3WFQD-1600 型静电风送式果园喷雾机在喷雾距离 1.5m 情况下，HCC04 喷头在 20bar 压力下所得雾滴沉积量与树冠轮廓拟合度较高，拟合系数为 0.892 77。

4）冠层垂直高度影响

3WFQD-1600 型静电风送式果园喷雾机与 3WFQ-1600 型传统风送式果园喷雾机相比，雾滴受静电场力的作用，垂直沉积分布更加集中，垂直分布均匀性也相对稳定。

6.2.4　小结与展望

机械化是水果业现代化的重要基础和重要标志。通过果园调研—方案设计—样机试制—选型对比—试验分析—示范应用的技术路线，选择国内外果园施药机械进行机组优化配套与试验分析，根据果树树形和立地条件研发了分层布风果园施药装置、多风机仿树形施药装置、山地果园跨行分段施药装置，解决了高纺锤树形冠层上部药液附着不均匀问题和弥补山地梯田果园无可用施药机型的短板；通过果园施药机械与果树生产相融合实现了人-机-树协调，推进果园机械化施药作业与适度规模种植相适应，在施药效果满足病虫害防控的要求下，提高农药利用率，实现施药机组的高效作业。

施药机械作为果园生产中防治病虫害、保证果品品质的重要农机具，应根据不同地区、不同立地条件果园进行施药机械选型或优化，开发和试验施药机械的信息精准监测、作业参数智能调控等变量精准施药功能，实现农机农艺信息融合，使之成为果园生产全程机械化整体解决方案中的重要环节，实现节水、节药、药液高效利用、省工省力轻简化作业，为水果业高质量发展、加快现代化步伐提供有力支撑。

---

① 1bar=10⁵Pa。

第7章　苹果化肥和农药减施增效的替代途径

7.1　苹果有机肥替代化肥

土壤有机质含量与土壤肥力呈显著正相关关系，其变化相对稳定，常被作为评价果园土壤质量动态变化的重要指标（Canali et al.，2004；Wienhold et al.，2004）。土壤有机质含量对果园可持续生产非常重要，发达国家苹果园土壤有机质含量达到了 40 ～ 80g/kg，而我国大部分果园土壤有机质含量在 15g/kg 以下，同时我国有机肥施用量为 2 ～ 15t/hm²，远低于国外优质果园 50t/hm² 的有机肥施用量（魏绍冲和姜远茂，2012；葛顺峰等，2017）。

我国是化肥生产、使用大国。果园偏施化肥，有机肥施用不足。其中苹果产量较高的山东胶东半岛产区施氮量高达 837kg/hm²（魏绍冲和姜远茂，2012），山西临汾产区施氮量为 701kg/hm²（李磊等，2018），陕西苹果产区的施氮量为 490 ～ 619kg/hm²（王小英等，2013）。而世界上苹果生产强国的施氮量为 150 ～ 200kg/hm²（Neilsen et al.，2003；Siddique et al.，2009）。

减少化肥施用量、增施有机肥是提高果实品质的重要措施。2015 年，我国农业部提出了化肥零增长行动，并在《到 2020 年化肥使用量零增长行动方案》中提出了"精、调、改、替"4 条技术路径，其中的"替"就是有机肥替代化肥。2017 年 2 月，农业部发布了《开展果菜茶有机肥替代化肥行动方案》，但是有机肥与无机肥究竟以什么样的配比施用却缺乏理论依据，也成为有机无机复合肥产业发展的关键科学与技术问题。

7.1.1　有机肥替代化肥效应

近年来，诸多科研单位就有机肥替代化肥对土壤肥力、作物产量、品质及生态效应等方面的影响进行了广泛和深入的研究。随着研究的深入，适当减少化肥施用量，用有机肥替代部分化肥并不会使产量显著降低，反而会增加作物产量和提高品质，并且能够提升土壤质量。

1. 对土壤肥力的影响

陆海飞等（2015）和范淼珍等（2015）认为有机肥替代部分化肥这一举措已成为改善土壤肥力状况及生态环境不可或缺的一步。在褐潮土石灰性土壤上的研究显示，长期有机肥替代化肥施用对土壤全量养分及速效养分、微生物生物量增加效果显著（李娟等，2008）。易玉林和杨首乐（1998）研究指出，有机肥与化肥配施对潮土的土壤结构、孔隙状况、水分状况和热量状况有明显影响，并且有机肥与化肥配施能较好地协调土壤水气热状况等因素，故表现出明显的增产效果。王殿武（1998）在冀西北高寒半干旱区旱滩地草甸栗钙土上及坡梁旱砂地栗钙土上的长期定位试验结果表明，有机肥与化肥配施后可使土壤总有机碳、腐殖酸量增加，土壤酶活性增强，养分状况显著改善，微团聚体含量、团聚水平与团聚度相应提高，土壤理化、生物学性质得到改善。魏钦平等（2009）的研究表明，一次性集中施入有机无机混合肥料可显著增加有机质和养分含量。有机肥能促进土壤大团聚体内微团聚体的形成，从而使更多新添加的颗粒有机物被新形成的微团聚体固定，提高有机质含量，改善土壤物理性状（马宁宁等，2010；Mylavarapu and Zinati，2009）。

2. 对作物产量、品质的影响

施用有机肥或有机无机肥配合施用可大幅度提高苹果、甜橙等果树的产量，同时有利于提高果实硬度和可溶性固形物含量，使果实品质得到改善。王奎波和余美炎（1994）的研究表明，合理的有机肥与化肥配合施用，不但能够得到与单独施用化肥一样高的产量，而且还能够增加氮素在土壤中的积累量，同时还能够提高土壤中有机质和速效磷的含量，提升土壤肥力，保证小麦持续高产、稳产。李谷香等（1997）在砂质水稻土、肥力中等的条件下种植无籽西瓜，三种有机肥与化肥不同比例配施的处理平均产量较单施化肥的处理提高 16.7%，其中以施 50% 猪粪渣、鸡鸭粪和 30% 菜籽饼处理的无籽西瓜产量较高；有机肥与化肥配施的无籽西瓜果实品质好，可溶性糖含量、可溶性固形物含量和维生素 C 含量、甜度指数、糖酸比都要比单施化肥的处理高，游离酸的含量则低于单施化肥的处理，此结果在农业生产实践中具有现实指导意义。叶景学等（2004）通过对有机肥与化肥配施对结球白菜的产量和品质的影响研究发现，有机肥与化肥配施能够有较好的增产效果，且结球白菜的品质显著提高。

李磊等（2018）的研究表明（表 7-1），在土壤地力条件低下的果园，有机肥等量替代化肥氮会降低苹果产量，但替代化肥氮小于 40% 的处理，苹果产量降低并不显著，虽然单株结果数显著降低（$P < 0.05$），但有利于增加单果重；有机肥等量替代化肥氮提高了苹果的商品率和优果率，以替代 60% 化肥氮处理商品率最高（97.34%），以替代 40% 化肥氮处理优果率最高（46.55%）。由于有机肥的缓释特性和化肥的减施，树体当季的养分吸收无法满足树体所需，单株结果数下降较多，苹果产量表现出当年减产，但有机肥替代化肥不同程度地增加了苹果单果重，降低了残次果量，尤其显著提高了优果率。因此，有机肥替代化肥有利于苹果高值生产。而且果实品质研究表明（表 7-2），有机肥替代化肥显著提高了苹果总糖含量（$P < 0.05$），有机肥替代化肥可增加果实维生素 C 含量、苹果硬度、糖酸比和可食率（$P < 0.05$）；但对可溶性固形物及果形指数影响不大。由此可见，增加有机肥用量、降低化肥用量，可提高苹果优果率和果实品质，增加果实风味。而且，在适当替代化肥用量的基础上，≤20% 的化肥氮替代量，当年并不会造成显著减产，且优果率大幅提升，是有机肥替代化肥的推荐用量。

表 7-1　有机肥替代部分化肥氮对苹果产量的影响（李磊等，2018）

处理	产量/(kg/亩)	单株结果量/kg	单株结果数	单果重/kg	商品率/%	优果率/%
单纯施化肥	3642.44	121.43	544	0.22	96.02	29.90
有机肥替代 20%化肥氮	2964.90	98.85	423	0.23	95.56	43.09
有机肥替代 40%化肥氮	2501.90	83.43	351	0.24	95.59	46.55
有机肥替代 60%化肥氮	2168.96	72.30	321	0.23	97.34	43.94
有机肥替代 100%化肥氮	2272.09	75.75	323	0.23	94.72	38.72
有机肥替代 300%化肥氮	2388.92	79.63	290	0.28	96.32	38.86

表 7-2　有机肥部分替代化肥氮对果实品质的影响（李磊等，2018）

处理	可溶性固形物含量/%	去皮硬度/(kg/cm²)	维生素 C 含量/(mg/100g)	可滴定酸含量/%	总糖含量/%	糖酸比	可食率/%	果形指数
单纯施化肥	14.81	3.25	34.02	0.28	7.18	26.41	91.59	0.86
有机肥替代 20%化肥氮	14.79	3.41	34.80	0.29	7.50	26.61	92.05	0.85
有机肥替代 40%化肥氮	14.23	3.25	48.28	0.27	7.47	28.45	92.16	0.88
有机肥替代 60%化肥氮	14.56	3.44	47.01	0.28	7.60	27.49	93.23	0.85
有机肥替代 100%化肥氮	15.03	3.63	46.48	0.30	7.56	26.29	92.16	0.85
有机肥替代 300%化肥氮	14.69	3.60	41.66	0.26	7.72	31.23	92.19	0.84

3. 对土壤微生物及根系发育的影响

李晨华等（2014）认为化肥与秸秆配合施用能提高土壤微生物数量和微生物多样性。有机肥组分配比不同，对作物产量和土壤微生物等的影响不同；施用有机肥，土壤有机质含量得到增加，土壤酶活性得到提高，土壤微生物活动更加旺盛，从而土壤养分有效性大大增加，最终土壤肥力大大提升（范淼珍等，2015；Trap et al.，2012）。多数研究表明，作物生产上添加有机肥不仅可以显著提高土壤微生物量碳和微生物量氮含量，还能提高土壤酶活性（范淼珍等，2015；陆海飞等，2015；马宁宁等，2010）。贾伟等（2008）在旱作褐土上的研究也显示，纯有机肥施用和有机肥替代部分化肥施用均使微生物量碳、微生物量氮含量增加，而不同用量的纯化肥处理均不会使微生物量碳、微生物量氮含量增加。

我们研究发现，有机肥替代化肥氮的所有处理，0～30cm 根系密集区，土层根干重、总表面积、总体积较单纯施化肥均有不同程度的增长，但是总根长有所降低（表7-3）。分析原因，可能是有机肥处理促进了根系的干物质积累，而单纯化肥处理促进了根系的伸长生长。各有机肥处理较单纯施化肥处理增加根干重6%～115%，降低总根长8%～40%。总表面积、总体积均有不同程度的增加，总表面积增加了7%～43%，总体积增加了16%～200%，可见根干重和总体积是较明显增加的，其次是总表面积。分析原因，不只是有机肥对根系生长的刺激作用，还可能和根系的土壤环境利于根系伸展有关。尤其替代化肥氮40%以上的处理均明显地增加了根总表面积、根总体积，改善了根的构型，从而增强了根吸收养分和水分的能力。但是大量施用有机肥替代300%化肥氮处理，其不论根干重、总根长、总表面积、总体积均较有机肥替代100%化肥氮处理有所下降。这是由于大量的有机肥投入，其自身腐解对氮素的吸收影响了树体的氮供应。因此，从当季土壤速效无机氮的养分供应，有机肥对化肥氮的替代效应对改善根系生长环境、促进苹果根系生长及根活力的角度综合考虑，有机肥替代化肥氮的适宜比例为≤40%。

表 7-3　有机肥部分替代化肥氮对根系的影响

处理	根干重/(g/棵)	总根长/cm	根总表面积/cm²	根总体积/cm³
单纯施化肥	1.01	1514.98	111.88	2.27
有机肥替代 20%化肥氮	1.08	909.50	96.98	2.65
有机肥替代 40%化肥氮	1.89	1008.21	119.89	4.53
有机肥替代 60%化肥氮	2.02	1387.41	155.95	6.79
有机肥替代 100%化肥氮	2.17	1541.18	160.48	18.89
有机肥替代 300%化肥氮	1.27	1363.03	137.49	3.38

我们研究发现，苹果园微生物数量以细菌数量最多，放线菌数量次之，真菌的数量最少（表7-4）。有机肥替代化肥氮有利于细菌的生长繁殖，而真菌数量和放线菌数量的变化差异不大；有机肥替代化肥氮不同程度地增加了细菌数量和真菌数量的比值；替代化肥氮40%以上可提高细菌数量和微生物总量。由此可见，增施有机肥可以有效改良苹果园土壤，优化了苹果园微生物菌落结构。

表 7-4　有机肥部分替代化肥氮对土壤微生物的影响　（单位：×10⁵CFU/g）

处理	细菌数量	真菌数量	放线菌数量	微生物总量	细菌数量/真菌数量
单纯施化肥	38.12	0.07	16.25	54.44	544.57
有机肥替代 20%化肥氮	30.82	0.05	8.92	39.79	616.40

续表

处理	细菌数量	真菌数量	放线菌数量	微生物总量	细菌数量/真菌数量
有机肥替代 40%化肥氮	62.52	0.06	2.36	64.94	1042.00
有机肥替代 60%化肥氮	48.74	0.04	10.99	59.77	1218.50
有机肥替代 100%化肥氮	78.66	0.08	13.86	92.60	983.25
有机肥替代 300%化肥氮	52.38	0.08	8.93	61.39	654.75

4. 对生态效应的影响

白成云等（1999）通过田间定位试验，阐明了有机肥与化肥配施和有机肥在农业可持续发展中的作用，证明有机肥是土壤钾的重要来源，施用有机肥对于缓解氮磷钾比例失衡有着至关重要的作用。有机肥与化肥配施可以提高有机氮的利用率，有机氮的利用率可达到 18.08%～36.00%，减少损失率为 14.20%～15.71%，有机肥与化肥配施玉米产量比单独施用有机肥或单独施用化肥都高。

土壤养分表观平衡反映土壤养分输入和输出之间的动态平衡，是衡量土壤养分状况的重要依据。李磊等（2018）的研究表明，随着土壤化肥氮施用量的降低，土壤氮输出量及盈余量逐渐下降（表 7-5）。苹果园有机肥替代化肥氮降低了土壤氮的盈余率，提高了氮肥偏生产力，进而增加了苹果化肥氮的利用效率，减少了土壤中氮素积累且降低了氮素淋失的风险，有利于土壤养分平衡。

表 7-5　有机肥部分替代化肥氮对养分利用效率的影响（李磊等，2018）

处理	表观输入量/ （kg/亩）	表观输出量/ （kg/亩）	盈余量/（kg/亩）	盈余率/%	氮肥偏 生产力/（kg/kg）
单纯施化肥	40	10.9	29.1	72.75	91.1
有机肥替代 20%化肥氮	32	8.9	23.1	72.19	92.6
有机肥替代 40%化肥氮	24	7.5	16.5	68.75	104.2
有机肥替代 60%化肥氮	16	6.5	9.5	59.34	135.5
有机肥替代 100%化肥氮	0	0	0	0	0
有机肥替代 300%化肥氮	0	0	0	0	0

7.1.2　苹果有机肥定量替代化肥的原理和方法

1. 土壤有机质转化过程

1）植物残体的分解和转化

植物残体主要包括根、茎、叶的死亡组织，是由不同种类的有机化合物所组成的，具有一定生物构造的有机整体。其分解不同于单一有机化合物。

2）矿化过程

在微生物酶的作用下，有机化合物被彻底氧化分解为二氧化碳、水，释放出能量，N、P、S 等同时被释放。

3）腐殖化过程

各种有机化合物通过微生物的合成或在原植物组织中聚合转变为组成和结构比原来有机

化合物更为复杂的新的有机化合物。

4）土壤腐殖物质的分解和转化

第一阶段，经过物理化学作用和生物降解，土壤腐殖质芳香结构核心和与其复合的简单有机化合物分离，或是整个复合体解体；第二阶段，释放的简单有机化合物被分解和转化，酚类聚合物被氧化；第三阶段，脂肪酸被分解，被释放的芳香族化合物（如酚类）参与新腐殖质的形成。

2. 有机肥施用量的确定

对于有机肥的用量，业界一直没有定论。在以往的施肥管理中，往往不测算有机肥的养分含量，一般在有机肥施用的基础上，按推荐使用化肥。粮食作物有机肥用量小，不会产生问题。蔬菜、果树长期大量投入有机肥，造成土壤养分富集与养分比例不平衡。有机肥的氮、磷、钾养分比例一般为 1∶1∶1，而作物吸收养分比例一般为 3∶1∶3，施入的磷量常超过作物养分需求量。有机肥施用到土壤中后，氮在转化过程中存在挥发与淋溶损失，而磷、钾在土壤中的损失相对较少。在施肥管理中，要充分考虑有机肥所提供的养分，科学替代化肥，满足作物生长需要，同时保护生态环境。但有机肥中含有多种养分，而且是作物不能直接利用的有机态，如何测算有机肥提供的有效养分是关键。

作者通过研究有机肥部分替代氮肥对苹果产量、土壤养分平衡的影响试验发现，运用目标产量法进行测土配方施肥处理有机肥替代 10%～20% 化肥氮用量，不会造成苹果产量显著下降且品质有大幅提升。

从有机肥矿化对树体的氮素供应角度考虑：商品有机肥 N、P、K 养分供应总量为 ≥5%，依照每千克有机肥供应 1.7% 的纯氮量计算，亩施商品有机肥 500kg，提供 N 养分总量为 500kg×1.7%=8.5kg，依照有机肥矿化率（表 7-6）30% 计算，则当季无机氮供应量为 2.55kg，占亩产 3000kg 盛果期果园养分供应量的 11% 左右，因此，商品有机肥亩投入量 500～1000kg，矿化产生的无机氮达到 2.55～5.10kg，完全可以满足化肥氮总量减 10%～20% 的要求。

表 7-6　商品有机肥中养分当季矿化率（%）

养分类型	推荐值	范围
氮素	0.30	0.2～0.4
磷素	0.55	0.5～0.6
钾素	0.80	0.7～0.9

从有机肥腐解对土壤有机质提升的角度考虑：有机肥集中沟施或穴施，以穴内土壤有机质提升 1% 以上为计算目标。一棵苹果树挖 4 个穴，每个穴长 40cm× 宽 40cm× 深 40cm，土壤容重 1.3g/cm³，每个穴土壤重量为 83kg，增加 1% 有机质需要 0.83kg 有机质。商品有机肥料标准（NY 525—2012）要求有机质含量（烘干计）大于等于 45%，旱地土壤有机肥当季腐殖化系数 30%，则一个穴土壤当季增加 1% 有机质需要的有机肥是 0.83÷45%÷30% ≈ 6.15（kg）。假设 1 亩地有 50 株树，那么 1 亩地需增施有机肥 6.15×4×50=1230（kg）即可。

综合分析有机肥矿化和有机质提升作用，采用集中穴施的方法，亩推荐量 600～1200kg 有机肥，既可达到苹果有机肥替代化肥 10%～20% 的目的，又足以提高当季穴施土壤有机质含量达 1% 以上，属于商品有机肥的最佳施用量。从试验结果得知，有机肥替代化肥氮处理提升了氮素偏生产力，有效减少了土层氮素残留量和环境污染风险。尤以有机肥替代10% ～ 20% 化肥氮最佳（可依照各地土壤基础养分含量不同适当调整替代量）。

7.2　苹果病虫害生物防控

7.2.1　苹果害虫生物防治

1. 害虫生物防治现状

苹果园中害虫的天敌资源丰富，它们对于控制害虫危害、维持生态平衡具有重要的作用。苹果园天敌分为捕食性天敌和寄生性天敌两大类。捕食性天敌体型一般较被捕食昆虫大，大多以捕食对象的体液为食，部分天敌也可吞噬寄主的肉体。捕食性天敌以鞘翅目中的瓢虫数量最多，我国目前研究报道的有益瓢虫有 51 种，如龟纹瓢虫（*Propylaea japonica*）、异色瓢虫（*Harmonia axyridis*）、七星瓢虫（*Coccinella septempunctata*）、中华通草蛉（*Chrysoperla sinica*）、大草蛉（*Chrysopa pallens*）、食蚜蝇、食虫虻、小花蝽、塔六点蓟马（*Scolothrips takahashii*）及多种蜘蛛等，都是苹果园重要的捕食性天敌，它们既可以捕食蚜虫，也可以捕食部分鳞翅目的幼虫及其他害虫，对于防治苹果害虫具有重要的作用。寄生性天敌的体型一般较小，多数在幼虫期寄生在寄主体内或体外，依靠摄取寄主的营养从而达到杀死寄主的目的，成虫期多自由生活，以植物花蜜为食。苹果园中以膜翅目寄生蜂数量最多，寄生蜂主要分为蚜虫寄生蜂和鳞翅目幼虫寄生蜂两大类，蚜虫寄生蜂有蚜茧蜂、苹果绵蚜蚜小蜂（*Aphelinus mali*）等，鳞翅目幼虫寄生蜂种类和数量更加丰富，包括金小蜂科、姬蜂科、肿腿蜂科等的多种寄生蜂。前期的优势天敌以瓢虫、草蛉、食蚜蝇、小花蝽等捕食性天敌为主，后期则以寄生蜂等寄生性天敌为主。

在防治农林害虫的过程中，杀虫剂的应用发挥了重要作用，但因部分杀虫剂对天敌的毒害作用，破坏了自然条件下天敌对害虫的控制，导致生态系统失衡。解决苹果园使用药剂有效控制害虫危害的同时，又能保障自然天敌种群不被严重杀伤，一直以来是苹果园生防与化防的重大矛盾。使用高效且对天敌安全的杀虫剂是对害虫实施综合治理的关键。各类天敌对大多数药剂非常敏感，一旦药剂使用不当会造成天敌数量迅速下降。苹果蚜虫、害螨等害虫具有极高的繁殖能力，当失去天敌的抑制作用后其种群数量会迅速增加，危害严重。此时往往重复使用化学药剂进行防治，甚至加大药剂使用量，这会增加生产成本，诱导促进害虫产生抗药性，造成恶性循环。通过对当前苹果园使用的主要药剂（杀虫剂和杀螨剂）对苹果主要害虫天敌的毒性进行评价，筛选出对害虫药效高、对天敌毒性低的药剂，研究改进施药技术，最大限度地降低药剂对各种天敌的影响，发挥天敌的持续控制作用。

2. 药剂对天敌毒性的评价

1）药剂对异色瓢虫的毒力

药剂对异色瓢虫 3 龄幼虫的毒力：采用喷雾法测定 7 种杀虫剂对异色瓢虫 3 龄幼虫的毒力结果表明，阿维菌素和啶虫脒对异色瓢虫 3 龄幼虫的毒性较高，致死中浓度（LC_{50}）分别为2.337mg/L 和 9.084mg/L，噻嗪酮和吡蚜酮毒性较低，LC_{50} 分别为 139.714mg/L 和 753.146mg/L，7 种杀虫剂对异色瓢虫 3 龄幼虫的毒力大小顺序为阿维菌素＞啶虫脒＞吡虫啉＞虫酰肼＞哒螨灵＞噻嗪酮＞吡蚜酮（表 7-7）。

表 7-7　喷雾法测定 7 种杀虫剂对异色瓢虫 3 龄幼虫的毒力

杀虫剂	毒力回归方程	LC$_{50}$/(mg/L)	95% 置信区间	毒力指数
阿维菌素	$y=-2.1394x+4.1557$	2.337±0.126	1.920 ～ 2.903	322.27
啶虫脒	$y=-2.7423x+2.7470$	9.084±1.115	7.489 ～ 11.088	82.91
吡虫啉	$y=-1.6222x+3.1766$	16.383±1.776	12.982 ～ 21.472	45.97
虫酰肼	$y=-2.2277x+1.8389$	27.512±0.706	22.869 ～ 33.032	27.38
哒螨灵	$y=-2.2971x+1.1030$	47.933±4.606	40.346 ～ 56.542	15.71
噻嗪酮	$y=-1.0712x+2.7126$	139.714±7.079	102.253 ～ 179.700	5.39
吡蚜酮	$y=-1.7458x+0.0783$	753.146±36.78	572.027 ～ 981.818	1.00

药剂对异色瓢虫成虫的毒力：7 种杀虫剂对异色瓢虫成虫的毒力大小顺序为阿维菌素＞啶虫脒＞虫酰肼＞吡虫啉＞哒螨灵＞噻嗪酮＞吡蚜酮；阿维菌素对异色瓢虫成虫的毒力最高，LC$_{50}$ 为 5.259mg/L，吡蚜酮毒力最低，LC$_{50}$ 为 1711.033mg/L（表 7-8）。7 种杀虫剂对异色瓢虫成虫的毒力与对 3 龄幼虫的毒力大小顺序基本一致，均为阿维菌素毒力最高，吡蚜酮最低。

表 7-8　喷雾法测定 7 种杀虫剂对异色瓢虫成虫的毒力

杀虫剂	毒力方程	LC$_{50}$/(mg/L)	95% 置信区间	毒力指数
阿维菌素	$y=-2.0069x+3.5434$	5.259±0.925	4.213 ～ 6.396	325.35
啶虫脒	$y=-1.4261x+3.1064$	17.237±2.845	7.489 ～ 11.088	99.26
虫酰肼	$y=-2.0003x+1.7705$	41.978±1.271	33.915 ～ 50.960	40.76
吡虫啉	$y=-0.8593x+3.3931$	50.604±4.184	35.690 ～ 83.159	33.81
哒螨灵	$y=-2.1437x+0.5447$	122.738±8.743	102.652 ～ 148.165	13.94
噻嗪酮	$y=-1.7708x+0.3113$	597.124±49.590	457.102 ～ 823.741	2.86
吡蚜酮	$y=-1.7708x-0.7549$	1711.033±178.534	1401.393 ～ 2098.273	1.00

2）药剂对龟纹瓢虫的毒力

药剂对龟纹瓢虫 3 龄幼虫的毒力：采用浸渍法测定 10 种杀虫剂对龟纹瓢虫 3 龄幼虫的毒力结果显示，阿维菌素和吡虫啉对龟纹瓢虫 3 龄幼虫的毒性较高，LC$_{50}$ 分别为 1.292mg/L 和 10.537mg/L，螺螨酯和吡蚜酮毒性较低，LC$_{50}$ 分别为 2246.612mg/L 和 2496.619mg/L，10 种杀虫剂对龟纹瓢虫 3 龄幼虫的毒力大小顺序为阿维菌素＞吡虫啉＞烯啶虫胺＞毒死蜱＞哒螨灵＞氟啶虫胺腈＞灭幼脲＞氯虫苯甲酰胺＞螺螨酯＞吡蚜酮，阿维菌素毒力最高，吡蚜酮毒力最低、最安全（表 7-9）。

表 7-9　浸渍法测定 10 种杀虫剂对龟纹瓢虫 3 龄幼虫的毒力

杀虫剂	毒力回归方程	LC$_{50}$/(mg/L)	95% 置信区间	毒力指数
阿维菌素	$y=-0.3501+3.1492x$	1.292	1.072 ～ 1.528	1932.4
吡虫啉	$y=-2.7723+2.7103x$	10.537	8.139 ～ 12.780	236.9
烯啶虫胺	$y=-2.3392+1.9801x$	15.193	11.0672 ～ 20.0425	164.3
毒死蜱	$y=-5.1933+3.7772x$	23.710	17.405 ～ 27.881	105.3
哒螨灵	$y=-2.8921+1.8186x$	38.973	28.915 ～ 52.314	64.1

杀虫剂	毒力回归方程	LC$_{50}$/(mg/L)	95% 置信区间	毒力指数
氟啶虫胺腈	$y=-3.4465+1.7782x$	86.673	64.428～118.116	28.8
灭幼脲	$y=-3.8776+1.7602x$	159.499	116.092～246.386	15.7
氯虫苯甲酰胺	$y=-4.4293+1.9778x$	173.993	131.017～228.112	14.3
螺螨酯	$y=-4.0201+1.1998x$	2246.612	1418.695～5206.914	1.1
吡蚜酮	$y=-7.1632+2.1085x$	2496.619	1901.171～3305.632	1.0

药剂对龟纹瓢虫成虫的毒力：采用浸渍法测定了 10 种杀虫剂对龟纹瓢虫成虫的毒力结果显示，10 种杀虫剂对龟纹瓢虫成虫的毒力顺序与龟纹瓢虫幼虫基本一致：阿维菌素＞吡虫啉＞烯啶虫胺＞毒死蜱＞哒螨灵＞氟啶虫胺腈＞灭幼脲＞氯虫苯甲酰胺＞螺螨酯＞吡蚜酮。10 种杀虫剂中阿维菌素和吡虫啉对成虫的毒力较高，其毒力指数分别为 2193.4 和 300.8；螺螨酯和吡蚜酮毒力较低，毒力指数分别为 1.1 和 1.0，以吡蚜酮毒力最低（表 7-10）。

表 7-10　浸渍法测定 10 种杀虫剂对龟纹瓢虫成虫的毒力

杀虫剂	毒力回归方程	LC$_{50}$/(mg/L)	95% 置信区间	毒力指数
阿维菌素	$y=-1.1656+3.1241x$	2.361	1.912～2.801	2193.4
吡虫啉	$y=-3.3774+2.7325x$	17.215	13.638～20.929	300.8
烯啶虫胺	$y=-3.3855+2.4483x$	24.131	19.188～30.771	214.6
毒死蜱	$y=-2.9682+1.8636x$	39.193	28.954～58.398	132.1
哒螨灵	$y=-3.5655+1.8113x$	93.097	68.357～128.071	55.6
氟啶虫胺腈	$y=-4.6686+1.9782x$	229.138	170.086～347.618	22.6
灭幼脲	$y=-3.9982+1.6665x$	251.256	184.750～355.771	20.6
氯虫苯甲酰胺	$y=-6.4501+2.5968x$	305.276	245.052～386.072	17.0
螺螨酯	$y=-9.5443+2.5912x$	4819.664	3915.375～6139.239	1.1
吡蚜酮	$y=-8.5613+2.3056x$	5178.578	4130.032～7065.754	1.0

3）药剂对中华通草蛉的毒力

药剂对中华通草蛉卵的毒力：采用浸渍法测定 12 种杀虫剂对中华通草蛉卵的毒力大小顺序为高效氯氰菊酯＞吡虫啉＞阿维菌素＞啶虫脒＞毒死蜱＞烯啶虫胺＞氯虫苯甲酰胺＞溴氰虫酰胺＞螺虫乙酯＞甲氧虫酰肼＞噻嗪酮＞吡蚜酮。拟除虫菊酯类高效氯氰菊酯对中华通草蛉卵的毒力最高；新烟碱类吡虫啉、啶虫脒、烯啶虫胺，生物源杀虫剂阿维菌素，硫代磷酸酯类毒死蜱毒力相对较高；之后是双酰胺类的氯虫苯甲酰胺和溴氰虫酰胺；而昆虫生长调节剂类的噻嗪酮和甲氧虫酰肼，季酮酸类的螺虫乙酯，吡啶类的吡蚜酮毒力相对较低（表 7-11）。

表 7-11　浸渍法测定 12 种杀虫剂对中华通草蛉卵的毒力

杀虫剂	毒力回归方程	LC$_{50}$/(mg/L)	95% 置信区间	毒力指数
高效氯氰菊酯		＜1		＞23 597
吡虫啉	$y=-7.122+5.838x$	16.6	6.8～25.1	1 422
阿维菌素	$y=-2.575+1.263x$	109.1	84.7～151.6	216
啶虫脒	$y=-6.481+2.928x$	163.4	116.0～225.4	144

杀虫剂	毒力回归方程	LC$_{50}$/(mg/L)	95%置信区间	毒力指数
毒死蜱	$y=-5.937+2.615x$	186.5	121.0～283.0	127
烯啶虫胺	$y=-2.955+1.263x$	218.3	169.4～303.3	108
氯虫苯甲酰胺	$y=-2.368+0.923x$	367.8	270.0～556.9	64
溴氰虫酰胺	$y=-2.333+0.893x$	409.8	294.8～648.4	58
螺虫乙酯	$y=-2.714+0.976x$	602.7	424.8～1 003.7	39
甲氧虫酰肼	$y=-8.044+2.224x$	4 139.7	3 347.5～5 720.5	6
噻嗪酮	$y=-9.664+2.392x$	10 968.0	9 594.3～12 546.1	2
吡蚜酮	$y=-6.419+1.468x$	23 597.6	18 856.1～31 579.1	1

药剂对中华通草蛉 1 龄幼虫的毒力：采用浸渍法测定 12 种杀虫剂对中华通草蛉 1 龄幼虫的毒力大小顺序为高效氯氰菊酯＞阿维菌素＞烯啶虫胺＞啶虫脒＞毒死蜱＞吡虫啉＞噻嗪酮＞溴氰虫酰胺＞氯虫苯甲酰胺＞吡蚜酮＞甲氧虫酰肼＞螺虫乙酯。拟除虫菊酯类高效氯氰菊酯对中华通草蛉 1 龄幼虫的毒力最高；生物源杀虫剂阿维菌素，新烟碱类烯啶虫胺、啶虫脒、吡虫啉，硫代磷酸酯类毒死蜱毒力较高；然后是昆虫生长调节剂类噻嗪酮（抑制蜕皮），双酰胺类溴氰虫酰胺；而双酰胺类氯虫苯甲酰胺，吡啶类吡蚜酮，昆虫生长调节剂类甲氧虫酰肼（促进蜕皮），季酮酸类螺虫乙酯毒力相对较低（表 7-12）。

表 7-12　浸渍法测定 12 种杀虫剂对中华通草蛉 1 龄幼虫的毒力

杀虫剂	毒力回归方程	LC$_{50}$/(mg/L)	95%置信区间	毒力指数
高效氯氰菊酯	$y=1.017+1.115x$	0.1	0.1～0.2	819 672
阿维菌素	$y=-2.491+2.014x$	17.2	14.2～20.9	5 798
烯啶虫胺	$y=-4.151+3.257x$	18.8	15.9～22.1	5 315
啶虫脒	$y=-7.479+5.645x$	21.1	13.1～27.4	4 733
毒死蜱	$y=-9.489+6.264x$	32.7	19.6～38.8	3 055
吡虫啉	$y=-3.955+2.336x$	49.3	24.7～89.8	2 027
噻嗪酮	$y=-8.762+3.794x$	203.9	152.4～262.8	490
溴氰虫酰胺	$y=-4.766+1.750x$	529.2	388.5～761.0	189
氯虫苯甲酰胺	$y=-11.600+2.856x$	11 532.7	6 785.2～21 293.9	9
吡蚜酮	$y=-7.357+1.711x$	19 904.6	15 770.3～24 193.0	5
甲氧虫酰肼		≈100 000		1
螺虫乙酯		＞100 000		1

药剂对中华通草蛉蛹的毒力：采用浸渍法测定 12 种杀虫剂对中华通草蛉蛹的毒力大小顺序为溴氰虫酰胺＞阿维菌素＞高效氯氰菊酯＞啶虫脒＞毒死蜱＞烯啶虫胺＞氯虫苯甲酰胺＞噻嗪酮＞吡虫啉＞吡蚜酮＞螺虫乙酯＞甲氧虫酰肼。双酰胺类溴氰虫酰胺，生物源杀虫剂阿维菌素对中华通草蛉蛹的毒力相对较高；其次是拟除虫菊酯类高效氯氰菊酯，新烟碱类啶虫脒、烯啶虫胺，硫代磷酸酯类毒死蜱；而双酰胺类氯虫苯甲酰胺，昆虫生长调节剂类的噻嗪酮、甲氧虫酰肼，季酮酸类螺虫乙酯，吡啶类吡蚜酮相对安全（表 7-13）。与其他虫态相比，12 种

杀虫剂对中华通草蛉蛹的毒力最低。

表 7-13　浸渍法测定 12 种杀虫剂对中华通草蛉蛹的毒力

杀虫剂	毒性回归方程	LC_{50}/(mg/L)	95%置信区间	毒力指数
溴氰虫酰胺	$y=-5.420+1.506x$	3 970.7	3 002.9 ~ 6 063.4	25
阿维菌素	$y=-26.998+7.165x$	5 863.8	4 553.7 ~ 8 707.4	17
高效氯氰菊酯		> 9 000		10
啶虫脒	$y=-25.719+6.181x$	14 483.6	13 313.3 ~ 15 722.8	7
毒死蜱	$y=-10.537+2.530x$	14 595.8	12 312.7 ~ 17 284.9	7
烯啶虫胺		> 60 000		2
氯虫苯甲酰胺		≈ 100 000		1
噻嗪酮		≈ 100 000		1
吡虫啉		> 100 000		1
吡蚜酮		> 100 000		1
螺虫乙酯		> 100 000		1
甲氧虫酰肼		> 100 000		1

药剂对中华通草蛉成虫的毒力：按照室内毒性测定结果来看，12 种杀虫剂对中华通草蛉成虫的毒力大小顺序为高效氯氰菊酯＞溴氰虫酰胺＞烯啶虫胺＞阿维菌素＞吡虫啉＞啶虫脒＞毒死蜱＞氯虫苯甲酰胺＞噻嗪酮＞吡蚜酮＞螺虫乙酯＞甲氧虫酰肼。拟除虫菊酯类高效氯氰菊酯对中华通草蛉成虫的毒力最高；双酰胺类溴氰虫酰胺，新烟碱类烯啶虫胺、吡虫啉、啶虫脒，生物源杀虫剂阿维菌素，硫代磷酸酯类毒死蜱毒力相对较高；然后是双酰胺类氯虫苯甲酰胺和昆虫生长调节剂类噻嗪酮；而吡啶类吡蚜酮，季酮酸类螺虫乙酯，昆虫生长调节剂类甲氧虫酰肼毒力相对较低（表 7-14）。

表 7-14　喷雾法测定 12 种杀虫剂对中华通草蛉成虫的毒力

杀虫剂	毒力回归方程	LC_{50}/(mg/L)	95%置信区间	毒力指数
高效氯氰菊酯		< 0.1		
溴氰虫酰胺	$y=-2.407+3.420x$	5.1	4.1 ~ 5.9	8 141
烯啶虫胺	$y=-6.832+5.737x$	15.5	9.4 ~ 21.1	2 652
阿维菌素	$y=-4.297+3.346x$	19.3	17.2 ~ 21.3	2 137
吡虫啉	$y=-6.926+5.215x$	21.3	7.9 ~ 30.8	1 933
啶虫脒	$y=-9.633+6.870x$	25.3	19.9 ~ 29.7	1 630
毒死蜱	$y=-3.570+2.272x$	37.2	32.1 ~ 44.2	1 105
氯虫苯甲酰胺	$y=-3.712+1.585x$	219.7	174.8 ~ 266.4	187
噻嗪酮	$y=-4.305+1.311x$	1 919.1	1 530.5 ~ 2 394.2	21
吡蚜酮	$y=-6.512+1.498x$	22 240.8	16 485.4 ~ 36 341.4	2
螺虫乙酯	$y=-19.155+4.373x$	24 008.4	22 001.5 ~ 26 227.8	2
甲氧虫酰肼	$y=-33.797+7.324x$	41 150.8	39 046.4 ~ 43 050.2	1

3. 释放赤眼蜂防治鳞翅目害虫

针对当前我国苹果园梨小食心虫、桃小食心虫、苹小卷叶蛾、金纹细蛾等鳞翅目害虫防治主要依靠化学药剂的问题，在性诱剂预测预报的基础上，于成虫产卵高峰期释放赤眼蜂，可有效控制此类害虫为害，减少化学药剂用量，提高苹果质量。

利用性诱剂进行监测，当开始连续诱集到鳞翅目害虫成虫且每个诱捕器平均每天诱集量达 3～5 头时，即为第一次释放赤眼蜂的时间。4 月中旬随机将带有食心虫性诱芯的三角形诱捕器用细铁丝固定在苹果树外围枝干上，距地面 1.5m，每 30 天更换一次性诱芯，每亩苹果园悬挂 5 个食心虫性诱芯装置。每天进行一次调查，记录诱集到的苹果食心虫成虫数量，并清除粘虫板上的成虫，每 10 天更换一次粘虫板。当连续诱集到食心虫成虫，且平均每个诱捕器每天诱到 3～5 头时，即为食心虫成虫羽化盛期和产卵初期，此时开始释放赤眼蜂。

苹果园释放的赤眼蜂以松毛虫赤眼蜂、螟黄赤眼蜂和玉米螟赤眼蜂为主，根据苹果园内成虫发生数量确定释放赤眼蜂数量。一般每次放蜂数量为 2 万～3 万头/亩，分别于成虫羽化高峰期第 2 天、第 6 天、第 10 天各释放 1 次。蜂卡挂在果树中部略靠外的叶片背面，或用一次性纸杯等制成释放器以遮阳、挡雨。间隔 3～5 棵果树悬挂 1 张蜂卡。

7.2.2　苹果病害生物防治

中国苹果树病害包括腐烂病、轮纹病、霉心病、斑点落叶病和褐斑病等 50 多种，在不同年份及不同地区给果农造成了重大损失，是影响我国苹果产业可持续健康发展的限制性因素之一（王树桐等，2018）。目前生产上对苹果病害的防治策略主要以化学药剂防治为主，但长期大面积使用化学药剂易出现抗药性、农药残留、土壤微生态失衡等问题（Kalia and Gosal，2011）。

采用植物源、矿物源和微生物源农药的生物防治措施因具有高效、低毒、环境兼容性好等特点而成为目前植物病害最为理想的防治途径之一（Bhattacharyya and Jha，2012）。植物源农药是利用植物有机体的黄酮类、生物碱类、萜烯类、光活化素类和精油类等全部或部分有机物质及其次生代谢物质加工而成的制剂（何军等，2006）。中国植物源杀菌剂登记的有效成分有 9 种，所制得的农药产品共计 13 种（邵仁志等，2017），针对苹果病害的仅有 0.28% 黄芩苷·黄酮水剂 1 种，主要用于苹果树腐烂病的防治。矿物源农药是有效成分来源于天然矿物无机物或矿物油的农药（陈体先，2017）。目前其使用最多的是一些铜制剂、硫制剂及矿物油乳剂等，中国登记的矿物源农药有近 500 个产品（王以燕等，2012），其中果树上常用的矿物源农药有波尔多液、石硫合剂、硫悬浮剂、索利巴尔（多硫化钡）和机油乳剂 6 种。微生物源农药是利用细菌、真菌、放线菌、病毒等有益微生物及其代谢产物加工制成的农药，包括农用抗生素和活体微生物农药两大类（Gong et al.，2017）。真菌中开发产品最多、应用最广泛的是木霉菌（*Trichoderma* spp.），Topshield（哈茨木霉 T22）和 Trichodex（哈茨木霉 T39）等制剂，用于防治多种植物叶部病害（Harman，2000）；已开发成功的细菌杀菌剂主要有荧光假单孢杆菌（*Pseudomonas fluorescens*）、芽孢杆菌（*Bacillus* spp.）及放射性土壤农杆菌（*Agrobacterium radiobacter*）等（王进强等，2004）。另外，许多植物根际促生菌（plant growth promoting rhizobacteria，PGPR）在促进植物生长的同时可抑制根部病原菌的生长，诱导植物系统获得抗性，是生防细菌的研究热点（李凯和袁鹤等，2012）；来源于放线菌的抗生素包括春雷霉素（kasugamycin）、米多霉素（mildiomycin）、杀稻瘟菌素（blasticidin）和纳他霉素（natamycin），也已应用于农业生产实践中。中国已登记微生物农药有效成分 42 个、产品 495 个；农用抗生素有效成分 13 个、产品 2385 个（袁善奎等，2018）。果树上常用的微生物源农药和农用抗生素有农抗 120、多氧霉素、春雷霉素、武夷菌素、苏云金杆菌、白僵菌、浏阳霉素和阿维菌素 8 种。

综上所述，用于苹果园病害的生物农药缺乏，且现有药剂品种单一、成本高、施用技术难度大和防治效果低。目前，已注册登记的生物农药多为杀虫剂，针对苹果病害防治的仅有 4 种，包括针对苹果斑点落叶病的宁南霉素、嘧啶核苷类抗生素和氨基寡糖素 3 种及针对苹果树腐烂病的芐苷·黄酮水剂 1 种。为此我们以苹果枝干、叶部和果实病害为对象，开展了植物源、矿物源农药和生防微生物资源的筛选与应用研究，明确了其抑菌机制和防治效果，对开发可以替代化学药剂防治苹果病害的生物杀菌剂具有重要的理论价值和实践意义。

1. 枝干病害的生物防治

为了筛选高效低毒且对苹果树腐烂病防治效果较佳的植物源农药，采用菌丝生长速率法、玻片孢子萌发法和离体枝条烫伤接种法测定了 0.3% 丁子香酚可溶性液剂（SL）、5% 香芹酚水剂（AS）、20% 乙蒜素乳油（EC）、0.5% 小檗碱 AS 与 1.3% 苦参碱 AS 共 5 种植物源药剂对苹果树腐烂病的室内防治效果。结果表明，5 种植物源农药对苹果树腐烂病菌菌丝生长均具有一定的抑制作用，其中 3μg/mL 的 0.3% 丁子香酚 SL 对苹果树腐烂病菌菌落生长和分生孢子萌发均具有显著的抑制作用，菌丝生长抑制率和分生孢子萌发抑制率分别达 98.63% 和 97.92%，EC_{50} 分别为 0.43μg/mL 和 0.70μg/mL。离体枝条保护试验结果表明，浓度为 100μg/mL 的 20% 乙蒜素 EC 对枝条的保护作用最强，病疤平均面积最小，为 160.21mm²（表 7-15）。因此，20% 乙蒜素 EC 可作为离体枝条保护作用最佳的药剂。

表 7-15 不同植物源药剂对苹果树腐烂病的离体枝条防治效果

药剂	药剂浓度/(μg/mL)	病疤平均面积/mm²	5%显著水平
20%乙蒜素 EC	100	160.21	d
5%香芹酚 AS	50	236.03	d
0.3%丁子香酚 SL	3	266.42	c
1.3%苦参碱 AS	14.44	484.95	b
0.5%小檗碱 AS	50	597.09	b
清水		1309.64	a

注：同列不同小写字母表示处理间差异达 5% 显著水平

为了筛选高效低毒且对苹果树腐烂病防治效果较佳的矿物源农药，采用菌丝生长速率法、玻片孢子萌发法和离体枝条烫伤接种法测定了 77% 氢氧化铜可湿性粉剂（WP）、80% 波尔多液 WP、77% 硫酸铜钙 WP、86.2% 氧化亚铜 WP 与 70% 腐殖酸钠粒剂共 5 种矿物源药剂对苹果树腐烂病菌菌落生长和分生孢子萌发的抑制作用，以及其在离体枝条上的防治效果。结果表明，5 种矿物源农药对苹果树腐烂病菌菌落生长和分生孢子萌发均具有显著的抑制作用，其中 5μg/mL 的 70% 腐殖酸钠粒剂（GR）对苹果树腐烂病菌的菌落生长和分生孢子萌发的抑制效果较好，抑制率分别为 97.67% 和 96.33%，EC_{50} 分别为 2.60μg/mL 和 1.38μg/mL。离体枝条防治效果测定表明，70% 腐殖酸钠粒剂的防治效果显著高于其他药剂，其病疤面积最小，为 2.08cm²，防治效果为 86.83%（表 7-16）。因此，70% 腐植酸钠 GR 可作为防治苹果树腐烂病的最佳矿物源农药。

表 7-16　不同矿物源药剂对苹果树腐烂病的离体枝条防治效果

药剂	长径/cm	短径/cm	病疤面积/cm²	防治效果/%
77%硫酸铜钙 WP	2.98	2.88	6.74	47.98c
86.2%氧化亚铜 WP	2.16	1.74	2.95	79.57b
70%腐殖酸钠 GR	1.72	1.54	2.08	86.83a
77%氢氧化铜 WP	3.44	3.26	8.80	30.75d
80%波尔多液 WP	3.08	2.96	7.16	44.49c
清水	4.08	3.9	12.49	

注：同列数据后不同字母表示处理间差异达 5% 显著水平

　　利用生防微生物对植物病害进行防治，因其具有靶标性强、环保且无毒性残留等优点，越来越受到重视，并逐渐成为化学农药重要的替代品（鹿秀云等，2019）。放线菌是一类极具重要应用价值和经济价值的微生物，世界上已知的 50% 以上生物活性物质是由该类菌产生的，特别是链霉菌产生的阿维菌素、中生菌素、多抗霉素和井冈霉素等抗生素已在农业生产中广泛应用（Radhakrishnan et al.，2010）。为了获得对苹果树腐烂病有较好生防效果的拮抗放线菌，我们从甘肃省采集的土壤中共分离获得 80 株放线菌，通过初筛和复筛获得 1 株对苹果树腐烂病有较好防治效果的菌株 ZZ-9，将其鉴定为娄彻氏链霉菌（*Streptomyces rochei*）（图 7-1）。该菌株的 5 倍发酵滤液可以完全抑制苹果树腐烂病菌的菌落生长和分生孢子萌发，抑制率均达 100%，而且经发酵滤液处理过的菌丝颜色加深，分枝增多，菌丝末端膨大、畸形，原生质浓缩，且有些菌丝的内含物开始外渗（图 7-2）。由表 7-17 可见，菌株 ZZ-9 发酵滤液能有效抑制病斑扩展。其中发酵滤液原液在离体枝条上对苹果树腐烂病有较好的防治效果，防病效果可达 75% 以上，20 倍稀释液对腐烂病防治效果在 55% 左右，并且随着发酵滤液稀释倍数增大防病效果逐渐降低。

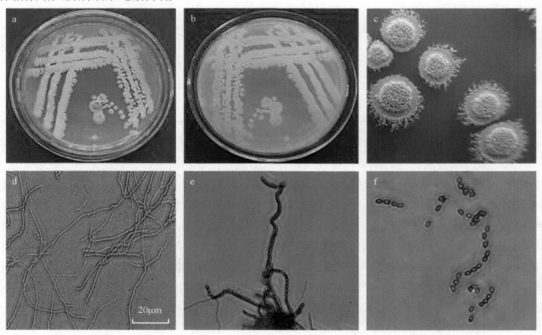

图 7-1　菌株 ZZ-9 在高氏 1 号培养基上的培养特征和插片培养 7 天的生长情况（1000×）

a. 正面培养特征；b. 背面培养特征；c. 单菌落；d. 菌丝；e. 孢子丝；f. 孢子

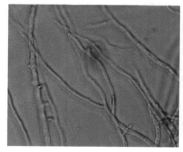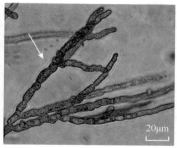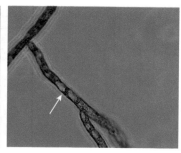

图 7-2　菌株 ZZ-9 发酵滤液对苹果树腐烂病菌菌丝形态的影响

从左到右依次是对照，受抑制菌丝分枝增多、膨大、畸形，受抑制菌丝原生质浓缩

表 7-17　菌株 ZZ-9 发酵滤液在离体枝条上对苹果树腐烂病的防病效果

菌株		病斑长度/cm	病斑面积/cm²	防病效果/%
ZZ-9	原液	1.43±0.25d	1.54±0.18f	75.06±1.73a
	稀释 10 倍	1.83±0.52c	2.61±0.29e	61.53±0.45b
	稀释 20 倍	2.17±2.05c	2.75±0.30e	53.32±1.03b
	稀释 50 倍	2.60±1.05b	3.70±0.19d	41.39±0.35c
	稀释 100 倍	2.80±1.08b	4.35±0.21c	32.08±0.38c
	稀释 200 倍	3.00±0.15ab	5.15±0.17b	17.97±0.38d
清水		3.32±1.21a	6.38±0.35a	

注：同列数据后不含相同字母表示处理间差异达 5% 显著水平

　　生防细菌以繁殖速度快、易培养和在植株体内定植转移等特点成为重要的生防资源。其中芽孢杆菌为土壤和植物微生态优势种群，抗逆性极强，是一类理想的生防细菌（祝学海等，2017）。为了获得对苹果树腐烂病有较好生防效果的拮抗细菌，采用平板对峙法对分离自苹果树根际土壤和发病枝条的细菌进行筛选，共分离出 23 株细菌，其中 LZ-1201 和 TS-1203 菌株具有较好的拮抗作用，结合形态特征、理化特性和分子生物学技术分别鉴定为枯草芽孢杆菌（*Bacillus subtilis*）和解淀粉芽孢杆菌（*Bacillus amyloliquefaciens*）。由表 7-18 可见，两株拮抗菌的发酵滤液对苹果树腐烂病菌的分生孢子萌发和菌丝生长均随着稀释倍数增大而抑制率降低，分生孢子在两株拮抗菌发酵滤液的原液中培养 36h 均不能萌发，菌株 LZ-1201 发酵滤液稀释 80 倍和菌株 TS-1203 发酵滤液稀释 160 倍时对分生孢子萌发的抑制率分别达 54.46% 和 53.18%。苹果树腐烂病菌菌丝在两株拮抗菌的发酵滤液原液中不能生长，菌株 LZ-1201 和 TS-1203 发酵滤液在稀释 40 倍时，对苹果树腐烂病菌菌丝生长的抑制率均大于 60%。两株拮抗菌发酵滤液对苹果树腐烂病菌分生孢子萌发和菌丝生长的抑制效果基本一致。而且受拮抗菌 TS-1203 和 LZ-1201 抑制后的苹果树腐烂病菌菌丝 3～5 天时均表现出细胞原生质浓缩，菌丝变粗并出现颜色分段加深的现象，7～10 天时菌丝顶端和颜色加深处膨大畸形，10 天后部分菌丝膨大处内含物外渗，菌丝开始溶解。采用烫伤接种法测定拮抗菌发酵滤液在离体枝条上对苹果树腐烂病的防治效果表明，菌株 LZ-1201 和 TS-1203 发酵滤液在离体枝条上均有抑菌活性，且抑菌率随稀释倍数的增大而逐渐减小，其中在 7 天时原液的抑制率最大，分别达 74.43% 和 77.07%（表 7-19）。

表 7-18　拮抗菌发酵滤液对苹果树腐烂病菌分生孢子萌发和菌丝生长的抑制效果

菌株		分生孢子萌发抑制率（36h）/%				菌丝生长抑制率（7天）/%			
		重复1	重复2	重复3	平均	重复1	重复2	重复3	平均
LZ-1201	原液	100.00	100.00	100.00	100.00±0.00a	100.00	100.00	100.00	100.00±0.00a
	稀释20倍	86.19	78.41	86.14	83.58±2.58b	74.46	77.76	78.51	76.91±1.24b
	稀释40倍	58.33	65.52	68.18	64.01±2.94c	58.62	62.41	61.07	60.70±1.10c
	稀释80倍	54.76	57.47	51.14	54.46±1.83d	43.35	41.73	41.71	42.26±0.54d
	稀释160倍	46.43	42.53	43.18	44.05±1.21e	42.51	37.36	40.58	40.15±1.50d
	稀释320倍	34.52	39.08	43.18	38.93±2.50ef	30.41	31.82	30.12	30.78±0.53ef
TS-1203	原液	100.00	100.00	100.00	100.00±0.00a	100.00	100.00	100.00	100.00±0.00a
	稀释20倍	82.62	89.31	86.14	86.02±1.93b	78.24	78.20	78.65	78.36±0.14b
	稀释40倍	67.86	63.56	62.73	64.72±1.59c	64.65	62.15	61.93	62.91±0.87c
	稀释80倍	64.29	59.41	56.18	59.96±2.35c	56.68	40.76	25.38	40.94±9.03d
	稀释160倍	53.52	52.62	53.41	53.18±0.28d	25.25	33.42	26.65	28.44±2.52e
	稀释320倍	35.24	32.32	35.68	34.41±1.05f	26.09	20.63	28.78	25.17±2.40e

注：同一菌株同列数据后不含相同字母表示处理间差异达5%显著水平

表 7-19　拮抗菌发酵滤液在离体枝条上对苹果树腐烂病的防治效果

拮抗菌		病斑面积/cm²	抑制率（7天）/%
LZ-1201	原液	2.51±0.68gh	74.43±2.47ab
	稀释10倍	2.69±0.46gh	73.66±1.28ab
	稀释20倍	2.15±0.48h	71.73±1.65bc
	稀释30倍	3.58±0.37f	62.42±1.53d
	稀释40倍	4.40±0.27e	53.82±0.98e
	稀释50倍	6.66±0.18c	29.98±0.38h
	稀释60倍	8.40±0.26b	11.78±0.96j
TS-1203	原液	2.50±0.24gh	77.07±0.91a
	稀释10倍	2.87±0.05efg	73.78±0.19ab
	稀释20倍	3.45±0.48f	69.82±1.29c
	稀释30倍	2.18±0.21h	63.71±0.90d
	稀释40倍	5.00±0.25d	47.47±0.96f
	稀释50倍	6.19±0.36c	34.92±1.21g
	稀释60倍	7.95±0.17b	16.48±0.29i
清水		9.52±0.29a	

注：同一菌株同列数据后不含相同字母表示处理间差异达5%显著水平

　　以筛选获得的防治效果较好的商品化植物源和矿物源农药及生防微生物菌株为材料，研发了5种涂抹剂并在甘肃静宁苹果园进行了田间试验，2019年7月调查结果表明，所有药剂处理对苹果树腐烂病均有一定的防治效果，包括空白对照均无复发病斑。11月调查发现空白对照病斑复发率最高，复发率为33.30%，对照药剂甲硫·萘乙酸病斑复发率为8.00%，KW-FZSN涂抹剂复发率最低，为4.17%。从病斑纵、横径愈合宽度与愈合效果来看，ZW-DZXF也优于对照药剂甲硫·萘乙酸（表7-20）。因此，自主研制的KW-FZSN涂抹剂可以应用于生产中进行苹果树腐烂病的防治。

表 7-20　不同涂抹剂对苹果树腐烂病的田间试验结果

涂抹剂处理	主要成分	调查病斑总数/个	复发病斑数/个	复发率/%	排序	病斑纵径			病斑横径		
						平均愈合宽度/mm	愈合效果/%	排序	平均愈合宽度/mm	愈合效果/%	排序
XJ-DJ	解淀粉芽孢杆菌TS-1203 与多黏类芽孢杆菌 FS-1206	25	2	8.00	2	7.73cd	179.85cd	5	16.15cd	251.11cd	4
FX-ZZ-9	放线菌 ZZ-9	25	5	20.00	6	4.97e	115.50e	6	7.90f	122.86f	6
KW-FZSN	腐殖酸钠	24	1	4.17	1	12.20a	283.72a	1	18.27abc	284.08abc	2
ZW-DZXF	丁子香酚	24	2	8.33	4	10.70ab	248.84ab	2	15.30d	237.95d	5
ZW-XQF	香芹酚	25	3	12.00	5	9.27bc	215.50bc	4	16.63bcd	258.68bcd	3
甲硫·萘乙酸	甲硫·萘乙酸	25	2	8.00	3	10.13b	235.66b	3	18.27abc	284.09abc	1
清水	清水	24	8	33.30	7	4.43e			6.43f		

注：同列数据后不含相同字母表示处理间差异达 5% 显著水平

2. 叶部病害的生物防治

苹果斑点落叶病是一种在世界范围内发生，在亚洲产区危害最严重的苹果树叶部病害之一，近年来，该病在中国北方苹果主产区迅速蔓延，已成为中国苹果主产区的三大病害之一（宗泽冉等，2017）。为了获得对苹果斑点落叶病具有较好防治效果的植物源农药，测定了 0.3% 丁子香酚 SL、20% 乙蒜素 EC、5% 香芹酚 AS、0.5% 小檗碱 AS 和 1.3% 苦参碱 AS 共 5 种植物源农药对苹果斑点落叶病菌的抑制效果，结果表明，所供试的植物源药剂对苹果斑点落叶病菌的菌丝生长和分生孢子萌发都有一定的防治效果。其中 0.3% 丁子香酚 SL 对菌丝生长和分生孢子萌发的抑制作用最好，EC_{50} 分别为 1.18μg/mL 和 1.5329μg/mL，1.3% 苦参碱 AS 抑制效果最差，EC_{50} 分别为 7.96μg/mL 和 49.909μg/mL。受丁子香酚抑制的菌丝呈弯曲分布、粗细不均匀、菌丝与菌丝层叠在一起、菌丝整体呈畸形分布（图 7-3）。不同植物源药剂对接种苹果斑点落叶病菌的离体叶片的保护作用的结果表明，5% 香芹酚 AS 对接种病原菌的离体叶片的保护作用在 5 种药剂中最强，病疤平均面积最小，为 19.63mm²，且与对照相比差异显著；0.5% 小檗碱 AS 在接种病原菌后对离体枝条的保护效果最差，病疤扩展的面积最大，为 82.43mm²（表 7-21）。因此，0.3% 丁子香酚 SL 可作为抑制苹果斑点落叶病菌菌丝生长和分生孢子萌发的最佳药剂，5% 香芹酚 AS 可作为离体枝条保护作用最佳的药剂。

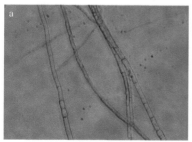

图 7-3　苹果斑点落叶病（对照）与含药（丁子香酚）菌丝形态观察

a. 苹果斑点落叶病菌（对照）；b. 0.3% 丁子香酚 SL

表 7-21　植物源药剂离体叶片试验对比结果

药剂	药剂浓度/(μg/mL)	病疤平均面积/mm²	5%显著水平
5%香芹酚 AS	12.50	19.63	c
0.3%丁子香酚 SL	2.14	45.27	bc
1.3%苦参碱 AS	100.00	47.10	bc
20%乙蒜素 EC	5.56	58.88	b
0.5%小檗碱 AS	26.00	82.43	bc
清水		284.69	a

注：同列不含相同小写字母表示处理间差异达 5% 显著水平

　　为了获得对苹果斑点落叶病具有较好防治效果的矿物源农药，采用菌落生长速率法测定了 77% 硫酸铜钙 WP、80% 波尔多液 WP、77% 氢氧化铜 WP 和 86.2% 氧化亚铜 WG 共 4 种矿物源农药对苹果斑点落叶病菌菌落生长的抑制作用。由表 7-22 可见，4 种矿物源药剂对苹果斑点落叶病菌菌落生长均具有一定的抑制效果。处理后第 5 天，当 86.2% 氧化亚铜 WG 质量浓度为 0.17μg/mL 时对斑点落叶病菌菌落生长的抑制效果最高，抑菌率为 93.38%；77% 硫酸铜钙 WP 的抑制效果较差，当质量浓度为 1.28μg/mL 时抑制效果为 81.22%（表 7-22）。86.2% 氧化亚铜 WG 对苹果斑点落叶病的离体叶片防治效果最好，达 92.35%。因此，86.2% 氧化亚铜 WG 可作为防治苹果斑点落叶病的最佳矿物源药剂（表 7-23）。

表 7-22　不同矿物源药剂对苹果斑点落叶病菌菌落生长的影响

药剂	浓度/(μg/mL)	菌落直径/cm	抑菌率（5天）/%	毒力回归方程	相关系数(R^2)	EC_{50}/(μg/mL)
77%硫酸铜钙 WP	0.00	4.93				
	1.28	1.33	81.22a			
	0.96	1.68	73.34b	$y=5.4034x+5.5820$	0.9004	0.7804
	0.77	2.23	60.95c			
	0.64	2.93	45.15d			
	0.55	4.53	9.08e			
80%波尔多液 WP	0.00	7.85				
	2.67	1.22	90.24a			
	1.60	1.73	83.17b	$y=5.6174x+1.6351$	0.9972	0.4192
	1.14	2.17	77.30c			
	0.89	2.67	70.46d			
	0.73	3.13	64.15e			
77%氢氧化铜 WP	0.00	4.20				
	0.26	0.83	91.01a			
	0.19	1.27	79.37b	$y=9.5115x+5.2972$	0.9942	0.1407
	0.15	2.12	56.37c			
	0.13	2.73	39.73d			
	0.11	3.13	28.82e			

续表

药剂	浓度/(μg/mL)	菌落直径/cm	抑菌率（5 天）/%	毒力回归方程	相关系数(R^2)	EC_{50}/(μg/mL)
	0.00	6.03				
	0.17	0.87	93.38a			
86.2%氧化	0.14	1.77	77.11b	$y=12.8341x+8.2410$	0.9974	0.1120
亚铜 WG	0.12	2.67	60.88c			
	0.11	3.27	50.03d			
	0.10	4.25	32.23e			

注：同一药剂同列数据后不同字母表示处理间差异达 5% 显著水平

表 7-23　不同矿物源药剂对苹果斑点落叶病的离体叶片防治效果

药剂	病斑长径/cm	病斑短径/cm	病斑面积/cm²	防治效果/%
77%硫酸铜钙 WP	0.85	0.73	0.48	84.81c
86.2%氧化亚铜 WG	0.58	0.54	0.24	92.35a
77%氢氧化铜 WP	0.76	0.66	0.39	87.79b
80%波尔多液 WP	1.22	1.07	1.02	67.98d
清水	2.04	1.98	3.18	

注：同列数据后不同字母表示处理间差异达 5% 显著水平

　　为了获得对苹果斑点落叶病具有较好防治效果的生防菌，我们以前期分离得到的长枝木霉（*Trichoderma longibrachiatum*）T6 菌株、解淀粉芽孢杆菌 TS-1203 菌株为试材，测定了 2 个菌株对苹果斑点落叶病菌的抑制效果。由表 7-24 可见，两株生防菌对苹果树斑点落叶病菌菌丝生长有显著的抑制作用。随着发酵滤液浓度的增大，抑菌作用也增强，培养 7 天时 0.04g/mL 的长枝木霉 T6 菌株和解淀粉芽孢杆菌 TS-1203 菌株发酵滤液对苹果树斑点落叶病菌的抑制率分别达 81.80% 和 75.82%。

表 7-24　长枝木霉 T6 菌株和解淀粉芽孢杆菌 TS-1203 菌株发酵滤液对苹果斑点落叶病菌的抑制作用

菌株	浓度/(g/mL)	抑菌率/%				
		3 天	4 天	5 天	6 天	7 天
长枝木霉 T6 菌株	0.01	35.75c	57.44b	64.32b	68.83b	70.55b
	0.03	51.19b	63.49a	67.44b	68.83b	71.55b
	0.04	63.48a	72.09a	76.61a	78.83a	81.80a
解淀粉芽孢杆菌 TS-1203 菌株	0.01	28.33c	49.53c	55.75b	59.50b	61.59c
	0.03	39.59b	56.51b	61.01b	61.67b	64.44b
	0.04	58.02a	65.12a	70.76a	73.33a	75.82a

注：同一菌株同列数据后不同字母表示处理间差异达 5% 显著水平

3. 果实病害的生物防治

　　苹果果实病害严重影响苹果品质和商品价值。苹果霉心病又称心腐病，近年来，苹果霉心病的危害逐年加剧，严重时病果率在 40% 以上（郭农珂，2017）；苹果锈果病是一种传染性极强的类病毒病害，可引起果实变扁、花脸、畸形甚至裂果（时丕坤等，2017）。为了明确深绿木霉（*Trichoderma atroviride*）T2 菌株对苹果霉心病的防治效果，采用平板对峙培养的方法测定了 T2 菌株对苹果霉心病 3 种主要病原菌的抑制作用。由表 7-25 可见，T2 菌株发酵原液对苹果链格孢和砖红镰刀菌的抑菌作用较强，抑制率均在 80% 以上，接近 3% 多抗霉素（6.67μg/mL）的防治效果。离体果实的防治效果测定结果表明，T2 菌株发酵液对苹果霉心病具有较好的防治效果，处理后第 5 天其防治效果平均为 78.59%（表 7-26）。因此，深绿木霉T2 菌株对苹果霉心病具有较好的防治效果。

表 7-25　深绿木霉 T2 菌株发酵液与多抗霉素对苹果霉心病 3 种病原菌的抑制效果

不同处理	浓度梯度（μg/mL）	抑制率/%		
		粉红单端孢	砖红镰刀菌	苹果链格孢
深绿木霉 T2 菌株	原液	73.62ab	82.56a	88.14a
3% 多抗霉素	0.42	24.87c	9.87d	30.00e
	0.83	46.71b	29.61c	51.84d
	1.67	80.92a	48.95bc	69.21c
	3.33	82.12a	56.32b	87.89ab
	6.67	86.57a	83.29a	96.84a

注：同列数据后不含相同字母表示处理间差异达 5% 显著水平

表 7-26　深绿木霉 T2 菌株发酵液对苹果霉心病病原菌的抑制率

病原菌	菌落直径/cm		抑制率（5 天）/%
	处理	对照	
粉红单端孢	0.85	2.86	70.15b
砖红镰刀菌	0.64	3.23	80.18a
苹果链格孢	0.54	3.68	85.45a

注：同列数据后不同字母表示处理间差异达 5% 显著水平

采用青霉素枝干敷药法和青霉素或土霉素根系吸收法 2 种方法进行了苹果锈果病的防治研究。青霉素枝干敷药法的具体做法：将患锈果病树体的主干和枝干树皮纵向切剥成 "∩" 形，大小为（7 ～ 8）cm×（5 ～ 6）cm 的小口，各剥两处，用脱脂棉或 1.5cm 厚度的海绵等容易吸收液体的物质蘸取 200mg/L 的青霉素后敷贴于剥起的树皮下，然后伤口先用保鲜膜缠封，再用胶带缠封，一个月后进行第二次防治。用药量为每棵树用 3 ～ 5g 脱脂棉吸收浓度为 200mg/L 的青霉素药液 69 ～ 115g（重量），施药两次后防治效果为 55.61%，可食用果比例达到 59.84%，防治效果接近苹果锈果病治疗效果 Ⅱ 级。

青霉素根系吸收法的具体做法：在锈果病发病树体树冠外缘垂直下方或正下方，于东南西北 4 个方向各挖一个坑，找出直径为 0.8 ～ 1.2cm 的根系，插入装有 500mL 150mg/L 的青霉素药液的瓶子底部，用保鲜膜封口，盖土，一个月后进行第二次防治。每处理一棵树需 2L 浓度为 150mg/L 的青霉素溶液，即 300mg 青霉素，即可完全被树体吸收，施药 2 次后防治效果为 65.29%，可食用果比例达到 68.63%，防治效果接近或达到苹果锈果病治疗效果 Ⅱ 级。

4. 小结与展望

病害发生严重是造成我国苹果单产水平不高的重要原因（胡清玉等，2016），长期以来，生产上主要依靠化学药剂来防治苹果病害，致使果园生态环境恶化，果实品质下降，甚至可能引起食品安全问题（翟世玉等，2019）。现阶段生物防治苹果病害是国内外学者研究的重点。该研究针对苹果枝干病害、叶部病害和果实病害，筛选出了防治效果较好的植物源农药、矿物源农药和微生物源农药。

针对枝干病害苹果树腐烂病，植物源农药中 0.3% 丁子香酚 SL 的治疗效果最佳，20% 乙蒜素 EC 的保护作用最佳；矿物源农药中 70% 腐植酸钠 GR 对苹果树腐烂病的防治效果最佳，为 86.83%；筛选出了防治效果较好的生防菌株娄彻氏链霉菌 ZZ-9、解淀粉芽孢杆菌 TS-1203 和枯草芽孢杆菌 LZ-1201，其发酵液的离体枝条防治效果分别为 75.06%、77.07% 和 74.43%；研制出的 5 种涂抹剂中以 KW-FZSN（丁子香酚）的田间防治效果最好。针对叶部病害苹果斑点落叶病植物源农药中 0.3% 丁子香酚 SL 的治疗效果最佳，5% 香芹酚 AS 的保护作用最佳；矿物源农药中 86.2% 氧化亚铜 WG 的防治效果最佳，其防治效果高达 92.35%；筛选出的长枝木霉 T6 菌株和解淀粉芽孢杆菌 TS-1203 菌株发酵液对苹果树斑点落叶病菌的抑制率分别达 81.80% 和 75.82%。针对果实病害苹果霉心病筛选的深绿木霉 T2 菌株的发酵液对苹果霉心病的 3 种病原菌粉红单端孢、砖红镰刀菌和苹果链格孢的抑制率分别为 70.15%、80.18%、85.45%；采用青霉素枝干敷药法和青霉素根系吸收法对苹果锈果病的防治效果分别达到 55.61% 和 65.29%。应用生物农药防治苹果病害是替代化学农药以减少农药使用量的主要措施之一。本研究筛选了一批对苹果病害具有较好防治效果的商品化的生物农药，但是对大部分筛选到的生防菌株进行了室内离体防治效果测定，对其制剂加工工艺优化和大田试验有待进一步深入研究。同时，应用生物农药防治苹果病害应该综合考虑其他措施的应用，如充分掌握各种病害的发生规律，适时防治；果树休眠期清洁果园、刮除病斑、剪除病枝，并集中销毁；采用果实套袋技术，隔绝病菌传染危害等。

第8章 苹果化肥和农药减施增效技术集成

在明确渤海湾（山东、辽宁、河北、北京和天津）与黄土高原（陕西、山西及甘肃）两大产区苹果化肥和农药减施增效关键限制因素的基础上，依据区域特征、立地条件、栽培方式与经营目标等对区域化肥和农药减施增效模式进行分类，融合障碍性土壤改良、果园生草起垄覆盖、高光效树体构建、根层养分调控、水肥一体化、智能测报、对靶施药等关键技术，集成不同区域苹果化肥和农药减施增效技术模式，通过多年、多点"2+X"试验校验和评价，不断完善区域技术模式。

8.1 苹果化肥减施增效技术集成

8.1.1 区域限制性因素分析

1. 渤海湾区域限制性因素

1）土壤有机质含量低，碳氮比失调

渤海湾山丘地苹果园约占40%，而条件较好的平原地苹果园仅约占25%。从苹果园土层厚度来看，约60%的苹果园土层在50cm以下；在土壤类型上，仅有约25%的苹果园土壤为果树适宜的砂壤土。由此可见，该区域苹果园立地条件较差，集中体现为土壤有机质含量低。王富林等（2014）对渤海湾地区2000余个苹果园的土壤进行了测定，发现土壤有机质含量平均仅为10.91g/kg。除了有机质含量低，该区域苹果园土壤碳氮比也处于较低水平，平均仅为8.05，远低于全国平均水平（10.34）（葛顺峰，2014）。低的土壤碳氮比会造成土壤微生物多样性下降、土传病害严重、根系发育不良，进而影响养分转化，限制养分高效吸收。

2）土壤酸化趋势严重，养分生物有效性低

近年来，该区域苹果园土壤酸化明显。葛顺峰（2014）研究发现，栖霞市苹果园土壤pH由1984年的6.33下降到1998年的5.96，到2012年，土壤pH平均值仅为5.32，28年来下降了1.01个单位。目前，山东胶东半岛苹果园土壤pH平均为5.21，该地区超过56.46%的苹果园土壤pH低于5.50（葛顺峰等，2014）。土壤酸化显著影响了土壤养分的有效性，增加了某些有害金属离子（铜、锰和铅等）的数量，还导致钙、镁和钾等盐基离子的加速淋失。而且，土壤酸化还显著影响了根系的正常生长发育和养分吸收功能（葛顺峰等，2013）。

3）施肥技术不科学，土壤养分供应不稳定

果农非常重视果实膨大期施肥，因为此时土壤养分供应不足会严重影响产量。生产上存在的问题主要是此期施肥以1～2次施肥为主，而此期恰好是夏季多雨期，肥料径流损失和深层淋失量比较大；同时也造成土壤养分供应水平的剧烈变化，造成果实膨大前期养分浓度高、损失量大，而膨大后期脱肥、养分供应不足的现象影响了肥料的高效利用。

2. 黄土高原区域限制性因素

1）水资源缺乏，降水与需求错位

该区域水资源总量为130.53亿 m^3，产水模数（单位面积的水资源）为8.78万 m^3/km^2，只有全国平均水平的1/4。且该产区自然降水少，平均年降水量为430～650mm。植被覆盖率较低，气候干燥，致使土壤年蒸发量大，达到年降水量的 3～4 倍。90% 的苹果园无灌溉条件，属于典型的雨养农业区，水分胁迫是限制苹果产量与品质提高的关键因子。该地区除降水绝对量少之外，季节分配也不均，70% 的降雨集中在 6～9 月（李猛等，2007），自然降水与苹果需水供需错位，在春季果树需水期干旱少雨，果树养分吸收和产量形成受到严重制约，直接影响肥效的发挥；秋季降雨比较集中，导致苹果枝叶旺长、果实品质下降、肥料偏生产力低、水分利用效率低等问题。

2）深层水分过度消耗，土壤干层不断扩大

黄土高原土层深厚，贮存了丰富的水资源，对作物水分需求起到了调蓄作用。苹果树根系深广，蒸腾作用强烈，不仅消耗掉浅层的有效降雨，还不断消耗土壤深层储水，加剧深层土壤干燥（樊军和胡波，2005）。随着树龄的增加，果园深层水分亏损程度加剧，土壤干层逐渐加剧并上移，当果树生长到一定的年限后，这种干燥化进程基本结束，土壤含水量达到最低点，土壤水调蓄作用减弱或丧失。研究显示，8 年生、15 年生和 28 年生苹果树分别超额利用 10m 土层有效储水 151.0mm、762.9mm 和 785.6mm（黄明斌，2001）。土壤干层影响了土壤水分、养分向树体的运输，特别是在干旱年份的枯水期，限制了土壤、肥料中养分及时有效的供应，影响树体和果实的生长发育。

3）土壤有机质含量低，化肥施用过量

黄土高原果园土壤有机质含量是全国或全球最低的地区之一，甘肃省苹果园连续 10 年的监测表明，有机质含量在 2% 以上的果园仅占 2% 左右，含量不足 1.5% 的果园占 82%，不足 1.0% 的果园占 20%。果园施用有机肥较普遍，占 78.69%，其中施用农家肥的占 23.54%，用量为 40.65m³/hm²，施用商品有机肥的占 53.15%，用量为 11.91m³/hm²（胡道春等，2017）。调研发现果农重化肥、轻有机肥的传统观念仍未改变，化肥投入严重过量，有机肥投入明显不足，养分保蓄与供应能力受到制约，既限制了果树的生长发育，也限制了养分利用效率的提高。

8.1.2　区域技术模式集成及效果

在化肥减施增效单项关键技术及配套技术取得突破的基础上，通过果树栽培学、植物营养学、微生物学、肥料学等多学科协作，进行了化肥减施增效技术和其他农艺技术的集成、验证与应用。在集成的技术路线上，主要采取关键技术与解决不同园地类型限制性因素的技术进行集成，形成不同园地类型以化肥减施增效技术为核心、以氮素调控为重点的与其他技术有机集成的渤海湾化肥减施增效技术集成体系（表 8-1）和黄土高原化肥减施增效技术集成体系（表 8-2）。

表 8-1　不同园地类型渤海湾化肥减施增效技术集成体系

园地类型	解决的主要问题	核心技术	集成的其他主要技术
山丘地	土壤瘠薄；保水保肥力差，损失大；根系早衰	氮总量控制分期调控技术	沃土养根技术、表层覆盖技术、磷钾恒量监控技术和中微量元素因缺补缺技术
山前平原	氮、磷、钾失衡；夏季积水	氮总量控制分期调控技术	起垄覆盖结合行间生草技术、郁闭果园改造技术、水肥一体化技术
酸化土壤	土壤酸化；保水保肥力差，损失大；根系早衰	土壤障碍性因素克服技术、氮总量控制分期调控技术	沃土养根技术、表层覆盖技术、磷钾恒量监控技术；下垂果枝修剪技术
郁闭果园	果园郁闭	氮总量控制分期调控技术、郁闭果园改造技术	磷钾恒量监控技术、沃土养根技术

表 8-2　不同园地类型黄土高原化肥减施增效技术集成体系

园地类型	解决的主要问题	核心技术	集成的其他主要技术
雨养区	降雨不足；土壤水肥运移不畅；肥料利用率低	有机肥替代化肥技术、覆盖保墒集雨技术、施肥枪施肥技术	沃土养根技术、表层覆盖技术、果园生草技术、中微量元素因缺补缺技术
丘陵沟壑	水土流失严重；有机质含量低；保水性差	穴贮肥水技术、果园增施有机肥	表层覆盖技术、郁闭果园改造技术、追肥枪施肥技术
平地果园	有机质含量低；果园郁闭	膜水肥一体化技术、郁闭果园改造技术	根域微垄覆盖技术、秸秆覆盖技术、现代滴灌肥水一体化技术
郁闭果园	果园郁闭；成花难；坐果难；水肥无效消耗量大	间伐改形、郁闭果园群体结构优化技术	起垄覆盖结合行间生草技术、根域灌溉施肥技术

技术集成主要体现出以下特点。

不同养分管理技术的有机集成，如氮总量控制分期调控技术、磷钾恒量监控技术、中微量元素矫正施用技术、根层施肥技术和根外施肥技术的集成。

养分管理与水分管理技术的有机集成。在水肥一体化技术中，水分管理技术直接决定养分尤其是氮素在土壤中的迁移，从而影响作物根层养分的供应，而养分供应又进一步促进水分的高效利用，因此，在灌溉条件下，要使养分管理技术与水分管理技术协同；在水分是主要限制因子的条件下，将节水技术与养分管理技术有机集成。

养分管理与土壤管理技术的有机集成。土壤质量不但影响了根系的生长发育及功能的发挥，还影响了肥料在土壤中的有效性。因此，养分管理技术要与土壤管理技术有机集成，从生物学角度来提高根系吸收养分的能力和养分供应的有效性。

养分管理与栽培技术的有机集成。果树栽培模式决定了果树的养分需求总量和阶段性需求特征，从而决定了根层土壤养分需要调控的强度，因此，养分管理技术要与优质高产栽培技术有机集成，养分调控的技术指标既要符合优质高产的要求，也符合养分高效利用的要求。

渤海湾化肥减施增效集成技术在不同园地类型果园进行试验示范，实现了果树优质高产与化肥高效利用的协同目标。

在山东产区，将优质高产栽培技术、氮总量控制分期调控技术、磷钾恒量监控技术、沃土养根技术、表层土壤保护技术、酸化土壤改良技术和下垂果枝修剪技术等进行综合集成，通过多年多点试验表明，化肥减施增效集成技术节省氮肥、磷肥和灌水量分别为 52%、31% 和 28%，苹果增产 8%，优质果率提高 16 个百分点，土壤 pH 提高了 0.67 个单位，经济效益提高 46%，达到了减肥与增产增效相协调的目标。

在辽宁产区，将乔砧苹果郁闭果园改造技术、矮砧密植果园建园及管理技术、有机肥替代化肥技术、有机物料覆盖技术、果园生草技术、套餐肥施用技术、中微量元素营养诊断及矫正技术等进行综合集成，通过多年多点试验表明，化肥减施增效集成技术节省氮肥、磷肥和灌水量分别为 35%、50% 和 25%，苹果增产 5%，优质果率提高 10 个百分点，经济效益提高 30%，实现化肥减施与提质增效。

在河北产区，将优质高产栽培技术、节水灌溉技术、沃土养根技术、乔化苹果园化肥减施增效技术、矮砧密植果园水肥减投增效技术、生草覆盖提升地力减投增效技术和酸化土壤改良技术等进行综合集成，通过多年多点试验表明，化肥减施增效集成技术节省氮肥、磷肥和灌水量分别为 35%、30% 和 25%，苹果增产 8%，优质果率提高 10 个百分点，土壤 pH 提高了 0.53 个单位，经济效益提高 28%，示范区节本增效效果明显。

在京津苹果产区，将优新品种、苗木选择、砧穗组合、生物素施用、芳香植物间作、省力化建园和轻简化管理技术等进行综合集成，通过多年多点试验表明，化肥减施增效集成技术可节省氮肥、磷肥 30% 以上，提高水分利用效率 30%，苹果增产 7.55%，优质果率达 85% 以上，经济效益提高 15.29%，实现了减肥与增产增效相协调的目标。

黄土高原化肥减施增效集成技术在不同园地类型果园均实现了化肥减量，并达到了提质增效的目的。

在陕西产区，将苹果根域微垄覆盖技术、根域灌溉施肥技术、旱地苹果化肥减施增效有机肥替代综合技术、乔砧苹果郁闭果园改造技术、果园生草技术、穴贮肥水技术与旱地苹果栽植根域肥水富集带构建技术等进行综合集成，通过多年多点试验表明，化肥减施增效集成技术分别节省氮肥、磷肥和灌水量 46%、37% 和 32%，苹果增产 6%，优质果率提高 10.5 个百分点，经济效益提高 33%，达到了减肥与增产增效相协调的目标。

在山西产区，将优质高产栽培技术、节水灌溉技术、沃土养根技术、化肥科学施用技术和泵吸式水肥一体化技术等进行综合集成，通过多年多点试验表明，化肥减施增效集成技术分别节省氮肥、磷肥和钾肥 46.4%、62.9% 和 69.0%，苹果增产 20%，优质果率提高 5 个百分点，经济效益提高 21.8%。

在甘肃产区，将膜水肥一体化技术、有机肥替代化肥减施技术、秸秆还田与自然生草技术、现代滴灌肥水一体化技术、经济简易自重力滴灌技术、施肥枪施肥技术与郁闭果园群体结构优化技术进行综合集成，通过多年多点试验表明，旱地苹果园亩增产 500kg，优质果率提高 16.8 个百分点，亩增收 1500 元，降低化肥施用量 30%，提高肥水利用效率 20%。

8.2　苹果农药减施增效技术集成

8.2.1　区域限制性因素分析

1. 渤海湾区域限制性因素

1）气候条件既利于苹果生长，也利于病虫的发生与危害

渤海湾区域属暖温带海洋季风气候，离渤海湾近，春季温暖少雨，夏季温热多雨，秋季高湿。渤海湾苹果产区春季温度回升较慢，干旱少雨，温暖宜人的气候条件持续时间较长，非常适宜小型刺吸式害虫生长与繁殖及白粉病和锈病的发生与流行。蚜虫、红蜘蛛、介壳虫等害虫自 3 月或 4 月出蛰，于 5 月中下旬进入繁殖高峰，常在 6 月造成严重危害。锈病和白粉病主要侵染新梢、幼果等幼嫩组织，适量的降雨和温暖的气象条件促进了其发生与流行。自 6 月中旬渤海湾苹果产区进入雨季直到 8 月下旬结束，雨季的降雨量占全年总降雨量的 65% 以上，雨季温热多雨的气候条件为腐烂病、轮纹病、炭疽病、炭疽叶枯病、褐斑病等重要苹果病害病原菌的繁殖、传播、侵染和流行提供了有利的环境条件，也为桃小食心虫、梨小食心虫、蛀干天牛、食叶毛虫、金纹细蛾等重要苹果害虫提供了适宜的产卵与繁殖环境和丰富的食物，若不加以防控会造成严重危害。受海洋性气候的影响，渤海湾苹果产区秋季多雾高湿，昼夜温差较大，为链格孢、枝顶孢、枝状枝孢、粉红单端孢等弱致病菌在苹果果实表面的定植和生长繁殖提供了良好的环境条件，造成晚熟品种的苹果果实潜带有大量弱致病菌，条件适宜时诱发各种坏死斑点病和贮藏期病害。

2）病虫害种类多，发生规律复杂，防治难度大

渤海湾区域苹果园内能造成危害的病虫害种类多。《中国果树病虫志》记载的病虫害有上百种之多，渤海湾产区常见且需要防治的病虫害多达 40 多种。随着品种更替、栽培制度和栽培模式的变革，病虫害的种类和发生规律在不断变化。苹果炭疽叶枯病、套袋苹果粉红单端孢黑点病、绿盲蝽、棉铃虫等都是近年来苹果上新出现的病虫害；枝干轮纹病、黑星病、锈病、白绢病、苹果绵蚜、梨小食心虫的发生与危害呈逐年上升的趋势；腐烂病、早期落叶病、桃小食心虫、红蜘蛛、蚜虫等主要病虫害仍是生产上的主要问题，稍有疏忽就会形成严重危害。苹果病虫害防治药剂的不断淘汰与更新，也为苹果病虫害的防控增加了不确定因素。

随着生产水平的提高，果农对产量和外观品质等经济性状的追求，以及消费者对果实内在品质和安全性的需求，对苹果病虫害的防控提出了新的要求，进一步增加了病虫害防控的技术含量和难度。现代的苹果病虫害防控技术，既要满足果农对产量和外观质量的需求，又要满足消费者对果品安全性和内在品质的需求，既要有效控制果园内各种病虫的危害，又要减少农药的投入量，以保护果园的生态环境，保障苹果生产健康持续的发展。

3）果园郁闭，病虫为害严重

目前，该区域仍以乔砧密植果园等传统栽植模式的苹果园为主，果园普遍比较郁闭，湿度高，光照差，容易诱发斑点落叶病、卷叶蛾等病虫害的发生，且由于长期采用清耕制和施用除草剂，果园生态单一，天敌数量极少，对苹果害螨、蚜虫等害虫的生态控制能力较差，导致相关害虫反复发生。

4）病虫防控不科学，"保险药"现象普遍

由于苹果病虫害的种类多，发生规律和发生条件复杂，而且不断有新的病虫害出现，基层技术人员和果农难以掌握果园中所发生的病虫种类，以及每种病虫害的发生规律，更不能针对每种病虫害制订相对科学完善的综合防控方案。因此，在实际生产中，基层技术人员和果农主要通过定期大量投入化学农药来控制病虫害的发生与危害，由于病虫害防控抓不准关键时期和环节，药剂防控的效果差，而且顾此失彼。为了保证果品生产，就需要不断增加用药的种类、剂量和次数，即所谓的"保险药"，防止病虫的再次危害，最终形成一种恶性循环，导致化学农药的用药量逐年增加。目前，对苹果主要的病虫害的发生规律和发生条件认识仍不清楚，实际生产中难以设计出其他切实有效的防控措施。目前所提出的生态、生物、物理等防控措施，大部分费工费力，不仅达不到理想的病虫害防控效果，而且实用性差，果农不愿采用，而化学防控措施虽存在各种弊端，但简洁高效，是最受果农和基层技术人员欢迎的技术措施，长此以往，形成了以化学防治为主的防控习惯。

2. 黄土高原区域限制性因素

1）果园管理粗放，果树自身抵御病虫害侵染能力差

黄土高原苹果产区果业发展历史久，但养分投入不合理的问题十分突出。生产上果农普遍过量施用氮肥，而对钾肥和有机肥投入不足。土壤肥力不平衡破坏土壤微生物群落平衡，影响根系活力。氮肥过量造成枝条徒长，抗病性降低。同时，老果区果园由于整形不到位，果园普遍郁闭，通风透光性不佳，很利于病菌侵染。最后，因经济效益低及劳动力短缺等要素，老果区果园荒置或完全粗放管理的情况较为普遍，死树、病枝给病虫体的休眠、繁殖提供了重要场所，造成病虫体大量累积，多种病虫害极易发生流行。

2）果农技术水平差异大，防控技术方案不科学

目前，该区域仍以家庭式非规模化生产为主，苹果种植生产者年龄普遍偏大、受教育程度偏低，难以根据自身经验形成科学、合理的施药方案，对苹果早期落叶病、苹果炭疽叶枯病等病害的发生规律认识不到位，缺乏早期预防、保护的观念，不能根据天气条件调整防控方案，造成防治效果不佳。同时，在药剂选择配伍、稀释浓度、施药间隔期等方面盲目依赖乡镇级的农药经销商，从而选择购买经销商配好的混合药，而自身却缺乏对药性的深入了解。但农药经销商为了保障防治效果和获取利益，所推荐的用药方案多存在重复用药或过量施用农药的问题。

3）绿色防控技术缺乏，果园病虫害生态调控能力差

调查发现，该区域苹果实际生产中果园病虫害监测工作不到位，果农在施药时往往根据已有经验和天气情况进行，导致农药施用时机不准，防治效果难以控制。同时，各种病虫害的防控主要依靠化学防治技术，存在重治轻预防，重化学防治轻生物、物理防治的问题。单纯的化学防治治标不治本，且导致果园生态环境恶化，瓢虫、草蛉等天敌种类数量减少，并加剧抗药性的产生，形成"化学农药过量施用—抗药性增加"的恶性循环。

4）施药器械质量参差不齐，农药有效利用率低

农药喷施时，药箱中的药液需经过雾化、靶向运动、叶表沉积、植物吸收等过程才能靶向病虫体。据统计，施药器械喷出的农药中有25%～50%能沉积到叶片表面，1%抵达靶标病虫害，0.03%起到杀菌、杀虫作用。在乔化苹果园喷药中，农民普遍偏好大容量、大雾滴、少耗时的喷药器械，而这会显著降低农药的有效附着，影响农药利用率。

8.2.2　区域技术模式集成及效果

在农药减施增效限制性因素调查研究及单项关键技术研究优化的基础上，针对苹果园不同物候期发生的主要病虫害，并根据苹果主产区区域特点，将生态调控技术、理化诱控技术、生物防治技术、生物农药控害技术及高效低风险化学农药精准减量施用技术等进行有机融合、验证与应用，构建形成了渤海湾农药减施增效技术集成体系（表8-3）和黄土高原农药减施增效技术集成体系（表8-4）。

表 8-3　不同园地类型渤海湾农药减施增效技术集成体系

园地类型	解决的主要问题	核心技术	集成的其他主要技术
乔化郁闭果园	树体枝条生长量大、通风透光条件差、菌源量高、机械化喷药器械使用难	改变树体通风透光条件、降低病菌累积数量、改进喷药器械	苹果郁闭果园改造技术、苹果连作障碍综合防控技术、有机肥替代化肥技术、病虫害预测预警技术、果园机械化精准施药技术
乔化稀植果园	物理、生物防控措施使用少，机械化喷药器械使用少	绿色防控与化学农药协同控害技术	苹果园组合生草吸引与繁育天敌技术、苹果园病虫害全程生物农药防控技术、苹果园病虫害物理防控使用技术、化学农药高效施用技术、果园机械化精准施药技术
矮砧密植果园	降低农药使用次数和使用量	果园精准施药技术	苹果园生草技术、苹果园间作芳香作物技术、水肥一体化技术、覆盖"科学病虫监测＋明确防治对象＋找准用药适期＋精准选择药剂＋选对施药器械"5个环节的苹果园农药精准高效施用技术

表 8-4　不同园地类型黄土高原农药减施增效技术集成体系

园地类型	解决的主要问题	核心技术	集成的其他主要技术
乔化郁闭果园	果园郁闭、病虫越冬基数大、药剂选择盲目、施药器械落后	病虫越冬基数压低技术和精准施药技术	果园间伐技术、高光效树形构建技术、病虫害精准测报和综合防控技术、对症选药技术、合理桶混及施药器械改进等精准施药技术
乔化稀植果园	病虫害绿色防控技术应用少、施药技术落后	化学农药替代技术	果园生态改善技术、精准测报技术、化学防治替代技术、水肥药一体化技术、生物农药和高效低风险化学农药应用技术、弥雾机施药技术
矮砧密植果园	农药施用次数多、使用量大	病虫害精准预测技术和精准施药技术	精准监测技术、生物农药和高效低风险化学农药应用技术、增效喷雾助剂应用技术等

渤海湾技术集成主要体现出以下特点。

病虫害农业防治与生态调控技术集成：如苹果郁闭果园改造技术、苹果园间作芳香作物技术、苹果连作障碍综合防控技术、苹果园生草技术、有机肥替代化肥技术等。

病虫害非化学防治替代技术的有机集成：如苹果园组合生草吸引与繁育天敌技术、苹果园病虫害全程生物农药防控技术、苹果园病虫害物理防控使用技术等。

果园精准施药技术集成：是覆盖"科学病虫监测＋明确防治对象＋找准用药适期＋精准选择药剂＋选对施药器械"5个环节的整体协同控害的技术规程，是包括病虫害发生规律调查、预测预报、防治指标及化学农药高效药剂筛选等各单项技术的集成。

果园机械化精准施药技术集成：果园喷药设备的机械化使用程度是果园减药至关重要的一个环节。

渤海湾农药减施增效集成技术在不同立地条件下试验示范均实现了农药减施增效的目标。

山东产区采用以1套生态防控措施为基础，以6次关键期防控为核心，以4个病虫监测期防控为保障的苹果"164"农药减施增效集成技术模式，试验园全年用药9～14次，与当地常规管理的对照园相比，化学农药使用量减少50%以上，试验园的病虫叶率和病虫果率都控制在5%以内，果园内无落叶现象，病虫防治效果、果实产量与品质、优质商品果率等各项指标与当地常规管理的对照园无明显差异。

辽宁产区采用覆盖"科学病虫监测＋明确防治对象＋找准用药适期＋精准选择药剂＋选对施药器械"5个环节的苹果园农药精准高效施用技术，经第三方现场测评，该技术应用后，果农在生长季平均可减少农药使用1次，每次施用农药混配种类平均减少1种，农药折纯用量由2.23kg/亩降至1.43kg/亩，用量减少35.71%，减少农药投入58元/亩，减少劳力投入30元/亩，亩增产5.5%，亩增收400元以上。

黄土高原技术集成主要体现出以下特点。

病虫害非化学防治替代技术的有机集成：如生态调控技术、农业防治技术、物理防治技术、理化诱杀技术、生物防治技术等。

病虫害精准施药技术的有机集成：如生物农药和高效低风险化学农药应用技术、合理桶混技术、增效助剂添加技术、高效施药器械应用技术，以及水肥药一体化技术和"植保无人机＋风送式喷雾机"相结合的农药立体减量施用技术等。

病虫害防控技术与果树栽培技术的有机集成：加强果园栽培管理，如合理负载、果园间伐、高光效树形构建等，保持田间良好的通风透光条件，创造不利于病虫发生危害的环境条件。

病虫害防控技术与土壤管理技术的有机集成：科学施用生物菌肥，增施有机肥，促进营养平衡，增强树势和抵抗病虫害侵扰的能力。

黄土高原农药减施增效技术集成体系在不同立地条件下试验示范均实现了农药减施增效的目标。

在山西产区，对果树病虫害全程生态调控技术、理化诱控技术、生物防治技术、生物农药控害技术及生物农药和高效低风险化学农药应用技术等进行了多年试验验证，结果表明化学农药施用次数可减少 2 次以上，病虫防控效果达到 95% 以上，化学农药使用量减少 45% 以上，农药残留量控制在国家规定的 A 级绿色食品标准以内，园内无因病虫落叶，且可将病虫叶/果率、虫梢率控制在 5% 以内。

在陕西产区，将以提升树体抗病力为根本，以精准对靶施药技术为核心，以加强栽培管理为保障的苹果主要病虫害高效防控技术体系进行了集成，通过多年多点试验表明，在保证苹果褐斑病、金纹细蛾、红蜘蛛等重要病虫害防治效果的前提下，化学农药折纯用量由 1144.9g 降为 760g，农药使用量减少 33.3%，同时，平均亩产量增加 0.35% ～ 2.17%，农药利用率提升 50.5% ～ 53.3%，达到了农药减施与增产增效相协调的目标。

8.3　代表性区域苹果化肥和农药减施增效集成技术模式

8.3.1　山东"一稳二调三优化"化肥减施增效集成技术模式

"一稳二调三优化"模式指稳定根层土壤环境，调节土壤 C/N，调节土壤 pH，优化有机养分与无机养分用量及比例，优化不同生育期肥料配方，优化中微量元素的应用。

"一稳二调三优化"具体技术模式内容如下。

1. 土壤质量提升

1）有机肥局部优化施用

增加有机肥用量，特别是生物有机肥、添加腐殖酸的有机肥及传统堆肥和沼液/沼渣类有机肥料。

早熟品种、土壤较肥沃、树龄小、树势强的果园施农家肥 3 ～ 4m³/亩或生物有机肥 300kg/亩；晚熟品种、土壤瘠薄、树龄大、树势弱的果园施农家肥 4 ～ 5m³/亩或生物有机肥 350kg/亩。施肥时间在 9 月中旬到 10 月中旬（晚熟品种采果后尽早施用）。施肥方法为穴施或条沟施，进行局部集中施用，穴或条沟深度 40cm 左右，乔砧果园每株树 3 ～ 4 个（条），矮砧密植果园在树行两侧开条沟施用。

2）果园生草

采用"行内清耕或覆盖、行间自然生草/人工生草+刈割"的管理模式，行内保持清耕或覆盖园艺地布、作物秸秆等物料，行间进行人工生草或自然生草。

人工生草：在果树行间种植鼠茅草、黑麦草、高羊茅、长柔毛野豌豆等商业草种，也可种植当地常见的单子叶乡土草种（如马唐、稗、光头稗、狗尾草等）。在秋季或春季，选择土壤墒情适宜时（土壤相对含水量为 65% ～ 85%），以撒播形式播种。播种后适当覆土，有条件的可以喷水、覆盖保墒。

自然生草：选留稗类、马唐等浅根系禾本科乡土草种，适时拔除豚草、苋菜、藜、苘麻、葎草等深根系高大恶性草，连年进行。

生长季节对草适时刈割（鼠茅草和长柔毛野豌豆不刈割），留茬高度 20cm 左右；雨水丰富时适当矮留茬，干旱时适当高留，每年刈割 3 ～ 5 次，雨季后期停止刈割。刈割下来的草覆在树盘内。

3）酸化土壤改良

在增施有机肥的同时，施用生石灰、贝壳粉类碱性（弱碱性）土壤调理剂或钙镁磷肥对土壤进行改良。具体用量根据土壤酸化程度和土壤质地而异。微酸性土（pH 为 6.0），沙土、壤土、黏土施用量分别为 50kg/亩、50 ～ 75kg/亩、75kg/亩；酸性土（pH 为 5.0 ～ 6.0），沙土、壤土、黏土施用量分别为 50 ～ 75kg/亩、75 ～ 100kg/亩、100 ～ 125kg/亩；强酸性土（pH ≤ 4.5），沙土、壤土、黏土施用量分别为 100 ～ 150kg/亩、150 ～ 200kg/亩、200 ～ 250kg/亩。生石灰要经过粉碎，粒径小于 0.25mm。生石灰在冬、春季施用为好，施用时果树叶片应该干燥，不挂露水。将生石灰撒施于树盘地表，通过耕耙、翻土，使其与土壤充分混合，施入后应立即灌水。生石灰隔年施用。商品类土壤调理剂的用法用量参照产品说明。

2. 精准高效施肥

1）根据产量水平确定施肥量

根据目标产量（近 3 年平均产量乘以 1.2）确定肥料用量和比例。

亩产 4500kg 以上的苹果园：农家肥 4 ～ 5m³/亩加生物有机肥 350kg/亩，氮肥（N）15 ～ 25kg/亩，磷肥（P₂O₅）7.5 ～ 12.5kg/亩，钾肥（K₂O）15 ～ 25kg/亩。

亩产 3500 ～ 4500kg 的苹果园：农家肥 4 ～ 5m³/亩加生物有机肥 350kg/亩，氮肥（N）10 ～ 20kg/亩，磷肥（P₂O₅）5 ～ 10kg/亩，钾肥（K₂O）10 ～ 20kg/亩。

亩产 3500kg 以下的苹果园：农家肥 3 ～ 4m³/亩加生物有机肥 300kg/亩，氮肥（N）10 ～ 15kg/亩，磷肥（P₂O₅）5 ～ 10kg/亩，钾肥（K₂O）10 ～ 15kg/亩。

中微量元素肥：建议在盛果期果园施用硅钙镁钾肥 80 ～ 100kg/亩；土壤缺锌、铁和硼的果园，相应施用硫酸锌 1 ～ 1.5kg/亩、硫酸亚铁 1.5 ～ 3kg/亩和硼砂 0.5 ～ 1.0kg/亩。

2）根据土壤肥力、树势、品种调整施肥量

早熟品种、土壤较肥沃、树龄小、树势强的果园建议适当减少肥料用量 10% ～ 20%；土壤瘠薄、树龄大、树势弱的果园建议适当增加肥料用量 10% ～ 20%。

3）根据树体生长规律进行分期调控施肥

肥料分 3 ～ 4 次施用（早熟品种 3 次，晚熟品种 4 次）。

第一次在 9 月中旬到 10 月中旬（晚熟品种采果后尽早施用），全部的有机肥、硅钙镁等中微量元素肥和 50% 左右的氮肥、50% 左右的磷肥、40% 左右的钾肥在此期施入。施肥方法为穴施或沟施，穴或沟深度 40cm 左右，每株树 3 ～ 4 个（条）。

第二次在翌年 4 月中旬，30% 左右的氮肥、30% 左右的磷肥、20% 左右的钾肥在此期施入，同时每亩施入 15 ～ 20kg 氧化钙。

第三次在翌年 6 月初果实套袋前后进行，10% 左右的氮肥、10% 左右的磷肥、20% 左右的钾肥在此期施入。

第四次在翌年 7 月下旬到 8 月中旬，根据降雨、树势和果实发育情况采取少量多次、前多后少的方法进行，10% 左右的氮肥、10% 左右的磷肥、20% 左右的钾肥在此期施入。

第二次至第四次施肥方法采用放射沟施或条沟施，深度 20cm 左右，每株树 4 ～ 6 条沟。

4）根外施肥

相对于土壤施肥，根外施肥具有用量少、见效快的特点，尤其是对中微量元素缺乏引起的生理性病害具有非常显著的矫正效果。根外施肥时期、浓度和作用见表 8-5。

表 8-5　苹果根外施肥时期和浓度

时期	种类、浓度（用量）	作用	备注
萌芽前	3%尿素 +0.5%硼砂 +1%硫酸锌	增加贮藏营养	特别是上年落叶早的果园，喷 3 次，间隔 5 天左右
萌芽后	0.3%～0.5%硫酸锌	矫正小叶病	出现小叶病时应用
花期	0.3%～0.4%硼砂	提高坐果率	可连续喷施 2 次
新梢旺长期	0.1%～0.2%柠檬酸铁	矫正缺铁黄叶病	可连续喷施 2～3 次
5～6 月	0.3%～0.4%硼砂	防治缩果病	可连续喷 2 次
	0.3%～0.4%硝酸钙	防治苦痘病	在套袋前连续喷 3～4 次
落叶前	1%～10% 尿素+0.5%～2% 硫酸锌 +0.5%～2% 硼砂	增加贮藏营养，防生理性病害	主要用于早期落叶、不落叶、缺锌、缺硼的果园。浓度前低后高，喷 3 次，间隔 7 天左右

注：表中只列出常用中微量元素肥名称，其他螯合态中微量元素肥效果更佳

3. 集成技术物化

推荐施用适合不同生育期的各种苹果专用肥，尤其是有机无机复合、中微量元素配合的专业型多功能苹果专用肥。

4. 注意事项

（1）定期进行土壤和叶片养分分析，根据果园土壤养分和树体营养状况，调整施肥方案。

（2）有灌溉条件的地区建议采用水肥一体化进行施肥，没有灌溉条件的地区可采用移动式施肥枪进行施肥。如果采用水肥一体化技术，化肥用量可酌情减少 20%～30%。

（3）该技术可与果园覆盖、壁蜂授粉、下垂果枝修剪等高产优质栽培技术相结合应用。

8.3.2　山东"164"农药减施增效集成技术模式

"164"模式为以 1 套生态防控措施为基础，以 6 次关键期防控为核心，以 4 个病虫监测期防控为保障的农药减施模式。

具体技术模式内容如下。

1. 生态防控

生态防控是指采用农艺措施压低果园内病虫基数，改善果园生态环境。生态防控的主要措施是在春季 2～3 月苹果萌芽前实施；其他生态防控措施随病虫防控需要随时实施。生态防控主要有人工清园、保护剪锯口、保护枝干、病树治疗、水肥管理、生物防治、化学诱杀、物理诱捕、人工防治等措施。

1）人工清园

清除果园内所有没有价值的病虫载体，降低果园内的病虫基数，增加果园内的通风透光条件。清园的技术措施包括"刨、锯、剪、刮、清" 5 项作业，即 2 月结合树体修剪，"刨"除死树和没有栽培价值的病树、弱树，"锯"除或"剪"除死枝、病虫枝和细弱枝；修剪后树体萌芽前，"刮"除主干或主枝上的病皮、死皮和老翘皮等；修剪结束后，"清"除果园内及

周边被剪下的枝条、病虫枝，刮下的病皮、老翘皮，地面落叶、杂草和病残体、落果等。清除的杂物经处理或者作为生产有机肥的原料，或者掩埋于果园内。

2）保护剪锯口

苹果树修剪的当天，用不透水、不透气、无毒、对树体无害、附着力强、不易开裂、含杀菌剂和剪口愈合促进物、成膜性良好的剪锯口保护剂，如伤口愈合剂或水性沥青漆，涂布剪锯口，重点保护主干、主枝或背上枝上的直径超过 2～3cm 的剪锯口。

3）保护枝干

苹果树定植前，或春季修剪后萌芽前，冬季寒冷地区宜在冬前用黏附性强、耐雨水冲刷、无毒、对树体无害、含有杀菌和杀虫物质、成膜性良好的白色枝干保护剂，如建筑用内墙乳胶漆混加杀菌剂和杀虫剂配制的涂料，涂布 1～4 年生或大量结果前幼树的主干或整树。

4）病树治疗

对于枝干轮纹病瘤较多或已形成粗皮的主干或主枝，轻轻地刮除病瘤或刮破病斑表皮后，涂布枝干保护剂；对于干腐病斑可直接涂布枝干保护剂；对于发生腐烂病的枝干，从病斑以下 5～10cm 处直接剪（锯）除病枝；当剪除病枝损失较大时，再采用刮治措施。

5）水肥管理

依据树体的需肥、需水规律及降雨量，及时浇水施肥，多雨季节及时排涝，保证树体的健康生长。

6）生物防治

提倡果园种草或自然生草，栽植能够驱避害虫、能够诱集或保护害虫天敌的植物，减少或避免使用广谱性杀虫剂，充分保护和利用园内的有害生物的自然控制因子。在适当时机释放赤眼蜂、瓢虫、捕食螨等天敌生物，防治苹小卷叶蛾、红蜘蛛、蚜虫等。

7）化学诱杀

花芽萌动期悬挂金纹细蛾性诱剂诱捕器。悬挂高度为 1.3m 左右，每亩地 5～6 个，诱杀越冬代成虫；5 月中旬更换诱芯，诱杀一代成虫。5 月中下旬可悬挂苹小卷叶蛾性诱剂诱捕器，高度为 1.3m 左右，每亩地 5～6 个，诱杀越冬代成虫。谢花后可悬挂绿盲蝽性诱剂诱捕器或干扰器。在适当时机悬挂糖醋诱液，捕杀桃小食心虫和梨小食心虫的成虫。

8）物理诱捕

有条件的果园可安装频振式杀虫灯，诱杀金龟子、棉铃虫、梨小食心虫、吸果夜蛾等趋光性害虫。

9）人工防控

在桑天牛危害严重的果园，于成虫发生期人工捕捉成虫；在桑天牛幼虫为害排粪期，用注射器从排粪孔中注射杀虫剂，并用黏泥封严。

2. 关键期防控

关键期防控是指在苹果主要病虫害发生的关键时期采取措施防控病虫害。套袋苹果病虫害防治的关键防治期主要有 6 个，分别为苹果开花前、谢花后、套袋前、6 月雨季来临前、7 月多雨季来临前和 8 月叶部病害流行前期。关键期防控以喷药防治为主，每个关键防治期针对 3～5 种主要病虫害，选择 2～3 种药剂喷施 1 次，并兼治其他病虫害，防止病虫害在苹果生长后期暴发成灾。关键期喷药应使整个树体均匀着药，尤其是枝干。

苹果病虫害 6 个关键防治期的防控对象、用药时间和选用药剂见表 8-6。

表 8-6　6 个关键防治期的防控对象、用药时间和选用药剂

序号	防治时期	防控对象	用药时间	选用药剂
1	开花前	苹果瘤蚜、苹果绵蚜、绣线菊蚜（苹果黄蚜）、苹果全爪叶螨（苹果红蜘蛛）、白粉病、绿盲蝽	花露红期到花序分离期，或距开花期 7 天以上	1°～2°（波美度）的石硫合剂；或一种杀虫剂和一种杀菌剂。 杀虫剂宜选用能兼治蚜虫、绿盲蝽、苹果小卷叶蛾和苹果全爪叶螨，且对（蜜）蜂类低毒的药剂。 杀菌剂针对白粉病选择内吸治疗性药剂，并保护叶果在花期不受锈病等病菌的侵染
2	谢花后	苹果霉心病、山楂红蜘蛛；兼治白粉病和锈病；考虑绿盲蝽和蚜虫	若花蕾受低温冻害或花期遇雨，以防治霉心病为主，喷药时间应提前到授粉结束至谢花期； 当花期干旱无雨，以防治山楂红蜘蛛为主，用药时间推迟到谢花后的 7～10 天	一种杀菌剂和一种杀螨剂；当绿盲蝽或蚜虫种群数量大，确实需要防治时，应混加对绿盲蝽和蚜虫高效的内吸性杀虫剂。 杀菌剂宜针对霉心病菌中粉红单端孢和链格孢选择防治效果好的广谱性杀菌剂，并兼治白粉病；花期遇雨应选用对锈病具有兼治效果的内吸治疗性药剂。 杀螨剂宜选用对山楂红蜘蛛卵和若螨防治效果好、持效期长的杀螨剂
3	套袋前	套袋苹果粉红单端孢黑点病、山楂红蜘蛛和苹果全爪叶螨；兼治轮纹病和褐斑病；考虑苹果绵蚜、康氏粉蚧和绣线菊蚜	套袋前喷药宜在苹果套袋前的 1～2 天内喷施，待果面的药液完全干燥后再进行套袋	一种杀菌剂和一种杀螨剂；康氏粉蚧、苹果绵蚜或绣线菊蚜种群密度大，确实需要防治时，应混加对介壳虫防治效果好的杀虫剂。 杀菌剂重点针对套袋苹果粉红单端孢黑点病选用高效、广谱且持效期较长的杀菌剂。 杀螨剂宜选用对山楂红蜘蛛高效且持效期长的杀螨剂
4	6 月雨季来临前	苹果褐斑病、炭疽叶枯病、枝干轮纹病、腐烂病、各种害虫	6 月 10～30 日，气象预报持续 2 天以上阴雨前的 2～3 天；若无有效降雨，则不需要喷药防治	一种杀菌剂和一种杀虫剂。 杀菌剂宜喷施倍量式波尔多液。 杀虫剂宜选用可与波尔多液混用的广谱性杀虫剂
5	7 月多雨季来临前	褐斑病、炭疽叶枯病、枝干轮纹病、腐烂病及各种害虫	7 月 15 日至 8 月 5 日，气象预报持续 2 天以上阴雨前的 2～3 天；若无有效降雨，则不需要喷药防治	一种杀菌剂和一种杀虫剂。 杀菌剂宜喷施倍量式波尔多液。 杀虫剂宜选用可与波尔多液混用的广谱性杀虫剂
6	8 月叶部病害流行前期	褐斑病、炭疽叶枯病、枝干轮纹病、腐烂病和各种害虫	8 月 5～25 日，气象预报降雨前的 2～3 天；当未来 20 天内无降雨时，应依据虫害发生情况酌情喷药	一种杀菌剂和一种杀虫剂，宜混加增强叶片生理活性的物质。 对炭疽叶枯病敏感的品种，宜选用对炭疽叶枯病防治效果好的杀菌剂；对炭疽叶枯病高抗的品种，宜选用对褐斑病防治效果较好的内吸性杀菌剂。 杀虫剂主要针对鳞翅目害虫选用广谱高效的杀虫剂

3. 基于病虫害监测期防控

基于病虫害监测期防控是指在病虫害的非关键防治期，实时监测果园内常发性病虫害的发生情况和天气情况，当预测到病虫有危害趋势时，针对有危害趋势的病虫采取相应的防控措施。基于病虫害监测的防控以药剂防治为主，主要有 4 个时期，分别为苹果树休眠期、幼果期、雨季和果实采收前，每个时期又有若干个重点监测时段。

苹果病虫害 4 个监测防控期重点监测时段、监测内容、防治指标和防控措施见表 8-7。

表 8-7　4 个监测防控期重点监测时段、监测内容、防治指标和防控措施

序号	生长期	重点监测时段	监测内容	防控指标	防控措施
1	休眠期	落叶期	腐烂病、枝干轮纹病	生长期多雨，病菌潜伏量大	宜于落叶期喷 100 倍波尔多液或其他铲除效果较好的杀菌剂
		萌芽期	苹果绵蚜、介壳虫	上一年危害严重，或萌芽期虫口密度大	芽露绿期，喷 3°～5°（波美度）的石硫合剂或其他杀虫剂
2	幼果期	幼果期	绿盲蝽、绣线菊蚜（苹果黄蚜）、卷叶蛾、棉铃虫、白粉病	绿盲蝽的虫梢率超过 2%，棉铃虫的虫果率超过 2%，卷叶蛾的有虫梢率超过 2%，有蚜梢率超过 5% 时，白粉病病叶率超过 2%，且有加重趋势，或其他害虫有严重危害趋势	应依据害虫的种类选择相应的高效杀虫剂或杀菌剂，单独或结合其他病虫害的防治及时喷施
			降雨次数、每次降雨量和使叶面结露的时长	往年锈病严重的果园，遇降雨量超过 10mm、使叶面结露超过 12h 的阴雨	若雨前 7 天内没有喷施过杀菌剂，应于雨后 7 天内喷对锈病具有内吸治疗效果的杀菌剂
				遇 2 次以上降雨量超过 10mm，使叶面结露超过 24h 的阴雨	套袋前所喷施的杀菌剂应对褐斑病和轮纹病有较好的内吸治疗效果
3	雨季	6 月下旬至 7 月上旬	炭疽叶枯病、褐斑病、潜叶蛾、叶螨、天牛、木蠹蛾、食叶毛虫	6 月金纹细蛾的百叶虫斑数超过 2 个	应在第三代金纹细蛾卵孵化高峰期，单独或结合其他病虫害的防治及时用药
				二斑叶螨或山楂红蜘蛛危害严重，单叶活动态螨超过 5 头的有螨叶率超过 2%	应结合其他病虫害防治或单独喷施杀螨剂防治
				天牛和木蠹蛾危害严重的果园	人工捕捉成虫，从排粪孔注射杀虫剂后用黏泥封严，或结合其他病虫害的防控，于卵孵化高峰期喷药
				食叶毛虫虫口密度较大，有严重危害趋势	宜结合其他病虫害的防控喷药防治
			炭疽叶枯病、褐斑病；降雨次数、日数、每次的雨量	6 月雨季前喷药后，遇 7 个以上降雨日，累计降雨量超过 30mm；果园内发现炭疽叶枯病或褐斑病	应单独或结合其他病虫害的防控，及时喷施内吸治疗性杀菌剂
		8 月中旬至下旬	椿象、梨小食心虫、食叶毛虫	叮食果实的椿象的虫口密度大，有危害趋势	应结合其他病虫害的防控，消灭园内及周边林木上椿象的若虫和成虫
				梨小食心虫产卵量大，钻袋危害的概率较大	应结合其他病虫害的防控，于卵孵化盛末期喷药防治
				食叶毛虫虫口密度大，有严重危害趋势	宜单独或结合其他病虫害的防控喷药防治
			炭疽叶枯病、褐斑病；降雨次数、日数和每次的雨量	8 月叶部病害流行前期喷药后，褐斑病的病叶率超过 3%，或炭疽叶枯病的病叶率超过 1%，且遇 3 个以上的降雨日	应在气象预报降雨前的 2～3 天，再加喷一次内吸治疗性杀菌剂
		解袋后至采收前	降雨	气象预报若有降雨	对炭疽叶枯病敏感的中熟品种，降雨前的 1～2 天喷施无残留或低残留的保护性杀菌剂
4	果实采收前	9 月上中旬	苹果绵蚜	虫口密度较大，有严重危害趋势	宜单独用药防治苹果绵蚜
		解袋前	苹果小卷叶蛾	虫口密度大，解袋后可危害果实	喷施低残留或无残留的广谱性杀虫剂
		解袋初期	链格孢红点病	果实上新形成的自然裂纹多，红点病有严重发病趋势	喷施无残留或低残留，且对链格孢红点病有较好防治效果的杀菌剂

4. 药剂的选择与使用

按照《农药合理使用准则（三）》（GB/T 8321.3—2000）和《农药安全使用规范　总则》（NY/T 1276—2007）的有关规定选择与使用农药。应选择在苹果上登记使用的农药，禁止使用禁用或在果树上限用的农药。套袋苹果病虫害常规防治措施及选用药剂见表 8-8。

表 8-8　套袋苹果病虫害常规防治措施及选用药剂

病虫害	防治时期	技术措施	作用	可选用药剂
腐烂病、枝干轮纹病等枝干病害	生长期	每次喷药都应使枝干均匀着药	保护枝干在生长期内不受病菌侵染	所有杀菌剂都有效
	落叶后	病重园在雨水多的年份，于落叶后用药剂喷干	铲除枝干上当年侵染的潜伏腐烂病菌和轮纹病菌	100 倍波尔多液、代森铵、辛菌胺醋酸盐、三氯异氰尿酸、甲基硫菌灵、丙环唑等
	萌芽前	剪除病枝，刮除病斑和病瘤，用病斑治疗剂涂布病处	铲除病菌，防止病斑扩展和复发	涂病斑用含有甲基硫菌灵、多菌灵、抑霉唑、噻霉酮等杀菌成分的涂抹剂
	幼树淋干		保护枝干在整个生长期内不受轮纹病和腐烂病的病菌侵染	含有甲基硫菌灵、多菌灵、吡唑醚菌酯、铜离子等有效杀菌成分的枝干涂布剂
褐斑病、炭疽叶枯病等早期落叶病	套袋前	结合套袋前用药，喷施对褐斑病有内吸治疗性的杀菌剂	铲除已侵染的褐斑病菌	苯醚甲环唑、戊唑醇、丙环唑、吡唑醚菌酯、异菌脲等
	6 月雨季前	气象预报降雨前的 2～3 天喷保护性杀菌剂	保护叶片和枝干在雨季不受病菌侵染	倍量式波尔多液
	7 月多雨季来临前	气象预报降雨前的 2～3 天喷保护性杀菌剂	保护叶片和枝干在多雨季不受病菌侵染	倍量式波尔多液
	8 月叶部病害流行前期	喷施内吸治疗性杀菌剂	阻止已侵染病菌发病和产孢，保护叶片和枝干不受病菌侵染	高感炭疽叶枯病的品种：吡唑醚菌酯、肟菌酯等；高抗炭疽叶枯病的品种：戊唑醇、丙环唑等
	6～8 月褐斑病或炭疽叶枯病初发期	喷施内吸治疗性杀菌剂	阻止已侵染病菌发病和产孢，保护叶片和枝干不受病菌侵染	高感炭疽叶枯病的品种：吡唑醚菌酯、肟菌酯等；高抗炭疽叶枯病的品种：戊唑醇、丙环唑等
霉心病、苹果坏死斑点病等弱致病菌所致果实病害	苹果授粉后或谢花后	喷施广谱性杀菌剂	阻止弱致病菌在残花和幼果上定植	甲基硫菌灵、吡唑醚菌酯、多菌灵、丙森锌、代森锰锌、抑菌脲、多抗霉素、二氰蒽醌、苯醚甲环唑等
	苹果套袋前的 1～2 天	喷施广谱性杀菌剂	铲除和抑制幼果与残花上定植的弱致病菌	甲基硫菌灵、吡唑醚菌酯、多菌灵、丙森锌、代森锰锌、抑菌脲、多抗霉素、二氰蒽醌、苯醚甲环唑等
白粉病和锈病	花露红到花序分离期	主要针对白粉病喷施杀菌剂	防治新芽上刚复苏生长的白粉病，保护苹果幼嫩组织	石硫合剂、戊唑醇、腈菌唑、己唑醇等
	苹果授粉后或谢花后	喷施杀菌剂兼治白粉病和锈病	兼治幼梢上的白粉病，保护新梢和果实	苯醚甲环唑、吡唑醚菌酯、甲基硫菌灵、硫磺、嘧啶核苷类抗生素等
	萌芽后遇到的第一次和第二次大的降雨	遇雨量大于 10mm，持续时间超过 12h 的降雨，雨前 7 天内没喷杀菌剂，雨后 7 天内补喷内吸治疗性杀菌剂	抑制在降雨过程中侵染的锈病菌，防止其诱发病害	苯醚甲环唑、腈菌唑等

续表

病虫害	防治时期	技术措施	作用	可选用药剂
山楂红蜘蛛、苹果全爪叶螨（苹果红蜘蛛）、二斑叶螨等螨类	花露红期到花序分离期	喷施虫螨兼治的药剂	杀灭苹果全爪叶螨越冬卵的初孵若虫	石硫合剂、高效氯氟氰菊酯、甲氰菊酯、矿物油、苦参碱等
	苹果谢花后7～10天	喷施对山楂红蜘蛛高效的杀螨剂	杀灭山楂红蜘蛛一代初孵若虫	哒螨灵、唑螨酯、阿维菌素、螺螨酯、双甲醚、炔螨特、四螨嗪等
	苹果谢花后25～30天，或套袋前	喷施高效且持效期长的杀螨剂	压低螨类种群数量，防止其6月暴发	螺螨酯、哒螨灵、三唑锡等
	6～7月监测到螨类为害时	针对二斑叶螨或种群密度大的螨类选择杀螨剂喷施	防止二斑叶螨等再次暴发	联苯肼酯、虫螨腈、阿维菌素、哒螨灵、唑螨酯、三唑锡等
苹果绵蚜、苹果瘤蚜、绣线菊蚜（苹果黄蚜）、绿盲蝽等早期危害的刺吸式口器害虫	芽露绿期	主要针对苹果绵蚜喷施具有铲除效果的杀虫剂；或根颈部浇药	杀灭在树体上越冬的苹果绵蚜、介壳虫和其他各种害虫；根颈部浇药主要防治苹果绵蚜	喷施药剂有石硫合剂、矿物油、高效氯氟氰菊酯、毒死蜱等；根颈部浇施药剂有噻虫嗪、吡虫啉等
	花露红期到花序分离期	主要针对蚜虫选择虫螨兼治的杀虫剂	杀灭各种蚜虫的若虫和成虫	高效氯氟氰菊酯、溴氰菊酯、毒死蜱等
	苹果谢花后7～10天	绿盲蝽和绣线菊蚜虫口密度大时应喷药防治；或诱杀绿盲蝽	杀灭绿盲蝽和各种蚜虫的若虫与成虫	氟啶虫酰胺、吡虫啉、啶虫脒、噻虫嗪、呋虫胺、苦皮藤素等；诱杀绿盲蝽可用性信息素
	套袋前	苹果绵蚜和绣线菊蚜虫口密度大时，应喷药防治	杀灭各种蚜虫	吡虫啉、啶虫脒、噻虫嗪、氟啶虫酰胺、呋虫胺等
	9月上中旬	苹果绵蚜虫口密度大时，主要针对苹果绵蚜喷药防治	杀灭苹果绵蚜若虫和成虫，降低其越冬基数	螺虫乙酯、毒死蜱、噻虫嗪等
金纹细蛾等潜叶蛾类	6月下旬至7月下旬	当6月百叶虫斑数超过2个，7月百叶虫斑数超过10个，喷施杀虫剂防治	杀灭初孵幼虫	灭幼脲、杀铃脲、除虫脲、氯虫苯甲酰胺等
苹小卷叶蛾等卷叶缀叶蛾类	幼果期、解袋前或发生高峰期	当虫梢率超过2%时，喷施杀虫剂防治	杀灭低龄幼虫	生长前期宜用甲氧虫酰肼、虫酰肼、虱螨脲；生长后期宜用甲氨基阿维菌素苯甲酸盐、高效氯氟氰菊酯等
梨小食心虫等食心虫类	8中旬到9月上旬，梨小食心虫的卵孵化高峰期	梨小食心虫的卵量较大，有钻袋为害的可能时，于卵孵化初期喷药防治	杀灭初孵幼虫	高效氯氟氰菊酯、甲氰菊酯、联苯肼酯、溴氰菊酯、毒死蜱、阿维菌素、苏云金杆菌、梨小性迷向素等
桑天牛、芳香木蠹蛾等蛀干害虫	幼虫蛀干期	从排粪孔注药后封堵	杀灭蛀干幼虫	高效氯氰菊酯、敌敌畏、噻虫啉等
	6月中旬至8月中旬	天牛危害严重的果园，在卵孵化期对枝干喷施1～2次微胶囊剂，两次用药间隔期为3～4周	杀灭初孵幼虫	高效氯氰菊酯或噻虫啉微胶囊剂
康氏粉蚧	6中旬到7月上旬	虫口密度大的果园，于卵孵化高峰期喷药防治	杀灭初孵若虫	螺虫乙酯等
苹掌舟蛾、黄刺蛾等食叶毛虫	6～8月	虫口密度大的果园，于低龄幼虫期喷药防治	杀灭幼虫	灭幼脲、杀铃脲、白僵菌、苏云金杆菌、苦参碱、甲氨基阿维菌素苯甲酸盐、高效氯氟氰菊酯等

　　按病虫害防治要求科学合理地使用农药。保护性杀菌剂宜在降雨前的2～3天喷施；内

吸治疗性杀菌剂宜在降雨后的 2 ～ 5 天喷施；杀虫剂不宜在雨前喷施。

对病害的防治以雨前喷药保护为主，以雨后喷药治疗为辅；保护性杀菌剂与内吸治疗性杀菌剂交替使用。

对于虫害，化学防治最佳用药期为卵孵化盛期；对于刺吸式口器的害虫，宜选用具有内吸性的杀虫剂；苹果生长前期宜选用对天敌昆虫伤害作用小、选择性强的杀虫剂，不宜使用广谱性杀虫剂；花前和花期不宜使用对（蜜）蜂类毒性较大的杀虫剂。

前后两次用药的间隔期不应少于 7 天；果实采收前的 20 天应停止使用农药。

8.3.3 陕西"肥水膜"一体化化肥减施增效集成技术模式

"肥水膜"一体化模式主要包括微垄覆盖保墒、膜外窖集雨水、坑施肥水、碱土调理等关键技术，可充分利用有限的水资源，提高肥水利用率。

"肥水膜"一体化具体技术模式内容如下。

1. 生物培肥

实施行间生草（自然生草或人工种三叶草、鼠茅草等），或种植绿肥（长毛野豌豆、豆菜轮茬、油菜等），采用条播或撒播均可。三叶草可春播和秋播，春播于 4 月下旬至 5 月上旬，秋播于 8 月下旬至 9 月上旬，每亩播种量 1 ～ 1.5kg，当草过高时刈割后覆盖地面，之后随植物腐烂其养分进入土壤中。鼠茅草耐寒但不耐高温，适宜播种期为 9 月初至 10 月中旬，每亩播种量 1.0 ～ 1.5kg。豆菜轮茬方法：5 月下旬至 6 月中旬，行间播种黄豆，每亩播种量 4 ～ 5kg，于结荚前割除覆盖于树盘；8 月上旬至 8 月中旬，播种油菜，宜选择甘蓝型油菜，如'秦优 7 号''秦优 10 号''陕油 2013'等，每亩播种量 0.3 ～ 0.5kg，冬季自然冻死后覆盖于地面，随植物体腐烂直接还田，培肥土壤。每年在秋施基肥和追肥时，施 2 次微生物菌肥，每亩 100 ～ 200kg，增加土壤有益微生物，利于土壤养分活化和吸收。

2. 坑施肥水

在两株树中央挖一个深 60cm、长 80cm、宽 80cm 的方坑，填满大量的秸秆、果树枝条或有机肥，中央置一个直径 15cm 左右的塑料管，管顶打数孔，修直径为 1m 的坑面，用地布覆盖，利于局部集雨。苹果追肥期在塑料管处通过施肥枪施入水溶肥 2 次，以及沼渣沼液 1000～2000kg/亩，可有效实现改土养根，提高肥料利用率，并减少化肥的施用量。

3. 微垄覆盖保墒

山地果园干旱缺水，采用园艺地布或塑料膜覆盖果园，利于土壤持水保墒，实现依水调肥，促进水肥利用，并且具有增温的作用，还能抑制杂草生长。于秋季或春季，在树盘下两侧用优质耐用的黑色园艺地布或黑色塑料膜进行地面覆盖，覆盖带宽 1.0 ～ 1.2m。覆膜之前，先整理树两边的畦面，形成中间高、两侧低的凸形畦面，畦面高出地面 10 ～ 15cm，凸形畦面两侧边缘形成深 10cm 左右的集雨沟，利于雨季积存雨水。铺设时要将地布或塑料膜拉直铺展，交接处和四周用土压实，园艺地布可用地钉或铁丝固定。注意地布或塑料膜要距离主干 15 ～ 20cm，空隙用土压实。

4. 膜外窖集雨水

在果园地头地势相对较低处，修筑 1 ～ 2 个积雨窖，容积 10 ～ 30m³ 为宜，用于蓄积雨水。旱季时，雨水用于果树局部补水，从而有效缓解旱情，并起到水肥融合、促进养分吸收的效果。挖土坑时，窖体以圆形为宜，深 3～4m，地表直径最大处 3～4m，向下逐步缩小，到底部时直径 2～3m；若为方形集雨窖，则需用盖板封顶。窖内壁和窖底均用水泥砌好。窖面用水泥浇筑，坡向内倾斜 5°，形成中间凹四周略高的形状，直径 2～3m，作为集雨平台。窖口在窖面中心位置，直径 30～40cm，并高出窖面 10cm，浇筑前预埋进水管 4 根。

5. 碱土调理

每年在树盘内的地面施入碱性土壤改良剂或土壤调理剂（黄腐酸钾、沃丰隆、施地佳等），每次每亩施 5kg，全年 2～3 次，随后旋耕使调理剂进入土壤，可降低土壤 pH，活化土壤养分，促进土壤养分的吸收。

秋季时，碱性调理剂可以和底肥、生物肥、有机肥等一起撒施，然后翻地；追肥时可以撒施或者结合水肥一体化系统进行施用，但是，采用撒施方法的果园需要翻地，让调理剂进入土壤中，不能只是撒施于地面，否则会影响调理剂的使用效果。

8.3.4　山西"苹果病虫害全程农药减施增效控制"集成技术模式

山西"苹果病虫害全程农药减施增效控制"集成技术模式是针对苹果不同物候期发生的主要病虫害，将生态调控技术、理化诱控技术、生物防治技术、生物农药控害技术及高效低风险化学农药精准减量施用技术等进行集成优化而形成的苹果病虫害全程农药减施增效控制的技术模式。

具体技术模式内容如下。

1. 休眠期

11 月至翌年 2 月，通过深翻灌水、刮除翘皮、清洁果园、树干涂白等，控制病虫越冬基数。通过合理修剪，调整平衡树势，提高果树自身的抗病虫能力，减少苹果生长期化学农药的使用量。

1）深翻灌水

果树落叶后至土壤封冻前，将全园栽植穴外的土壤深翻，深度 30～40cm，将土壤中越冬的病虫暴露于地面冻死或被鸟禽啄食。深翻后，应在气温 –3～10℃时对果园进行灌溉，可有效杀灭桃小食心虫、舟形毛虫等越冬害虫。

2）刮除翘皮

剪除病枝、虫枝、虫果及尚未脱落的僵果，刮除主干、枝杈处粗老翘皮及腐烂病斑，并将刮下来的树皮、碎木渣集中带出果园烧毁或深埋，消灭潜藏在树体上越冬的病虫害。刮治腐烂病斑处，并用 3% 甲基硫菌灵糊剂原膏涂抹病斑，防止病害继续扩展。

3）清洁果园

及时清理园内杂草、病虫枝、病果、虫果、落地果、诱虫带等，带出园外并集中深埋，以减少褐斑病、轮纹病、白粉病、叶螨、金纹细蛾等的越冬基数。深埋的深度在 45cm 以上。

4）树干涂白

苹果休眠期刮除翘皮后，用生石灰、石硫合剂、食盐、清水按照 6：1：1：10 的比例制成涂白剂，涂抹树干和主枝基部，有效杀灭越冬病虫，不仅减少了化学农药的使用量，而且增强了树体抗冻能力。

5）合理修剪

按照平衡树势、主从分明、充分利用辅养枝的原则，对苹果树进行合理修剪，调整平衡树势，保持良好的果园群体结构和个体结构，并改善全园通风透光条件，提高苹果树抗病虫能力，降低化学农药的使用量。

2. 萌芽至开花前

3 月中旬至 4 月上旬，通过果园生草，改善果园生态小环境，增强小花蝽、草蛉等天敌昆虫对蚜虫、红蜘蛛及鳞翅目害虫的卵和低龄幼虫等的自然控害作用，同时逐步提高土壤有机质含量，增强树体抗逆能力，降低化学农药使用量。通过全园喷施矿物源农药（石硫合剂），进一步控制苹果树腐烂病、苹果枝干轮纹病、害螨、卷叶蛾等多种病虫的越冬和出蛰基数。

1）果园生草

每年 3～4 月地温稳定在 15℃以上或 9 月，于果树行间开浅沟（种植豆科白三叶草、紫花苜蓿或禾本科黑麦草、羊茅草等），以提高果园土壤有机质含量，增强树体抗逆能力，并改善果园生态小环境，增强小花蝽、草蛉等天敌的自然控害作用，进而降低化学农药使用量。其中，豆科类每亩播种 1.0～1.5kg，禾本科类每亩播种 2.5～3.0kg。播种前将地整平、耙细，播种时按每 0.5kg 种子搅拌 10kg 细砂，在行间撒匀。播种深度 0.5～1.0cm。

2）矿物源农药防护

针对越冬白粉病、腐烂病、轮纹病、蚜虫、叶螨、卷叶蛾等，在田间平均气温达 10℃以上时，采用 3°～5°（波美度）石硫合剂全园喷雾，主干、树枝、老翘皮等应充分着药，达到淋洗状。

3. 落花后 7～10 天

5 月上中旬，针对苹果蚜虫、金纹细蛾、苹果小卷叶蛾、金龟子等害虫，优先采用性诱剂、杀虫灯、黄板、糖醋液等理化诱杀技术、生物防治技术和生物农药防治害虫，并在病虫预测预报的基础上协调利用高效低风险化学农药防治白粉病、斑点落叶病、褐斑病、霉心病、黑点（红点）病等叶部和果实病害及蚜虫、叶螨等虫害，最大限度地减少化学农药的使用频次和使用量。

1）理化诱杀

（1）灯光诱杀：从苹果花期开始，安装频振式杀虫灯或太阳能杀虫灯，诱杀金龟子、卷叶蛾、食心虫、毒蛾等害虫成虫。每 1.0～1.5hm^2 果园设置 1 台频振式杀虫灯诱杀趋光性害虫的成虫，灯悬挂高度为接虫口离地面 1.5～2.0m，一般于 9 月底结束。注意及时清理诱虫袋所诱集的害虫，以及杀虫电网上的害虫，以提高杀虫效果。

（2）糖醋液诱杀：每亩等距离悬挂 5～10 个糖醋液诱捕器诱杀苹果小卷叶蛾等趋化性害虫。糖醋液配比为糖：乙酸：乙醇：水 = 3：1：3：120。诱捕器用水盆选用直径 20～25cm 的硬质塑料盆，诱捕器悬挂高度 1.5m 左右，糖醋液每 10～15 天更换 1 次。雨后注意及时更换糖醋液。如天气炎热，蒸发量大时，应及时补充糖醋液。

（3）性信息素诱杀：利用苹果小卷叶蛾、桃小食心虫、金纹细蛾等害虫性诱芯制成水盆型诱捕器或粘胶诱捕器来诱杀成虫。每个诱捕器中放置 1 个性诱芯，并按产品说明定时更换。每亩等距离悬挂诱捕器 5～8 个，诱捕器悬挂于果树背阴面、树冠外围开阔处，高度 1.5m 左右。水盆诱捕器选用硬质塑料盆，直径 20～25cm，性诱芯用细铁丝固定在水盆中央、距水面 0.5～1cm 处；当液面下降到 2cm 时，要及时添加 0.1% 洗衣粉水。粘胶诱捕器中的性诱芯固定在粘胶板的中央。注意及时更换性诱芯和粘胶板，一直持续到 10 月中旬。同时，应及时清除虫尸和杂物。

（4）黄板诱蚜：在果树外围枝条上，每亩悬挂规格为 20cm×25cm 的黄板 40～60 张，诱杀蚜虫。

2）生物防治

选用 100 亿孢子 /g 金龟子绿僵菌可湿性粉剂 3000～4000 倍液或 400 亿孢子 /g 白僵菌粉剂 1500～2500 倍液喷洒树盘地面以防治桃小食心虫越冬幼虫，施用后可选择各种作物的秸秆、杂草等覆草，厚度 15～20cm。

3）高效低风险化学农药防护

病害防治，可选用 80% 代森锰锌水分散粒剂 800 倍液、25% 嘧菌酯悬浮剂 1500 倍液、10% 苯醚甲环唑水分散粒剂 2500 倍液、25% 吡唑醚菌酯乳油 1000 倍液、70% 甲基硫菌灵 1000 倍液、10% 多抗霉素可湿性粉剂 1500 倍液喷雾。虫害、螨类防治，可选用 0.6% 苦参碱水剂 1000 倍液、4% 阿维菌素·22.4% 螺虫乙酯悬浮剂 3500 倍液、43% 联苯肼酯悬浮剂 3000 倍液、10% 吡虫啉可湿性粉剂 2000 倍液喷雾。其中，43% 联苯肼酯悬浮剂 3000 倍液 +10% 吡虫啉可湿性粉剂 2000 倍液 +25% 吡唑醚菌酯乳油 1000 倍液 +70% 甲基硫菌灵 1000 倍液的药剂组合可以显著增加药效，对腐烂病、红蜘蛛、蚜虫等多种病虫害的防治效果达到 90% 以上。

4. 套袋前

5 月下旬至 6 月上中旬，斑点落叶病、褐斑病等病害开始发生，叶螨繁殖加快，苹果黄蚜、金纹细蛾等进入为害盛期，在继续做好害虫理化诱杀的基础上，释放捕食螨控制害螨，并通过合理负载、调整树势、提高果树抗逆能力，进一步降低化学农药的使用量。

1）释放捕食螨

将装有胡瓜钝绥螨的包装袋一边剪开长度约 2cm 的细缝，后用图钉固定在阳光直射不到的树冠中间下部枝杈处，每株树固定 1 袋，每袋捕食螨数量＞1500 头。释放时以晴天或多云天的 15：00 后为宜，并应保证袋口和底部与枝干充分接触。

2）合理负载

根据树龄大小、树势强弱、品种特性、栽培管理条件等疏果，做到合理负载，以协调果树营养生长与生殖生长，进而增强果树抗逆能力，降低化学农药的使用量。

3）植物源农药及高效低风险化学农药防护

优先选用植物源农药 0.6% 苦参碱水剂 1000 倍液或 7.5% 鱼藤酮水剂 600 倍液或高效低风险农药 24% 螺螨酯悬浮剂 5000 倍液，以及 10% 氟啶虫酰胺 2500 倍液、43% 联苯肼酯悬浮剂 3000 倍液、25% 吡唑醚菌酯乳油 1000 倍液进行喷药保护。也可选用落花后 7～10 天的药剂组合，以增加药效。

4）果实套袋

喷药后 2～3 天对果实进行套袋保护。套袋时，应注意扎紧袋口，同时应在果面无药液、无露水的情况下进行。

5. 套袋后幼果期与果实膨大期

6 月中下旬至 9 月上旬，重点做好褐斑病、斑点落叶病等早期落叶病害和金纹细蛾、苹果小卷叶蛾、害螨等害虫的防治，并在树干上绑扎诱虫带，诱集害螨、卷叶蛾等越冬害虫。同时，平衡施肥, 以增强树体免疫力, 实现化学农药减量控害, 并改善果品品质。

1) 矿物源农药及高效低风险化学农药防护

根据病虫发生和天气变化情况, 优先选用倍量式波尔多液 (硫酸铜：生石灰：水 =0.5：1：100) 或等量式波尔多液 (硫酸铜：生石灰：水 =0.5：0.5：100) 200 倍液防治早期落叶病, 或对症选用 20% 氯虫苯甲酰胺水分散粒剂 3000 倍液、43% 戊唑醇 3000 倍液、5% 唑螨酯悬浮剂 2000 倍液等高效低风险的杀菌剂和杀虫杀螨剂。其中, 430g/L 戊唑醇 SC 3000 倍液 +110g/L 乙螨唑 SC 6000 倍液的药剂组合对褐斑病和山楂叶螨的防治效果最好。

2) 绑扎诱虫带

8 月中旬以后, 在果树主干第一分枝下 10 ~ 20cm 处绑扎诱虫带, 诱杀叶螨、毒蛾、梨小食心虫、卷叶蛾等越冬害虫。

3) 秋施基肥

测土配肥, 按需施肥, 增施有机肥, 平衡土壤养分, 增强树体免疫力, 实现化学农药减量控害, 并改善果品品质。

6. 采收后

果实采收后 7 ~ 10 天, 选用 3° ~ 5° (波美度) 石硫合剂进行全园细致喷雾, 防治早期落叶病、枝干轮纹病, 以及害螨、卷叶蛾等多种越冬害虫。

8.3.5　甘肃"一壮二降三精准"苹果农药减施增效集成技术模式

针对甘肃省土壤有机质含量低、病害种类繁多、配套防控技术缺乏、盲目滥用化学农药等造成的病害防控过程中农药过量使用和防控效果不理想的突出问题, 提出了甘肃"一壮二降三精准"苹果农药减施增效集成技术模式。该技术模式具有以下特点：①树立"防病先壮树"的理念, 充分发挥树体自身抗病能力；②重视"综合防控"的原则, 有机融合农业、生物、生态和化学等多种措施的全程一体化防控技术；③依据病害发生发展规律, 抓住关键时期精准用药；④聚焦减药增效的目标, 从产品途径和技术途径替代化学农药, 减少化学农药的使用量；⑤针对性、适用性和操作性强。

具体技术模式内容如下。

1. 壮树防病技术

9 月底至 10 月初, 在树冠垂直投影边缘处不同方位挖 4 ~ 5 个 30 ~ 40cm 深的施肥穴, 在常规施肥的基础上, 增施生物菌肥 (TL-6) 10kg/棵, 然后覆土或覆草, 再将复合肥和土混匀施入, 最后盖土填平。

2. 降低病虫基数的春季和秋季清园技术

1) 降低越冬病虫基数的秋季清园技术

秋末冬初果实采摘后, 伴随气温降低, 病虫害进入休眠越冬期, 多种病虫害也在树体、病枝、落叶、杂草等场所潜伏越冬。因此, 在采果后自然生理落叶 2/3 时清园可有效降低越冬病虫基数。

2) 降低生长期病虫害发生的春季清园技术

春季随着气温的回升, 树体开始萌动, 各种越冬存活的病虫也开始活动, 因此, 在春季果树萌芽前清园是对上一年秋季清园的一个补充, 可以消灭越冬病虫源, 降低生长期病虫害发生。

无论是秋末冬初还是春季萌芽前，按照"刨、锯、剪、刮、涂、解、清、喷"8个环节开展清园工作，达到全面、彻底、不留死角。

（1）刨：刨除病树、弱树、枯桩、死桩。

（2）锯：锯除死树、病树（花脸病或锈果病）、弱树、死枝、弱枝。

（3）剪：剪除死枝、枯枝、病枝、弱枝、腐烂病枝、干腐病枝、绵蚜为害枝及带有死芽和病芽的枝条。

（4）刮：刮除枝干上的病斑、病皮、病瘤、死皮、翘皮、绵蚜为害斑。

（5）涂：所有的大小锯口与剪口及病疤全部都需要涂药保护，剪锯口用成膜剂、甲硫萘乙酸、腐植酸铜或百菌清；腐烂病用甲硫萘乙酸、腐植酸铜、菌清、3%"拂蓝克"。对越冬前没有涂白的果园进行主干涂白，可用石硫合剂涂白剂，配制方法：先将5kg生石灰和0.3kg食盐用8kg的热水化开，搅拌成糊状，然后加入0.3kg植物油、0.5kg硫磺粉、0.2kg的豆面或者玉米面，边加入边搅拌至均匀。

（6）解：春季解除树干上捆绑的诱虫草把、麻布片或诱虫板，并及时销毁。

（7）清：把树上树下的病枝、病果、残落树皮和废旧果袋及周围的杂草全部清理到园外，及时深埋或焚烧。落叶可作为肥料，结合施有机肥及化肥集中深埋在树下25cm之下。

（8）喷：在完成上述工作后，在惊蛰过后，当气温稳定在18～20℃时，全园以水洗式或淋洗式喷施铲除剂。药剂可以选用80%硫磺水分散粒剂500倍液、3°～5°（波美度）的石硫合剂或40%氟硅唑乳油4000倍液和22%吡虫·毒死蜱乳油1500倍液。

3. 生长期精准施药防控技术

1）枝干病害的精准防控技术

精准诊断：根据苹果树腐烂病溃疡型和枝枯型的症状特点与"夏侵入、秋潜伏、冬扩散、春腐烂"的发病规律，准确诊断，做到"刮早、刮小、刮了"。

精准施药时间：萌芽期至开花期的"春季发病高峰期"和果实膨大至近成熟期的"秋季发病高峰期"两个关键时期。

精准使用农药：采用"刮治+双层涂药"技术。刮治时先将树修剪工具消毒液装入喷壶中，喷在刮刀和刷子上，对工具进行消毒；接着在病树下铺设塑料布。将刮下的病变组织及残体收集，并且带出果园集中销毁；然后用刮刀将病变组织及带病组织彻底刮除，侵入到木质部的要刮到木质部，务必刮净。此外，还需将病斑边缘5mm左右的健康树皮切下。刮治时，切口要倾斜，与裸露的木质部成135°，并不留毛茬，最好将病斑刮为椭圆形，以利于愈合。而且，病斑的上端切口要平直，下端切口要倾斜，以降低雨水对药剂的冲刷作用；最后用刷子将涂抹剂（生物涂抹制剂FXS：甲硫萘乙酸=1：1）均匀涂抹于患病处，涂抹药剂时要向病斑边缘健康树皮处多延伸2～3cm，隔20min再用刷子涂抹一层拂蓝克。

2）叶部病害的精准防控技术

精准诊断：根据苹果黑星病病斑表面产生墨绿色至黑褐色霉状物的典型症状特征和湿度大则发生早、流行快的特点，准确诊断。

精准施药时间：落花后的发病初期和果实膨大至近成熟期的流行期。

精准使用农药：采用"保护+治疗"交替用药技术。5月初落花后及时喷施430g/L戊唑醇悬浮剂4000倍液或10%苯醚甲环唑水分散粒剂2500倍液1～2次；6～8月果实膨大期根据降雨情况及时喷药防治，每次降雨前喷施1：2：200波尔多液保护叶片，雨后交替使用可湿性粉剂 ZJT-K、40% 氟硅唑乳油 8000 倍液和 25% 吡唑醚菌酯悬浮剂 1500 倍液喷雾治疗病斑,喷 2～3 次,每次间隔 15 天。此项措施可以同时兼防其他叶部病害。

3) 果实病害的精准防控技术

精准诊断:根据苹果霉心病霉心型和心腐型的症状特点与上一年度果园内霉心病发生轻重情况准确诊断。

精准施药时间:苹果花期是病菌侵染时期,也是药剂防治的关键时期。

精准使用农药:采用"初花期 + 落花后"关键时期精准施药技术。初花期喷施活孢子含量 ≥ 200 亿个 /g 的 T6 木霉孢子粉或利用壁蜂授粉时,在蜂巢口放置木霉孢子粉,壁蜂授粉时将木霉孢子粉携带到柱头;落花 70%～80% 时选用 10% 多抗霉素可湿性粉剂 1500 倍液喷雾 1～2 次。

该技术模式以强壮树势、压低秋季和春季菌源基数及枝干、叶部和果实 3 类病害的精准施药技术为核心。2019 年田间测评结果表明,全年减少用药次数 2 次,减少化学农药使用量 41.4%,生物农药使用率提高 32.5 个百分点,减少农药和劳动力投入分别为 180 元/亩和 120 元/亩,亩增收 1300 元以上。

第9章 苹果化肥和农药减施增效技术服务模式探索

9.1 新时期技术服务模式探索

9.1.1 科技小院"四零"服务模式

1. 科技小院成立背景

进入 21 世纪，中国农业发展所面临的挑战极为严峻：在保障粮食安全的同时，需要大幅度提高资源利用效率，保护环境。不合理的化学投入品的施用也严重制约了农产品品质的提高，严重制约着中国农业的可持续发展。中国农业发展方式迫切需要从"高投入-高产出-高环境代价"的模式向绿色发展模式转型。

然而，在农业生产过程中，众多因素严重制约着农业向绿色发展模式的转变，集中表现在以下几个方面。

1）农业科研与生产实践脱节

与欧美国家相比，当前我国科技成果的转化率依然较低。比如，我国每年有 6000 多项农业科技成果问世，但是转化率不足 30%，远远低于欧美国家的 80% 以上（国家统计局，2018）。

2）农业技术示范推广体系不完善，体制不健全

我国政府主导的农业技术示范推广体系人员数量不足、业务素质参差不齐，科研院所和农业大学在技术创新方面"重科研、轻应用"现象严重，严重制约着农业生产一线技术的转化和推广。

3）农业后备人才培养不能满足社会需求

涉农专业的大学生、研究生的科学研究课题脱离生产一线，其研究工作大都在实验室和温室中开展，脱离生产实际，对"三农"现状缺乏了解，对农村的生活环境存在畏难情绪。因此，80% 的农业大学毕业生不愿意和不能到农村生产一线去开展工作，导致农业科技人才培养方向偏离社会需求，不能为"三农"发展做出贡献。这些问题是制约绿色生产技术和模式落地的关键。

为了应对我国农业面临的保障国家粮食安全与提高资源利用效率、保护生态环境的多重挑战，促进高产高效农业发展，同时解决科研与生产实践脱节、人才培养与社会需求错位、农技人员远离农民和农村等制约科技创新、成果转化及"三农"发展等问题。2009 年，中国农业大学在依托高产高效（"双高"）基地开展技术研究、示范推广的基础上，逐步探索出了全新的农业科学研究、技术创新与示范推广的科技小院新模式。

自 2016 年科技小院参与到"苹果化肥农药减施增效技术集成研究与示范"项目中来，在我国苹果主产区，开展苹果化肥农药减施增效技术"零距离、零门槛、零时差、零费用"的"四零"服务模式探索。目标是把技术理论研究融入农业技术创新、示范推广和农村社会服务工作之中，提高农业科技创新水平和科技成果转化率，促进农科教结合，推动地方生产、经济与社会发展。

2. 科技小院"四零"服务模式内涵

科技小院是教授、研究生、农技推广人员长期驻扎在农业生产一线，创建社会服务平台，联合政府、企业、高校和农民的力量，针对农业生产问题，开展实用型科学研究，对农民提供"零时差、零费用、零距离、零门槛"（简称"四零"）的全方位服务，同时培养新时代农业应用型人才（图 9-1）。其总体目标是协同提高生产力和资源利用效率，以最少的资源环境代价生产更多的农产品，推动农业发展方式转变；创新农业生产组织、经营和服务模式，促进农业生产关系转变；改善农民生活环境与农村生态环境，提高农民幸福指数，助力美丽乡村建设，推动"三农"和谐发展。

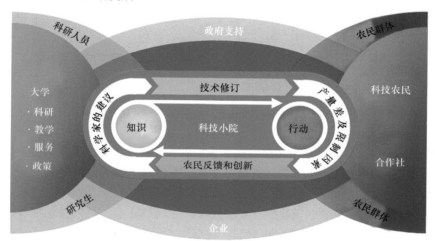

图 9-1　科技小院的内涵

科技创新、社会服务和人才培养是科技小院的三大主要功能。科技创新主要是指遵循"从生产中来，到生产中去"的原则，立足农业生产一线，针对农业生产迫切需要解决的实际问题，结合自上而下和自下而上的方法及农民参与式研究，开展技术集成研究，形成技术模式，实现技术本地化；社会服务主要是指研究生和教授与农民合作进行技术创新，同时围绕技术集成组织农村文化活动及各类帮扶活动，改善生产与生活环境，促进乡村和谐发展；科技小院汇集了农业科研院所研究人员、地方农业技术推广人员、大学研究生和农民等各方面的人员，可以实现科学知识和实践知识的交融，旨在培养懂农业、爱农村、爱农民的"一懂两爱"人才。

3. 科技小院"四零服务"模式做法

科技小院在农业生产一线，针对农业生产实际问题，联合政府、企业、高校和研究所、农民等的力量，开展科技创新、技术转化工作，同时培养农业应用型人才，具体做法如下。

（1）科技创新：遵循"从生产中来，到生产中去"的原则，扎根农村生产第一线，破解农户增产增效瓶颈，创建绿色增产增效模式；以农田、农户、农作系统（3F）为对象，在推动产业发展中做研究（D2R）；以自下而上（bottom-up）和自上而下（top-down）相结合开展研究；在生产中做前沿研究，在揭示问题中创新技术，在应用技术中发展理论（图 9-2）。

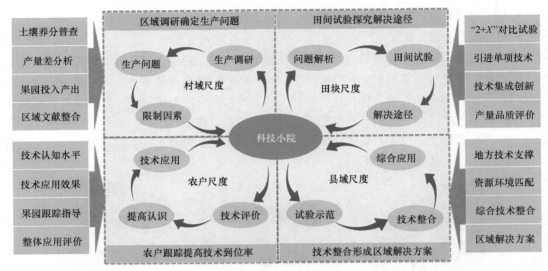

图 9-2　苹果科技小院"从农田到区域"的科技创新方法

（2）科技小院创造了多种技术转化模式：长期驻扎农村，剖析生产限制因素，创新本地化增产增效技术体系；全面融入农民，开展参与式技术创新，形成高效益轻简实用综合技术；坚持"四零"服务，创新组织和经营方式，发展低成本高效技术扩散体系；整合各方力量，承接政府、企业等资源，构建多元化参与式服务新机制。

（3）通过整合大学的智力资源、政府的农技推广力量、企业的技术骨干及农民力量，科技小院形成特色鲜明的人才培养模式。高校地方联合，生产一线共建人才培养平台，形成全国研究生培养网络；理论实践结合，构建"三段式"培养新模式，提升实践技能和综合素质；科研服务并重，在解决问题中提升科研能力，培养综合型高级专业人才；情怀能力同筑，解民生之艰中培育爱农英才，造就现代化农业发展中坚。

在苹果双减增效综合技术集成的基础上，科技小院为大面积实现综合技术的推广，主要有如下做法（图 9-3）。

（1）建立科技小院，探索科技小院模式在综合技术推广中的积极作用：由科研院校、地方政府、地方企业和农户共同组建科技小院。充分发挥科研院校研究生的科研、地方政府的政策引导、地方企业的市场分析及农户丰富的生产经验等各个组成部分的优势，从而更有力地进行综合技术模式的推广。

（2）利用科技小院的驻村特性，开展多种形式的培训：对不同的农民群体采取相应的培训方式，如不同年龄、不同文化水平、不同管理技术掌握程度及不同性别，分别采取针对性的技能培训，从而提高农民对综合技术的理解程度，提高技术采用率以达到技术推广的目的。并培养科技带头人，探索以科技带头人为依托的技术推广模式。

（3）农民参与式开展试验示范，探索技术推广模式的建立：通过农民参与开展试验示范，能够在农户的果园里直接表现出效果。

（4）双高竞赛技术扩散模式对综合技术推广的影响：通过设置高产奖和增产奖，由农民自愿报名，科研人员组织产量实测，并召开颁奖仪式，奖励获奖农民，农民分享管理经验。期望达到的效果是建立激励机制，加强农民之间的交流信息，强化科技带头人和普通村民的联系，加快技术扩散，鼓励农民对个人田间管理措施进行记录。

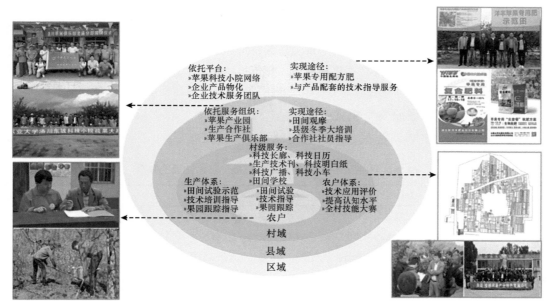

图 9-3　苹果科技小院"从农户到区域"的技术服务体系

4. 科技小院"四零服务"模式工作成效

1）建立科技小院

截止到 2019 年 8 月，共建立 9 个苹果科技小院，有 11 名研究生长期驻扎。在苹果生产一线，通过苹果生产现状调研、苹果产量限制因素分析、苹果生产投入产出效益分析及影响因素分析，并开展苹果配方肥试验、有机肥替代试验等肥料减施增效技术的示范和推广，开展"四零"服务，提高苹果种植户的技术管理水平，提高农户的经济效益。

2）开展试验示范

2016 年，建立了 3 个配方肥试验示范基地，研究结果表明，通过优化配方施肥可以有效降低化肥用量，提高苹果的产量和品质；2017 年，共建立 2 个有机肥替代部分化肥试验示范基地，研究结果表明，通过增施有机肥，降低化肥用量，可以调节土壤理化性质，提高土壤有机质含量，从而提高苹果产量和品质。截止到 2019 年 8 月，共建立 9 个核心示范基地。

2017 年，在曲周县相公庄村，针对全村 1200 亩苹果园，打造苹果减肥提质增效千亩核心示范基地。2018 年，在洛川县北安善村，依托建森苹果专业合作社，建立千亩核心示范基地。并针对品质低、产量低和土壤质量差的问题，开展试验研究和减肥增效技术的示范推广。

3）技术推广

自 2016 年起，在科技小院共建立 9 套科技长廊，其中 2019 年建立 2 套科技长廊；设计完成 6 套科技日历，发放 600 份；设计杯垫 1000 套，一套 5 个，进行苹果减肥增效技术的宣传和推广。在科技小院共开展 76 场培训，培训方式包括集中授课、微信网络培训及冬季大培训等，培训人数为 2073 人，涉及面积 15 000 余亩。其中 2017～2018 年，在科技小院开展技术培训会共 35 场，培训人数达 795 人，辐射面积约 8071 亩。召开现场观摩会 3 场，开展疏果技能大赛 2 场，协助组织果王大赛 4 场（其中 2017～2018 年开展 2 场，参与人数达到 400 人，辐射面积 6000 亩），并设计科技小院生产技术刊和科技明白纸各 2 套。开展苹果产业论坛 1 次，约 100 农户参与，辐射果园面积约 1200 亩。

　　科技小院的研究生驻扎在苹果生产一线，开展"四零服务"工作。通过实地生产调研，研究生发现苹果种植户在苹果管理中的问题，根据调研情况结合专业知识对农户的生产问题进行解答，与苹果种植户共同管理好苹果生产的每个环节。通过科技培训，以通俗易懂的方式将先进的苹果管理技术传播给苹果种植户，在传播新技术的同时纠正农户在苹果管理中的误区，提高苹果管理技术的到位率，提高农户技术管理水平，从而促进苹果产量和品质的提升。

5. 科技小院"四零服务"模式优势

　　与政府、企业相比，科技小院模式具备了关键的成功因素（表9-1）。

表 9-1　科技小院与政府、企业在推广技术方面的差异

项目	科技小院	政府	企业
服务导向	农民需求	推广成熟的单项技术	产品和效益
服务方法	自上而下和自下向上相结合	政策、自上而下	产品及技术推广
服务特性	理论知识本地化	政策不能很好地实施	与农民需求不匹配
服务优势	知识、人才资源	政府资源	技术、产品

　　科技小院以农民需求作为其服务导向，直接解决农民生产的实际问题，而政府主要推广成熟的单项技术，企业旨在生产产品和创造效益，都不能满足农业生产的实际需求。

　　科技小院结合了自上而下和自下而上的服务方法，与农民一起参与研究，直接将知识与技术传递给农民，而政府主要是通过政策，采用自上而下的方法促进农业发展，企业的目的主要是产品和技术的推广，均不能实时实地地为农民提供最合适的服务。

　　科技小院的服务特性是将理论知识本地化，而政府的政策不能很好地落实，同时企业的产品、技术与农民需求不匹配。

　　科技小院具有充足的知识和人才资源，与农民零距离交流，而政府资源难以落实到农民实际生产中，企业具备的产品、技术无法满足生产需求。

9.1.2　村级科技服务站服务模式

1. 建立背景

　　为促进技术在村一级的落地，"苹果化肥农药减施增效技术集成研究与示范"项目组专家、陕西枫丹百丽生物科技有限公司、当地合作社联合建立了村级科技服务站服务模式。依靠企业的推广力量和当地合作社的影响，打通双减技术传播途径的"最后一公里"，提高技术到位率。

2. 服务模式定义及内涵

　　通过村级科技服务站及建立的技术服务队伍，协同为果农提供全面服务，打造高标准示范园（图9-4）。

　　科技服务中心和村级科技服务站由如下单位组成。一个科技服务中心：博士达有机果品专业合作社。15个村级科技服务站分别如下：臧家庄镇店子观村范会超，东瓮村张开林；松山街道裕富庄村王云民，艾山汤村崔士杨，艾前夼村王云；庙后镇回龙夼村衣铁龙；寺口镇寺口村战旭；中桥镇董家沟村林继东；西城镇苗家村苗富光，任留村姜奎海；杨础镇杨家圈村林志臣；蛇窝泊镇后庄村高玉胜，埠梅头村王尧军；官道镇栾格庄村林田胜，半城沟村王桂良。

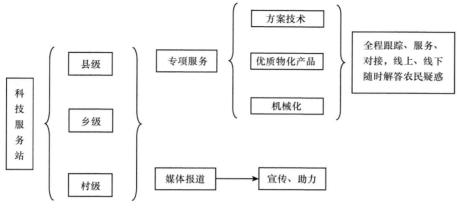

图 9-4　村级科技服务站模式

服务站优选 5 名果农为本村"双减"项目签约合作果农，享受"双减"项目系列集成技术试点、专家技术人员定点指导、优质物化产品补贴。对于所有签约果农，项目组会建立客户档案，建立线上技术和资讯服务平台，每天 12 小时接收果农的技术咨询及定时为签约果农提供技术和资讯的指导与传递。建立签约果农微信技术服务群，设专门研究生及技术老师管理、服务，及时在线为广大签约果农提供技术服务和及时传达项目组新的集成技术开发成果及相关技术资讯。

同时设立县、乡、村三级示范园，项目组的栖霞技术落地服务团队和技术服务站的技术队伍协同共建，落实示范园工作及以后的观摩培训工作。县级示范园：建立 1 个以项目综合集成技术为核心、使用优质物化产品、机械化和智能化程度高的国家级高标准示范园。乡镇示范园：每个技术服务站建立 2 个以项目部分集成技术为核心、使用优质物化产品、积极落实项目方案的高标准示范园。村级示范园：每个项目启动村建立 1 个以单项技术为核心和使用优质物化产品的标准化示范园，使其成为每个村宣传推广"双减"项目成果的窗口和样板。

每级示范园按照项目实施要求和进度，每年进行检查和考核。并且项目组每年以定点签约的合作方式在每个村增加 15 户果农，享受定点技术指导和优质推荐物化产品补贴。示范园逐渐把项目系列集成技术推广给农户，让减肥减药真正落到实处。

烟台广播电视台《绿色田园》作为一家专业从事农业科技推广和普及的电视栏目，全程跟踪报道整个"苹果双减"项目在栖霞的实施落地进展情况，通过媒体平台把新的技术和优质物化产品、药肥双减的成果惠及更多的果农。

3. 服务模式典型做法

村级科技服务站流程如图 9-5 所示。

1）开展咨询服务

为所在村及周边农民提供生产技术咨询服务，联系专家协同开展现场指导，解决生产技术难题。

2）举办农民培训会

紧扣生产关键环节和果农实际需求，采用田间课堂、现场讲解等方式开展技术培训，推广先进实用技术。配合县乡开展送农业科技下乡活动，积极联合农业科研推广单位、涉农企业及有关涉农组织，开展技术转化、技术培训等多样化的培训活动。

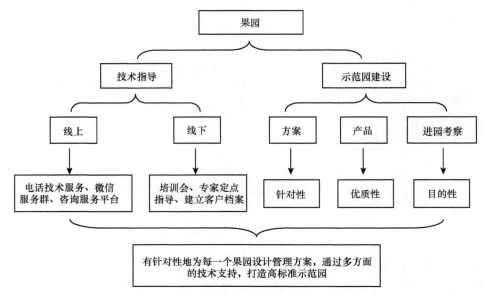

图 9-5　村级科技服务站流程图

3）推动信息入户

建立苹果双减项目公众号，定期发布双减技术管理要点及展示各地使用效果，结合每个村级科技服务站建立微信群，随时随地互动交流，快速及时解决签约果农生产问题，推动农业科技成果、农产品价格行情、农业政策信息快捷入户。

4）提供农资配送

结合村级科技服务站，为农民提供双减技术优质物化产品直销配送及售后服务，方便周边农民购买到质优价廉的物化产品。

5）拓展增值业务

协同科技服务中心联办共建苹果品牌，项目签约果农参加中国好苹果大赛，论证双减技术套餐方案效果，联合果商对接签约果农果品销售，帮助果农实现增产增收。

4. 服务模式成效

村级科技服务站自 2017 年 1 月挂牌成立以来，从栖霞市最初的 15 家村级科技服务站发展到 28 家，参加项目签约果农 800 余户，辐射影响 2000 多户果农，每年召开农民培训会及示范观摩会近 50 场，覆盖苹果种植管理的整个生长过程，从最初的单一技术示范推广到现在的集成技术示范推广，被越来越多的果农接受和认可，且成效显著。

村级科技服务站为农户针对性地制订管理方案，真正做到减肥减药、增产增收。通过村级科技服务站推广集成技术，示范面积达 5 万亩，辐射推广面积达 8 万亩，每亩可增产 150 ～ 300kg。

建立村级科技服务站，通过技术培训、专家指导、果园回访等线上线下的全方位培训，同时利用媒体对村级科技服务站的跟踪报道，逐步在项目区形成技术服务与传播中心。通过各村级科技服务站的技术示范与培训，大大地提高了项目核心区、示范区和辐射区的农业科技含量。同时，通过核心区示范、辐射和扩散功能，拉动周边地区果农了解苹果化肥农药减施增效集成技术并主动应用相关技术。

5. 服务模式优势

1）针对性

由于农民自身的管理水平、管理技术及果园土壤的肥力等存在差异，因此每个果园凸显的问题也各自不同，村级科技服务站通过实地走访每个果园，针对每户果农的实际情况制订相应的技术方案，"稳、准、狠"地解决实际生产中的问题。

2）实时性

通过微信公众号和微信群，随时随地互动交流，建立线上技术和资讯服务平台，每天 12 小时接收果农的技术咨询及定时为签约果农提供技术和资讯的指导与传递，同时村级科技服务站会定期回访进园。服务网"四通八达"，线上线下多条线路解决生产中的实际问题，同时专家组定期下园实地考察，真正做到技术传递的零距离。

3）传播性

村级科技服务站的建立及其服务的模式得到了媒体的广泛关注，从开始建立实施到后期跟踪回访，烟台广播电视台等媒体都进行了跟踪报道，传播面广。

9.1.3 "五棵树"专业化技术服务模式

1. 建立背景

在技术推广过程中示范园数量少、方案差异大、对试验人员要求高、试验失败率高、推广效率低等原因，导致技术推广进程和预期差距大，好的技术成果转变成生产力的速度缓慢。针对这一问题，青岛星牌作物科学有限公司组织调研小组和科研专家深入苹果产区一线，对果农、基层零售店进行大量调研并多次论证，成功探索出一种技术成果快速应用于生产的技术服务模式——产品示范试验。青岛星牌作物科学有限公司提出的"五棵树"专业化技术服务模式——做小而多的标准化示范园，操作简单，辐射面广，能够更好地宣传推广。经过三年来的运营，该模式已经取得显著成效，使科研成果更好更快地得到示范推广，产生较大的经济效益。

2. 服务模式定义与内涵

"五棵树"专业化技术服务模式依托自然村中的种植户或者新型农业经营主体，选择具有一定代表性的果园中连续的 5 棵苹果树进行示范（图 9-6）。果园需满足以下两个条件：①交通便利，便于观摩；②品种具有代表性、长势较好。具体示范如下：在选取的 5 棵树上挂牌说明，按照本专项已经取得的减施增效技术集成研究成果进行示范，每次处理均为这 5 棵树（如病虫害防治基本用药液量 15kg，即 1 喷雾器的容量，正好可以喷施 5 棵树），待有明显效果时组织临近农户进行观摩，让农户亲眼看到示范效果，从而达到接受和推广新技术的目的。

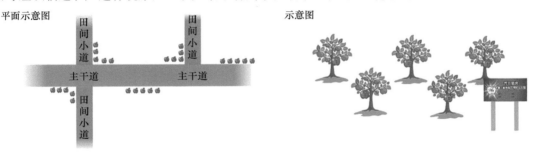

图 9-6 "五棵树"专业化技术服务模式示意图

3. 服务模式做法

青岛星牌作物科学有限公司负责对销售经理和市场部技术人员下达"五棵树"专业化技术服务模式相应的绩效考核指标（对示范园数量、达到质量、跟踪拜访次数、和对照比优质果提高比率、观摩参会人数等全面地做了数字型的量化），由公司市场部技术人员、项目专家、片区销售经理、客户等根据不同市场、不同病虫害发生规律、不同用药习惯共同制订出符合特定市场的以星牌减施增效产品为主的全年管理方案；客户和片区销售经理共同筛选果园（标准：果农人品好，有公德心，好交流，喜分享，投资积极性高；果园有代表性，树龄处于盛果期，树势中等，地理位置好，便于宣传）；公司、客户、果农共同确定示范所需产品，片区销售经理全程跟踪指导，过程中根据实际情况及时修正方案，直至最后采收，完成全年管理。公司片区销售经理在跟踪指导过程中优中选优，筛选出更优秀的示范园组织参观学习，影响更多的果农、基地。

例如，山东省栖霞市杨础镇东李村及周边多个村庄的苹果果锈多、品质差、效益低，成为困扰这一区域苹果产业发展的主要问题。在了解这一情况后，2017 年青岛星牌作物科学有限公司针对果实表面光洁问题严格按照双减项目成果［果然靓（25% 二氰吡唑酯）除锈靓果技术］制订方案，2018 年初开始进行 5 棵树示范，取得了显著的试验效果，2019 年带动本村及周边村庄共计 3500 余亩果园使用，同时也影响了周边千亩大型基地（木木合作社）。

4. 服务模式成效

"五棵树"专业化技术服务模式具有试验面积小、选建示范园多、流程简单、辐射广、易传播、好接受等优点，能让更多的果农参与进来。在综合解决方案的指导下，同时配合电视台、自媒体等宣传方式广泛传播，建立了庞大的粉丝团队，带动了示范园周边果农的参与，显著扩大了技术推广和辐射范围。

5. 服务模式优势

"五棵树"专业化技术服务模式具有投资成本低、辐射范围广、管理标准明确、操作实施简单等特点，与其他推广模式相比，有明显的优势，对比结果如表 9-2 所示。

表 9-2 "五棵树"专业化技术服务模式的优势

优劣势	"五棵树"专业化技术服务模式	其他模式
选园标准	交通便利，方便观摩	随意，没有标准
试验面积	小（连续 5 棵树左右，1 喷雾器水）	不固定，没有规范
试验园数量	可以多建，每人可做好 30～50 个	操作困难，数量少，影响范围小
管理方案	严格按照双减项目成果制订方案，可复制性强	方案变化多，效果差异大，不好复制
试验工具	1 个 15L 喷雾器，1 个计量注射器	不同方案差异大，需要工具复杂多变
对试验人员要求	简单培训即可	高，必须专业人员
试验成本	方案流程简单，成本低	方案流程复杂，成本高
辐射范围	体量大，易传播，辐射广	体量小，方案差异大，统一传播难
操作方式	简单，流程规范	每个不同，操作麻烦
试验效果及观摩推广	方案成熟，效果一致，差异明显，果农容易接受推广	方案不成熟，试验失败概率高，推广效率低

9.1.4　中国好苹果大赛精准服务模式

1. 建立背景

面对苹果产业的快速发展、国民生活水平的提高及国际市场的巨大压力，很多地区的栽培种植技术、宣传推广能力十分局限，特别是贫困落后的种植户、种植区域更是力不从心，致使我国苹果产业大而不强、苹果多而不优，果农需要学习新的技术、新的管理经营方式来生产优质水果，同时还需要一个平台将优质好苹果宣传推广出去。

为此，"苹果化肥农药减施增效技术集成研究与示范"项目组与木美土里生态农业有限公司联合举办"木美土里杯"中国好苹果大赛，大赛由中国果品流通协会参与指导，得到陕西省果业管理局、陕西省果业协会等单位大力支持。大赛联合陕西农林卫视、《农资导报》、烟台广播电视台、河北农民频道等涉农官方媒体共同参与，在全国各苹果主产区开展。

中国好苹果大赛从 2017 年开始举办，活动策划之初便成立专门的大赛组委会负责大赛全年的策划和执行，并特别针对参赛果农的种植技术指导和培训方面成立了服务小组开展"精准服务"，以服务到每一户为原则，以线上答疑和线下进园指导与观摩培训为主要方式，力争对每户参赛的果农进行针对性指导。

目前，大赛举办五年多来，专家通过"木美土里协作网"APP 进行线上坐诊答疑，解决果农在栽培过程中遇到的各种问题，每年 7 ~ 10 月回访果园，共回访果园近万个，可第一时间解决果农棘手问题，把科学的栽培管理技术送到果农手中，让果农朋友真正学习到了既先进又实用的技术。

2. 服务模式定义与内涵

中国好苹果大赛的主题：种好果，卖好价，富果农！

中国好苹果大赛在全国范围内开展，目的是把最先进的科学管理办法和技术措施推广给果农，使果农的果品达到高品质、高水平，同时得到高收益。

中国好苹果大赛通过比赛的形式，促使果农的苹果品质得到提升，从而提高果农效益，这样不仅提高了果农减肥减药的积极性，而且把减肥减药变成了一种自觉性的行动。

比赛不是最终的目的，而是一种形式。对果园进行管理和指导，这是一个重要和长期的过程，我们把最先进的科学管理办法和技术措施通过科学的方案方法传递给农民，同时也通过这种方式和比赛形式，展示项目技术服务指导方案的科学性和先进性。把果农这种好的管理方法、管理经验及苹果双减项目技术更好地进行宣传推广，让更多百姓能够接受这一套技术方案。另外，在整个过程中，也会对接果商，做到产销一体，真正实现更高品质的苹果更优价，让整个产业达到良性循环，能够慢慢实现订单农业等的全面转型升级（图 9-7）。

1）促进技术交流

促进专家、果农及企业之间的技术交流，建立更加密切的联系，帮助果农生产出符合市场需求的好苹果。

2）促进果品推介

对参赛果农的优质果品进行宣传推介，线上建立 APP 及其他新媒体平台，线下大力对接各赛区政府相关部门及国内有实力的苹果流通品牌企业、销售市场，多途径帮果农"卖好价"。

3）促进品牌打造

中国果品流通协会与"苹果化肥农药减施增效技术集成研究与示范"项目组联手发掘我国优质苹果品牌，加强苹果品牌建设，提升品牌内涵。

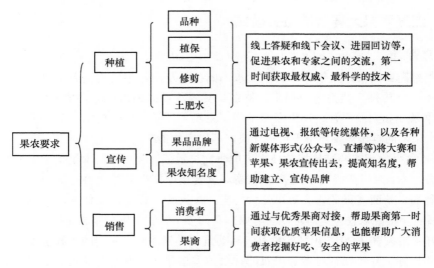

图 9-7　中国好苹果大赛模式图

4）助力精准扶贫

通过大赛，提高果农种植水平，生产优质苹果，提高经济效益，进一步夯实了苹果产业在脱贫攻坚中的作用，做到稳脱贫、不返贫，促进区域经济发展。

3. 报纸服务模式做法

中国好苹果大赛精准服务模式是建立在"眼见为实"的基础上开展的，所有针对参赛果农制订的果园管理方案，所设计的技术和操作办法，都以前期"眼见为实"的试验效果为前提。服务以"精准、精细、精确"为第一服务方针，第一时间把最科学、最实用的果园管理技术带到每一户参赛的果农果园中（图 9-8）。

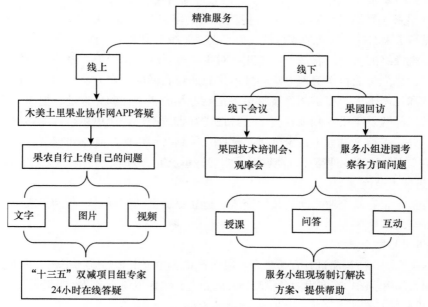

图 9-8　中国好苹果大赛流程图

大赛服务小组主要由"苹果化肥农药减施增效技术集成研究与示范"项目组专家、木美土里生态农业有限公司经验丰富的各级基层技术专家、木美土里生态农业有限公司中毕业于国内知名农业高校的硕士研究生、国内涉农专业媒体记者等组成。

一方面，所有常年从事苹果栽培、植保、土肥水管理的各级专家老师全天 24 小时在木美土里果业协作网 APP "找专家"版块线上坐诊，帮助果农答疑解惑；另一方面，大赛服务小组从每年 4 月开始，在全国范围内，以赛区为单位（辽宁赛区、河北赛区、山东赛区、山西赛区、河南赛区、陕西渭北赛区、陕西陕北赛区、陕西宝礼赛区、陕西咸阳赛区、甘肃赛区，共十大赛区）召开技术培训会、观摩会，促进专家和果农之间的技术交流与果农之间的经验分享。每年 7 月便开始根据参赛报名的名单开展下乡进果园采风回访。深入参赛果农果园，实地调查果农在苹果栽培过程中遇到的问题，根据果园实际情况量身定制果园管理方案，同时将典型案例通过媒体平台进行报道，供更多果农学习借鉴。

4. 服务模式成效

通过中国好苹果大赛精准服务模式在各地的落实，果农的传统栽培观念逐渐转变，意识到了果品优质优价的重要性，改变了原来只追求产量、不注重品质的观念，并且在"减肥减药"上面付出了实际行动，减少了化肥和农药用量，提高了果实品质，推动了我国苹果产业高质量发展。自大赛开展以来，参加比赛的果农逐年增加，5 年来参与人数累计达 13 万余人次，涉及的面积也在跳跃式增长，超过 100 万亩，真真正正地将"两减"技术推送到了果农手中。

5. 服务模式优势

1）适时

近年来，国产水果行情低迷，卖果难成了困扰种植户的一大难题。"丰产不丰收，丰收不增收"现象严重，这是种植户之痛、产业之伤、政府之忧，而进口水果在国内却可以卖到几十块钱一斤（1 斤 =0.5kg，后文同），甚至几十块钱一个，且市场还非常紧俏，这说明消费者对苹果的要求是好吃又安全，只有好果才能赢得消费者的青睐！因此，中国好苹果大赛精准服务模式在各地的展开，符合当下苹果产业和种植户的实际需求。

2）公益

中国好苹果大赛精准服务模式的开展不收取参赛种植户任何费用，所有费用均由冠名单位和承办单位承担，无偿为参赛种植户提供服务和资源，为种植户和果商搭建桥梁，做好向导，促成交易，为消费者提供安全又好吃的果品，为中国农产品正名！

3）聚焦

中国好苹果大赛精准服务模式聚焦全国苹果主产区，惠及种植户多，从苹果种植技术的专家资源到推广渠道的媒体资源、果商资源等方面为苹果种植户提供服务，全方位帮助种植户"种好果，卖好价"。

4）专业

通过"苹果化肥农药减施增效技术集成研究与示范"项目组专家线上、线下对参赛种植户果园在土壤改良、果树栽培修剪、土肥水管理、病虫害防控等方面进行科学、权威的指导，由国内知名"三农"领域媒体和中国果品流通协会品牌果商的资源对接，以及其他权威媒体在电视、报纸、微信公众号及 APP 等传统媒体和新型媒体的深入报道宣传，努力落实"精准、精细、聚焦"的深入化"精准服务"。

9.2　技术服务模式应用案例

9.2.1　洛川科技小院技术推广案例

1. 科技小院入住洛川

2016 年 3 月，中国农业大学联合洛川苹果产业管理局建立了洛川科技小院，通过科技小院的模式来进行苹果减肥增效的技术创新和示范推广。通过开展技术服务与科技培训、开展田间试验示范等提高技术到位率，解决技术推广"最后一公里"的难题。以科技小院所在地——谷咀村、北安善村、东坡村为中心，通过生产调研、试验示范、科技培训和科技扶贫等工作形式，逐步完成：①在长期跟踪和试验的基础上，完善适合当地苹果的优质、高产、增效的技术体系，最终帮助果农解决生产中出现的问题；②通过科技扶贫、宣传"两减"技术，带动当地苹果产业发展。

从 2016 年 3 月开始，中国农业大学的专业研究生长期驻扎在洛川科技小院。科技小院的模式也得到了当地政府的欢迎，洛川县苹果产业管理局的专家也被聘为洛川科技小院研究生的校外导师，共同指导洛川科技小院的工作。科技小院负责的课题是通过研究学校自办、企业自办、学校＋企业合办、学校＋政府合办等多种形式示范推广模式效果，提出最适宜的示范形式；探索科技小院的"四零服务"、专业化服务等服务模式，筛选出最佳服务模式。

2. 洛川科技小院研究生开展科技创新和技术服务

经过洛川县苹果产业管理局的推荐，以及考虑到学生生活、工作、交通等情况，把科技小院的位置定在了距离县城不远的西贝兴村。研究生驻扎在科技小院之后，首先要确定小院的工作思路是通过区域调研确定生产问题及限制因素，开展田间试验，探究解决途径，同时对农户的技术应用进行评价，提高技术到位率，最终整合技术形成解决方案，实现苹果提质增效。刚开始我们住进科技小院时，周围的果农以为科技小院学生是卖化肥的，通过我们的交流，逐渐化解了这个误会。

2016 年 3 ~ 6 月，针对苹果生产现状进行调研分析，包括农户特征、水肥管理、地上部管理、修剪、病虫害防控，以及苹果产量和效益，了解苹果的生产现状，并结合理论知识，分析生产中存在的问题。

发现存在的问题之后，利用 7 ~ 9 月这段果园管理需求不太大的时间，科技小院的学生开始了农户培训和田间观摩指导，培训内容主要是基础知识和"两减"技术，以提高果农的认识。培训也是科技小院学生学习的过程，能从果农的问题中提高自己，同时能够积累果农的经验，应对实际生产问题，科技小院的学生与果农共同学习、共同进步。

2016 年 10 ~ 12 月，这个时期是苹果的收获期，也是布置试验的时期。经过对生产问题的分析，我们将项目集成的化肥减施增效技术包括配方肥技术、有机肥替代化肥技术等展开示范，而且与农户常规管理作对比，总结技术成效。

2016 年 12 月至 2017 年 1 月，正值苹果休眠期，果农时间宽裕，科技小院学生就开始了冬季大培训。培训内容主要包括先进的苹果生产管理技术、主要的生产问题解决方法等。

通过这一年的学习，科技小院学生基本掌握了苹果的生长规律及管理措施，对农户的生产管理现状、技术水平及产量和效益有了清晰的认知，同时发现了很多急需解决的问题。针对这些问题，每年 2 ~ 3 月学生会回到学校进行"充电"，查阅参考资料及和老师讨论等方式，找到问题的原因，设计解决方案。

2017 年 4～7 月，这时是苹果的花果管理期。科技小院的学生一方面通过科技长廊、科技培训、科技宣传册等方法传播技术，另一方面组织农户技能大赛，如疏花和疏果大赛，通过竞赛的方式来提高农户的技术到位率，从而加强果园的管理。在技术服务中，学生不断收集数据，用科学的方法总结技术的成效。

2017 年 7～9 月，在这个农闲时间，科技小院的学生又展开了新一轮的调研。我们发现当地的农技推广模式主要有三种：以政府主导、以企业主导及以合作社主导。科技小院是当地一个新的技术推广模式。为了探索这几种模式在技术到位率和技术效果上的差异，我们对应用这 4 类模式服务的农户展开了调研，调研内容包括对技术的认知、技术的应用率、苹果产量和效益等，分析总结这 4 种模式的效益，有利于我们从不同的角度来提高果农的技术，从而提高生产效益。

2017 年 10～12 月，学生整理试验数据，分析技术效果。虽然苹果产量提升幅度不大，但是可以提高苹果品质，果农卖出了好价格，经济效益也提高很多。这说明，这几项技术能够在当地表现出好的效果，所以我们就力推这些技术。我们通过田间观摩，以及在后面开展的冬季大培训，在全县范围内传播这些先进的管理技术。

科技小院研究生通过农户田间试验，并开展多元化技术指导实现全村技术服务；依托合作社、苹果俱乐部等新型经营主体，将技术服务覆盖全县；配方肥的效果在黄土高原地区得到了验证，通过推广技术物化产品和开展驻点技术服务，辐射整个苹果产区。经统计，苹果种植户实现了苹果商品率提升 20%，节肥 30%，效益增加 35%。

2018 年 3 月至 2019 年 11 月，洛川科技小院在凤栖镇谷咀村建立了第 4 个科技小院，两年的时间带领果农外出参观学习 5 次，参加果树培训会 20 次，直播间学习 30 余场。

3. 技术服务成效

延安市洛川县累计共建 5 个科技小院，辐射全县 4 个乡镇。科技小院创办的科技农民学习班，辐射全县 7 个乡镇，50 余名专业技术人员，直接服务面积 10 万余亩。

科技小院入住洛川以后，大力推广普及科学管理新技术，通过果园测土、田间试验等相关工作，将新的技术和产品带入洛川。通过推广有机肥提高了果园土壤有机质含量，且操作简便、成本投入相对减少，改变了农户之前盲目的施肥方式；此外，科学的土壤管理方式和合理化的栽培模式的大力推广，推动了项目技术落地和洛川苹果产业转型升级。

4. 大面积技术推广评价

科技小院来到洛川，住在村里、服务在村里、试验在村里，为村民解决实际生产问题，与农民打成一片。通过技术的推广，果树长势好、苹果挂果多、品质得到改善等，得到了农户的高度认可。科技小院在洛川也培养了一批科技农民，他们能说能讲，从一个个"土专家"变成专业的果树专家，科技小院在洛川受到果农的大力欢迎和称赞。我们与农户一起，响应科技的力量，分享先进的技术，生产优质的苹果，发展壮大洛川苹果产业。

基层农业技术推广体系不健全是实现先进科学技术落地的一大难题。为了解决这一问题，中国农业大学资源与环境学院转变以往以实验室研究为主的科研和研究生培养模式，教师和研究生深入农业生产第一线，开展科技创新和人才培养。该团队创建了以扎根农村的"科技小院"为核心、覆盖全国的"科教专家-政府推广-校企合作"的技术应用平台和组织新模式，解决了小农户技术应用的"最后一公里"难题。

焦点访谈栏目、洛川县广播电视台及相关农业平台对科技小院工作进行了报道。在洛川当地，电视和微信平台是广大农民获取信息最直接、最实用、最有效的渠道，因此，通过现代传媒推广科学技术，是提高农民素质、培育新型农民的重要手段，对发展现代农业、推进社会主义新农村建设意义重大。经过洛川县广播电视台的多次报道和微信平台的推送，让广大的农民群众对科技小院技术服务模式有了一个更加全面的了解和认识。

9.2.2　洛川项目专员大面积技术推广案例

1. 推广方式

1）成立项目技术推广实施团队

陕西枫丹百丽生物科技有限公司在洛川组建项目技术推广实施团队，团队由项目组专家、公司推广专员组成，负责项目启动会议、技术培训会议、会员的精准技术指导服务、生产档案的建立、新技术和新产品的试验推广、补贴物资的落实及物资的配送，整合资源为会员帮销、助销等。

2）建立项目专家库

建立国家级、区域级及当地技术老师的三级专家库，分别在不同时间段、各农时对项目会员进行技术培训，在田间地头对项目会员进行技术指导，建立线上解决渠道。果农可将遇到的问题拍摄成照片、视频，通过微信或者其他线上方式发送给项目专员及老师，通过专家组的会诊，第一时间制订科学可行的解决方案。

3）创新项目合作机制

陕西枫丹百丽生物科技有限公司提供优质的农资产品，专家制订科学的解决方案，当地政府全力协助推广，流通企业帮销、助销，媒体对过程及取得的成果进行实时报道，整合各种资源达到项目推广、提质增效、产业转型升级的目的。

4）多措并举，推进项目落地

a. 创建分层次的试验示范机制

建立果树全年科学的全营养套餐示范园，项目组设置全营养套餐施肥与果农传统施肥试验对照，大大减少化肥的施用，同时减少果农的投入，从而提高果实的品质和增加果农的收益。

通过分级、分区域建设试验示范园及标准示范园，让广大果农对双减项目所推广的一系列产品及解决方案有眼见为实的认识，更加坚定和信任我们的产品及技术方案，由此更好地推进项目落实和果农对新技术的接受。

建立科学、全营养套餐施肥的综合示范果园，在果树生长的重要时期对示范果园进行生物学性状调查及经济学性状调查。

b. 创新三级培训及精准服务模式

自技术推广模式落地以来，洛川县 12 个乡镇在每个重要的时节及特殊时间都会举行各种类型的技术培训会，果农可以及时了解、学习先进的技术和解决方案。

为了提供更好的精准服务，记录生产流程，建立可追溯体系，项目组制作了《国家苹果药肥双减项目技术指南及会员管理手册》。为了让会员有更多的获得感，项目组定期组织果农去杨凌、千阳等地学习参观先进的栽培模式及管理方法。

c. 扎实开展各类活动，多形式落实项目

每年冬季项目组携手洛川县苹果产业管理局及洛川县苹果生产技术开发办公室共同举办洛川县果树技术大比武。此比赛不仅为广大果农提供了一个修剪技术和冬季果园管理的交流学习平台，而且还给了参赛果农之间相互切磋、交流、取经的机会，更是让先进的理念和技术推广得到落实。通过比赛的方式也让大家更加深刻地认识到科学技术的重要性，加快洛川苹果的转型升级，提高洛川苹果的综合竞争力，带领广大贫困果农脱贫致富。

由"苹果化肥农药减施增效技术集成研究与示范"项目、陕西枫丹百丽生物科技有限公司与中国果品流通协会共同举办的中国好苹果大赛，由陕西农林卫视、《农资导报》、烟台广播电视台等权威媒体参与支持，全国各大苹果主产区分十大赛区，全国十万果农共同参与，通过层层比赛选拔来自全国的优秀果农进入全国总决赛，最终从全国选出金奖果农。大赛主要的目的是推广科学、实用的果树栽培技术和优质、高效的农资产品，通过比赛交流的形式，增强种植户"种好果"的积极性和自信心，在提升苹果品质、种植户收益的同时，提高种植户减化肥、减农药的积极性，把"减施增效"落到实处！项目组更是组建了由上百位国家级专家组成的技术服务团队，线上、线下提供科学、实用、权威的果树管理技术，量身定制施肥方案，全方位帮助种植户"种好果"！同时，项目组联合涉农官方媒体，通过电视台、纸媒、APP 等多角度宣传推广优质苹果，建立苹果品牌，吸引果商，多途径帮助种植户"卖好价"。

d. 搭建产销对接平台，推进产销融合，让果农实际增收

项目组与广州市青怡农业科技股份有限公司、洛川县凯达果品有限责任公司、嘉兴勤勤果业、深圳勇记投资发展有限公司、北京秋香果业等建立深度合作关系，对加入项目并依照项目组提供的全年全营养科学套餐及技术指导管理果园的会员，项目组帮助其定向对接高端果商及流通市场，以卖出好价格，享受新技术、新方案带来的实际收益的增长，既达到双减的目的，又起到了提质增效的效果。

2. 推广成效

自 2016 年 9 月项目落地洛川至今，已建立包括利用生物技术解决腐烂病、轮纹病、根腐病、缺素症、病毒病等试验园 400 余个，建立各单项技术示范园 260 多个，建立果树全年科学的全营养套餐示范园 90 个，培训场次达到 480 多场，培训果农 30 000 多人。为了更好地将项目技术与实施方案落实到户，项目专员对参与项目的会员进行一对一的指导服务，精准服务会员 3000 余名，并建立了果园生产档案，并且组织大量果农参观学习，累计辐射面积 30 多万亩。

3. 技术推广评价

1）农户评价

农民作为农业生产的主体，是科学施肥和施药的最终实践者与直接受益者。通过精准技术服务，苹果"两减"技术得到了农户的高度认可。在技术服务中，果农不但丰富了口袋也丰富了脑袋，有了新观念也做了新农人，该技术得到了果农的一致认可。

2）媒体评价

我们在进行"两减"技术推广服务的同时，陕西农林卫视全程做了跟踪报道，见证了技术应用效果和技术服务模式的推广，得到了媒体的一致认可。

3）政府认可

洛川县当地政府始终心系苹果产业的发展，重视苹果产业的发展情况，在了解了我们的技术推广服务模式后，多次参观了项目建立的示范园，通过实地的参观和考察，对示范效果非常认可。政府通过多种途径协助进行技术推广，政府也多次发文进行了宣传。

9.2.3　"金苹果植保套餐"大面积技术推广案例

1. 推广方式

自 2016 年开始，青岛星牌作物科学有限公司（以下简称青岛星牌）经过对静宁主要苹果

生产乡镇大量走访，在充分了解当地果农生产现状（管理水平、投资水平、操作习惯、病虫害发生规律等）的基础上，本着减施增效的原则，与项目内多位专家、当地技术人员进行深入沟通，制订出适合当地的"金苹果植保套餐"方案，具体包括以下几个方面。

套餐组分：以青岛星牌登记在苹果上的特色产品为主，适当叠加青岛星牌单一功能产品（如营养类、调节果型生长类等），根据不同农户诉求和果园实际情况，联合项目专家，确定因地制宜的套餐解决方案。

操作方法：联合项目内专家或当地经销商进入果园、基地现场考察，沟通并进行小范围试验（"五棵树"或"一桶水"试验）。及时回访跟踪果园情况，随时与专家、当地技术人员沟通，根据当时当地情况对方案进行调整，保证示范试验的成功。适时召集零售商和果园负责人进行现场观摩，通过亲身体验来感知方案的效果，提高零售商及果园负责人的信心，并向其他果园、基地进行辐射及大面积的推广使用。农闲时间针对病虫害的发生规律及防治、修剪、施肥等农事操作对农户进行专业技能培训。

技术途径的优势：①青岛星牌工作人员的专业性。在苹果区域工作的员工都有一个作物标签就是苹果，利用公司平台一切的优势资源对员工进行培训，让员工都具备一定的专业技能，以应对苹果生产管理中遇到的问题，并能提出解决方案。②同当地经销商的结合。当地经销商在当地的群众基础是无法忽略的，通过和当地经销商的合作，快速将优势解决方案进行试验验证，并迅速扩展、传播，让果农尽快受益。③产业体系成员的优势至关重要。作为产业体系的成员，让我们拥有足够专业庞大的技术支撑，并迅速取得果农的信任，并能真正地解决生产中的痛点、难点。

技术途径的政策保障：①项目内庞大的专家阵容，足以支撑我们解决苹果生产管理中遇到的任何问题；②公司的支持，每年大量的费用投入，保证试验示范的有效进行；适当的促销活动，让果农快速受益；③同当地经销商的紧密合作，使得我们的方案能够快速得到推广宣传，让农户能尽早地解决生产中遇到的问题。

2. 推广成效

在示范试验的过程中，示范区域周围的部分农户在发现示范园良好效果后及时与公司技术人员、当地经销商联系，了解具体情况并改变自己的操作模式，中途按照"金苹果植保套餐"方案进行，同样取得了显著的效果。通过现场观摩、技术人员培训的方式让好的效果传播得更广，部分种植大户、农场主决定按照套餐方案执行。几年来，青岛星牌在静宁多次组织现场观摩会、室内培训会，共培训果农、基层技术人员 1500 余人次，辐射含静宁、天水、庆阳、咸阳在内的多个县市，辐射面积共计 30 余万亩。

3. 技术推广评价

"金苹果植保套餐"技术推广模式通过开展小范围试验解决了生产问题，通过与经销商密切结合，经销商掌握了科学用药技术，经销商在销售产品的同时又将科学用药技术传递给果农，从而拓宽了果农接受新技术的渠道，得到了果农、农场主和基层农业技术推广部门的一致好评。该技术推广服务模式也得到了相关协会和媒体的广泛关注，中国植物保护学会、中国农药工业协会、《农资导报》和栖霞市广播电视台等多次推介了"金苹果植保套餐"中的新产品和新技术，推动了技术的大面积应用。

参考文献

安贵阳, 房燕, 王荣莉. 2014. 旱地苹果园肥水膜一体化技术研究. 东北农业大学学报, 45(4): 51-54.

安贵阳, 史联让, 杜志辉, 等. 2004. 陕西地区苹果叶营养元素标准范围的确定. 园艺学报, 31(1): 81-83.

安然, 仇服春, 李强, 等. 2017. 腐殖酸水溶肥增加寒富苹果含糖量. 果树实用技术与信息, (4): 24.

白辰甲. 2017. 基于计算机视觉和深度学习的自动驾驶方法研究. 哈尔滨: 哈尔滨工业大学硕士学位论文.

白成云, 刘金城. 1999. 有机肥养分在农田中的生态效应分析. 山西农业科学, 27(2): 33-36.

柏亚罗. 2018. 陶氏杜邦氟啶虫胺腈已在 40 余国登记, 年峰值销售将超 4 亿美元. 农药市场信息, (2): 48-49.

包雪梅, 张福锁, 马文奇, 等. 2003. 陕西省有机肥料施用状况分析评价. 应用生态学报, 14(10): 1669-1672.

北京科发伟业. 2019. 含有甲氧虫酰肼成分的制剂产品虽好, 但是登记千万要慎重. 农药市场信息, (12): 45.

蔡祥, Martin W, Malte D, 等. 2013. 基于电磁阀的喷嘴直接注入式农药喷洒系统. 农业机械学报, 44(6): 69-72, 200.

曹坳程, 张文吉, 刘建华. 2007. 溴甲烷土壤消毒替代技术研究进展. 植物保护, 33(1): 15-20.

曹克强, 国立耘, 李保华, 等. 2009. 中国苹果树腐烂病发生和防治情况调查. 植物保护, 35(2): 114-117.

曹龙龙. 2014. 三种典型果园风送式喷雾机雾滴沉积特性与风送系统的优化试验研究. 泰安: 山东农业大学硕士学位论文.

曹子刚, 张蕴华, 刘微, 等. 1990. 山楂叶螨和苹果全爪螨抗药性的研究. 昆虫知识, (6): 346-349.

常聪. 2014. 五种不同基因型苹果砧木钾吸收利用效率差异研究. 杨凌: 西北农林科技大学硕士学位论文.

陈兵林, 周治国. 2004. 有机无机肥配施与棉花持续高产优质高效. 中国棉花, 31(3): 2-5.

陈琛, 王丽霞, 赵海永, 等. 2012. 控释 BB 肥在苹果上的应用研究. 华北农学报, 27(z1): 264-268.

陈川, 唐周怀, 李鑫. 2006. 我国苹果害虫的天敌昆虫研究概况. 陕西师范大学学报 (自然科学版), 34(S1): 15-17.

陈川, 唐周怀, 石晓红, 等. 2002. 生草苹果园主要害虫和天敌的生态位研究. 西北农业学报, (3): 78-82.

陈丹, 任广伟, 王秀芳, 等. 2011. 4 种喷雾器在茶树上喷雾效果比较. 植物保护, 37(5): 110-114.

陈功友, 张传伟, 吴金成, 等. 1993. 苹果炭疽病菌对多菌灵抗药性研究. 果树科学, 10(3): 150-153.

陈桂芬, 马丽, 陈航. 2013. 精准施肥技术的研究现状与发展趋势. 吉林农业大学学报, 35(3): 253-259.

陈汉杰, 张金勇, 涂洪涛, 等. 2012. 苹果、梨园悬挂黄色粘板诱虫的生态效应. 果树学报, 29(1): 86-89.

陈宏坤, 陈剑秋, 范玲超, 等. 2012. 苹果树施用控释肥试验研究. 中国果树, 54(5): 16-19.

陈建明, 葛顺峰, 沙建川, 等. 2017. 微生物菌肥促进苹果花脸病植株氮素吸收和果实增产. 植物营养与肥料学报, 23(5): 1296-1302.

陈汝, 王金政, 薛晓敏, 等. 2014a. 不同郁闭程度对苹果园光能利用和果实品质的影响. 天津农业科学, 20(7):65-68.

陈汝, 王金政, 薛晓敏, 等. 2014b. 不同郁闭程度对苹果园群体结构、冠层微气候的影响. 山东农业科学, 46(9): 53-56.

陈汝, 薛晓敏, 王来平, 等. 2019. 郁闭苹果园不同降密方式对冠层微环境以及树体生长和果实品质的影响. 河北农业科学, 23(2): 47-52.

陈体先. 2017. 矿物源农药在北方落叶果树病虫害防治中的应用. 烟台果树, (1): 35-38.

陈伟, 周波, 束怀瑞. 2013. 生物炭和有机肥处理对平邑甜茶根系和土壤微生物群落功能多样性的影响. 中国农业科学, 46(18): 3850-3856.

陈晓宇, 宋琳琳, 张楠, 等. 2017. 2015 年陕西苹果园农药施用情况调查. 西北园艺, (1): 56-58.

陈修德, 高东升, 束怀瑞. 2018. 苹果园土壤分层管理局部优化节水节肥养根壮树技术. 中国果树, (1): 5-7.

陈学森, 韩明玉, 苏桂林, 等. 2010a. 当今世界苹果产业发展趋势及我国苹果产业优质高效发展意见. 果树学报, 27(4): 598-604.

陈学森, 郝玉金, 姜远茂, 等. 2010b. 我国苹果产业优质高效发展的 10 项关键技术. 中国果树, (4): 65-67.

陈志谊. 2001. 微生物农药在植物病虫害防治中的应用及发展策略. 江苏农业科学, 35(4): 39-42.

程存刚. 2013. 渤海湾北部苹果园土壤系统有机化过程的动力因素研究与优化. 沈阳: 沈阳农业大学博士学位论文.

褚亚峰, 安贵阳, 房燕, 等. 2014. 套餐肥、控释肥在苹果上的施用效果研究. 北方园艺, 38(17): 175-177.

崔全敏, 王开运, 汪清民, 等. 2008. 两种虫酰肼类新化合物对五种鳞翅目害虫的生物活性. 昆虫学报, 51(5): 492-497.

党建美, 胡清玉, 张瑜, 等. 2014. 炭疽菌叶枯病在我国苹果产区的发生分布及趋势分析. 北方园艺, (10): 177-179.

翟浩, 王金政, 王贵平, 等. 2018. 苹果不套袋栽培模式下桃小食心虫发生动态及性信息素诱杀防治效果. 核农学报, 32(3): 617-623.

翟浩, 王金政, 薛晓敏, 等. 2019. 苹果不套袋栽培模式下梨小食心虫 (鳞翅目: 卷蛾科) 发生动态及性迷向素的防治效果. 林业科学, 55(7): 111-118.

翟慧者, 胡同乐, 陈曲, 等. 2012. 10 种化学杀菌剂对苹果树腐烂病的防效评价. 植物保护, 38(3): 151-154.

翟世玉, 殷辉, 周建波. 2019. 枯草芽胞杆菌发酵液对苹果树腐烂病的防治效果. 植物保护, 45(5): 226-231.

丁建云, 张建华. 2016. 北京灯下蛾类图谱. 北京: 中国农业出版社: 78-79.

丁宁, 彭玲, 安欣, 等. 2016a. 不同时期施氮矮化苹果对 ^{15}N 的吸收、分配及利用. 植物营养与肥料学报, 22(2): 572-578.

丁宁, 沙建川, 丰艳广, 等. 2016b. 晚秋叶施尿素提高矮化苹果翌春生长及果实品质的效果. 植物营养与肥料学报, 22(6): 1665-1671.

丁素明, 傅锡敏, 薛新宇, 等. 2013. 低矮果园自走式风送喷雾机研制与试验. 农业工程学报, 29(15): 18-25.

丁素明, 薛新宇, 张玲, 等. 2016. 自走式果园风送喷雾机的研制. 中国农机化学报, 37(4): 54-58, 62.

丁为民, 赵思琪, 赵三琴, 等. 2016. 基于机器视觉的果树树冠体积测量方法研究. 农业机械学报, 47(6): 1-10, 20.

董向前, 宋建农, 张军奎, 等. 2013. 锥盘式颗粒肥撒施机构抛撒性能分析与试验. 农业工程学报, 29(19): 33-40.

杜相革, 严毓骅. 1994. 苹果园混合覆盖植物对害螨和东亚小花蝽的影响. 生物防治通报, (3): 19-22.

杜战涛, 李正鹏, 高小宁, 等. 2013. 陕西省苹果树腐烂病周年消长及分生孢子传播规律研究. 果树学报, 30(5): 819-822.

樊国民, 刘敏, 徐荣仔. 2016. 提高肥料利用率的探索与实践. 农业与技术, 36(6): 48.

樊红柱, 同延安, 吕世华, 等. 2008. 苹果树体氮含量与氮累积量的年周期变化. 中国土壤与肥料, (4): 15-17.

樊军, 郝明德, 邵明安. 2004. 黄土旱塬农业生态系统土壤深层水分消耗与水分生态环境效应. 农业工程学报, 20(1): 61-64.

樊军, 胡波. 2005. 黄土高原果业发展对区域环境的影响与对策. 中国农学通报, 21(11): 355-359.

范继巧, 韩鹏飞, 高越, 等. 2019. 苹果黄蚜细胞色素 P450 基因 *AcCYP6CY14* 的表达及其在抵抗吡虫啉中的作用. 应用昆虫学报, 56(2): 298-306.

范佳, 刘勇, 曾建国, 等. 2014. 小麦与蔬菜蚜虫新型防控技术研究进展. 应用昆虫学报, 51(6): 1413-1434.

范淼珍, 尹昌, 范分良, 等. 2015. 长期不同施肥对红壤碳、氮、磷循环相关酶活性的影响. 应用生态学报, 26(3): 833-838.

范巧兰, 董晨晨, 张贵云, 等. 2018. 10% 氟啶虫酰胺悬浮剂对苹果黄蚜的防治效果. 山西农业科学, 46(11): 1907-1909.

范万泽, 薛应钰, 张树武, 等. 2017. 拮抗放线菌 ZZ-9 菌株发酵液的抑菌谱及稳定性测定. 西北农业学报, 26(3): 463-470.

范伟国, 杨洪强, 王超, 等. 2018. 包膜掺混肥对苹果园土壤养分、果实产量和品质的影响. 西北农业学报, 27(4): 99-107.

范艺宽, 韩锦峰, 李社潮, 等. 2001. 不同追肥施用方法对烤烟生长发育及产质的影响. 中国烟草科学, 22(2): 12-14.

方恩民, 孔庆龙. 2012. GPS 自动驾驶技术在现代农业机械上的应用. 现代化农业, (7): 63-64.

方凯, 李永生, 李炎明, 等. 2018. 微量元素水溶肥料在苹果上的施用效果初报. 河南农业, (11): 22-23.

房鸿成. 2016. 八棱海棠×M9 杂种后代抗性评价及优系初选. 北京: 中国农业大学博士学位论文.

房燕. 2014. 旱地苹果园肥水高效利用模式研究. 杨凌: 西北农林科技大学硕士学位论文.

房燕, 安贵阳, 董然然, 等. 2013. 旱地苹果园肥水高效利用模式研究. 西北农业学报, 22(12): 102-105.

封云涛, 郭晓君, 刘中芳, 等. 2016. 山西省苹果园山楂叶螨对 5 种杀虫剂抗药性监测. 植物保护, 42(6): 187-190.

封云涛, 郭晓君, 庾琴, 等. 2018. 山楂叶螨对螺螨酯的抗药性及对七种杀螨剂的交互抗性. 应用昆虫学报, 55(3): 497-502.

冯焕德, 李丙智, 张林森, 等. 2008. 不同施氮量对红富士苹果品质、光合作用和叶片元素含量的影响. 西北农业学报, 17(1): 229-232.

冯明祥. 1987. 果树害虫抗药性及对策. 昆虫知识, (5): 314-319.

傅锡敏, 吕晓兰, 丁为民, 等. 2009. 我国果园植保机械现状与技术需求. 中国农机化, (6): 10-13, 17.

傅泽田, 王俊, 祁力钧, 等. 2009. 果园风送式喷雾机气流速度场模拟及试验验证. 农业工程学报, 25(1): 69-74.

高华, 鲁玉妙, 赵政阳, 等. 2004. 黄土高原苹果生产中存在的主要问题及解决对策. 陕西农业科学, (6): 41-42.

高敬东, 杨延楷, 王骞, 等. 2013. 山西省苹果矮砧栽培利用现状及发展建议. 山西果树, (5): 33-35.

高九思, 员冬梅, 郑建军, 等. 2005. 豫西苹果园金龟子优势种发生规律及防治对策. 河南农业科学, 34(10): 83-85.

高菊生, 徐明岗, 王伯仁, 等. 2005. 长期有机无机肥配施对土壤肥力及水稻产量的影响. 中国农学通报, 21(8): 211-214.

高树青, 王宝申, 陈宝江, 等. 2011. 生物有机肥在果树上的应用效果研究. 腐殖酸, 33(4): 15-21.

高文胜, 陈宏坤, 王玉霞, 等. 2013. 控释肥对苹果生长发育和果实品质的影响. 西北农业学报, 22(1): 88-92.

高越, 王银平, 王亚黎, 等. 2019. 我国苹果主产区苹果叶螨种类及杀螨剂应用现状. 中国植保导刊, 39(2): 67-70.

高越, 张鹏九, 赵劲宇, 等. 2017. 五种杀虫剂对桃小食心虫和梨小食心虫的防治效果研究. 应用昆虫学报, 54(6): 1044-1051.

郜巍. 2018. 草木灰在农业生产中的应用. 现代农业, (1): 29.

葛瑞娟. 2009. 矮砧密植苹果园轮纹病发生、损失评价及防治研究. 保定: 河北农业大学硕士学位论文.

葛顺峰. 2014. 苹果园土壤碳氮比对植株-土壤系统氮素平衡影响的研究. 泰安:山东农业大学博士学位论文.

葛顺峰, 季萌萌, 许海港, 等. 2013. 土壤 pH 对富士苹果生长及碳氮利用特性的影响. 园艺学报, 40(10): 1969-1975.

葛顺峰, 姜远茂, 魏绍冲, 等. 2011. 不同供氮水平下幼龄苹果园氮素去向初探. 植物营养与肥料学报, 17(4): 949-955.

葛顺峰, 姜远茂. 2016. 苹果化肥农药减施增效技术途径与研究展望. 植物生理学报, 52(12): 1768-1770.

葛顺峰, 朱占玲, 魏绍冲, 等. 2017. 中国苹果化肥减量增效技术途径与展望. 园艺学报, 44(9): 1681-1692.

耿忠义, 赵京岚, 孙国波, 等. 2010. 腈菌唑与甲基硫菌灵对苹果轮纹病等 3 种病菌混配增效作用研究. 中国农学通报, 26(18): 297-300.

宫庆涛, 耿军, 武海斌, 等. 2016. 3 种果树蚜虫有效防治药剂及剂量筛选. 植物保护, 42(5): 225-229.

宫庆涛, 武海斌, 郭腾达, 等. 2019. 苹果黄蚜防治药剂筛选及天敌安全性评价. 农药, 58(1): 70-72.

宫庆涛, 武海斌, 张坤鹏, 等. 2014. 氟啶虫胺腈对苹果黄蚜室内毒力测定及田间防治效果. 农药, 53(10): 759-761.

宫永铭, 鲁志宏, 杨玉霞, 等. 2004. 苹果园生草对病虫害及天敌消长的影响 (初报). 落叶果树, (6): 31-32.

龚子同, 陈鸿昭, 张甘霖. 2015. 机警的土壤:理念·文化·梦想. 北京:科学出版社: 5-6.

苟明川. 2019. 自然生草苹果园优势草氮素代谢能力评价及刈割管理对土壤养分的影响. 沈阳:沈阳农业大学硕士学位论文.

顾家冰. 2012. 风送式变量喷雾机气液两相流及雾化的试验研究. 南京:南京农业大学硕士学位论文.

顾林玲. 2019. 肟菌酯的应用与开发进展. 现代农药, 18(1): 44-49.

顾曼如, 束怀瑞, 周宏伟. 1987. 苹果氮素营养研究 V. 不同形态 ^{15}N 吸收、运转特性. 山东农业大学学报, 18(4): 17-24.

顾耘, 吕瑞云. 2017. 近年来胶东地区苹果病虫害发生与控制的新趋势和新进展. 烟台果树, (1): 20-22.

关爱莹, 杨吉春, 刘长令. 2014. 杀菌剂丁香菌酯 (coumoxystrobin). 世界农药, 36(4): 62-63.

郭宏, 刘天鹏, 杜毅飞, 等. 2013. 黄土高原县域苹果园土壤养分空间变异特征研究. 水土保持研究, 22(3): 21-26.

郭农珂. 2017. 苹果霉心病防治措施. 农村新技术, (9): 22.

郭小侠, 党志明, 刘向阳. 2010. 陕西苹果园主要金龟子种类及防治措施. 西北园艺:果树专刊, (3): 29-30.

郭晓峰, 徐秉良, 韩健, 等. 2015. 5 种化学药剂对苹果树腐烂病室内防效评价. 中国农学通报, 31(18): 285-290.

郭秀明, 樊景超, 周国民, 等. 2016. 晴天苹果树冠层温湿度时空分布规律研究. 中国农学通报, 32(35): 188-192.

国际肥料工业协会. 1999. 世界肥料使用手册. 唐朝友, 谢建昌, 译. 北京:中国农业出版社: 78.

韩大勇. 2011. 果树挖坑定量施肥机的研制. 泰安:山东农业大学硕士学位论文.

韩大勇, 吕钊钦, 崔方方, 等. 2010. 新型果树施肥机的设计. 农机化研究, 32(12): 65-68.

韩巨才, 徐琴, 刘慧平, 等. 2002. 苹果黄蚜对常用有机磷杀虫剂的抗性监测. 山西农业大学学报 (自然科学版), (3): 220-222.

韩明玉. 2010. 近年我国苹果生产呈现的几大变化值得关注. 西北园艺, (3): 4-6.

韩明玉, 冯宝荣. 2010. 国内外苹果产业技术发展报告. 杨凌:西北农林科技大学出版社.

韩明玉, 李丙智. 2012. 陕西苹果矮化砧木调查与思考. 西北园艺 (果树), (4): 50-52.

韩培汕. 2018. 河北苹果主产区养分资源特征与施肥调控技术. 保定:河北农业大学硕士学位论文.

韩树丰, 何勇, 方慧. 2018. 农机自动导航及无人驾驶车辆的发展综述. 浙江大学学报, 44(4): 381-391, 515.

韩振海, 王忆, 张新忠, 等. 2013. 苹果砧木新品种中砧 1 号. 农业生物技术学报, 21(7): 879-882.

郝紫微, 季兰. 2017. 我国果园生草研究现状与展望. 山西农业科学, 45(3): 486-490.

何军, 马志卿, 张兴. 2006. 植物源农药概述. 西北农林科技大学学报 (自然科学版), (9): 79-85.

何流, 刘晓霞, 于天武, 等. 2018. 果实膨大期施用黄腐酸水溶肥对苹果叶片生长、果实品质及产量的影响.
　　 山东农业科学, 50(4): 79-83.

何义川, 汤智辉, 孟祥金, 等. 2015. 2FK-40 型果园开沟施肥机的设计与试验. 农机化研究, 37(12): 201-204.

何永梅. 2009. 草木灰在蔬菜生产上的应用. 四川农业科技, (11): 34-35.

河北农业大学. 2016. 一种果树树形测量装置: CN201621203408.X. 2016-11-08.

河北农业大学. 2016. 一种仿树形分层布风施药喷头: CN201621302178.2. 2016-11-30.

河北农业大学. 2017. 一种分层布风果园施药装置: CN201721801054.3. 2017-12-21.

河北农业大学. 2018. 一种梯田果园用药液喷洒机: CN201821743909.6. 2018-10-26.

贺根和, 王小东, 刘强. 2015. 石灰和磷肥对酸性土壤中野生油茶幼苗生长及土壤酶活性的影响. 湖北农业
　　 科学, 54(21): 5258-5261.

洪添胜, 张衍林, 杨洲. 2012. 果园机械与设施. 北京: 中国农业出版社: 143.

洪晓月, 薛晓峰, 王进军, 等. 2013. 作物重要叶螨综合防控技术研究与示范推广. 应用昆虫学报, 50(2): 321-328.

侯昕, 徐新翔, 贾志航, 等. 2019. 供氮水平对苹果砧木 M9T337 幼苗生长和 GS、GOGAT、AS 基因表达的
　　 影响. 园艺学报, 46(11): 1-10.

胡道春, 金龙, 武瑞婵. 2017. 黄土高原苹果园施肥现状调查分析. 陕西农业科学, 63(11): 44-49.

胡桂琴, 许林云, 周宏平, 等. 2014. 影响空心圆锥雾喷头雾滴粒径的多因素分析. 南京林业大学学报 (自然
　　 科学版), 38(2): 133-136.

胡国君, 张尊平, 范旭东, 等. 2017. 我国主要苹果病毒及其研究进展. 中国果树, (3): 71-74, 82.

胡慧, 弟豆豆, 李裕旗, 等. 2019. 苹果病毒病研究概况和防治技术. 烟台果树, (4): 5-7.

胡清玉, 胡同乐, 王亚南, 等. 2016. 中国苹果病害发生与分布现状调查. 植物保护, 42(1): 175-179.

胡延章, 何帅, 黄小云, 等. 2009. 植物中硝酸盐转运蛋白的运输和信号传输功能. 植物生理学通讯, 45(11):
　　 1131-1136.

胡尊瑞, 吴晓云, 迟全元, 等. 2017. 6 种药剂防治梨园二斑叶螨药效试验. 中国果树, (1): 58-60.

黄婕, 王蔓, 门兴元, 等. 2019. 苹果园 8 种常用药剂对加州新小绥螨的安全性评价. 山东农业科学, 51(4):
　　 124-127.

黄琳琳. 2018. 干旱胁迫和不同氮素水平对苹果根系氮素吸收和代谢的影响研究. 杨凌: 西北农林科技大学
　　 博士学位论文.

黄明斌, 杨新民, 李玉山. 2001. 黄土区渭北旱塬苹果基地对区域水循环的影响. 地理学报, 56(1): 7-13.

黄显淦, 王勤. 2000. 钾素在我国果树优质增产中的作用. 果树科学, 17(4): 309-313.

黄修芬, 王云梅, 罗晓玲, 等. 2018. '红富士' 苹果施用控释肥试验. 中国果树, 60(4): 24-26.

惠云芝. 2003. 有机肥对番茄产量、品质及土壤培肥效果的影响研究. 长春: 吉林农业大学硕士学位论文.

霍常富, 孙海龙, 范志强, 等. 2007. 根系氮吸收过程及其主要调节因子. 应用生态学报, 18(6): 1356-1364.

纪永福, 蔺海明, 杨自辉, 等. 2007. 夏季覆盖盐碱地表面对土壤盐分和水分的影响. 干旱区研究, 24(3): 375-381.

季萌萌, 许海港, 彭玲, 等. 2014. 低磷胁迫下五种苹果砧木的磷吸收与利用特性. 植物营养与肥料学报,
　　 20(4): 974-980.

贾伟, 周怀平, 解文艳, 等. 2008. 长期有机无机肥配施对褐土微生物生物量碳、氮及酶活性的影响. 植物

营养与肥料学报, 14(4): 700-705.

江幸福, 罗礼智, 张蕾, 等. 2009. 佳多虫情测报灯和普通黑光灯对草地螟种群监测与防治效果比较. 植物保护, 35(2): 109-113.

姜建辉. 2012. 葡萄园化肥深施机的设计. 泰安: 山东农业大学硕士学位论文.

姜曼. 2013. 植物源有机物对苹果园土壤碳库转化的影响及其生物驱动因素研究. 沈阳: 沈阳农业大学硕士学位论文.

姜远茂, 葛顺峰, 毛志泉, 等. 2017. 我国苹果产业节本增效关键技术Ⅳ: 苹果高效平衡施肥技术. 中国果树, (4): 1-4, 13.

姜远茂, 彭福田, 张宏彦, 等. 2001. 山东省苹果园土壤有机质及养分状况研究. 土壤通报, 32(4): 167-169.

姜远茂, 张宏彦, 张福锁. 2007. 北方落叶果树养分资源综合管理理论与实践. 北京: 中国农业大学出版社: 46-48.

焦奎宝. 2014. 生草制苹果园土壤微生物群落结构与功能特征研究. 沈阳: 沈阳农业大学硕士学位论文.

焦蕊, 于丽辰, 贺丽敏, 等. 2011. 有机肥施肥方法和施肥量对富士苹果果实品质的影响. 河北农业科学, 15(2): 37-38.

金柏年. 2017. 生物肥施用技术在苹果上应用效果研究. 中国园艺文摘, 33(3): 25-26, 29.

金维续. 1989. 有机肥料研究四十年. 土壤肥料, (5): 35-40.

巨晓棠, 谷保静. 2017. 氮素管理的指标. 土壤学报, 54(2): 281-296.

康晓育. 2013. 不同氮素供应对苹果幼苗生长及氮素利用的影响. 杨凌: 西北农林科技大学硕士学位论文.

康志军, 吕建强. 2013. 果园机械化施肥技术探讨. 科技创新导报, (32): 30-31.

孔建, 王海燕, 赵白鸽, 等. 2001. 苹果园主要害虫生态调控体系的研究. 生态学报, 21(5): 789-794.

孔祥俊. 2019. 黄土高原苹果园养分投入及土壤氮素累积特征. 杨凌: 西北农林科技大学硕士学位论文.

寇建村, 杨文权, 韩明玉, 等. 2010. 我国果园生草研究进展. 草业科学, (7): 154-159.

郎冬梅. 2015. 沈阳地区 '寒富' 苹果园土壤状况评价及土壤种子库效应研究. 沈阳: 沈阳农业大学硕士学位论文.

李宝筏. 2003. 农业机械学. 北京: 中国农业出版社: 94.

李保国, 张玉青, 张雪梅, 等. 2012. 不同群体结构苹果园光照分布状况研究. 河北林果研究, 27(3): 316-319.

李保华, 练森, 王彩霞, 等. 2017. 从病菌自剪锯口木质部侵染再谈苹果树腐烂病的防治. 中国果树, (2): 88-90, 103.

李斌, 于海波, 罗艳梅, 等. 2016. 乙唑螨腈的合成及其杀螨活性. 现代农药, 15(6): 15-16.

李晨华, 张彩霞, 唐立松, 等. 2014. 长期施肥土壤微生物群落的剖面变化及其与土壤性质的关系. 微生物学报, 54(3): 319-329.

李登绚, 张玉琴, 米发杰, 等. 2005. 甘肃庆阳苹果园金龟子种类调查及防治. 中国果树, (5): 55.

李芳东. 2008. 幼龄 '寒富' 苹果园生草制生态效应研究. 沈阳: 沈阳农业大学硕士学位论文.

李芳东. 2013. 冷凉地区生草制苹果园水分与光能利用特性及调控机制研究. 沈阳: 沈阳农业大学博士学位论文.

李港丽, 苏润宇, 沉隽. 1987. 几种落叶果树叶内矿质元素含量标准值的研究. 园艺学报, 14(2): 81-89.

李谷香, 罗赫荣, 黄秋林. 1997. 有机肥与化肥配施对无子西瓜产量和果实品质的影响. 湖南农业科学, (6): 39-40.

李贵喜, 史聚宝. 2013. 甘肃平凉生态苹果园金龟子发生规律及无公害防控技术. 中国果树, (6): 68-70.

李国怀. 2001. 百喜草及其在南方果园生草栽培和草被体系中的应用. 生态科学, (21): 70-74.

李国良, 姚丽贤, 张育灿, 等. 2011. 不同施肥方式对香蕉生长和产量的影响. 中国农学通报, 27(6): 188-192.

李海山, 赵同生, 张新生. 2011. 燕山山区苹果叶片矿质营养标准范围的确定. 河北农业科学, 15(5): 17-19.

李建国, 濮励杰, 朱明, 等. 2012. 土壤盐渍化研究现状及未来研究热点. 地理学报, 67(9): 1233-1245.

李晶, 姜远茂, 门永阁, 等. 2013. 供应铵态和硝态氮对苹果幼树生长及 ^{15}N 利用特性的影响. 中国农业科学, 46(18): 3818-3825.

李娟, 苟丽霞, 胡小敏, 等. 2011. 气象因素对陕西省苹果褐斑病流行的影响及预测模型. 应用生态学报, 22(1): 272-276.

李娟, 赵秉强, 李秀英, 等. 2008. 长期有机无机肥料配施对土壤微生物学特性及土壤肥力的影响. 中国农业科学, 41(1): 144-152.

李俊成, 于慧, 杨素欣, 等. 2016. 植物对铁元素吸收的分子调控机制研究进展. 植物生理学报, 52(6): 835-842.

李凯, 袁鹤. 2012. 植物病害生物防治概述. 山西农业科学, 40(7): 807-810.

李磊, 张强, 闫敏, 等. 2018. 山西省苹果施肥现状调查. 北方园艺, 423(24): 184-192.

李丽, 张树武, 陈大为, 等. 2019. 5 种矿物源药剂对苹果树腐烂病菌室内防效评价. 植物保护, 45(2): 247-252.

李丽莉, 郭婷婷, 门兴元, 等. 2015. 性诱剂和糖醋液对梨小食心虫诱集效果比较. 山东农业科学, 47(12): 85-87.

李龙龙, 何雄奎, 宋坚利, 等. 2017a. 果园仿形变量喷雾与常规风送喷雾性能对比试验. 农业工程学报, 33(16): 56-63.

李龙龙, 何雄奎, 宋坚利, 等. 2017b. 基于变量喷雾的果园自动仿形喷雾机的设计与试验. 农业工程学报, 33(1): 70-76.

李猛, 韩清芳, 贾志宽. 2007. 西北黄土高原农业节水战略探讨. 安徽农业科学, 35(3): 819-822.

李敏, 厉恩茂, 李壮, 等. 2013. 75% 肟菌酯·戊唑醇防治苹果病害及改善果实品质作用研究. 中国果树, (6): 55-57.

李培环, 吴军帅, 董晓颖, 等. 2012. 苹果密闭园不同间伐方式对光照、光合和生长结果的影响. 中国农业科学, 45(11): 2217-2223.

李强, 赵传敏, 臧家富, 等. 2018. 几种杀虫剂对苹果黄蚜的室内毒力及"激健"的增效作用研究. 山东农业科学, 50(12): 96-99.

李生秀, 赵伯善. 1993. 旱地土壤的合理施肥Ⅲ. 旱地施肥与土壤供水. 干旱地区农业研究, 11(S1): 13-18.

李文庆, 张民, 束怀瑞. 2002. 氮素在果树上的生理作用. 山东农业大学学报 (自然科学版), 33(1): 96-100.

李雪. 2015. 套袋苹果斑点病发病诱因与机制研究及防治药剂筛选. 青岛:青岛农业大学硕士学位论文.

李艳军. 2015. 氮磷肥与有机肥配施对苹果产量和品质的影响. 杨凌:西北农林科技大学硕士学位论文.

李振西, 李子豪, 刘政源, 等. 2019. 金合欢醇和烟碱对苹果黄蚜联合毒杀作用. 中国生物防治学报, 35(1): 37-43.

栗海英. 2019. 微量元素水溶肥料对苹果增产效应的试验研究. 农业科技与装备, 41(3): 9-10.

廉晓娟, 李明悦, 王艳, 等. 2013. 滨海盐渍土改良剂的筛选及应用效果研究. 中国农学通报, 29(14): 150-154.

林新坚, 章明清, 王飞. 2011. 新型肥料与施肥新技术. 福州:福建科学技术出版社: 22-25.

凌晓明, 赵辉. 2008. 做好秋季果园管理提高果树贮藏营养. 山西果树, (4): 29-30.

刘保友, 王英姿, 衣先家, 等. 2018. 苯醚甲环唑与克菌丹混配防治苹果斑点落叶病的增效作用. 中国果树, (1): 63-66.

刘保友, 王英姿, 张伟, 等. 2013a. 苹果斑点落叶病病菌对多抗霉素的抗药性及其地理分布. 中国果树, (4):

49-51.

刘保友, 张伟, 栾炳辉, 等. 2013b. 苹果轮纹病菌对苯醚甲环唑和氟硅唑的敏感性及其交互抗性. 植物病理学报, 43(5): 541-548.

刘刚, 孟祥民, 吾中良, 等. 2017. 噻虫啉杀虫剂防治松褐天牛试验. 中国森林病虫, 38(2): 37-39.

刘蝴蝶, 郝淑英, 曹琴, 等. 2003. 生草覆盖对果园土壤养分、果实产量及品质的影响. 土壤通报, (3): 184-186.

刘加芬, 李慧峰, 于婷, 等. 2011. 沂蒙山区苹果园肥料施入特点调查分析. 果树学报, 28(4): 558-562.

刘丽英, 刘珂欣, 迟晓丽, 等. 2018. 枯草芽孢杆菌 SNB-86 菌肥对连作平邑甜茶幼苗生长及土壤环境的影响. 园艺学报, 45(10): 2008-2018.

刘庆娟, 刘永杰, 于毅, 等. 2012. 二斑叶螨对七种杀螨剂的抗药性测定及其机理研究. 应用昆虫学报, 49(2): 376-381.

刘荣国. 2019. 农机自动驾驶导航系统前装关键技术及应用分析. 南方农机, 50(15): 41.

刘双安, 赵会芳, 王文凯. 2018. 陕西洛川苹果园有机肥替代化肥应用技术. 土肥水管理, (3): 27-29.

刘天雄. 2018. 卫星导航系统概论. 北京: 中国宇航出版社: 46-47.

刘万才. 2017. 我国农作物病虫害现代测报工具研究进展. 中国植保导刊, 37(9): 29-33.

刘万才, 刘杰, 钟天润. 2015. 新型测报工具研发应用进展与发展建议. 中国植保导刊, 35(8): 40-42.

刘贤赵, 李嘉竹, 王春芝. 2007. 有机肥环状深施对苹果树生长及产量的影响. 大庆: 中国农业工程学会 2007 年学术年会: 1-6.

刘贤赵, 王庆, 衣华鹏. 2005. 旱地苹果园环状深沟施肥综合效益初报. 干旱地区农业研究, 23(5): 77-82.

刘小勇, 董铁, 王发林, 等. 2013. 甘肃省元帅系苹果叶营养元素含量标准值研究. 植物营养与肥料学报, 19(1): 246-251.

刘兴禄, 孙文泰, 牛军强, 等. 2018. 陇东密闭苹果园间伐后群体冠层结构与生育后期叶片生理特性研究. 甘肃农业科技, (1): 21-24.

刘杏兰, 高宗, 刘存寿, 等. 1996. 有机-无机肥配施的增产效应及对土壤肥力影响的定位研究. 土壤学报, 33(2): 138-147.

刘英胜, 郑亚茹. 2011. 苹果根癌病防治技术. 河北果树, (3): 13, 21.

龙远莎. 2013. 蓄水坑灌施条件下苹果园土壤氮素动态及氮肥利用率试验研究. 太原: 太原理工大学硕士学位论文.

娄虎, 徐熔, 王海竹, 等. 2017. 植物病毒病检测及防治的研究进展. 江苏农业科学, 45(24): 25-31.

卢增斌, 于毅, 门兴元, 等. 2016. 苹果园地面植被优化组合对害虫和天敌群落的影响. 山东农业科学, 48(8): 102-108.

卢志军. 2016. 蔬菜根结线虫病生物熏蒸控制作用研究. 北京: 中国农业大学硕士学位论文.

芦新春, 陈书法, 杨进, 等. 2015. 宽幅高效离心式双圆盘撒肥机设计与试验. 农机化研究, 37(8): 100-103.

陆海飞, 郑金伟, 余喜初, 等. 2015. 长期无机有机肥配施对红壤性水稻土微生物群落多样性及酶活性的影响. 植物营养与肥料学报, 201(3): 632-643.

陆奇杰, 巢建国, 谷巍, 等. 2017. 不同氮素水平对茅苍术光合特性及生理指标的影响. 植物生理学报, 53(9): 1673-1679.

鹿秀云, 李宝庆, 张晓云, 等. 2019. 棉铃疫病生防细菌筛选、鉴定及制剂防治效果. 植物保护学报, 46(4): 805-815.

路超, 王金政, 聂佩显, 等. 2013. 密闭苹果园树体优化改造对树体结构及产量品质的效应. 山东农业科学,

45(6): 55-57.

罗华, 李敏, 胡大刚, 等. 2012. 不同有机肥对肥城桃果实产量及品质的影响. 植物营养与肥料学报, 18(4): 955-964.

吕德国. 2019. 果园生草制是中国苹果产业转型升级的重要途径. 落叶果树, 5(3): 1-4.

吕兴. 2014. 保定苹果主要害虫和捕食性天敌发生动态及害虫预测方法研究. 保定: 河北农业大学硕士学位论文.

吕毅, 宋富海, 李园园, 等. 2014. 轮作不同作物对苹果园连作土壤环境及平邑甜茶幼苗生理指标的影响. 中国农业科学, 47(14): 2830-2839.

马晨, 蒙贺伟, 坎杂, 等. 2017. 果园有机肥深施圆盘开沟机研究现状及发展对策. 农机化研究, 39(10): 12-17.

马丽. 2008. 陕西洛川苹果园昆虫群落与优势种群动态研究. 杨凌: 西北农林科技大学硕士学位论文.

马宁宁, 李天来, 武春成, 等. 2010. 长期施肥对设施菜田土壤酶活性及土壤理化性状的影响. 植物营养与肥料学报, 21(7): 1766-1771.

马强, 宇万太, 沈善敏, 等. 2007. 旱地农田水肥效应研究进展. 应用生态学报, 18(3): 665-673.

马思文. 2016. 草域管理对自然生草苹果园碳库行为调控及植株光合生理响应研究. 沈阳: 沈阳农业大学硕士学位论文.

马志强, 李红霞, 袁章虎, 等. 2000. 苹果轮纹病菌对多菌灵抗药性监测初报. 农药学学报, 2(3): 94-96.

马子清, 段亚楠, 沈向, 等. 2018. 不同作物与再植苹果幼树混栽对再植植株及土壤环境的影响. 中国农业科学, 51(19): 3815-3822.

毛维兴, 李焰, 张树武, 等. 2019. 5 种植物源药剂对苹果树腐烂病室内防效评价. 植物保护, 45(4): 282-287.

毛志泉, 沈向. 2016. 苹果重茬 (连作) 障碍防控技术. 烟台果树, (4): 26-27.

聂继云. 2018. 我国果树上禁用、撤销或停止受理登记的农药及其原因分析. 中国果树, (3): 105-108.

聂佩显, 薛晓敏, 王金政, 等. 2011. 苹果密闭园间伐效应研究. 山东农业科学, 38(5): 37-39.

聂佩显, 薛晓敏, 王来平, 等. 2019. '红富士' 苹果郁闭园间伐处理对果园结构、光能利用以及产量品质的影响. 果树学报, 36(4): 438-446.

牛军强, 孙文泰, 尹晓宁, 等. 2018. 间伐对乔化红富士苹果光合特性和果实产量品质的影响. 林业科技通讯, (10): 67-70.

潘文亮, 党志红, 高占林, 等. 2000. 几种蚜虫对吡虫啉抗药性的研究. 农药学学报, (4): 85-87.

彭丽娟, 左亚运, 段辛乐, 等. 2015. 陕西苹果园山楂叶螨抗药性监测. 应用昆虫学报, 52(5): 1174-1180.

彭玲, 刘晶晶, 王芬, 等. 2018a. 硝酸盐供应水平对平邑甜茶幼苗生长、光合特性与 ^{15}N 吸收、利用的影响. 应用生态学报, 29(2): 522-530.

彭玲, 刘晓霞, 何流, 等. 2018b. 不同黄腐酸用量对 '红将军' 苹果产量、品质和 ^{15}N- 尿素去向的影响. 应用生态学报, 29(5): 1412-1420.

彭玲, 田歌, 于波, 等. 2018c. 供氮水平和稳定性对苹果矮化砧 M9T337 幼苗生长及 ^{15}N 吸收、利用的影响. 植物营养与肥料学报, 24(2): 461-470.

彭玲, 于波, 陈倩, 等. 2018d. 不同供氮方式下苹果矮化砧 M9T337 幼苗生长及内源激素的响应. 植物生理学报, 54(2): 305-315.

戚建国. 2018. 不同生长时期苹果氮素吸收与水分的关系及施氮对果实糖含量的影响. 杨凌: 西北农林科技大学硕士学位论文.

祁力钧, 傅泽田. 1998. 风助式喷雾器雾滴在果树上的分布. 农业工程学报, 14(3): 135-139.

钱迎倩, 马克平. 1994. 生物多样性研究的原理与方法. 北京: 中国科学技术出版社.

秦韧, 邱小燕, 梁银萍, 等. 2014. 40% 甲基硫菌灵·嘧菌环胺悬浮剂防治苹果斑点落叶病田间药效试验报告. 农学学报, 4(8): 28-30.

邱威, 丁为民, 汪小旵, 等. 2012. 3WZ-700 型自走式果园风送定向喷雾机. 农业机械学报, 43(4): 26-30, 44.

仇贵生. 2003. 辽西地区苹果两种枝干害虫的防治. 柑桔与亚热带果树信息, (6): 45-46.

仇贵生, 陈汉杰, 张怀江, 等. 2009a. 阿维菌素不同剂型对果树害虫田间控制效果比较. 中国农学通报, 25(5): 228-231.

仇贵生, 闫文涛, 张怀江, 等. 2012a. 渤海湾苹果产区主要病虫害发生动态及综合防治策略. 中国果树, (2): 72-75.

仇贵生, 张怀江, 闫文涛, 等. 2009b. 高效氯氟氰菊酯不同剂型对桃小食心虫的防效评价. 农药, 48(9): 680-682.

仇贵生, 张怀江, 闫文涛, 等. 2010. 氯虫苯甲酰胺对苹果树桃小食心虫及金纹细蛾的控制作用. 昆虫知识, 47(1): 134-138.

仇贵生, 张怀江, 闫文涛, 等. 2012b. 苹果园二斑叶螨的经济为害水平. 植物保护学报, 39(3): 200-204.

曲春鹤, 王彭. 2017. 氟啶虫胺腈对桃蚜的室内杀虫活性及田间防治效果. 农药, 56(3): 216-218.

任健, 周玉书, 赵玉伟, 等. 2006. 二斑叶螨对阿维菌素的抗药性预测研究. 中国农学通报, (2): 337-338.

任洁, 王树桐, 胡同乐, 等. 2014. 苹果轮纹病危害损失评价. 河南农业科学, 43(7): 90-92, 129.

任龙, 谭晓伟, 徐希宝, 等. 2012. 甲氧虫酰肼对棉铃虫生长发育的亚致死效应研究. 应用昆虫学报, 49(2): 434-438.

阮班录, 刘建海, 李雪薇, 等. 2011. 乔砧苹果郁闭园不同改造方法对冠层光照和叶片状况及产量品质的影响. 中国农业科学, 44(18): 3805-3811.

沙广利, 郝玉金, 万述伟, 等. 2015. 苹果砧木种类及应用进展. 落叶果树, 47(3): 2-6.

沙建川, 王芬, 田歌, 等. 2018. 控释氮肥和袋控肥对 '王林' 苹果 ^{15}N 尿素利用及其在土壤累积的影响. 应用生态学报, 29(5): 51-58.

山东省烟台地区农业局. 1985. 烟台苹果栽培. 济南: 山东科学技术出版社: 36.

邵蕾, 王丽霞, 孙治军, 等. 2008. 控释氮肥对苹果生长影响及经济效益分析. 北方园艺, (12): 8-11.

邵仁志, 刘小安, 孙兰, 等. 2017. 中国植物源农药的研究进展. 农药研究, 56(8): 1401-1405.

沈宏, 曹志洪. 1998. 饼肥与尿素配施对烤烟生物性状及某些生理指标的影响. 土壤肥料, (6): 14-16.

沈其荣, 殷士学, 杨超光, 等. 2000. ^{13}C 标记技术在土壤和植物营养研究中的应用. 植物营养与肥料学报, 6(1): 98-105.

石鸾. 2019. 浅析林木根部病害及防治. 现代化农业, (9): 63-64.

时春喜, 李恩才, 祁志军, 等. 2003. 多菌灵与代森锰锌混配对梨黑星病菌和苹果斑点落叶病菌的增效研究. 西北农林科技大学学报 (自然科学版), 31(4): 131-134.

时丕坤, 宗殿龙, 秦敏, 等. 2017. 苹果锈果病的发生与防治措施. 落叶果树, 49(2): 33-34.

史继东, 张立功. 2011. 苹果树需肥规律及科学施肥. 烟台果树, (3): 8-10.

史岩, 祁力钧, 傅泽田, 等. 2004. 压力式变量喷雾系统建模与仿真. 农业工程学报, 20(5): 118-121.

束怀瑞. 1999. 苹果学. 北京: 中国农业出版社: 78.

束怀瑞. 2015. 中国苹果产业发展的形势及任务. 落叶果树, 47(4): 1.

束怀瑞, 顾曼如, 黄化成, 等. 1981. 苹果氮素营养研究 II. 施氮效应. 山东农学院学报, (2): 23-31.

宋坚利, 何雄奎, 曾爱军, 等. 2006. 三种果园施药机械施药效果研究. 中国农机化, (5): 79-82.

宋立芬, 孙治军, 丁强. 2009. 控释氮肥对苹果幼树生长的影响. 山东农业科学, 47(1): 78-81.

宋玉泉, 冯聪, 刘少武, 等. 2017. 新型杀螨剂乙唑螨腈的生物活性与应用. 农药, 56(9): 628-631.

苏建亚. 2019. 氟啶虫酰胺作用靶标: 内向整流钾离子通道研究进展. 农药学学报, 21(2): 131-139.

苏小记, 王雅丽, 魏静, 等. 2018. 9种植保机械防治小麦穗蚜的农药沉积率与效果比较. 西北农业学报, 27(1): 149-154.

隋秀奇, 郭征华, 杨增生, 等. 2013. 果实膨大期至成熟期套袋苹果管理的重点及配套措施. 烟台果树, (3): 30-31.

孙广宇, 卫小勇, 孙悦, 等. 2014. 苹果树腐烂病发生与叶片营养成分的关系. 西北农林科技大学学报(自然科学版), 42(7): 107-112, 121.

孙广宇, 朱明旗, 张荣. 2019. 黄土高原区苹果树腐烂病流行原因及治理方案. 果农之友, 8: 23.

孙丽娜, 闫文涛, 张怀江, 等. 2014. 6种杀虫剂对苹果园苹褐带卷蛾的田间防效. 植物保护, 40(6): 181-184, 198.

孙瑞红, 宫庆涛, 武海斌, 等. 2017. 果园农药精准安全使用. 落叶果树, 49(4): 40-42.

孙文泰, 马明, 董铁, 等. 2016. 陇东旱塬苹果根系分布规律及生理特性对地表覆盖的响应. 应用生态学报, 27(10): 3153-3163.

孙文泰, 牛军强, 董铁, 等. 2018. 间伐改形对陇东旱塬密闭苹果园树体冠层结构和发育后期叶片质量的影响. 应用生态学报, 29(9): 3008-3016.

孙霞, 柴仲平, 蒋平安, 等. 2011. 土壤管理方式对苹果园土壤理化性状的影响. 草业科学, 28(2): 189-193.

孙向开. 2016. 三种苹果砧木在K$^+$缺乏情况下的生理生长状况分析. 杨凌: 西北农林科技大学硕士学位论文.

孙雪花, 孙苏梅, 乔建中, 等. 2013. 河南省苹果园金龟子灾变规律及生物学特性研究. 华中昆虫研究, 9: 289-293.

孙场, 杨毅娟, 孔宝华, 等. 2017. 云南昭通新引进苹果品种与病虫害发生. 现代园艺, (13): 165-166.

孙振杰. 2012. 履带式多功能果园作业平台的设计与研究. 保定: 河北农业大学硕士学位论文.

孙志鸿, 魏钦平, 杨朝选, 等. 2008. 红富士苹果树冠枝(梢)叶分布与温度、湿度的关系. 果树学报, 25(1): 6-11.

索东让. 2005. 长期定位试验中化肥与有机肥结合效应研究. 干旱地区农业研究, 23(2): 71-75.

索相敏, 冯少菲, 郝婕, 等. 2018. 几种常见苹果叶部病害及其防治技术. 河北果树, (6): 24-25.

唐继伟, 林治安, 许建薪, 等. 2006. 有机肥与无机肥在提高土壤肥力中的作用. 中国土壤与肥料, (3): 44-47.

田如海, 周玉书, 李忠洲, 等. 2012. 二斑叶螨对240g/L螺螨酯悬浮剂的抗药性预测. 农药, 51(7): 529-530, 535.

田蕴德, 崔志军. 1994. 有机肥对豌豆生长量, 根瘤及根腐病发病程度的影响. 土壤通报, 25(1): 43-45.

仝月澳, 周厚基. 1982. 果树营养诊断法. 北京: 中国农业出版社: 2-8.

屠予钦. 2001. 农药使用技术标准化. 北京: 中国标准出版社: 163-169.

汪庆南. 2019. 果园机械化施肥技术的应用与探讨. 南方农业, 13(3): 163-164.

汪晓光. 2007. 生境调节对苹果园天敌昆虫的保护作用研究. 杨凌: 西北农林科技大学硕士论文.

王冰, 王彩霞, 史祥鹏, 等. 2014. 不同杀菌剂对苹果炭疽叶枯病的防治效果. 植物保护, 40(6): 176-180.

王博. 2018. 卫星导航定位系统原理与应用. 北京: 科学出版社: 18-20.

王朝阳, 申春玲, 刘文涛, 等. 2001. 棉铃虫对苹果的为害及原因分析. 植保技术与推广, (7): 25-26.

王殿武. 1998. 冀西北高原旱地栗钙土有机无机复合与培肥效应研究. 土壤通报, 29(3): 109-110.

王芳荣. 2016. 云南昭通高原苹果栽培技术优化及应用. 中国南方果树, 45(1): 138-140.

王芬, 田歌, 彭玲, 等. 2017. 富士苹果营养转换期肥料氮去向和土壤氮库盈亏研究. 水土保持学报, 31(4):

254-258.

王富. 2018. 果园饼状缓释肥施肥机的研制. 泰安: 山东农业大学硕士学位论文.

王功帅. 2018. 环渤海连作土壤真菌群落结构分析及混作葱减轻苹果连作障碍的研究. 泰安: 山东农业大学博士学位论文.

王功帅, 马子清, 潘凤兵, 等. 2019. 连作对土壤微生物及平邑甜茶幼苗氮吸收、分配和利用的影响. 植物营养与肥料学报, 25(3): 481-488.

王海宁, 葛顺峰, 姜远茂, 等. 2012. 施氮水平对五种苹果砧木生长以及氮素吸收、分配和利用特性的影响. 植物营养与肥料学报, 18(5): 1272-1277.

王洪涛, 王培松, 司树鼎, 等. 2012. 山东地区不同苹果全爪螨种群对 4 种杀螨剂的抗药性检测. 果树学报, 29(6): 1083-1087.

王江柱, 仇贵生. 2014. 苹果病虫害诊断与防治原色图鉴. 北京: 化学工业出版社: 74-75.

王洁, 赵华, 苏苏, 等. 2012. 苹果属不同种对褐斑病菌生长发育的影响. 西北农业学报, 21(5): 60-64.

王金信, 张雪梅, 刘峰, 等. 1998. 我国北方部分地区苹果黄蚜的抗药性. 华东昆虫学报, (1): 100.

王金星, 刘双喜, 孙林林, 等. 2016. 一种基于机器视觉技术的果园精准施肥装置及施肥方法: CN201610312193.3. 2016-05-11.

王金星, 张宏建, 张成福, 等. 2019. 一种果园双行开沟施肥机: CN209489139U. 2019-02-01.

王金政. 2018. 山东区域成龄苹果郁闭园光效结构优化改造关键技术. 烟台果树, 144(4): 30-31.

王进强, 吴刚, 许文耀. 2004. 植物病害生防制剂的研究进展. 福建农业大学学报, 33(4): 448-452.

王京风, 杨福增, 刘世. 2010. 微型遥控果园开沟机的研究与设计. 农机化研究, 32(4): 40-42.

王开运, 赵卫东, 姜兴印, 等. 2002. 十种杀螨剂对二斑叶螨抗性种群不同发育阶段的毒力比较. 农药, 41(3): 29-31.

王奎波, 余美炎. 1994. 有机无机肥配施对小麦氮素吸收及土壤肥力的影响. 土壤通报, (3): 109-111.

王来平, 薛晓敏, 聂佩显, 等. 2018. 烟台老龄低效苹果园结构优化改造效果. 河北农业科学, 22(5): 15-19.

王雷存, 赵政阳, 董利杰, 等. 2004. 红富士苹果密闭树改形修剪效应的研究. 西北林学院学报, (4): 65-67.

王丽, 周增强, 侯珲. 2016. 三唑类杀菌剂对苹果主要病原菌的毒力及田间防效. 河南农业科学, 45(7): 82-86.

王利源, 李鑫, 赵鹏, 等. 2018. 3WFQ-1600 型牵引式风送喷雾机喷雾性能试验研究. 农机化研究, 40(9): 167-171.

王慎强, 陈怀满, 司友斌. 1999. 我国土壤环境保护研究的回顾与展望. 土壤, (5): 255-260.

王士林, 宋坚利, 何雄奎, 等. 2016. 电动背负式风送喷雾器设计与作业性能试验. 农业工程学报, 32(21): 67-73.

王淑会, 杨琼, 张文慧, 等. 2014. 生草苹果园绣线菊蚜及其天敌发生规律研究. 安徽农业科学, 42(10): 2945-2948.

王树桐, 王亚南, 曹克强. 2018. 近年我国重要苹果病害发生概况及研究进展. 植物保护, 44(5): 13-25.

王卫雄, 徐秉良, 薛应钰, 等. 2014. 苹果树腐烂病拮抗细菌鉴定及其抑菌作用效果测定. 中国生态农业学报, 22(10): 1214-1221.

王希君. 2016. 浅谈肥料企业如何面对化肥零增长. 化工管理, (34): 87-88.

王小英, 同延安, 刘芬, 等. 2013. 陕西省苹果施肥状况评价. 植物营养与肥料学报, 19(1): 206-213.

王晓, 陈鹏, 张硕, 等. 2019. 12 种杀虫剂对日本通草蛉不同虫态的毒力及安全性评价. 植物保护, 45(2): 211-217.

王晓芳, 徐少卓, 王玫, 等. 2018. 万寿菊生物熏蒸对连作苹果幼苗和土壤微生物的影响. 土壤学报, 55(1):

213-224.

王新, 郭俊炜, 李建国, 等. 2012. 红富士苹果无公害病虫防治模式简析. 陕西农业科学, 58(6): 49-52.

王新会, 李兆鹏, 武立强, 等. 2019. 七种药剂对两种花生叶螨的室内毒力和盆栽药效测定. 花生学报, 48(1): 15-20.

王艳廷, 冀晓昊, 吴玉森, 等. 2015. 我国果园生草的研究进展. 应用生态学报, 26(6): 1892-1900.

王仰龙. 2015. 果园风送静电喷雾及施药特性的研究. 保定: 河北农业大学硕士学位论文.

王以燕, 袁善奎, 吴厚斌, 等. 2012. 我国生物源及矿物源农药应用发展现状. 农药, 51(5): 313-316.

王毅, 武维华. 2010. 植物钾营养高效分子遗传机制. 植物学报, 44(1): 27-36.

王允喜, 邹忠海. 1994. 旱地果园穴贮肥水地膜覆盖试验研究. 中国水土保持, (5): 29-30.

王智敏. 2005. 卫星导航拖拉机自动驾驶技术在黑龙江省农垦农业生产中的应用. 现代化农业, (10): 27.

王竹良, 刘新, 李宝忠, 等. 2016. 对腐植酸提高苹果超氧化物歧化酶活性的研究. 山西果树, (5): 9-11.

王作汉, 王佳军. 2015. 微生物制剂对再植苹果植株生长的影响. 北方果树, 38(1): 56.

魏钦平, 鲁韧强, 张显川, 等. 2004. 富士苹果高干开心形光照分布与产量品质的关系研究. 园艺学报, 31(3): 291-296.

魏钦平, 王小伟, 张强, 等. 2009. 鸡粪和草炭配施对黄金梨园土壤理化性状和果实品质的影响. 果树学报, 26(4): 435-439.

魏绍冲, 姜远茂. 2012. 山东省苹果园肥料施用现状调查分析. 山东农业科学, 44(2): 77-79.

魏子凯. 2016. 山地果园挖坑施肥覆土机设计与研究. 杨凌: 西北农林科技大学硕士学位论文.

文启学. 1989. 我国土壤有机质和有机肥料研究现状. 土壤学报, 26(3): 255-261.

闻建龙, 王军锋, 陈松山, 等. 2000. 荷电改善喷雾均匀性的实验研究. 排灌机械, (5): 45-47.

吴德伟. 2015. 导航原理. 北京: 电子工业出版社: 46.

吴凤芝, 李敏, 曹鹏, 等. 2014. 小麦根系分泌物对黄瓜生长及土壤真菌群落结构的影响. 应用生态学报, 25(10): 2861-2867.

吴孔明, 陆宴辉, 王振营. 2009. 我国农业害虫综合防治研究现状与展望. 应用昆虫学报, 46(6): 831-836.

吴宁, 吴德胜, 李辉. 2016. 有机肥施肥机的标校. 农机化研究, 38(9): 255-259.

谢建昌, 周健民. 1999. 我国土壤钾素研究和钾肥使用的进展. 土壤, (5): 244-254.

谢凯, 宋晓晖, 董彩霞. 2013. 不同有机肥处理对黄冠梨生长及果园土壤性状的影响. 植物营养与肥料学报, 19(1): 214-222.

谢丽. 2019. 不同苹果砧木对低磷胁迫的生理响应及根际细菌群落结构分析. 北京: 中国农业大学硕士学位论文.

谢心宏, 王福久. 2001. 噻虫啉 (Thiacloprid): 一种新的叶面施用杀虫剂. 农药, 40(1): 41-42.

徐成楠, 岳强, 冀志蕊, 等. 2017. 2015 年辽宁省苹果园农药使用情况调查与分析. 中国果树, (2): 80-83.

徐公天, 杨志华. 2007. 中国园林害虫. 北京: 中国林业出版社: 117.

徐国华, 沈其荣, 郑文娟. 1999. 小麦和玉米中后期大量元素叶面施用的生物效应. 土壤学报, 36(4): 454-462.

徐巧, 王延平, 韩明玉, 等. 2016. 水分调控对干旱山地苹果树生长发育和结实的影响. 节水灌溉, (2): 9-13, 17.

徐琴, 韩巨才, 刘慧平, 等. 2002. 山西苹果黄蚜对菊酯类杀虫剂的抗性监测. 山西农业大学学报 (自然科学版), (1): 39-41.

徐莎. 2014. 果园风送施药机的设计及优化. 杨凌: 西北农林科技大学硕士学位论文.

徐少卓, 赵玉文, 王义坤, 等. 2018. 棉隆熏蒸加短期轮作葱对平邑甜茶幼苗生长及其生理的影响. 园艺学报, 45(6): 1021-1030.

徐素珍, 苏步军. 2017. 控释肥对苹果产量和品质的影响. 河北林业科技, 45(1): 25-27.

徐田伟. 2012. 生草制苹果园土壤有机化过程相关因子及植株光合特性响应的研究. 沈阳: 沈阳农业大学硕士学位论文.

徐田伟. 2018. 冷凉地区生草制苹果园土壤有机碳库行为及植株响应研究. 沈阳: 沈阳农业大学博士学位论文.

许长新, 张金平, 郝宝锋, 等. 2009. 苹果园自然生草对苹果黄蚜及其天敌的影响. 河北果树, (6): 8-9.

闫文涛, 仇贵生, 周玉书, 等. 2010. 苹果园 3 种害螨的种间效应研究. 果树学报, 27(5): 815-818.

阎克峰, 高艳华, 王东, 等. 2002. 栽培新技术对苹果园病虫害发生的影响及防治. 中国果树, (5): 28-30.

杨成明. 2008. 提高苹果园肥料利用率的技术措施. 果农之友, (3): 30-38.

杨福田, 吕贝贝, 张丽萍, 等. 2018. 螺虫乙酯对苹果绵蚜的田间防效. 中国植保导刊, 38(3): 71-72, 89.

杨华, 吴亚维, 韩秀梅, 等. 2016. 贵州苹果产业发展现状与建议. 农技服务, 33(8): 189-190.

杨晶, 易镇邪, 屠乃美. 2016. 酸化土壤改良技术研究进展. 作物研究, 30(2): 226-231.

杨军玉, 王亚南, 王晓燕, 等. 2013. 2011 ～ 2012 年全国苹果病虫害发生概况和用药情况统计分析. 北方园艺, (12): 124-127.

杨丽梅, 宫亚军, 胡彬. 2019. 15 种药剂对二斑叶螨防治效果研究. 蔬菜, 4: 47-53.

杨琳. 2016. 苹果钾转运蛋白基因家族表达及干旱条件下根系钾吸收转运特性分析. 杨凌: 西北农林科技大学硕士学位论文.

杨勤民. 2008. 苹果绵蚜生态学、风险分析与监测研究. 泰安: 山东农业大学博士学位论文.

杨勤民, 赵中华, 王亚红, 等. 2018. 我国苹果园病虫害防治用药情况及减量增效对策. 中国植保导刊, 38(4): 57-61.

杨琼, 王淑会, 张文慧, 等. 2015. 常用杀虫剂对异色瓢虫的毒力及其保护酶的影响. 植物保护学报, 42(2): 258-263.

杨树, 刘海霞, 范万泽, 等. 2019. 苹果树腐烂病菌拮抗细菌筛选及鉴定. 甘肃农业大学学报, 54(4): 100-106.

杨素苗, 杜纪壮, 徐国良, 等. 2015. 微生物肥与复合肥配施对微灌苹果产量和果实品质以及翌年成花坐果的影响. 河北农业科学, 24(6): 26-28.

杨英丽. 2017. 苹果 cystatin 家族基因 *MpCYS4* 在低氮胁迫响答中的功能研究. 杨凌: 西北农林科技大学硕士学位论文.

杨玉爱. 1996. 我国有机肥料研究及展望. 土壤学报, 33(4): 414-422.

杨振伟, 周延文, 付友, 等. 1998. 富士苹果不同冠形微气候特征与果品质量关系的研究. 应用生态学报, 9(5): 533-537.

杨志勇. 2017. 果园机械化施肥技术的应用与探讨. 农业科技与信息, (22): 45-46.

姚燚. 2016. 设施农业机械的自动导航控制系统研究. 镇江: 江苏大学硕士学位论文.

姚众. 2015. 苹果斑点落叶病菌对戊唑醇敏感性测定及抗性风险评估. 太原: 山西农业大学硕士学位论文.

叶景学, 吴春燕, 沈凌凌, 等. 2004. 有机肥与化肥配施对结球白菜产量和品质的影响. 吉林农业大学学报, 26(2): 155-157.

易玉林, 杨首乐. 1998. 有机无机肥配施对潮土某些物理性状的影响研究. 土壤肥料, (5): 45-46.

尹承苗, 王玫, 王嘉艳, 等. 2017. 苹果连作障碍研究进展. 园艺学报, 44(11): 2215-2230.

于广武, 姚恒俊, 齐长明, 等. 2006. 肥料施用中的问题及平衡施肥. 中国农资, (11): 88-89.

于忠范, 张振英, 王平, 等. 2010. 胶东果园土壤酸化现状及原因分析. 烟台果树, (2): 31-32.

俞德浚, 阎振茏, 张鹏. 1979. 中国果树砧木资源. 中国果树, (1): 1-7.

虞国跃. 2014. 北京蛾类图谱. 北京: 科学出版社: 48-51.

袁会珠, 齐淑华, 杨代斌. 2000. 药液在作物叶片的流失点和最大稳定持留量研究. 农药学学报, 2(4): 66-71.

袁会珠, 王国宾. 2015. 雾滴大小和覆盖密度与农药防治效果的关系. 植物保护, 41(6): 9-16.

袁会珠, 杨代斌, 闫晓静, 等. 2011. 农药有效利用率与喷雾技术优化. 植物保护, 37(5): 14-20.

袁景军, 赵政阳, 万怡震, 等. 2010. 间伐改形对成龄密植红富士苹果园产量与品质的影响. 西北农林科技大学学报 (自然科学版), 38(4): 133-137, 142.

袁善奎, 王以燕, 师丽红, 等. 2018. 我国生物源农药标准制定现状及展望. 中国生物防治学报, 34(1): 1-7.

岳强, 闫文涛, 张怀江, 等. 2018. 果树害虫发生与杀虫剂登记的现状与趋势分析. 农药科学与管理, 39(3): 31-37.

曾骧. 1990. 果实生理学. 北京: 北京农业大学出版社.

张爱敏, 凤舞剑. 2016. 苹果树施肥的误区及科学对策. 现代化农业, (10): 20-23.

张昌辉, 曹子刚. 1966. 山楂红蜘蛛防治研究 I. 对有机磷杀螨剂的抗药性测定. 昆虫学报, (3): 217-226.

张大为, 李鑫, 尹翔宇, 等. 2007. 洛川苹果园害虫管理标准化现状探析. 安徽农业科学, 35(9): 2660-2662.

张福锁, 陈新平, 陈清, 等. 中国主要作物施肥指南. 北京: 中国农业大学出版社: 84-88.

张洪. 2013. 密植果园挖穴施肥机的设计及试验研究. 乌鲁木齐: 新疆农业大学硕士学位论文.

张怀江, 仇贵生, 闫文涛, 等. 2008. 新型杀螨剂螺螨酯防治苹果全爪螨药效试验. 中国果树, (3): 40-41.

张怀江, 仇贵生, 闫文涛, 等. 2011. 氯虫苯甲酰胺对苹果树主要害虫的控制作用及天敌的影响. 环境昆虫学报, 33(4): 493-501.

张加清, 刘丽敏, 陈长卿, 等. 2012. 大棚果园开沟深施肥机的设计研究. 农机化研究, 34(3): 119-122.

张建, 甘露萍, 侯天凤, 等. 2017. 农业机械的自动导航控制系统设计. 机械设计与制造工程, 46(7): 54-57.

张江辉, 白云岗, 张胜江, 等. 2011. 两种化学改良剂对盐渍化土壤作用机制及对棉花生长的影响. 干旱区研究, 28(3): 384-388.

张金勇, 陈汉杰. 2002. 金纹细蛾防治指标及测报方法的初步研究. 华中昆虫研究, (9): 71-73.

张金勇, 陈汉杰. 2013. 我国苹果害螨防治策略认识误区剖析及改进建议. 中国果树, (2): 73-74.

张金勇, 涂洪涛, 陈汉杰, 等. 2009. 20 种药剂对苹果黄蚜室内毒力测定及安全性评价. 农药, 48(7): 519-521.

张静, 杨宛章. 2013. 果园挖穴施肥机的现状分析与探讨. 现代农业装备, (2): 69-72.

张俊伟. 2011. 盐碱地的改良利用及发展方向. 农业科技与信息, (4): 63-64.

张坤鹏, 武海斌, 宫庆涛, 等. 2015. 螺虫乙酯对山楂叶螨种群的影响. 果树学报, 32(4): 689-695.

张林才, 杨阿丽, 陈佰鸿, 等. 2014. 苹果树腐烂病高效杀菌剂的筛选. 草原与草坪, 34(5): 85-91.

张林森. 2012. 陕西黄土高原地区苹果园分区灌溉和施钾的效应. 杨凌: 西北农林科技大学硕士学位论文.

张凌云, 翟衡, 张宪法, 等. 2002. 苹果砧木铁高效基因型筛选. 中国农业科学, 35(1): 68-71.

张梅凤, 吕秀亭, 毛尚东, 等. 2014. 2016 年—2020 年专利到期的农药品种之螺虫乙酯. 今日农药, (7): 41-44.

张美娜, 吕晓兰, 邱威, 等. 2017. 基于三维激光点云的靶标叶面积密度计算方法. 农业机械学报, 48(11): 172-178.

张强, 李民吉, 周贝贝, 等. 2017. 两大优势产区'富士'苹果园土壤养分与果实品质关系的多变量分析. 应用生态学报, 28(1): 105-114.

张睿, 王秀, 赵春江, 等. 2012. 链条输送式变量施肥抛撒机的设计与试验. 农业工程学报, 28(6): 20-25.

张绍玲. 1993. 施氮量对不同树势红富士苹果生长和果实品质的影响. 河南农业科学, (5): 28-30.

张姝, 张永杰, 刘慧平, 等. 2004. 苹果斑点落叶病菌的分离及其对杀菌剂的敏感性. 山西农业大学学报 (自然科学版), (4): 382-384.

张硕, 陈鹏, 刘锦, 等. 2019a. 使用农药对生草苹果园主要害虫及其天敌的影响. 山东农业科学, 51(2): 91-96.

张硕, 刘锦, 陈鹏, 等. 2019b. 紫花苜蓿不同种植布局对苹果害虫及其天敌的影响. 中国果树, (4): 53-57.

张硕, 刘锦, 陈鹏, 等. 2019c. 紫花苜蓿不同种植布局苹果园主要害虫发生动态研究. 山东农业科学, 51(3): 97-100.

张硕, 王晓, 陈鹏, 等. 2018. 苹果园后期主要害虫及其天敌发生情况. 山东农业科学, 50(5): 115-118.

张巍巍, 李元胜, 2011. 中国昆虫生态大图鉴. 重庆 : 重庆大学出版社 :46-47.

张文军, 呼丽萍, 薛应钰, 等. 2018a. 甘肃省苹果产区农药使用现状调查与分析. 甘肃农业大学学报, 53(4): 68-73.

张文军, 毛维兴, 张树武, 等. 2018b. 深绿木霉 T2 菌株对苹果霉心病的防治效果研究. 中国果树, (5): 11-14.

张晓辉, 姜宗月, 范国强, 等. 2014. 履带自走式果园定向风送喷雾机. 农业机械学报, 45(8): 117-122, 247.

张孝鹏, 刘锦, 王凡, 等. 2019. 常用杀虫剂对龟纹瓢虫的毒力及其保护酶的影响. 山东农业科学, 51(2): 97-102.

张旭东, 武荣祥, 赵奇, 等. 2017. 陕西关中地区苹果园苹果全爪螨对 4 种杀螨剂的抗药性评估. 西北林学院学报, 32(2): 197-201.

张雪凌, 姜慧敏, 刘晓, 等. 2017. 优化氮肥用量和基追比例提高红壤性水稻土肥力和双季稻氮素的农学效应. 植物营养与肥料学报, 23(2): 351-359.

张艳红, 秦贵, 秦国成, 等. 2011. 2F-5000 型链耙刮板式大肥量有机肥撒施机设计. 农业机械, (21): 74-76.

张养安. 2005. 果园害虫的无公害治理研究进展. 植物保护科学, 21(2): 256-259.

张勇, 付春霞, 刘飞, 等. 2013. 叶面施锌对苹果果实中糖代谢相关酶活性的影响. 园艺学报, 40(8): 1429-1436.

张志春, 张怡, 沈迎春. 2018. 不同药剂对月季二斑叶螨的防控技术初探. 农药科学与管理, 39(3): 51-55.

张智刚, 王进, 朱金光, 等. 2018. 我国农业机械自动驾驶系统研究进展. 农业工程技术, 38(18): 23-27.

赵林. 2009. 苹果对土壤氮利用特性研究. 泰安:山东农业大学硕士学位论文.

赵琳. 丁继成. 马雪飞. 2011. 卫星导航原理及应用. 西安:西北工业大学出版社.

赵鹏飞. 2015. 现代化苹果园的技术构成与效益分析. 保定:河北农业大学硕士学位论文.

赵瑞雪. 2007. 山东省苹果优势产区的发展研究. 落叶果树, (3): 15-18.

赵卫东, 王开运, 姜兴印, 等. 2003. 二斑叶螨对阿维菌素、哒螨灵和甲氰菊酯的抗性选育及其解毒酶活力变化. 昆虫学报, (6): 788-792.

赵旭辉, 2014. 绿盲蝽对 6 种寄主植物的取食选择行为研究. 泰安:山东农业大学硕士学位论文.

赵雪晴, 谌爱东, 李向永, 等. 2011. 生草对苹果主要害虫与天敌种群发生的影响. 中国生物防治学报, 27(4): 470-478.

赵增峰. 2012. 苹果病虫害种类、地域分布及主要病虫害发生趋势研究. 保定:河北农业大学博士学位论文.

赵政阳. 2015. 中国果树科学与实践. 苹果. 西安 :陕西科学技术出版社 :46-47.

赵佐平, 同延安, 刘芬, 等. 2012. 渭北旱塬苹果园施肥现状分析评估. 中国生态农业学报, 20(8): 1003-1009.

郑小春, 卢海蛟, 车金鑫, 等. 2011. 白水县苹果产量及施肥现状调查. 西北农林科技大学学报, 39(9): 145-151.

中国农业科学院果树研究所, 中国农业科学院柑桔研究所. 1994. 中国果树病虫志. 2 版. 北京:中国农业出版社 : 56.

周晶. 2017. 长期施氮对东北黑土微生物及主要氮循环菌群的影响. 北京:中国农业大学博士学位论文.

周良富, 薛新宇, 周立新, 等. 2017. 果园变量喷雾技术研究现状与前景分析. 农业工程学报, 33(23): 80-92.

周霞, 束怀瑞. 2014. 中国苹果种植成本和出售价格变动的实证分析. 农业经济, 16(1): 16-20.

周玉书, 朴春树, 刘池林, 等. 1993. 山楂叶螨对噻螨酮的抗药性研究. 农药, (6): 15-22.

周玉书, 朴春树, 刘池林, 等. 1994. 苹果全爪螨对尼索朗抗药性研究初报. 中国果树, (4): 24-25, 27.

周玉书, 田如海, 朴静子, 等. 2011. 240g/L 螺螨酯 SC 对二斑叶螨敏感种群毒力测定. 农药, 50(2): 144-145.

朱宝国. 2010. 有机肥和化肥配施对大豆产量、品质影响的研究. 哈尔滨: 东北农业大学硕士学位论文.

朱光煜, 赵红霞. 1993. 有机肥对水稻土壤根层生态的效应. 土壤学报, 30(2): 131-136.

朱洪勋, 张翔, 孙春河. 1996. 有机肥与氮化肥配施的增产效应及对土壤肥力的影响. 华北农学报, 11(1): 202-207.

朱占玲, 夏营, 刘晶晶, 等. 2017. 山东省苹果园磷素投入调查及磷环境负荷风险分析. 园艺学报, 44(1): 97-105.

祝菁, 李晨歌, 沈雅楠, 等. 2016. 苹果绵蚜田间种群的抗性监测. 农药学学报, 18(4): 447-452.

祝学海, 李玉权, 陶小买, 等. 2017. 贵州半夏块茎腐烂病拮抗细菌的筛选与鉴定. 微生物学通报, 44(2): 438-448.

宗泽冉, 田义, 张利义, 等. 2017. 抗苹果斑点落叶病基因 *Mal d 1* 的克隆及功能鉴定. 园艺学报, 44(2): 343-354.

邹伟, 王秀, 高斌, 等. 2019. 果园对靶喷药控制系统的设计及试验. 农机化研究, 41(2): 177-182.

左文静, 主艳飞, 庄占兴, 等. 2017. 吡唑醚菌酯研究开发现状与展望. 世界农药, 39(1): 22-25.

Amiri ME, Fallahi E, Safi-Songhorabad M. 2014. Influence of rootstock on mineral uptake and scion growth of 'Golden Delicious' and 'Royal Gala' apples. Journal of Plant Nutrition, 37: 16-29.

An HS, Luo FX, Wu T, et al. 2017. Dwarfing effect of apple rootstocks in intimately associated with low number of fine roots. Hortscience, 52(4): 503-512.

Andivia E, Marquez GB, Vazquez PJ, et al. 2012. Autumn fertilization with nitrogen improves nutritional status, cold hardiness and the oxidative stress response of Holm oak (*Quercus ilex* ssp. *ballota* [Desf.] Samp) nursery seedlings. Trees Structure and Function, 26: 311-320.

Andrews M, Lea PJ. 2013. Our nitrogen 'footprint': the need for increased crop nitrogen use efficiency. Annals of Applied Biology, 163(2): 165-169.

Angeli AD, Monachello D, Ephritikhine G, et al. 2006. The nitrate/proton antiporter AtCLCa mediates nitrate accumulation in plant vacuoles. Nature, 442(7105): 939-942.

Aslantas R, Cakmakci R, Sahin F. 2007. Effect of plant growth promoting rhizobacteria on young apple tree growth and fruit yield under orchard conditions. Scientia Horticulturae, 111: 371-377.

Avenot HF, Michailides TJ. 2015. Detection of isolates of *Alternaria alternata* with multiple-resistance to fludioxonil, cyprodinil, boscalid and pyraclostrobin in California pistachio orchards. Crop Protection, 78: 214-221.

Avenot H, Morgan DP, Michailides TJ. 2008. Resistance to pyraclostrobin, boscalid and multiple resistance to Pristine® (pyraclostrobin + boscalid) fungicide in Alternaria alternata causing alternaria late blight of pistachios in California. Plant Pathology, 57(1): 135-140.

Batjer LP, Rogers BL, Thompson AH. 1952. Fertilizer applications as related to nitrogen, phosphorus, potassium, calcium and magnesium utilization by apple trees. Proceedings of the American Society for Horticultural Science, 60: 1-6.

Bhattacharyya PN, Jha DK. 2012. Plant growth-promoting rhizobacteria (PGPR): emergence in agriculture. World Journal of Microbiology and Biotechnology, 28(4): 1327-1350.

Bi JL, Niu ZM, Yu L, et al. 2016. Resistance status of the carmine spider mite, *Tetranychus cinnabarinus* and the two-spotted spider mite, *Tetranychus urticae* to selected acaricides on strawberries. Insect Science, 23(1): 88-93.

Bianco RL, Policarpo M, Scariano L. 2003. Effects of rootstock vigour and in-row spacing on stem and root growth, conformation and dry-matter distribution of young apple trees. Journal of Horticultural Science and Biotechnology, 78: 828-836.

Blacquiere T, Smagghe G, van Gestel CA. 2012. Neonicotinoids in bees: a review on concentrations, side-effects and risk assessment. Ecotoxicology, 21(5): 973-992.

Brown LK, Georges TS, Dupuy L. 2013. A conceptual model of root hair ideotypes for future agricultural environments. Annals of Botany, 112: 317-330.

Camin F, Fabroni S, Rapisarda P. 2010. Influence of different organic fertilizers on quality parameters and the $\delta^{15}N$, $\delta^{13}C$, δ^2H, $\delta^{34}S$, $\delta^{18}O$ value of orange fruit (*Citrus sinensis* L. Osbeck). Journal of Agricultural and Food Chemistry, 58: 3502-3506.

Canali S, Trinchera A, Intrigliolo F, et al. 2004. Effect of long term addition of composts and poultry manure on soil quality of citrus orchards in southern Italy. Biology and Fertility of Soils, 40(3): 206-210.

Chai XF, Wang L, Yang YF, et al. 2019. Apple rootstocks of different nitrogen tolerance affect the rhizosphere bacterial community composition. Journal of Applied Microbiology, 126(2): 595-607.

Cheng LL, Raba R. 2009. Accumulation of macro- and micronutrients and nitrogen demand-supply relationship of 'Gala'/'Malling 26' apple trees grown in sand culture. Journal of the American Society for Horticultural Science, 134(1): 3-13.

Cho JR, Kim YJ, Hong KJ, et al. 1999. Resistance monitoring and enzyme activity in field-collected populations of the spiraea aphid, *Aphis citricola* van der Goot. Journal of Asia-Pacific Entomology, 2(2): 113-119.

Cookson WR, Rowarth JS, Cameron KC. 2001. The fate of autumn-, late winter- and spring-applied nitrogen fertilizer in a perennial ryegrass (*Lolium perenne* L.) seed crop on a silt loam soil in canterbury, New Zealand. Agriculture Ecosystems & Environment, 84(1): 67-77.

Cui TL, Jiang YM, Peng FT. et al. 2012. Effects of different ratios of straw to N-fertilizer on growth of *Malus hupehensis* seedling and its absorption, distribution and utilization of nitrogen. Journal Plant Ecology, 36: 169-176.

DaMatta FM, Loos RA, Silva E, et al. 2002. Limitations to photosynthesis inCoffea canephoraas a result of nitrogen and water availability. Journal of Plant Physiology, 159: 975-981.

Devienne F, Mary B, Lamaze T. 1994. Nitrate transport in intact wheat roots: II . Long-term effects of NO_3^- concentration in the nutrient solution on NO_3^- unidirectional fluxes and distribution within the tissues. Journal of Experimental Botany, 45(5): 677-684.

Dordas C. 2008. Role of nutrients in controlling plant diseases in sustainable agriculture: a review. Agron Sustain Dev, 28: 33-46.

Dziedek C, Härdtle W, von Oheimb G. 2016. Nitrogen addition enhances drought sensitivity of young deciduous tree species. Frontiers in Plant Science, 7: 1100

Fan Z, Yang JH, Fan F, et al. 2015. Fitness and competitive ability of *Alternaria alternata* field isolates with resistance to SDHI, QoI, and MBC fungicides. Plant Disease, 99(12): 1744-1750.

FAO, 1980. Revised method for spider mites and their eggs. (*Tetraychus* spp. and *Panonychus ulmi* Koch). FAO Plant Production and Protection, 21: 49-54.

Feng H, Li HL, Zhang M, et al. 2019. Responses of Fuji (*Malus domestica*) and Shandingzi (*Malus baccata*) apples to *Marssonina coronaria* infection revealed by comparative transcriptome analysis. Physiological and Molecular Plant Pathology, 106: 87-95.

Fernández-Ortuño D, Chen F, Schnabel G. 2012. Resistance to pyraclostrobin and boscalid in *Botrytis cinerea* isolates from strawberry fields in the Carolinas. Plant Disease, 96(8): 1198-1203.

Gafsi M, Legagneux B, Nguyen G. 2006. Towards sustainable farming systems: effectiveness and deficiency of the french procedure of sustainable agriculture. Agricultural Systems, 90(1-3): 226-242.

Glover J D, Reganold JP, Andrews PK. 2000. Systematic method for rating soil quality of conventional, organic, and integrated apple orchard in Washington State. Agriculture Ecosystems and Environment, 80(1-2): 29-45.

Goh KM, Bruce GE, Daly MJ, et al. 2000. Sensitive indicators of soil organic matter sustainability in orchard floors of organic, conventional and integrated apple orchards in New Zealand. Biological Agriculture Horticulture, 17(3): 197-205.

Gong C, Liu Y, Liu SY, et al. 2017. Analysis of *Clonostachys rosea*-induced resistance to grey mould disease and identification of the key proteins induced in tomato fruit. Postharvest Biology and Technology, 123: 83-93.

Guo J H, Liu X J, Zhang Y, et al. 2010. Significant acidification in major Chinese croplands. Science, 327(5968): 1008-1010.

Gutierrez-Manero FJ, Ramos-Solano B, Probanza A, et al. 2001. The plant-growth-promoting rhizobacteria *Bacillus pumilus* and *Bacillus licheniformis* produce high amounts of physiologically active gibberellins. Physiologia Plantarum, 111: 206-211.

Han ZH, Shen T, Korcak RF, et al. 1994. Screening for iron-efficient species in the genus malus. Journal of Plant Nutrition, 17(4): 579-592.

Harman GE. 2000. Myths and dogmas of biocontrol changes in perceptions derived from research on *Trichoderma harzianum* T-22. The American Phytopathological, 84(4): 377-393.

Haynes RJ, Goh KM. 1980. Some effects of orchard soil management on sward composition, levels of available nutrients in the soil, and leaf nutrient content of mature 'Golden Delicious' apple trees. Scientia Horticulturae, 13(1): 15-25.

Huang LL, Li MJ, Shao Y, et al. 2018. Ammonium uptake increases in response to PEG-induced drought stress in *Malus hupehensis* Rehd. Environmental and Experimental Botany, 151: 32-42.

Huber DM. 1974. Nitrogen form and plant disease. Annu Rev Phytopathol, 12: 139-165.

Jorquera M, Martinez O, Maruyama F, et al. 2008. Current and future biotechnological applications of bacterial phytases and phytase-producing bacteria. Microbes and Environments, 23: 182-191.

Kalia A, Gosal SK. 2011. Effect of pesticide application on soil microorganisms. Archives of Agronomy and Soil Science, 57(6): 569-596.

Kangueehi GN, Stassen PJC, Theron K, et al. 2011. Macro and micro element requirements of young and bearing apple trees under drip fertigation: short communications. South African Journal of Plant and Soil, 28(2): 136-141.

Ke XW, Huang LL, Han QM, et al. 2013. Histological and cytological investigations of the infection and colonization of apple bark by *Valsa mali* var. *mali*. Australasian Plant Pathology, 42(1): 85-93.

Khasanova A, James JJ, Drenovsky RE. 2013. Impacts of drought on plant water relations and nitrogen nutrition in dryland perennial grasses. Plant Soil, 372: 541-552.

Kiba T, Kudo T, Kojima M. 2011. Hormonal control of nitrogen acquisition: roles of auxin, abscisic acid, and cytokinin. Journal of Experimental Botany, 62: 1399-1409.

Kim YK, Xiao CL. 2010. Resistance to pyraclostrobin and boscalid in populations of *Botrytis cinerea* from stored apples in Washington State. Plant Disease, 94(5): 604-612.

Kim YK, Xiao CL. 2011. Stability and fitness of pyraclostrobin- and boscalid- resistant phenotypes in field isolates of *Botrytis cinerea* from apple. Phytopathology, 101(11): 1385.

Koenraadt H, Somerville SC, Jones A L. 1992. Characterization of mutation in the beta-tubulin gene of benomyl-resistant field strains of *Venturia inaequalis* and other plant pathogenic fungi. Phytopathology, 82: 1348-1354.

Lucas M, Balbín-Suárez A, Smalla K, et al. 2018. Root growth, function and rhizosphere microbiome analyses show local rather than systemic effects in apple plant response to replant disease soil. PLoS One, 13(10): e0204922.

Lynch JP. 2013. Steep, cheap and deep: an ideotype to optimize water and N acquisition by maize root systems. Annals of Botany, 112: 347-357.

Ma L, Hou CW, Zhang XZ, et al. 2013. Seasonal growth and spatial distribution of apple tree roots on different rootstocks or interstems. Journal of the American Society for Horticultural Science, 138(2): 79-87.

Ma ZH, Felts D, Michailides TJ. 2003. Resistance to azoxystrobin in Alternaria isolates from pistachio in California. Pesticide Biochemistry and Physiology, 77(2): 66-74.

Marcic D. 2007. Sublethal effects of spirodiclofen on life history and life-table parameters of two-spotted spider mite (*Tetranychus urticae*). Experimental and Applied Acarology, 42: 121-129.

Marschner H, Römheld V, Kissel M. 1986. Different strategies in higher-plants in mobilization and uptake of iron. Journal of Plant Nutrition, 9(3): 695-713.

Mau RL, Liu CM, Aziz M, et al. 2015. Linking soil bacterial biodiversity and soil carbon stability. The ISME Journal, 9: 1477-1480.

Miller AJ, Smith SJ. 1996. Nitrate transport and compartmentation in cereal root cells. Journal of Experimental Botany, 47(300): 843-854.

Mylavarapu RS, Zinati GM. 2009. Improvement of soil properties using compost for optimum parsley production in sandy soils. Scientia Horticulturae, 120: 426-430.

Neilsen G H, Neilsen D, Ferree D C, et al. 2003. Nutritional requirements of apple. CABI, (2009): 267-302.

Nicola L, Insam H, Pertot I, et al. 2018. Reanalysis of microbiomes in soils affected by apple replant disease (ARD): old foes and novel suspects lead to the proposal of extended model of disease development. Applied Soil Ecology, 129: 24-33.

Nicola L, Turco E, Albanese D, et al. 2017. Fumigation with dazomet modifies soil microbiota in apple orchards affected by replant disease. Applied Soil Ecology, 113: 71-79.

Peng HX, Wei XY, Xiao YX, et al. 2016. Management of *Valsa canker* on apple with adjustments to potassium nutrition. Plant Dis, 100(5): 884-889.

Pommerrenig B, Papiniterzi FS, Sauer N. 2007. Differential regulation of sorbitol and sucrose loading into the phloem of plantago major in response to salt stress. Plant Physiology, 144(2): 1029-1038.

Radhakrishnan M, Suganya S, Balagurunathan R, et al. 2010. Preliminary screening for antibacterial and antimycobacterial activity of actinomycetes from less explored ecosystem. World Journal of Microbiology and Biotechnology, 26(3): 561-566.

Raese JT, Drake SR, Curry EA. 2007. Nitrogen fertilizer influences fruit quality, soil nutrients and cover crops, leaf color and nitrogen content, biennial bearing and cold hardiness of 'Golden Delicious'. Journal of Plant Nutrition, 30(10): 1585-1604.

Raghothama KG. 2005. Phosphate acquisition. Annual Review of Plant Physiology and Plant Molecular Biology, 274: 37-49.

Rudrappa T, Czymmek KJ, Pare PW, et al. 2008. Root-secreted malic acid recruits beneficial soil bacteria. Plant Physiology, 148(3): 1547-1556.

Schumann AW, Vashisth T, Spann TM. 2017. Mineral nutrition contributes to plant disease and pest resistance. UF EDIS publication. https://edis.ifas.ufl.edu/hs1181[2018-09-06].

Sedlák P, Vávra R, Vejl P, et al. 2013. Efficacy loss of strobilurins used in protection against apple scab in Czech orchards. Horticultural Science, 40(2): 45-51.

Shen HM. 1999. Resistance and cross-resistance of *Tetranychus viennensis* (Acari: Tetranychidae) to 14 insecticides and acaricides. Systematic and Applied Acarology, (4): 9-14.

Shin K, Tomoo H, Takeshi I, et al. 2006. New penicillide derivatives isolated from *Penicillium simplicissimum*. Journal of Nature Medicine, 60(3): 185-190.

Siddique M, Ali S, Javed A S. 2009. Macronutrient assessment in apple growing region. Soil Environ, 28(2): 184-192.

Smolinska U, Morra MJ, Knudsen GR. 2003. Isothiocyanates produced by Brassicaceae species as inhibitors of *Fusarium oxysporum*. Plant Disease, 87(4): 407-412.

Sun TT, Pei TT, Zhang ZJ, et al. 2019. Activated expression of PHT genes contributes to osmotic stress resistance under low phosphorus levels in *Malus*. Journal of the American Society for Horticultural Science, 143: 436-442.

Sun X, Jia X, Huo LQ, et al. 2018. MdATG18a overexpression improves tolerance to nitrogen deficiency and regulates anthocyanin accumulation through increased autophagy in transgenic apple. Plant Cell Environment, 41: 469-480.

Trap J, Riah W, Akpa-Vinceslas M, et al. 2012. Improved effectiveness and efficiency in measuring soil enzymes as universal soil quality indicators using microplate fluorimetry. Soil Biology & Biochemistry, 45: 98-101.

Usherwood N. 1985. The role of potassium in crop quality.//Munson R D. Potassium in Agriculture. Madison: ASA, CSSA: 467-488.

van Pottelberge S, van Leeuwen T, Nauen R. 2009. Resistance mechanisms to mitochondrial electron transport inhibitors in a field-collected strain of *Tetranychus urticae* Koch (Acari: Tetranychidae). Bulletin of Entomological Research, 99(1): 23-31.

Veresoglou SD, Barto EK, Menexes G, et al. 2013. Fertilization affects severity of disease caused by fungal plant pathogens. Plant Pathol, 62(5): 961-969.

Walch-Liu P, Forde BG. 2008. Nitrate signalling mediated by the *NRT1.1* nitrate transporter antagonises L-glutamate-induced changes in root architecture. Plant Journal, 54(5): 820-828.

Wang GY, Zhang XZ, Wang Y, et al. 2015. Key minerals influencing apple quality in Chinese orchard identified by nutritional diagnosis of leaf and soil analysis. Journal of Integrative Agriculture, 14(5): 864-874.

Wang LK, Mazzola M. 2019a. Field evaluation of reduced rate brassicaceae seed meal amendment and rootstock genotype on the microbiome and control of apple replant disease. Phytopathology, 109(8): 1378-1391.

Wang LK, Mazzola M. 2019b. Interaction of Brassicaceae seed meal soil amendment and apple rootstock genotype on microbiome structure and replant disease suppression. Phytopathology, 109(4): 607-614.

Wienhold BJ, Andrews SS, Karlen D L. 2004. Soil quality: a review of the science and experiences in the USA. Environmental Geochemistry and Health, 26(2): 89-95.

Will T, Vilcinskas A. 2013. Aphid-proof plants: biotechnology-based approaches for aphid control. Advance in Biochemical Engineering/Biotechnology, 136: 179-203.

Wójcik P, Borowik M. 2013. Influence of preharvest sprays of a mixture of calcium formate, calcium acetate, calcium chloride and calcium nitrate on quality and 'Jonagold' apple storability. Journal of Plant Nutrition, 36(13): 2023-2034.

Wratten SD, Bowie MH, Hickman JM, et al. 2003. Field boundaries as barriers to movement of hover flies (Diptera: Syrphidae) in cultivated land. Oecologia, 134: 605-611.

Wu FZ, Bao WK, Li FL, et al. 2008. Effects of drought stress and N supply on the growth, biomass partitioning and water-use efficiency of *Sophora davidii* seedlings. Environmental and Experimental Botany, 63: 248-255.

Yin LL, Wang Y, Yan MD, et al. 2013. Molecular cloning, polyclonal antibody preparation, and characterization of a functional iron-related transcription factor IRO2 from *Malus xiaojinensis*. Plant Physiology and Biochemistry, 67: 63-70.

Yin LL, Wang Y, Yuan MD, et al. 2014. Characterization of MxFIT, an iron deficiency induced transcriptional factor in *Malus xiaojinensis*. Plant Physiology and Biochemistry, 75: 89-95.

Yin YN, Kim YK, Xiao CL. 2012. Molecular characterization of pyraclostrobin resistance and structural diversity of the cytochrome b gene in *Botrytis cinerea* from apple. Phytopathology, 102(3): 315-322.

Yin ZY, Ke XW, Kang ZS, et al. 2016. Apple resistance responses against *Valsa mali* revealed by transcriptomics analyses. Physiological and Molecular Plant Pathology, 93: 85-92.

Zang R, Yin ZY, Ke XW, et al. 2012. A nested PCR assay for detecting *Valsa mali* var. *mali* in different tissues of apple trees. Plant Disease, 96: 1645-1652.

Zhang FS, Chen XP, Vitousek P. 2013. Chinese agriculture: an experiment for the world. Nature, 497: 33-35.

Zhang FS, Cui ZL, Fan MS, et al. 2012. Integrated soil crop system management: reducing environmental risk while increasing crop productivity and improving nutrient use efficiency in China. Journal of Environmental Quality, 40: 1051-1057.

Zhang HM, Rong HL, Pilbeam D. 2007. Signalling mechanisms underlying the morphological responses of the root system to nitrogen in *Arabidopsis thaliana*. Journal of Experimental Botany, 58: 2329-2338.

Zhang HW, Yu H, Ye XS, et al. 2010. Analysis of the contribution of acid phosphatase to P efficiency in *Brassica napus* under low phosphorus conditions. Science China-Life Sciences, 53(6): 709-717.

Zhang J, Pang H, Tian J, et al. 2018. Effects of apple fruit fermentation (AFF) solution on growth and fruit quality of apple trees. Brazilian Journal of Botany, 41(1): 11-19.